Grundkurs Mathematik

Reihe herausgegeben von

Martin Aigner, Freie Universität Berlin, Berlin, Deutschland

Peter Gritzmann, Zentrum Mathematik, Technische Universität München, Garching, Deutschland

Volker Mehrmann, Institut für Mathematik, Technische Universität Berlin, Berlin, Deutschland

Gisbert Wüstholz, Departement Mathematik, ETH Zürich, Zürich, Schweiz

Die Reihe „Grundkurs Mathematik" ist die bekannte Lehrbuchreihe im handlichen kleinen Taschenbuch-Format passend zu den mathematischen Grundvorlesungen, vorwiegend im ersten Studienjahr. Die Bücher sind didaktisch gut aufbereitet, kompakt geschrieben und enthalten viele Beispiele und Übungsaufgaben.

In der Reihe werden Lehr- und Übungsbücher veröffentlicht, die bei der Klausurvorbereitung unterstützen. Zielgruppe sind Studierende der Mathematik aller Studiengänge, Studierende der Informatik, Naturwissenschaften und Technik, sowie interessierte Schülerinnen und Schüler der Sekundarstufe II.

Die Reihe existiert seit 1975 und enthält die klassischen Bestseller von Otto Forster und Gerd Fischer zur Analysis und Linearen Algebra in aktualisierter Neuauflage.

Otto Forster · Florian Lindemann

Analysis 1

Differential- und Integralrechnung einer Veränderlichen

13., überarbeitete und ergänzte Auflage

Springer Spektrum

Otto Forster
Ludwig-Maximilians-Universität
München
München, Deutschland

Florian Lindemann
TU München
Garching, Deutschland

Grundkurs Mathematik
ISBN 978-3-658-40129-0   ISBN 978-3-658-40130-6 (eBook)
https://doi.org/10.1007/978-3-658-40130-6

Die Deutsche Nationalbibliothek verzeichnet diese Publikation in der Deutschen
Nationalbibliografie; detaillierte bibliografische Daten sind im Internet über
http://dnb.d-nb.de abrufbar.

Springer Spektrum

Planung/Lektorat: Iris Ruhmann
Springer Spektrum ist ein Imprint der eingetragenen Gesellschaft Springer Fach-
medien Wiesbaden GmbH und ist ein Teil von Springer Nature.
Die Anschrift der Gesellschaft ist: Abraham-Lincoln-Str. 46, 65189 Wiesbaden,
Germany

Vorwort zur ersten Auflage

Dieses Buch ist entstanden aus der Ausarbeitung einer Vorlesung, die ich im WS 1970/71 für Studenten der Mathematik und Physik des ersten Semesters an der Universität Regensburg gehalten habe. Diese Ausarbeitung wurde später von verschiedenen Kollegen als Begleittext zur Vorlesung benutzt.

Der Inhalt umfaßt im wesentlichen den traditionellen Lehrstoff der Analysis-Kurse des ersten Semesters an deutschen Universitäten und Technischen Hochschulen. Bei der Stoffauswahl wurde angestrebt, dem konkreten mathematischen Inhalt, der auch für die Anwendungen wichtig ist, vor einem großen abstrakten Begriffsapparat den Vorzug zu geben und dabei gleichzeitig in systematischer Weise möglichst einfach und schnell zu den grundlegenden Begriffen (Grenzwert, Stetigkeit, Differentiation, Riemannsches Integral) vorzudringen und sie mit vielen Beispielen zu illustrieren. Deshalb wurde auch die Einführung der elementaren Funktionen vor die Abschnitte über Differentiation und Integration gezogen, um dort genügend Beispielmaterial zur Verfügung zu haben. Auf die numerische Seite der Analysis (Approximation von Größen, die nicht in endlich vielen Schritten berechnet werden können) wird an verschiedenen Stellen eingegangen, um den Grenzwertbegriff konkreter zu machen.

Der Umfang des Stoffes ist so angelegt, daß er in einer vierstündigen Vorlesung in einem Wintersemester durchgenommen werden kann. Die einzelnen Paragraphen entsprechen je nach Länge einer bis zwei Vorlesungs-Doppelstunden. Bei Zeitmangel können die §§ 17 und 23 sowie Teile der §§ 16 (Konvexität) und 20 (Gamma-Funktion) weggelassen werden.

Für seine Unterstützung möchte ich mich bei Herrn D. Leistner bedanken. Er hat die seinerzeitige Vorlesungs-Ausarbeitung geschrieben, beim Lesen der Korrekturen geholfen und das Namens- und Sachverzeichnis erstellt.

Münster   O. Forster
Oktober 1975

Aus dem Vorwort zur 5. Auflage

Die erste Auflage dieses Buches erschien 1976. Seitdem hat es viele Jahrgänge von Studentinnen und Studenten der Mathematik und Physik beim Beginn ihres Analysis-Studiums begleitet. Aufgrund der damaligen Satz-Technik waren bei Neuauflagen nur geringfügige Änderungen möglich. Die einzige wesentliche Neuerung war das Erscheinen des Übungsbuchs zur Analysis 1 [FW].

Bei der jetzigen Neuauflage erhielt der Text nicht nur eine neue äußere Form (TEX-Satz), sondern wurde auch gründlich überarbeitet, um ihn wo möglich noch verständlicher zu machen. An verschiedenen Stellen wurden Bezüge zur Informatik hergestellt. So erhielt §5, in dem u.a. die Entwicklung reeller Zahlen als Dezimalbrüche (und allgemeiner b-adische Brüche) behandelt wird, einen Anhang über die Darstellung reeller Zahlen im Computer. In §9 finden sich einige grundsätzliche Bemerkungen zur Berechenbarkeit reeller Zahlen. Verschiedene numerische Beispiele wurden durch Programm-Code ergänzt[1] ...

Insgesamt wurden aber für die Neuauflage die bewährten Charakteristiken des Buches beibehalten, nämlich ohne zu große Abstraktionen und ohne Stoffüberladung die wesentlichen Inhalte gründlich zu behandeln und sie mit konkreten Beispielen zu illustrieren. So hoffe ich, dass das Buch auch weiterhin seinen Leserinnen und Lesern den Einstieg in die Analysis erleichtern wird.

Wertvolle Hilfe habe ich von Herrn H. Stoppel erhalten. Er hat seine TEX-Erfahrung als Autor des Buches [SG] eingebracht und

---

[1] dies gilt nur bis zur 12. Auflage

den Hauptteil der TEXnischen Herstellung der Neuauflage übernommen. Viele der Bilder wurden von Herrn V. Solinus erstellt.
Ihnen sei herzlich gedankt, ebenso Frau Schmickler-Hirzebruch
vom Vieweg-Verlag, die sich mit großem Engagement für das Zu-
standekommen der Neuauflage eingesetzt hat.

München   Otto Forster
April 1999

Vorwort zur 10. Auflage

Für die 10. Auflage habe ich den Text an verschiedenen Stellen weiter überarbeitet. Vor allem die Paragraphen 20 bis 23 wurden durch weitere Beispiele ergänzt (z.B. Integral-Sinus, Partialbruch-Zerlegung des Cotangens, Sinus-Produkt, Bernoulli-Zahlen und -Polynome, Fresnel-Integrale). Natürlich kann dieses Material aus Zeitmangel in der Vorlesung nur teilweise oder gar nicht gebracht werden; es eignet sich aber gut zum Selbststudium oder für Proseminare.

München   Otto Forster
März 2011

Vorwort zur 13. Auflage

Die 13. Auflage der Analysis 1 unterscheidet sich in mehreren Aspekten von den früheren Auflagen. Die wichtigste Neuerung ist die Ergänzung des Buches durch sog. elektronische Flashcards. Dazu konnte durch Vermittlung von Frau Iris Ruhmann vom Springer-Verlag Herr Dr. Florian Lindemann (TU München) als Koautor gewonnen werden. Herr Lindemann hat nicht nur die Flashcards erstellt (siehe dazu das anschließende Vorwort), sondern auch viele Anregungen zu Ergänzungen und Verbesserungen des Textes gegeben.

Das Format und Layout des Buchs wurden mit einigem Aufwand an die aktuellen Standards des Verlags angepasst, um das eBook in verschiedenen zeitgemäßen Ausgabeformaten anbieten zu können. Der bisherige Taschenbuch-Charakter des gedruckten Buchs bleibt dennoch erhalten. Sämtliche Abbildungen habe ich noch einmal neu in einem einheitlichen Format (mit dem Paket `pstricks` von LaTeX) erstellt.

Der Text selbst wurde an einigen Stellen durch neue Beispiele oder durch Übernahme von Themen aus dem Aufgabenteil in den Haupttext ergänzt. Die numerischen Beispiele wurden überarbeitet. Um System-Unabhängigkeit zu erreichen, wurde auf die Einfügung von konkretem Computer-Code verzichtet.

Ich danke den aufmerksamen Leserinnen und Lesern, durch deren Hilfe eine Reihe von Fehlern korrigiert werden konnten.

München
November 2022

Otto Forster

Vorwort zu den Flashcards

Die elektronischen Flashcards zu diesem Buch basieren auf E-Learning-Material, das im Rahmen der Vorlesung Analysis 1 im Wintersemester 2018/19 an der TU München entstanden ist und seitdem in der Grundausbildung Analysis an der TU München genutzt wird. Sie enthalten Verständnisfragen, die den Lernprozess der Leserinnen und Leser unterstützen sollen. Die Fragen vertiefen dabei ein erstes, grundsätzliches Verständnis der Inhalte und bauen damit eine tragfähige Brücke zu anspruchsvolleren Übungsaufgaben. Die Flashcards eignen sich auch wunderbar zur Prüfungsvorbereitung. Für das vorliegende Buch habe ich die bewährten Fragen auf das Buch abgestimmt: Sie wurden neu gegliedert, überarbeitet und um weitere Themenfelder ergänzt.

Ich danke allen Studierenden, die mich in den letzten Jahren bei der Erstellung der Flashcard-Aufgaben unterstützt haben. Besonders herausheben möchte ich dabei Matthias Caro, Katharina Eichinger, Maria Elena Gonzalez Herrero, Sara-Viola Kuntz, Eva-Maria Rott und Angelo Volpini.

Den Zugang zu den elektronischen Flashcards finden Sie am Ende von Kap. 1.

München   Florian Lindemann
November 2022

Internet-Adressen der Autoren

Otto Forster
Homepage: https://www.math.lmu.de/~forster
E-Mail: forster@math.lmu.de

Florian Lindemann
Homepage: https://www.math.cit.tum.de/math/lindemann
E-Mail: lindemann@tum.de

Inhaltsverzeichnis

Vollständige Induktion

1

Der Beweis durch vollständige Induktion ist ein wichtiges Hilfsmittel in der Mathematik. Es kann häufig bei Problemen folgender Art angewandt werden: Es soll eine Aussage $A(n)$ bewiesen werden, die von einer natürlichen Zahl $n \geqslant 1$ abhängt. Dies sind in Wirklichkeit unendlich viele Aussagen $A(1)$, $A(2)$, $A(3)$, ..., die nicht alle einzeln bewiesen werden können. Hier hilft vollständige Induktion, die unter geeigneten Umständen erlaubt, in endlich vielen Schritten unendlich viele Aussagen zu beweisen.

Beweisprinzip der vollständigen Induktion
Sei n_0 eine ganze Zahl und $A(n)$ für jede ganze Zahl $n \geqslant n_0$ eine Aussage. Um $A(n)$ für alle $n \geqslant n_0$ zu beweisen, genügt es, zu zeigen:

(I.0) Induktions-Anfang: *$A(n_0)$ ist richtig.*
(I.1) Induktions-Schritt: *Für ein beliebiges $n \geqslant n_0$ gilt:*
Falls $A(n)$ richtig ist, so ist auch $A(n + 1)$ richtig.

Die Wirkungsweise dieses Beweisprinzips ist leicht einzusehen: Nach (I.0) ist zunächst $A(n_0)$ richtig. Wendet man (I.1) auf den Fall $n = n_0$ an, erhält man die Gültigkeit von $A(n_0 + 1)$. Wiederholte Anwendung von (I.1) liefert dann die Richtigkeit von $A(n_0 + 2)$, $A(n_0 + 3)$, ..., usw.

© Der/die Autor(en), exklusiv lizenziert an Springer Fachmedien Wiesbaden GmbH, ein Teil von Springer Nature 2023
O. Forster, F. Lindemann, *Analysis 1*, Grundkurs Mathematik,
https://doi.org/10.1007/978-3-658-40130-6_1

Als erstes Beispiel beweisen wir damit eine nützliche Formel für die Summe der ersten n natürlichen Zahlen.

Satz 1.1 (Arithmetische Summenformel) *Für jede natürliche Zahl n gilt:*

$$1 + 2 + 3 + \cdots + n = \frac{n(n+1)}{2}.$$

Beweis Wir setzen zur Abkürzung $S(n) = 1 + 2 + \cdots + n$. Die durch vollständige Induktion zu beweisende Aussage $A(n)$ ist dann die Gleichung $S(n) = \frac{n(n+1)}{2}$.

Induktions-Anfang $n = 1$. Es ist $S(1) = 1$ und $\frac{1(1+1)}{2} = 1$, also gilt die Gleichung für $n = 1$.

Induktions-Schritt $n \to n + 1$. Wir nehmen an, dass

$$S(n) = \frac{n(n+1)}{2} \qquad \text{(Induktions-Voraussetzung)}$$

gilt und müssen zeigen, dass daraus die Gleichung

$$S(n+1) = \frac{(n+1)(n+2)}{2} \qquad \text{(Induktions-Behauptung)}$$

folgt. Dies sieht man so:

$$\begin{aligned}
S(n+1) = S(n) + (n+1) &\underset{\text{IV}}{=} \frac{n(n+1)}{2} + n + 1 \\
&= \frac{(n+1)(n+2)}{2}.
\end{aligned}$$

Dabei deutet $\underset{\text{IV}}{=}$ an, dass an dieser Stelle die Induktions-Voraussetzung benutzt wurde. $\square$

Der Satz 1.1 erinnert an die bekannte Geschichte über C.F. Gauß, der als kleiner Schüler seinen Lehrer dadurch in Erstaunen versetzte, dass er die Aufgabe, die Zahlen von 1 bis 100 zusammenzuzählen, in kürzester Zeit im Kopf löste. Gauß verwendete dazu keine vollständige Induktion, sondern benutzte folgenden Trick: Er fasste den ersten mit dem letzten Summanden, den zweiten mit dem vorletzten zusammen, usw.

$$1 + 2 + \cdots + 100 = (1 + 100) + (2 + 99) + \cdots + (50 + 51)$$
$$= 50 \cdot 101 = 5050 \,.$$

Natürlich ergibt sich dasselbe Resultat mit der Formel aus Satz 1.1.

Summenzeichen   Formeln wie in Satz 1.1 lassen sich oft prägnanter unter Verwendung des Summenzeichens schreiben. Seien $m \leqslant n$ ganze Zahlen. Für jede ganze Zahl k mit $m \leqslant k \leqslant n$ sei a_k eine reelle Zahl. Dann setzt man

$$\sum_{k=m}^{n} a_k := a_m + a_{m+1} + \cdots + a_n \,.$$

(Dabei bedeutet $X := A$, dass X nach Definition gleich A ist.) Für $m = n$ besteht die Summe aus dem einzigen Summanden a_m. Es ist zweckmäßig, für $n = m - 1$ folgende Konvention einzuführen:

$$\sum_{k=m}^{m-1} a_k := 0 \qquad \text{(leere Summe)}.$$

Man kann die etwas unbefriedigenden Pünktchen … in der Definition des Summenzeichens vermeiden, wenn man *Definition durch vollständige Induktion* benutzt: Der Induktions-Anfang ist die leere Summe $\sum_{k=m}^{m-1} a_k := 0$ und der Induktionsschritt wird gegeben durch

$$\sum_{k=m}^{n+1} a_k := \left(\sum_{k=m}^{n} a_k \right) + a_{n+1} \qquad \text{für alle } n \geqslant m - 1 \,.$$

(Summen $\sum_{k=m}^{n} a_k$ mit $n < m - 1$ bleiben undefiniert.)

Als natürliche Zahlen bezeichnen wir alle Elemente der Menge

$$\mathbb{N} := \{0, 1, 2, 3, \dots\}$$

der nicht-negativen ganzen Zahlen (einschließlich der Null). Mit

$$\mathbb{Z} := \{0, \pm 1, \pm 2, \pm 3, \dots\}$$

wird die Menge aller ganzen Zahlen bezeichnet.

Nun lässt sich Satz 1.1 so aussprechen: Es gilt

$$\sum_{k=1}^{n} k = \frac{n(n + 1)}{2} \quad \text{für alle } n \in \mathbb{N}.$$

(Für $n = 0$ gilt die Formel trivialerweise, da dann beide Seiten der Gleichung den Wert 0 haben.)

(1.1) Als weiteres Beispiel für einen Beweis durch vollständige Induktion betrachten wir die Summe der ersten ungeraden natürlichen Zahlen:

$$1 = 1,$$
$$1 + 3 = 4,$$
$$1 + 3 + 5 = 9,$$
$$1 + 3 + 5 + 7 = 16,$$
$$1 + 3 + 5 + 7 + 9 = 25,$$
$$\dots$$

Es fällt auf, dass sich stets eine Quadratzahl ergibt. Um zu zeigen, dass dies allgemein richtig ist, verwenden wir wieder vollständige Induktion.

Satz 1.2 *Für alle natürlichen Zahlen n gilt* $\displaystyle\sum_{k=1}^{n} (2k - 1) = n^2$.

Beweis *Induktions-Anfang n = 0.*

$$\sum_{k=1}^{0}(2k-1) = 0 = 0^2 \qquad \text{(leere Summe)}.$$

Wem das Hantieren mit leeren Summen nicht geheuer ist, der kann auch mit $n = 1$ anfangen:

$$\sum_{k=1}^{1}(2k-1) = 2 \cdot 1 - 1 = 1 = 1^2.$$

Induktions-Schritt $n \to n + 1$.

$$\sum_{k=1}^{n+1}(2k-1) = \sum_{k=1}^{n}(2k-1) + (2(n+1)-1)$$

$$\underset{\text{IV}}{=} n^2 + 2n + 1 = (n+1)^2. \qquad \square$$

Übrigens kann man Satz 1.2 auch aus Satz 1.1 ableiten:

$$\sum_{k=1}^{n}(2k-1) = \left(2\sum_{k=1}^{n}k\right) - n \underset{\uparrow}{=} n(n+1) - n = n^2.$$

Dabei wurde an der Stelle $\underset{\uparrow}{=}$ der Satz 1.1 benutzt.

(1.2) Ein interessantes Phänomen zeigt sich, wenn man die Summe der ersten Kuben natürlicher Zahlen betrachtet.

$$1^3 = 1 = 1^2,$$
$$1^3 + 2^3 = 9 = 3^2,$$
$$1^3 + 2^3 + 3^3 = 36 = 6^2,$$
$$1^3 + 2^3 + 3^3 + 4^3 = 100 = 10^2.$$

Es ergeben sich Quadratzahlen und die Basen der entstehenden Quadrate sind die Zahlen 1, 3, 6, 10, welche wiederum die uns aus Satz 1.1 bekannten Summen der ersten natürlichen Zahlen sind.

$$1 = 1,$$
$$1 + 2 = 3,$$
$$1 + 2 + 3 = 6,$$
$$1 + 2 + 3 + 4 = 10.$$

Um die sich aufdrängende Vermutung zu stützen, gehen wir einen Schritt weiter und erhalten die Gleichung

$$1^3 + 2^3 + 3^3 + 4^3 + 5^3 = 225 = (1 + 2 + 3 + 4 + 5)^2 = 15^2.$$

Der allgemeine Fall wäre dann:

Behauptung   Für alle natürlichen Zahlen $n \in \mathbb{N}$ gilt

$$\sum_{k=1}^{n} k^3 = \left(\sum_{k=1}^{n} k \right)^2 = \frac{n^2(n+1)^2}{4}.$$

Beweis   durch vollständige Induktion.

Induktions-Anfang Die Fälle $n = 0$ und $n = 1$ sind trivial.

Induktions-Schritt $n \to n + 1$. Nach Induktions-Voraussetzung gilt die Formel $\sum_{k=1}^{n} k^3 = n^2(n+1)^2/4$. Daraus folgt

$$\sum_{k=1}^{n+1} k^3 \underset{\text{IV}}{=} \frac{n^2(n+1)^2}{4} + (n+1)^3$$

$$= \frac{(n+1)^2}{4}\left(n^2 + 4(n+1)\right) = \frac{(n+1)^2(n+2)^2}{4}.$$

Dies ist aber die Induktions-Behauptung.   □

Definition (Primzahl)   Eine natürliche Zahl $n > 1$ heißt *Primzahl*, wenn n keinen nicht-trivialen Teiler besitzt, d. h. wenn für jede Zerlegung

$$n = k \cdot \ell \quad \text{mit } k, \ell \in \mathbb{N}$$

folgt, dass $k = 1$ oder $\ell = 1$. Die Zahl 1 ist definitionsgemäß keine Primzahl.

Die Reihe der Primzahlen beginnt mit

$$2, 3, 5, 7, 11, 13, 17, 19, 23, 29, 31, 37, 41, 43, 47, \ldots$$

Bemerkung   In der Zerlegung $n = k \cdot \ell$ kann man ohne Beschränkung der Allgemeinheit[1] annehmen, dass $k \leq \ell$ (andernfalls vertausche man die Faktoren). Es folgt dann $k^2 \leq k\ell = n$, d. h. $k \leq \sqrt{n}$. Das bedeutet: Die natürliche Zahl $n > 1$ ist genau dann prim, wenn sie keinen Teiler k mit $1 < k \leq \sqrt{n}$ besitzt.

Satz 1.3   *Eine natürliche Zahl $n > 1$ ist entweder selbst eine Primzahl oder ein Produkt*

$$n = p_1 \cdot \ldots \cdot p_r$$

von endlich vielen Primzahlen $p_1, \ldots, p_r$.

Bemerkung   Ist $n = p$ selbst prim, so kann man natürlich n auch als Produkt mit nur einem Primfaktor p auffassen.

Wir beweisen den Satz durch vollständige Induktion in einer modifizierten Form. Statt des Induktions-Schritts (I.1) verwenden wir

(I.1)′ Für ein beliebiges $n > n_0$ gilt: Falls $A(k)$ richtig ist für alle $n_0 \leq k < n$, so ist auch $A(n)$ richtig.

---

[1] künftig als o. B. d. A. abgekürzt.

Dass dieses Induktions-Schema mit dem eingangs diesen Kapitels beschriebenen Beweisprinzip äquivalent ist, sieht man so: Wir bezeichnen mit $A^*(n)$ die Aussage:

$A(k)$ *gilt für alle natürlichen Zahlen* $n_0 \le k \le n$.

Dann ist $A^*(n_0)$ der Induktions-Anfang und der Induktions-Schritt (I.1)′ ist die Implikation: Aus $A^*(n-1)$ folgt $A^*(n)$.

Nun zur **Durchführung des Beweises** von Satz 1.3!

Induktions-Anfang $n_0 = 2$: Die Zahl 2 ist eine Primzahl.

Induktions-Schritt Sei $n > 2$. Wir setzen voraus, dass die Behauptung des Satzes für alle natürlichen Zahlen k mit $2 \le k < n$ richtig ist, und folgern daraus die Gültigkeit für die Zahl n.

Falls n selbst Primzahl ist, sind wir fertig. Andernfalls gibt es eine Zerlegung $n = k \cdot \ell$ mit natürlichen Zahlen $1 < k, \ell < n$. Für k und ℓ gilt jeweils die Induktions-Voraussetzung; es gibt also Produkt-Darstellungen

$$k = p_1 \cdots p_r, \quad \ell = q_1 \cdots q_s$$

mit Primzahlen p_i, q_j, ($1 \le i \le r$, $1 \le j \le s$, $r \ge 1$, $s \ge 1$). Multiplikation ergibt dann die gewünschte Primfaktor-Zerlegung:

$$n = k \cdot \ell = p_1 \cdots p_r \cdot q_1 \cdots q_s. \qquad \square$$

Folgerung Jede ganze Zahl $n \ne 0, \pm 1$ besitzt eine Produkt-Darstellung

$$n = \sigma \cdot p_1^{k_1} \cdots p_t^{k_t} \qquad (\star)$$

mit $\sigma = \pm 1$ und Primzahlen $p_1 < \ldots < p_t$, ($t \ge 1$).

Dies folgt unmittelbar durch Zusammenfassung der gleichen Primfaktoren aus Satz 1.3 und Ordnung nach der Größe. $\square$

Bemerkung Wir haben hier nicht bewiesen, dass die Zerlegung ($\star$) eindeutig bestimmt ist. Das ist zwar richtig, erfordert aber einige zusätzliche Überlegungen. Siehe dazu z. B. [Fo], §5.

(1.3) Primzahlformel? Dass die Verhältnisse nicht immer so einfach liegen, wie in den Beispielen (1.1) und (1.2), sollen die folgenden Betrachtungen zeigen. Das Polynom $P(x)$ sei wie folgt definiert:

$$P(x) := x^2 + x + 41.$$

Wir berechnen die Werte dieses Polynoms an den natürlichen Zahlen: Für $0 \leqslant n \leqslant 10$ erhält man

n	0	1	2	3	4	5	6	7	8	9	10
$P(n)$	41	43	47	53	61	71	83	97	113	131	151

Es fällt auf, dass lauter Primzahlen entstehen. (Um sich z. B. davon zu überzeugen, dass 151 prim ist, muss man, da $13^2 > 151$, nur prüfen, dass 151 durch keine der Primzahlen 2, 3, 5, 7, 11 teilbar ist.) Man könnte deshalb vermuten, dass $P(n)$ für alle natürlichen Zahlen n prim ist. Ein Beweis bietet sich jedoch nicht unmittelbar an. Aus Satz 1.1 folgt

$$P(n) = 41 + 2\sum_{k=1}^{n} k.$$

Da die Summe einer ungeraden und einer geraden Zahl ungerade ist, ist also $P(n)$ stets ungerade. Dies ist dafür, dass eine ganze Zahl > 2 prim ist, zwar eine notwendige, aber keineswegs hinreichende Bedingung. Etwas weitergehend wollen wir zeigen, dass keine der Zahlen $P(n)$ durch eine der Primzahlen $p = 2, 3, 5, 7, 11$ teilbar ist. Hierfür geben wir einen Beweis durch vollständige Induktion. Es bezeichne $A(n)$ die folgende Aussage:

$P(n)$ ist durch keine der Primzahlen 2, 3, 5, 7, 11 teilbar.

Dann sind $A(0), A(1), \ldots, A(10)$ wahr, da die $P(n)$, $n \leqslant 10$, Primzahlen > 11 sind. Dies ist unser Induktions-Anfang. Sei nun $n > 10$ vorgegeben. Wir nehmen an, dass $A(k)$ für alle $k < n$ wahr ist (Induktions-Voraussetzung) und wollen daraus ableiten (Induktions-Schritt), dass dann auch $A(n)$ gilt.

Für die Gültigkeit von $A(n)$ ist zu zeigen, dass $P(n)$ durch keine der Primzahlen $p \in \{2, 3, 5, 7, 11\}$ teilbar ist. Dazu berechnen wir die Differenz

$$P(n) - P(n-p) = n^2 + n - (n-p)^2 - (n-p)$$
$$= 2np - p^2 + p = (2n - p + 1)p.$$

Da $n \geqslant 11$ und $p \leqslant 11$, gilt $0 \leqslant n - p < n$. Nach Induktions-Voraussetzung ist deshalb $A(n-p)$ wahr, also $P(n-p)$ nicht durch p teilbar. Bei der ganzzahligen Division von $P(n-p)$ durch p bleibt also ein Rest, d. h.

$$P(n-p) = mp + r$$

mit ganzen Zahlen m, r, wobei $0 < r < p$. Daraus folgt durch Addition der Differenz $P(n) - P(n-p)$, dass

$$P(n) = (m + 2n - p + 1)p + r,$$

was zeigt, dass auch $P(n)$ nicht durch p teilbar ist. $\square$

Damit haben wir bewiesen, dass die unendlich vielen Zahlen $P(n), n \in \mathbb{N}$, unter ihnen z. B.

$$P(100) = 10\,141 \quad \text{und} \quad P(1000) = 1\,001\,041,$$

alle keinen Primfaktor $p \leqslant 11$ besitzen. Dies beweist natürlich noch nicht, dass diese Zahlen prim sind. Tatsächlich sind $P(100)$ und $P(1000)$ jedoch (zufällig?) Primzahlen. Im Fall von $P(1000)$ hat man dazu nachzuprüfen (am besten mit Computer-Hilfe), dass diese Zahl keinen Primfaktor $\leqslant 1000$ hat. Wir erweitern unsere Tabelle für $P(n)$ noch um einige Werte:

n	0	1	2	3	4	5	6	7	8	9
$P(n)$	41	43	47	53	61	71	83	97	113	131
$P(10+n)$	151	173	197	223	251	281	313	347	383	421
$P(20+n)$	461	503	547	593	641	691	743	797	853	911
$P(30+n)$	971	1033	1097	1163	1231	1301	1373	1447	1523	1601

Wieder entstehen lauter Primzahlen, wovon sich die Leserin selbst überzeugen möge. Jedoch

$$P(40) = 40(40 + 1) + 41 = 41^2$$

ist keine Primzahl. Die Vermutung „*Für alle natürlichen Zahlen n ist P(n) = n² + n + 41 eine Primzahl*" ist daher falsch, obwohl sie in den Spezialfällen $n = 0, 1, 2, 3, 4, 5, \ldots, 37, 38, 39$ zutrifft. In der Mathematik ist ein Satz falsch, wenn es auch nur ein einziges Gegenbeispiel dazu gibt. Das Sprichwort „Die Ausnahme bestätigt die Regel" ist hier nicht anwendbar. In unserem speziellen Fall gibt es sogar unendlich viele Ausnahmen, denn es ist leicht zu sehen, dass für alle n der Gestalt $n = 41m$ die Zahl $P(n)$ durch 41 teilbar ist (darauf hätte man natürlich gleich kommen können). Es lässt sich sogar zeigen, dass es überhaupt kein Polynom $P(x)$ vom Grad $\geqslant 1$ mit ganzzahligen Koeffizienten gibt, so dass $P(n)$ für alle natürlichen Zahlen n eine Primzahl ist.

Man wird sich aber fragen, ob es einen tieferen Grund dafür gibt, dass das quadratische Polynom $n^2 + n + 41$ für so viele konsekutive Werte von n eine Primzahl liefert (diese Tatsache wurde bereits von Euler entdeckt). Für eine Antwort, die weitergehende zahlentheoretische Hilfsmittel erfordert, verweisen wir den interessierten Leser auf das Buch von Ribenboim [Ri], Kap. 5.

Wir kommen jetzt zur Definition der Fakultät einer natürlichen Zahl, die in der Kombinatorik eine wichtige Rolle spielt.

Definition (Fakultät)   Für $n \in \mathbb{N}$ setzt man

$$n! := \prod_{k=1}^{n} k = 1 \cdot 2 \cdot \ldots \cdot n \quad \text{(gelesen: } n \text{ Fakultät)}.$$

Dabei ist das *Produktzeichen* ist ganz analog zum Summenzeichen definiert. Man setzt (Induktions-Anfang)

$$\prod_{k=m}^{m-1} a_k := 1 \quad \text{(leeres Produkt)},$$

und (Induktions-Schritt)

$$\prod_{k=m}^{n+1} a_k := \left(\prod_{k=m}^{n} a_k\right) a_{n+1} \qquad \text{für alle } n \geq m - 1.$$

(Das leere Produkt wird deshalb als 1 definiert, da die Multiplikation mit 1 dieselbe Wirkung hat, wie wenn man überhaupt nicht multipliziert.)

Insbesondere ist

$$0! = 1, \quad 1! = 1, \quad 2! = 2, \quad 3! = 6, \quad 4! = 24, \quad 5! = 120, \quad \dots$$

Satz 1.4 (Kombinatorische Bedeutung der Fakultät) *Die Anzahl aller möglichen Anordnungen einer n-elementigen Menge* $\{a_1, a_2, \dots, a_n\}$ *ist gleich* $n!$.

Beweis durch vollständige Induktion.

Induktions-Anfang $n = 1$. Eine ein-elementige Menge besitzt nur eine Anordnung ihrer Elemente. Andererseits ist $1!$ ebenfalls gleich 1.

Induktions-Schritt $n \to n + 1$. Die möglichen Anordnungen der $(n + 1)$-elementigen Menge $\{a_1, a_2, \dots, a_{n+1}\}$ zerfallen folgendermaßen in $n + 1$ Klassen C_k, $k = 1, \dots, n + 1$: Die Anordnungen der Klasse C_k haben das Element a_k an erster Stelle, bei beliebiger Anordnung der übrigen n Elemente. Nach Induktions-Voraussetzung besteht jede Klasse aus $n!$ Anordnungen. Die Gesamtzahl aller möglichen Anordnungen von $\{a_1, a_2, \dots, a_{n+1}\}$ ist also gleich $(n + 1) \cdot n! = (n + 1)!$. $\square$

Definition Für natürliche Zahlen n und k setzt man

$$\binom{n}{k} := \prod_{j=1}^{k} \frac{n - j + 1}{j} = \frac{n(n-1) \cdot \dots \cdot (n - k + 1)}{1 \cdot 2 \cdot \dots \cdot k}.$$

Die Zahlen $\binom{n}{k}$ (gelesen: n über k) heißen *Binomial-Koeffizienten* wegen ihres Auftretens im binomischen Lehrsatz (vgl. den folgenden Satz 1.7).

Aus der Definition folgt unmittelbar

$$\binom{n}{0} = 1, \ \binom{n}{1} = n \quad \text{für alle } n \geqslant 0,$$

$$\binom{n}{k} = 0 \quad \text{für } k > n, \quad \text{sowie}$$

$$\binom{n}{k} = \frac{n!}{k! \, (n-k)!} = \binom{n}{n-k} \quad \text{für } 0 \leqslant k \leqslant n.$$

Definiert man noch $\binom{n}{k} := 0$ für $k < 0$, so gilt

$$\binom{n}{k} = \binom{n}{n-k} \quad \text{für alle } n \in \mathbb{N} \text{ und } k \in \mathbb{Z}.$$

Hilfssatz 1.5 *Für alle natürlichen Zahlen $n \geqslant 1$ und alle $k \in \mathbb{Z}$ gilt*

$$\binom{n}{k} = \binom{n-1}{k-1} + \binom{n-1}{k}.$$

Beweis Für $k \geqslant n$ und $k \leqslant 0$ verifiziert man die Formel unmittelbar. Es bleibt also der Fall $0 < k < n$ zu betrachten. Dann ist

$$\binom{n-1}{k-1} + \binom{n-1}{k} = \frac{(n-1)!}{(k-1)! \, (n-k)!} + \frac{(n-1)!}{k! \, (n-k-1)!}$$

$$= \frac{k(n-1)! + (n-k)(n-1)!}{k! \, (n-k)!}$$

$$= \frac{n(n-1)!}{k! \, (n-k)!} = \binom{n}{k}. \qquad \square$$

Satz 1.6 (Kombinatorische Bedeutung der Binomialkoeffizienten) *Die Anzahl der k-elementigen Teilmengen einer n-elementigen Menge $\{a_1, a_2, \ldots, a_n\}$ ist gleich $\binom{n}{k}$.*

Bemerkung Daraus folgt auch, dass die Zahlen $\binom{n}{k}$ ganz sind, was aus ihrer Definition nicht unmittelbar ersichtlich ist.

Beweis Wir beweisen die Behauptung durch vollständige Induktion nach n.

Induktions-Anfang $n = 1$. Die Menge $\{a_1\}$ besitzt genau eine null-elementige Teilmenge, nämlich die leere Menge $\emptyset$, und genau eine einelementige Teilmenge, nämlich $\{a_1\}$. Anderseits ist auch $\binom{1}{0} = \binom{1}{1} = 1$.

(Übrigens gilt der Satz auch für $n = 0$, denn die leere Menge besitzt genau eine nullelementige Teilmenge, nämlich die leere Menge, und es gilt $\binom{0}{0} = \frac{0!}{0!0!} = 1$.)

Induktions-Schritt $n \to n + 1$. Die Behauptung sei für Teilmengen der n-elementigen Menge $M_n := \{a_1, \ldots, a_n\}$ schon bewiesen. Wir betrachten nun die k-elementigen Teilmengen von $M_{n+1} := \{a_1, \ldots, a_n, a_{n+1}\}$. Für $k = 0$ und $k = n + 1$ ist die Behauptung trivial, wir dürfen also $1 \leq k \leq n$ annehmen. Jede k-elementige Teilmenge von M_{n+1} gehört zu genau einer der beiden folgenden Klassen: $\mathcal{T}_0$ besteht aus allen k-elementigen Teilmengen von M_{n+1}, die a_{n+1} nicht enthalten, und $\mathcal{T}_1$ aus denjenigen k-elementigen Teilmengen, die a_{n+1} enthalten. Die Anzahl der Elemente von $\mathcal{T}_0$ ist gleich der Anzahl der k-elementigen Teilmengen von M_n, also nach Induktions-Voraussetzung gleich $\binom{n}{k}$. Da die Teilmengen der Klasse $\mathcal{T}_1$ alle das Element a_{n+1} enthalten, und die übrigen $k - 1$ Elemente der Menge M_n entnommen sind, besteht $\mathcal{T}_1$ nach Induktions-Voraussetzung aus $\binom{n}{k-1}$ Elementen. Insgesamt gibt es also (unter Benutzung von Hilfssatz 1.5)

$$\binom{n}{k} + \binom{n}{k-1} = \binom{n+1}{k}$$

k-elementige Teilmengen von M_{n+1}.   □

(1.4) *Beispiel.* Es gibt

$$\binom{49}{6} = \frac{49 \cdot 48 \cdot 47 \cdot 46 \cdot 45 \cdot 44}{1 \cdot 2 \cdot 3 \cdot 4 \cdot 5 \cdot 6} = 13\,983\,816$$

6-elementige Teilmengen einer Menge von 49 Elementen. Die Chance, beim Lotto „6 aus 49" die richtige Kombination zu erraten, ist also etwa $1 : 14$ Millionen.

Der folgende Satz verallgemeinert die schon aus der Schule bekannte Formel $(x + y)^2 = x^2 + 2xy + y^2$.

Satz 1.7 (Binomischer Lehrsatz)   *Seien* x, y *reelle Zahlen und* n *eine natürliche Zahl. Dann gilt*

$$(x + y)^n = \sum_{k=0}^{n} \binom{n}{k} x^{n-k} y^k.$$

Beweis   durch vollständige Induktion nach n.

Induktions-Anfang $n = 0$. Da nach Definition $a^0 = 1$ für jede reelle Zahl a (leeres Produkt), ist $(x + y)^0 = 1$ und

$$\sum_{k=0}^{0} \binom{0}{k} x^{n-k} y^k = \binom{0}{0} x^0 y^0 = 1.$$

Induktions-Schritt $n \to n + 1$.

$$(x + y)^{n+1} = (x + y)^n x + (x + y)^n y.$$

Für den ersten Summanden der rechten Seite erhält man unter Benutzung der Induktions-Voraussetzung

$$(x + y)^n x = \sum_{k=0}^{n} \binom{n}{k} x^{n+1-k} y^k = \sum_{k=0}^{n+1} \binom{n}{k} x^{n+1-k} y^k.$$

Dabei haben wir verwendet, dass $\binom{n}{n+1} = 0$. Für die Umformung des zweiten Summanden verwenden wir die offensichtliche Regel

$$\sum_{k=0}^{n} a_k = \sum_{k=1}^{n+1} a_{k-1}$$

über die *Indexverschiebung* bei Summen.

$$(x + y)^n y = \sum_{k=0}^{n} \binom{n}{k} x^{n-k} y^{k+1} = \sum_{k=1}^{n+1} \binom{n}{k-1} x^{n+1-k} y^k.$$

Addiert man den Summanden $\binom{n}{-1}x^{n+1}y^0 = 0$, erhält man

$$(x + y)^n y = \sum_{k=0}^{n+1}\binom{n}{k-1}x^{n+1-k}y^k.$$

Insgesamt ergibt sich, wenn man noch $\binom{n}{k} + \binom{n}{k-1} = \binom{n+1}{k}$ benutzt (Hilfssatz 1.5),

$$(x + y)^{n+1} = \sum_{k=0}^{n+1}\binom{n}{k}x^{n+1-k}y^k + \sum_{k=0}^{n+1}\binom{n}{k-1}x^{n+1-k}y^k$$

$$= \sum_{k=0}^{n+1}\binom{n+1}{k}x^{n+1-k}y^k. \qquad\qquad \square$$

Für die ersten n lautet der Binomische Lehrsatz ausgeschrieben

$(x + y)^0 = 1,$

$(x + y)^1 = x + y,$

$(x + y)^2 = x^2 + 2xy + y^2,$

$(x + y)^3 = x^3 + 3x^2y + 3xy^2 + y^3,$

$(x + y)^4 = x^4 + 4x^3y + 6x^2y^2 + 4xy^3 + y^4,$

$(x + y)^5 = x^5 + 5x^4y + 10x^3y^2 + 10x^2y^3 + 5xy^4 + y^5.$

Die auftretenden Koeffizienten kann man im sog. *Pascalschen Dreieck* anordnen.

```
                1
              1   1
            1   2   1
          1   3   3   1
        1   4   6   4   1
      1   5   10  10  5   1
    .   .   .   .   .   .   .
```

Aufgrund der Beziehung $\binom{n}{k} = \binom{n-1}{k-1} + \binom{n-1}{k}$ ist jede Zahl im Inneren des Dreiecks die Summe der beiden unmittelbar über ihr stehenden.

(1.5) *Folgerungen* aus dem binomischen Lehrsatz. *Für alle* $n \geq 1$ *gilt*

$$\sum_{k=0}^{n} \binom{n}{k} = 2^n \quad \text{und} \quad \sum_{k=0}^{n} (-1)^k \binom{n}{k} = 0.$$

Man erhält dies, wenn man $x = y = 1$ bzw. $x = 1$, $y = -1$ setzt.

Die erste dieser Formeln lässt sich nach Satz 1.6 kombinatorisch wie folgt interpretieren: Da $\binom{n}{k}$ die Anzahl der k-elementigen Teilmengen einer n-elementigen Menge angibt, besitzt eine n-elementige Menge insgesamt 2^n Teilmengen. Diese letztere Aussage lässt sich auch direkt beweisen: Wir ordnen jeder Teilmenge $T \subset M_n$ der n-elementigen Menge

$$M_n := \{a_1, a_2, \ldots, a_n\}$$

wie folgt einen „Bit-Vektor" $(\beta_1, \beta_2, \ldots, \beta_n)$ mit $\beta_i \in \{0, 1\}$ zu: Man setzt

$$\beta_i := \begin{cases} 1, & \text{falls } a_i \in T, \\ 0, & \text{falls } a_i \notin T. \end{cases}$$

Auf diese Weise erhält man eine umkehrbar eindeutige Zuordnung zwischen der Menge aller Teilmengen von M_n und der Menge aller n-dimensionalen Bit-Vektoren $(\beta_1, \beta_2, \ldots, \beta_n)$. Da es für jede Komponente β_i genau zwei Möglichkeiten 0 oder 1 gibt, gibt es insgesamt 2^n solcher Vektoren, also auch 2^n Teilmengen einer n-elementigen Menge. Dies liefert nun umgekehrt einen weiteren Beweis der Formel $\sum_{k=0}^{n} \binom{n}{k} = 2^n$.

Satz 1.8 (Geometrische Summenformel) *Für jede reelle Zahl* $x \neq 1$ *und jede natürliche Zahl* n *gilt*

$$\sum_{k=0}^{n} x^k = \frac{1 - x^{n+1}}{1 - x}.$$

Beweis   durch vollständige Induktion nach n.

Induktions-Anfang $n = 0$.

$$\sum_{k=0}^{0} x^k = 1 = \frac{1 - x^{0+1}}{1 - x}.$$

Induktions-Schritt $n \to n + 1$.

$$\sum_{k=0}^{n+1} x^k = \left(\sum_{k=0}^{n} x^k\right) + x^{n+1}$$

$$= \frac{1 - x^{n+1}}{1 - x} + x^{n+1} = \frac{1 - x^{(n+1)+1}}{1 - x}. \qquad \square$$

Folgerungen

(1.6)   Setzt man in Satz 1.8 speziell $x = 2$, erhält man

$$\sum_{k=0}^{n} 2^k = 2^{n+1} - 1,$$

insbesondere

$$\sum_{k=0}^{63} 2^k = 2^{64} - 1 = 18\,446\,744\,073\,709\,551\,615.$$

Mit den Zahlen von 0 bis 63 lassen sich die Felder eines Schachbretts durchnummerieren. Der Schachfreund erinnert sich jetzt an die Legende von der Belohnung des Erfinders des Schachspiels.

(1.7)   Schreibt man das Ergebnis von Satz 1.8 als $\sum_{k=0}^{n-1} x^k = \frac{1-x^n}{1-x}$ und multipliziert die Formel mit $x - 1$, erhält man die Zerlegung

$$x^n - 1 = (x - 1)(x^{n-1} + x^{n-2} + \cdots + x + 1).$$

(Dies gilt für alle reellen Zahlen x, auch für $x = 1$, da dann beide Seiten der Gleichung den Wert 0 haben.) Daraus kann man z. B. folgendes schließen:

Eine Zahl der Gestalt $M = 2^n - 1$ (n ganze Zahl > 1) ist höchstens dann eine Primzahl, wenn n eine Primzahl ist.

Beweis Ist n nicht prim, kann man n zerlegen als $n = k \cdot \ell$ mit ganzen Zahlen $k, \ell > 1$. Es folgt

$$M = 2^{k\ell} - 1 = (2^k)^\ell - 1$$
$$= (2^k - 1)(2^{k(\ell-1)} + 2^{k(\ell-2)} + \cdots + 1),$$

d. h. M ist dann nicht prim.   □

Eine notwendige Bedingung dafür, dass $M = 2^n - 1$ prim ist, ist also, dass n selbst eine Primzahl ist.

Bemerkung Solche Primzahlen wurden schon im 17. Jahrhundert von M. Mersenne studiert. Man nennt eine Primzahl der Gestalt $M_p := 2^p - 1$, (p prim), *Mersennesche Primzahl*. Die kleinsten Mersenneschen Primzahlen sind

$$M_2 = 2^2 - 1 = 3, \qquad M_3 = 2^3 - 1 = 7,$$
$$M_5 = 2^5 - 1 = 31, \qquad M_7 = 2^7 - 1 = 127,$$
$$M_{13} = 2^{13} - 1 = 8191, \quad M_{17} = 2^{17} - 1 = 131\,071.$$

Dagegen ist z. B. $M_{11} = 2^{11} - 1 = 2047 = 23 \cdot 89$ nicht prim. Bis heute (Stand Oktober 2022) sind erst 51 Mersennesche Primzahlen bekannt, die größte bekannte (M_p mit $p = 82\,589\,933$) hat über 24 Millionen Dezimalstellen.

(1.8) Ersetzt man in der Formel von (1.7) bei ungeradem $n = 2k + 1$ die Variable x durch $-x$, so erhält man

$$x^{2k+1} + 1 = (x + 1)(x^{2k} - x^{2k-1} + - \cdots - x + 1)$$

Daraus kann man ableiten:

Eine Zahl der Gestalt $F = 2^n + 1$, (n ganze Zahl ≥ 1), ist höchstens dann eine Primzahl, wenn n eine Zweierpotenz (d. h. $n = 2^k$) ist.

Denn ist n keine Zweierpotenz, so hat n einen ungeraden Faktor, d. h. $n = \ell m$ mit einer ungeraden Zahl $\ell \geq 3$ und $m \geq 1$. Daraus folgt

$$F = (2^m)^\ell + 1 = (2^m + 1)(2^{m(\ell-1)} - 2^{m(\ell-2)} + - \cdots - 2^m + 1),$$

also ist F dann keine Primzahl.   □

Bemerkung   Die Zahlen der Gestalt $F_k := 2^{2^k} + 1$ heißen *Fermat-Zahlen*. Fermat glaubte, dass alle F_k prim seien. Dies ist richtig für

$$F_0 = 2^1 + 1 = 3, \qquad F_1 = 2^2 + 1 = 5,$$
$$F_2 = 2^4 + 1 = 17, \qquad F_3 = 2^8 + 1 = 257,$$
$$F_4 = 2^{16} + 1 = 65\,537,$$

aber bereits $F_5 = 2^{32} + 1 = 4\,294\,967\,297 = 641 \cdot 6\,700\,417$ ist eine zusammengesetzte Zahl, was schon Euler feststellte. Bis heute wurden keine weiteren Fermatschen Primzahlen gefunden.

Aufgaben

1.1   Man beweise die Summenformel

$$\sum_{k=1}^{n} k^2 = \frac{n(n+1)(2n+1)}{6}.$$

1.2   Man finde eine Formel für

$$\sum_{k=1}^{n} (2k-1)^2$$

und beweise sie.

1.3 Sei r eine natürliche Zahl. Man zeige: Es gibt rationale Zahlen $a_{r1}, \ldots, a_{rr}$, so dass für alle $n \in \mathbb{N}$ gilt

$$\sum_{k=1}^{n} k^r = \frac{1}{r+1} n^{r+1} + a_{rr} n^r + \cdots + a_{r1} n.$$

1.4 Man beweise: Für alle natürlichen Zahlen n gilt

$$\sum_{k=1}^{n} \frac{1}{k(k+1)} = 1 - \frac{1}{n+1}.$$

1.5 Man beweise: Für alle natürlichen Zahlen N gilt

$$\sum_{n=1}^{2N} \frac{(-1)^{n-1}}{n} = \sum_{n=1}^{N} \frac{1}{N+n}.$$

1.6 Seien $a_0, a_1, \ldots, a_n$ und $b_0, b_1, \ldots, b_n$ reelle Zahlen und

$$A_k := \sum_{i=0}^{k} a_i, \quad B_k := \sum_{i=0}^{k} b_i \qquad \text{für } k = 0, 1, \ldots, n.$$

Man beweise (Abelsche partielle Summation):

$$\sum_{k=0}^{n} A_k b_k = A_n B_n - \sum_{k=0}^{n-1} a_{k+1} B_k.$$

1.7 Man beweise: Für jede natürliche Zahl n hat die Zahl

$$P(n) := n^2 + n + 41$$

keinen Primfaktor ≤ 37.

1.8 Seien n, k natürliche Zahlen mit $n \geq k$. Man beweise

$$\binom{n+1}{k+1} = \sum_{m=k}^{n} \binom{m}{k}.$$

1.9 Man beweise: Eine n-elementige Menge ($n \geq 1$) besitzt ebenso viele Teilmengen mit einer geraden Zahl von Elementen wie Teilmengen mit einer ungeraden Zahl von Elementen.

1.10 Für eine reelle Zahl x und eine natürliche Zahl k werde definiert

$$\binom{x}{k} := \prod_{j=1}^{k} \frac{x-j+1}{j} = \frac{x(x-1) \cdot \ldots \cdot (x-k+1)}{k!},$$

insbesondere $\binom{x}{0} = 1$. Man beweise für alle reellen Zahlen x, y und alle natürlichen Zahlen n

$$\binom{x+y}{n} = \sum_{k=0}^{n} \binom{x}{n-k}\binom{y}{k}.$$

1.11 Ersetzt man im Pascalschen Dreieck die Einträge durch kleine rechteckige weiße und schwarze Kästchen, je nachdem der entsprechende Binomial-Koeffizient gerade oder ungerade ist, so entsteht eine interessante Figur, siehe Abb. 1 A. Wir bezeichnen das Kästchen, das dem Binomial-Koeffizienten $\binom{k}{\ell}$ entspricht, mit (k, ℓ). In der Figur sind alle Kästchen (k, ℓ) bis $k = 63$ dargestellt. Man beweise dazu:

a) $\binom{2^n-1}{\ell}$ ist ungerade für alle $0 \leq \ell \leq 2^n - 1$, d. h. die Zeile mit $k = 2^n - 1$ ist vollständig schwarz.

b) $\binom{2^n}{\ell}$ ist gerade für alle $1 \leq \ell \leq 2^n - 1$.

c) $\binom{2^n+\ell}{\ell}$ ist ungerade für alle $0 \leq \ell \leq 2^n - 1$.

d) Das Dreieck mit den Ecken

$$(0, 0), (2^n - 1, 0), (2^n - 1, 2^n - 1)$$

geht durch die Verschiebung $(k, \ell) \mapsto (2^n + k, \ell)$ in das Dreieck

$$(2^n, 0), (2^{n+1} - 1, 0), (2^{n+1} - 1, 2^n - 1)$$

mit demselben Farbmuster über.

Abb. 1 A Pascalsches Dreieck modulo 2

e) Das Dreieck mit den Ecken $(0, 0), (2^n - 1, 0), (2^n - 1, 2^n - 1)$ weist außerdem eine Symmetrie bzgl. Drehungen um den Mittelpunkt mit Winkel 120 Grad und 240 Grad auf, genauer: Durch die Transformation

$$(k, \ell) \mapsto (2^n - 1 - \ell, k - \ell), \quad (0 \leqslant \ell \leqslant k \leqslant 2^n - 1)$$

geht das Dreieck unter Erhaltung des Farbmusters in sich über, d. h. die Binomial-Koeffizienten

$$\binom{k}{\ell} \quad \text{und} \quad \binom{2^n - 1 - \ell}{k - \ell}$$

sind entweder beide gerade oder beide ungerade.

1.12 Sei n eine natürliche Zahl. Wieviele Tripel (k_1, k_2, k_3) natürlicher Zahlen gibt es, die

$$k_1 + k_2 + k_3 = n$$

erfüllen?

1.13 Wie groß ist die Wahrscheinlichkeit, dass beim Lotto „6 aus 49" alle 6 gezogenen Zahlen gerade (bzw. alle ungerade) sind?

1.14 Es werde zufällig eine 7-stellige Zahl gewählt, wobei jede Zahl von 1 000 000 bis 9 999 999 mit der gleichen Wahrscheinlichkeit auftrete. Wie groß ist die Wahrscheinlichkeit dafür, dass alle 7 Ziffern paarweise verschieden sind?

Zugang zu den Flashcards

Als Käufer:in dieses Buches können Sie kostenlos die Springer Nature Flashcard-App „SN Flashcards" mit Fragen zur Wissens-überprüfung und zum Lernen von Buchinhalten nutzen.

Für die Nutzung folgen Sie bitte den folgenden Anweisungen:

1. Gehen Sie auf
   https://flashcards.springernature.com/login
2. Erstellen Sie ein Benutzerkonto, indem Sie Ihre E-Mailadresse angeben und ein Passwort vergeben.
3. Verwenden Sie den folgenden Link, um Zugang zu Ihrem SN Flashcards Set zu erhalten:
   www.sn.pub/VOILZI

Sollte der Link fehlen oder nicht funktionieren, senden Sie uns bitte eine E-Mail mit dem Betreff „SN Flashcards" und dem Buchtitel an customerservice@springernature.com.

Die Körper-Axiome

2

Wir setzen in diesem Buch die reellen Zahlen als gegeben voraus. Um auf sicherem Boden zu stehen, werden wir in diesem und den folgenden Kapiteln einige Axiome formulieren, aus denen sich alle Eigenschaften und Gesetze der reellen Zahlen ableiten lassen.

In diesem Kapitel behandeln wir die sogenannten Körper-Axiome, aus denen die Rechenregeln für die vier Grundrechnungsarten folgen. Da diese Rechenregeln sämtlich aus dem Schulunterricht geläufig sind, und dem Anfänger erfahrungsgemäß Beweise selbstverständlich erscheinender Aussagen Schwierigkeiten machen, kann dieses Kapitel bei der ersten Lektüre übergangen werden.

Mit $\mathbb{R}$ sei die Menge aller reellen Zahlen bezeichnet. Auf $\mathbb{R}$ sind zwei Verknüpfungen (Addition und Multiplikation) gegeben, d. h. für je zwei Elemente $x, y \in \mathbb{R}$ ist die Summe $x + y$ und das Produkt $x \cdot y$ (meist kurz xy geschrieben) erklärt. Formal gesehen sind das zwei Abbildungen

$$+ : \mathbb{R} \times \mathbb{R} \longrightarrow \mathbb{R}, \quad (x, y) \mapsto x + y,$$
$$\cdot : \mathbb{R} \times \mathbb{R} \longrightarrow \mathbb{R}, \quad (x, y) \mapsto xy.$$

Sie genügen den sog. Körper-Axiomen. Diese bestehen aus den Axiomen der Addition, der Multiplikation und dem Distributivgesetz, die wir der Reihe nach besprechen.

© Der/die Autor(en), exklusiv lizenziert an Springer Fachmedien Wiesbaden GmbH, ein Teil von Springer Nature 2023
O. Forster, F. Lindemann, *Analysis 1*, Grundkurs Mathematik,
https://doi.org/10.1007/978-3-658-40130-6_2

I. Axiome der Addition

(A.1) Assoziativgesetz. *Für alle $x, y, z \in \mathbb{R}$ gilt*

$$(x + y) + z = x + (y + z)\,.$$

(A.2) Kommutativgesetz. *Für alle $x, y \in \mathbb{R}$ gilt*

$$x + y = y + x\,.$$

(A.3) Existenz der Null. *Es gibt eine Zahl $0 \in \mathbb{R}$, so dass*

$$x + 0 = x \quad \text{für alle } x \in \mathbb{R}\,.$$

(A.4) Existenz des Negativen. *Zu jedem $x \in \mathbb{R}$ existiert eine Zahl $-x \in \mathbb{R}$, so dass*

$$x + (-x) = 0\,.$$

Folgerungen aus den Axiomen der Addition

(2.1) Die Zahl 0 ist durch ihre Eigenschaft eindeutig bestimmt.

Beweis Sei $0' \in \mathbb{R}$ ein weiteres Element mit $x + 0' = x$ für alle $x \in \mathbb{R}$. Dann gilt insbesondere $0 + 0' = 0$. Andrerseits ist $0' + 0 = 0'$ nach Axiom (A.3). Da nach dem Kommutativgesetz (A.2) aber $0 + 0' = 0' + 0$, folgt $0 = 0'$.   □

(2.2) Das Negative einer Zahl $x \in \mathbb{R}$ ist eindeutig bestimmt.

Beweis Sei x' eine reelle Zahl mit $x + x' = 0$. Addition von $-x$ von links auf beiden Seiten der Gleichung ergibt $(-x) + (x + x') = (-x) + 0$. Nach den Axiomen (A.1) und (A.3) folgt daraus

$$((-x) + x) + x' = -x\,.$$

Nach (A.2) und (A.4) ist $(-x) + x = x + (-x) = 0$, also

$$((-x) + x) + x' = 0 + x' = x' + 0 = x'.$$

Durch Vergleich erhält man $-x = x'$.   □

(2.3) Es gilt $-0 = 0$.

Beweis Nach (A.4) gilt $0 + (-0) = 0$ und nach (A.3) ist $0 + 0 = 0$. Da aber das Negative von 0 eindeutig bestimmt ist, folgt $-0 = 0$. $\qquad\square$

Bezeichnung Für $x, y \in \mathbb{R}$ setzt man $x - y := x + (-y)$.

(2.4) Die Gleichung $a + x = b$ hat eine eindeutige Lösung, nämlich $x = b - a$.

Beweis i) Wir zeigen zunächst, dass $x = b - a$ die Gleichung löst. Es ist nämlich

$$a + (b - a) = a + (b + (-a)) = a + ((-a) + b)$$
$$= (a + (-a)) + b = 0 + b = b + 0 = b.$$

Dabei wurden bei den Umformungen die Axiome (A.1) bis (A.4) benutzt.

ii) Wir zeigen jetzt die Eindeutigkeit der Lösung. Sei y irgend eine Zahl mit $a + y = b$. Addition von $-a$ auf beiden Seiten ergibt

$$(-a) + (a + y) = (-a) + b.$$

Die linke Seite der Gleichung ist gleich $((-a) + a) + y = 0 + y = y$, die rechte Seite gleich $b + (-a) = b - a$, d. h. es gilt $y = b - a$. $\qquad\square$

(2.5) Für jedes $x \in \mathbb{R}$ gilt $-(-x) = x$.

Beweis Nach Definition des Negativen von $-x$ gilt

$$(-x) + (-(-x)) = 0.$$

Andererseits ist nach (A.2) und (A.4) auch $(-x) + x = x + (-x) = 0$. Aus der Eindeutigkeit des Negativen folgt nun $-(-x) = x$. $\qquad\square$

(2.6) Für alle $x, y \in \mathbb{R}$ gilt $-(x + y) = -x - y$.

Beweis Nach Definition des Negativen von $x + y$ ist $(x + y) + (-(x+y)) = 0$. Addition von $-x$ auf beiden Seiten der Gleichung liefert

$$y + (-(x + y)) = -x \,.$$

Andererseits hat die Gleichung $y + z = -x$ für z die eindeutig bestimmte Lösung $z = -x - y$. Daraus folgt $-(x + y) = -x - y$.
□

II. Axiome der Multiplikation

(M.1) Assoziativgesetz. *Für alle $x, y, z \in \mathbb{R}$ gilt*

$$(xy)z = x(yz) \,.$$

(M.2) Kommutativgesetz. *Für alle $x, y \in \mathbb{R}$ gilt*

$$xy = yx \,.$$

(M.3) Existenz der Eins. *Es gibt ein Element $1 \in \mathbb{R}$, $1 \neq 0$, so dass*

$$x \cdot 1 = x \quad \text{für alle } x \in \mathbb{R} \,.$$

(M.4) Existenz des Inversen. *Zu jedem $x \in \mathbb{R}$ mit $x \neq 0$ gibt es ein $x^{-1} \in \mathbb{R}$, so dass*

$$xx^{-1} = 1 \,.$$

III. Distributivgesetz

(D) *Für alle $x, y, z \in \mathbb{R}$ gilt* $x(y + z) = xy + xz$.

Bemerkung In der Formulierung des Distributivgesetzes haben wir mit der Präzedenzregel „*Punkt vor Strich*" (d. h. die Multiplikation bindet stärker als die Addition) zwei Klammerpaare gespart. Danach bedeutet $xy + xz$ das Gleiche wie $(xy) + (xz)$.

Folgerungen aus den Axiomen II und III

(2.7)   Die Eins ist durch ihre Eigenschaft eindeutig bestimmt.

(2.8)   Das Inverse einer reellen Zahl $x \neq 0$ ist eindeutig bestimmt.

Die Aussagen (2.7) und (2.8) werden ganz analog den entsprechenden Aussagen (2.1) und (2.2) für die Addition bewiesen, indem man überall die Addition durch die Multiplikation, die Null durch die Eins und das Negative durch das Inverse ersetzt.   □

(2.9)   Für alle $a, b \in \mathbb{R}$ mit $a \neq 0$ hat die Gleichung $ax = b$ eine eindeutig bestimmte Lösung, nämlich $x = a^{-1}b =: \frac{b}{a} =: b/a$.

Beweis   i) $x = a^{-1}b$ löst die Gleichung, denn

$$a(a^{-1}b) = (aa^{-1})b = 1 \cdot b = b \cdot 1 = b .$$

ii) Zur Eindeutigkeit. Sei y eine beliebige Zahl mit $ay = b$. Multiplikation der Gleichung mit a^{-1} von links ergibt $a^{-1}(ay) = a^{-1}b$. Die linke Seite der Gleichung kann man unter Anwendung der Axiome (M.1) bis (M.4) umformen und erhält $a^{-1}(ay) = y$, woraus folgt $y = a^{-1}b$.   □

(2.10)   Für alle $x, y, z \in \mathbb{R}$ gilt $(x + y)z = xz + yz$.

Beweis   Unter Benutzung von (M.2) und (D) erhalten wir

$$(x + y)z = z(x + y) = zx + zy = xz + yz .$$ □

(2.11)   Für alle $x \in \mathbb{R}$ gilt $x \cdot 0 = 0$.

Beweis   Da $0 + 0 = 0$, folgt aus dem Distributivgesetz

$$x \cdot 0 + x \cdot 0 = x \cdot (0 + 0) = x \cdot 0 .$$

Subtraktion von $x \cdot 0$ von beiden Seiten der Gleichung ergibt $x \cdot 0 = 0$.   □

(2.12) Für $x, y \in \mathbb{R}$ gilt $xy = 0$ genau dann, wenn $x = 0$ oder $y = 0$.

(In Worten: Ein Produkt ist genau dann gleich null, wenn mindestens einer der Faktoren gleich null ist.)

Beweis Wenn $x = 0$ oder $y = 0$, so folgt aus (2.11), dass $xy = 0$. Sei nun umgekehrt vorausgesetzt, dass $xy = 0$. Falls $x = 0$, sind wir fertig. Falls aber $x \neq 0$, folgt aus (2.9), dass $y = x^{-1} \cdot 0 = 0$. □

(2.13) Für alle $x \in \mathbb{R}$ gilt $-x = (-1)x$.

Beweis Unter Benutzung des Distributivgesetzes erhält man

$$x + (-1) \cdot x = 1 \cdot x + (-1) \cdot x = (1 - 1) \cdot x = 0 \cdot x = 0,$$

d. h. $(-1)x$ ist ein Negatives von x. Wegen der Eindeutigkeit des Negativen folgt die Behauptung. □

(2.14) Für alle $x, y \in \mathbb{R}$ gilt $(-x)(-y) = xy$.

Beweis Mit (2.13), sowie dem Kommutativ- und Assoziativgesetz erhält man

$$(-x)(-y) = (-x)(-1)y = (-1)(-x)y = (-(-x))y.$$

Da $-(-x) = x$ wegen (2.5), folgt die Behauptung. □

(2.15) Für alle reellen Zahlen $x \neq 0$ gilt $(x^{-1})^{-1} = x$.

(2.16) Für alle reellen Zahlen $x \neq 0$, $y \neq 0$ gilt

$$(xy)^{-1} = x^{-1}y^{-1}.$$

Die Regeln (2.15) und (2.16) sind die multiplikativen Analoga der Regeln (2.5) und (2.6) und können auch analog bewiesen werden.

Allgemeines Assoziativgesetz

Die Addition von mehr als zwei Zahlen wird durch Klammerung auf die Addition von jeweils zwei Summanden zurückgeführt:

$$x_1 + x_2 + x_3 + \cdots + x_n := (\ldots((x_1 + x_2) + x_3) + \ldots) + x_n.$$

Man beweist durch wiederholte Anwendung des Assoziativgesetzes (A.1), dass jede andere Klammerung zum selben Resultat führt. Analoges gilt für das Produkt $x_1 x_2 \cdots \cdots x_n$.

Allgemeines Kommutativgesetz

Sei $(i_1, i_2, \ldots, i_n)$ eine Permutation (d. h. Umordnung) der Indizes $(1, 2, \ldots, n)$. Dann gilt

$$x_1 + x_2 + \cdots + x_n = x_{i_1} + x_{i_2} + \cdots + x_{i_n} \quad \text{und}$$
$$x_1 x_2 \cdots \cdots x_n = x_{i_1} x_{i_2} \cdots \cdots x_{i_n}.$$

Dies folgt durch wiederholte Anwendung der Kommutativgesetze (A.2) bzw. (M.2) sowie der Assoziativgesetze.

Aus dem allgemeinen Kommutativgesetz kann man folgende Regel für *Doppelsummen* ableiten:

$$\sum_{i=1}^{n} \sum_{j=1}^{m} a_{ij} = \sum_{j=1}^{m} \sum_{i=1}^{n} a_{ij}.$$

Denn nach Definition gilt

$$\sum_{i=1}^{n} \sum_{j=1}^{m} a_{ij} = \left(\sum_{j=1}^{m} a_{1j}\right) + \left(\sum_{j=1}^{m} a_{2j}\right) + \cdots + \left(\sum_{j=1}^{m} a_{nj}\right)$$
$$= (a_{11} + a_{12} + \cdots + a_{1m}) + \cdots + (a_{n1} + a_{n2} + \cdots + a_{nm})$$

und

$$\sum_{j=1}^{m} \sum_{i=1}^{n} a_{ij} = \left(\sum_{i=1}^{n} a_{i1}\right) + \left(\sum_{i=1}^{n} a_{i2}\right) + \cdots + \left(\sum_{i=1}^{n} a_{im}\right)$$
$$= (a_{11} + a_{21} + \cdots + a_{n1}) + \cdots + (a_{1m} + a_{2m} + \cdots + a_{nm}).$$

Es kommen also in beiden Fällen alle nm Summanden a_{ij}, ($1 \leqslant i \leqslant n$, $1 \leqslant j \leqslant m$) vor, nur in anderer Reihenfolge. $\qquad\square$

Allgemeines Distributivgesetz

Durch wiederholte Anwendung von (D) und Folgerung (2.10) beweist man

$$\Big(\sum_{i=1}^{n} x_i \Big) \Big(\sum_{j=1}^{m} y_j \Big) = \sum_{i=1}^{n} \sum_{j=1}^{m} x_i y_j \,.$$

Potenzen

Ist x eine reelle Zahl, so werden die Potenzen x^n für $n \in \mathbb{N}$ durch Induktion wie folgt definiert:

$$x^0 := 1, \qquad x^{n+1} := x^n x \quad \text{für alle } n \geq 0 \,.$$

(Man beachte, dass nach Definition auch $0^0 = 1$.)

Ist $x \neq 0$, so definiert man negative Potenzen x^{-n}, $(n > 0$ ganz), durch

$$x^{-n} := (x^{-1})^n.$$

Für die Potenzen gelten folgende Rechenregeln:

(2.17) $x^n x^m = x^{n+m}$,

(2.18) $(x^n)^m = x^{nm}$,

(2.19) $x^n y^n = (xy)^n$.

Dabei sind n und m beliebige ganze Zahlen und x, y reelle Zahlen, die $\neq 0$ vorauszusetzen sind, falls negative Exponenten vorkommen.

Wir beweisen als Beispiel die Aussage (2.19) und überlassen die anderen der Leserin als Übung.

a) Falls $n \geq 0$, verwenden wir vollständige Induktion nach n. Der Induktions-Anfang $n = 0$ ist trivial.

Induktions-Schritt $n \to n + 1$. Unter Verwendung des Kommutativ- und Assoziativgesetzes der Multiplikation erhält man

$$x^{n+1} y^{n+1} = x^n x y^n y = x^n y^n x y \underset{\text{IV}}{=} (xy)^n x y = (xy)^{n+1}.$$

b) Falls $n < 0$, ist $m := -n > 0$ und

$$x^n y^n = x^{-m} y^{-m} = (x^{-1})^m (y^{-1})^m.$$

Nach a) gilt $(x^{-1})^m (y^{-1})^m = (x^{-1} y^{-1})^m$, also unter Benutzung von (2.16)

$$x^n y^n = (x^{-1} y^{-1})^m = ((xy)^{-1})^m = (xy)^{-m} = (xy)^n. \quad \square$$

Definition (Körper)   Eine Menge K, zusammen mit zwei Verknüpfungen

$$+ : K \times K \longrightarrow K, \quad (x, y) \mapsto x + y,$$
$$\cdot : K \times K \longrightarrow K, \quad (x, y) \mapsto xy,$$

die den Axiomen I bis III genügen, nennt man einen *Körper*. In jedem Körper gelten alle in diesem Kapitel hergeleiteten Rechenregeln, da zu ihrem Beweis nur die Axiome verwendet wurden.

Beispiele $\mathbb{R}$, $\mathbb{Q}$ (Menge der rationalen Zahlen), und $\mathbb{C}$ (Menge der komplexen Zahlen, siehe Kap. 13) bilden mit der üblichen Addition und Multiplikation jeweils einen Körper. Dagegen ist die Menge $\mathbb{Z}$ aller ganzen Zahlen kein Körper, da das Axiom von der Existenz des Inversen verletzt ist (z. B. besitzt die Zahl $2 \in \mathbb{Z}$ in $\mathbb{Z}$ kein Inverses).

Ein merkwürdiger Körper ist die Menge $\mathbb{F}_2 = \{0, 1\}$ mit den Verknüpfungen

+	0	1
0	0	1
1	1	0

und

$\cdot$	0	1
0	0	0
1	0	1

Die Körper-Axiome können hier durch direktes Nachprüfen aller Fälle verifiziert werden. $\mathbb{F}_2$ ist der kleinst-mögliche Körper, denn jeder Körper muss mindestens die Null und die Eins enthalten. In $\mathbb{F}_2$ gilt $1 + 1 = 0$. Also kann man die Aussage $1 + 1 \neq 0$ nicht mithilfe der Körper-Axiome beweisen. Insbesondere kann man allein aufgrund der Körper-Axiome die natürlichen Zahlen noch nicht als Teilmenge der reellen Zahlen auffassen. Hierzu sind weitere Axiome erforderlich, die wir im nächsten Kapitel behandeln.

Aufgaben

2.1 Man beweise die folgenden Regeln für das Bruchrechnen.
Voraussetzung: $a, b, c, d \in \mathbb{R}, b \neq 0, d \neq 0$.

a) $\dfrac{a}{b} = \dfrac{c}{d}$ genau dann, wenn $ad = bc$,

b) $\dfrac{a}{b} \pm \dfrac{c}{d} = \dfrac{ad \pm bc}{bd}$,

c) $\dfrac{a}{b} \cdot \dfrac{c}{d} = \dfrac{ac}{bd}$,

d) $\dfrac{\frac{a}{b}}{\frac{c}{d}} = \dfrac{ad}{bc}$, falls zusätzlich $c \neq 0$.

2.2 Man beweise die Rechenregel (2.17) für Potenzen:

$$x^n x^m = x^{n+m},$$

($n, m \in \mathbb{Z}, x \in \mathbb{R}$, wobei $x \neq 0$ falls $n < 0$ oder $m < 0$).

Anleitung. Man behandle zunächst die Fälle

(1) $n \geqslant 0, m \geqslant 0$,
(2) $n > 0$ und $m = -k$ mit $0 < k \leqslant n$,

und führe den allgemeinen Fall auf (1) und (2) zurück.

2.3 Seien a_{ik} für $i, k \in \mathbb{N}$ reelle Zahlen. Man zeige für alle $n \in \mathbb{N}$

$$\sum_{k=0}^{n} \sum_{i=0}^{n-k} a_{ik} = \sum_{i=0}^{n} \sum_{k=0}^{n-i} a_{ik} = \sum_{m=0}^{n} \sum_{k=0}^{m} a_{m-k,k} \,.$$

2.4 Es sei $\overline{\mathbb{N}} := \mathbb{N} \cup \{\infty\}$, wobei ∞ ein nicht zu $\mathbb{N}$ gehöriges Symbol ist. Auf $\overline{\mathbb{N}}$ führen wir zwei Verknüpfungen

$$\overline{\mathbb{N}} \times \overline{\mathbb{N}} \to \overline{\mathbb{N}}, \quad (a,b) \mapsto a + b,$$
$$\overline{\mathbb{N}} \times \overline{\mathbb{N}} \to \overline{\mathbb{N}}, \quad (a,b) \mapsto a \cdot b,$$

wie folgt ein:

i) Für $a, b \in \mathbb{N}$ sei $a + b$ bzw. $a \cdot b$ die übliche Addition bzw. Multiplikation natürlicher Zahlen.

ii) $a + \infty = \infty + a = \infty$ für alle $a \in \overline{\mathbb{N}}$,

iii) $0 \cdot \infty = \infty \cdot 0 = 0$,

iv) $a \cdot \infty = \infty \cdot a = \infty$ für alle $0 \neq a \in \overline{\mathbb{N}}$.

Man zeige, dass diese Verknüpfungen auf $\overline{\mathbb{N}}$ die Körperaxiome (A.1), (A.2), (A.3), (M.1), (M.2), (M.3) und (D), aber nicht (A.4) und (M.4) erfüllen.

Die Anordnungs-Axiome

3

In der Analysis ist das Rechnen mit Ungleichungen ebenso wichtig wie das Rechnen mit Gleichungen. Das Rechnen mit Ungleichungen beruht auf den Anordnungs-Axiomen. Es stellt sich heraus, dass alles auf den Begriff des positiven Elements zurückgeführt werden kann.

Anordnungs-Axiome In $\mathbb{R}$ sind gewisse Elemente als positiv ausgezeichnet (Schreibweise $x > 0$), so dass folgende Axiome erfüllt sind.

(O.1) *Trichotomie*. Für jedes x gilt genau eine der drei Beziehungen

$$x > 0, \quad x = 0, \quad -x > 0.$$

(O.2) *Abgeschlossenheit gegenüber Addition.*

$$x > 0 \text{ und } y > 0 \implies x + y > 0.$$

(O.3) *Abgeschlossenheit gegenüber Multiplikation.*

$$x > 0 \text{ und } y > 0 \implies xy > 0.$$

Die Axiome (O.2) und (O.3) lassen sich zusammenfassend kurz so ausdrücken: Summe und Produkt positiver Elemente sind wieder positiv.

© Der/die Autor(en), exklusiv lizenziert an Springer Fachmedien Wiesbaden GmbH, ein Teil von Springer Nature 2023
O. Forster, F. Lindemann, *Analysis 1*, Grundkurs Mathematik,
https://doi.org/10.1007/978-3-658-40130-6_3

Zur Notation   Wir haben hier in der Formulierung der Axiome den Implikationspfeil benutzt. $A \Rightarrow B$ bedeutet, dass die Aussage B aus der Aussage A folgt. Die Bezeichnung $A \Leftrightarrow B$ bedeutet, dass sowohl $A \Rightarrow B$ als auch $B \Rightarrow A$ gilt, also die Aussagen A und B logisch äquivalent sind. Schließlich heißt die Bezeichnung $A :\Leftrightarrow B$, dass die Aussage A durch die Aussage B definiert wird.

Definition   (Größer- und Kleiner-Relationen) Für reelle Zahlen x, y definiert man

$$x > y \quad :\Longleftrightarrow \quad x - y > 0 \,,$$
$$x < y \quad :\Longleftrightarrow \quad y > x \,,$$
$$x \geqslant y \quad :\Longleftrightarrow \quad x > y \ \text{oder} \ x = y \,,$$
$$x \leqslant y \quad :\Longleftrightarrow \quad x < y \ \text{oder} \ x = y \,.$$

Folgerungen aus den Axiomen

In den folgenden Aussagen sind x, y, z, a, b stets Elemente von $\mathbb{R}$.

(3.1)   Für zwei Elemente x, y gilt genau eine der Relationen

$$x < y \,, \quad x = y \,, \quad y < x \,.$$

Dies folgt unmittelbar aus Axiom (O.1). Damit kann man das Maximum und Minimum zweier reeller Zahlen definieren:

$$\max(x, y) := \begin{cases} x, & \text{falls } x \geqslant y, \\ y & \text{sonst,} \end{cases}$$

$$\min(x, y) := \begin{cases} x, & \text{falls } x \leqslant y, \\ y & \text{sonst.} \end{cases}$$

Allgemeiner wird das Maximum endlich vieler reeller Zahlen $x_1, x_2, \ldots, x_n$ $(n > 2)$ rekursiv definiert durch

$$\max(x_1, x_2, \ldots, x_n) := \max(\max(x_1, \ldots, x_{n-1}), x_n),$$

analog das Minimum $\min(x_1, x_2, \ldots, x_n)$.

(3.2) *Transitivität der Kleiner-Relation*

$$x < y \text{ und } y < z \implies x < z$$

Beweis Die Voraussetzungen bedeuten $y - x > 0$ und $z - y > 0$. Mit Axiom (O.2) folgt daraus $(y - x) + (z - y) = z - x > 0$, d. h. $x < z$. $\qquad\square$

(3.3) *Translations-Invarianz*

$$x < y \implies a + x < a + y$$

Dies folgt nach Definition daraus, dass $(a + y) - (a + x) = y - x$.

(3.4) *Spiegelung*

$$x < y \iff -x > -y$$

Dies folgt aus $y - x = (-x) - (-y)$.

Diese Aussagen unterstützen unsere anschauliche Vorstellung der reellen Zahlengeraden. Zeichnet man die Zahlengerade waagrecht, so denkt man sich die positiven Zahlen rechts vom Nullpunkt, die negativen Zahlen links davon. Von zwei Zahlen ist diejenige die größere, die weiter rechts liegt. Addition einer Zahl a entspricht einer Verschiebung (nach rechts, wenn $a > 0$, nach links, wenn $a < 0$). Der Übergang von x zu $-x$ bedeutet eine Spiegelung am Nullpunkt; dabei werden die Rollen von rechts und links vertauscht.

(Es ist natürlich nur eine Konvention, dass die Zahlen in Richtung von links nach rechts größer werden; man hätte genauso gut die andere Richtung wählen können. Die übliche Konvention erklärt sich wohl aus der Schreibrichtung von links nach rechts.)

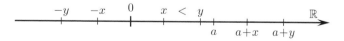

Abb. 3 A   Die Zahlengerade

(3.5) $x < y$ und $a < b$ $\implies$ $x + a < y + b$

Beweis Mit (3.3) folgt aus den Voraussetzungen $a + x < a + y$ und $y + a < y + b$. Wegen der Transitivität ergibt sich daraus $x + a < y + b$. □

(3.6) $x < y$ und $a > 0$ $\implies$ $ax < ay$

Kurz gesagt: Man darf eine Ungleichung mit einer positiven Zahl multiplizieren.

Beweis Da nach Voraussetzung $y - x > 0$ und $a > 0$, folgt aus Axiom (O.3), dass $a(y - x) = ay - ax > 0$. Dies bedeutet aber nach Definition $ax < ay$. □

(3.7) $0 \leqslant x < y$ und $0 \leqslant a < b$ $\implies$ $ax < by$

Beweis Steht bei einer der beiden Voraussetzungen das Gleichheitszeichen, so ist stets $ax = 0 < by$. Sei also $0 < x < y$ und $0 < a < b$. Mit (3.6) folgt $ax < ay$ und $ay < by$, also aufgrund der Transitivität $ax < by$. □

(3.8) $x < y$ und $a < 0$ $\implies$ $ax > ay$

Anders ausgedrückt: Multipliziert man eine Ungleichung mit einer negativen Zahl, so verwandelt sich das Kleiner- in ein Größer-Zeichen.

Beweis Da $-a > 0$ (nach (3.4)), erhält man mit (3.6) $-ax < -ay$. Die Behauptung folgt durch nochmalige Anwendung von (3.4). □

(3.9) Für jedes Element $x \neq 0$ ist $x^2 > 0$, insbesondere gilt $1 > 0$.

Beweis Ist $x > 0$, so folgt $x^2 > 0$ aus Axiom (O.3); ist dagegen $x < 0$, so folgt dies aus (3.8). Da $0 \neq 1 = 1^2$, ergibt sich $1 > 0$. □

(3.10) $x > 0 \iff x^{-1} > 0$

Beweis Da $x^{-2} > 0$ nach (3.9), ergibt sich die Implikation '$\Rightarrow$' durch Multiplikation von x mit x^{-2} aus Axiom (O.3). Die Umkehrung '$\Leftarrow$' folgt aus '$\Rightarrow$', angewendet auf x^{-1}, da $(x^{-1})^{-1} = x$. □

(3.11) $0 < x < y \implies x^{-1} > y^{-1}$

Beweis Aus Axiom (O.3) folgt $xy > 0$, also nach (3.10) auch $(xy)^{-1} = x^{-1}y^{-1} > 0$. Nach (3.6) darf man die Ungleichung $x < y$ mit $x^{-1}y^{-1}$ multiplizieren und erhält

$$y^{-1} = x\,(x^{-1}y^{-1}) < y\,(x^{-1}y^{-1}) = x^{-1}. \qquad □$$

Definition (Angeordneter Körper) Ein Körper, in dem gewisse Elemente als positiv ausgezeichnet sind, so dass die Axiome (O.1), (O.2) und (O.3) gelten, heißt *angeordneter Körper*.

Beispiele $\mathbb{R}$ und $\mathbb{Q}$ sind angeordnete Körper. Dagegen kann der Körper $\mathbb{F}_2$ nicht angeordnet werden, denn in ihm gilt $1 + 1 = 0$, was wegen (3.9) im Widerspruch zu Axiom (O.2) steht. Ebenso besitzt der Körper der komplexen Zahlen (den wir in Kap. 13 einführen), keine Anordnung, da in ihm $i^2 = -1$, was der Regel (3.9) widerspricht.

Die natürlichen Zahlen als Teilmenge von $\mathbb{R}$

In jedem Körper gibt es die 0 und die 1. Um die weiteren natürlichen Zahlen zu erhalten, kann man versuchen, einfach sukzessive die 1 zu addieren, $2 := 1 + 1$, $3 := 2 + 1$, $4 := 3 + 1$, usw. Dass dies nicht ohne weiteres das Erwartete liefert, sieht man am Körper $\mathbb{F}_2$, in dem damit $2 = 0$ ist, was unseren Vorstellungen von den natürlichen Zahlen widerspricht. Es stellt sich aber heraus, dass aufgrund der Anordnungs-Axiome innerhalb des Körpers der reellen Zahlen solche Pathologien nicht auftreten können.

Es sei $\mathcal{N}$ die kleinste Teilmenge von $\mathbb{R}$ mit folgenden Eigenschaften:

i) $0 \in \mathcal{N}$,
ii) $x \in \mathcal{N} \Rightarrow x + 1 \in \mathcal{N}$.

$\mathcal{N}$ besteht also genau aus den Zahlen, die sich aus der 0 durch sukzessive Additionen von 1 erhalten lassen. Wir definieren eine Abbildung (*Nachfolger-Funktion*)

$$\nu : \mathcal{N} \longrightarrow \mathcal{N}, \quad \nu(x) := x + 1.$$

Um zu sehen, dass die Menge $\mathcal{N}$ aus den ‚richtigen' natürlichen Zahlen besteht, verifizieren wir die sog. *Peano-Axiome*. Nach Peano lassen sich die natürlichen Zahlen charakterisieren als eine Menge $\mathcal{N}$ mit einem ausgezeichneten Element 0 und einer Abbildung $\nu : \mathcal{N} \to \mathcal{N}$, so dass folgende Axiome erfüllt sind:

(P.1) $x \neq y \Longrightarrow \nu(x) \neq \nu(y)$, d. h. zwei verschiedene Elemente von $\mathcal{N}$ haben auch verschiedene Nachfolger.
(P.2) $0 \notin \nu(\mathcal{N})$, d. h. kein Element von $\mathcal{N}$ hat 0 als Nachfolger.
(P.3) (Induktions-Axiom)
   Sei $M \subset \mathcal{N}$ eine Teilmenge mit folgenden Eigenschaften:
   i) $0 \in M$,
   ii) $x \in M \Longrightarrow \nu(x) \in M$.
   Dann gilt $M = \mathcal{N}$.

Für unsere Menge $\mathcal{N} \subset \mathbb{R}$ ist (P.3) nach Definition erfüllt und (P.1) ist trivial, denn in jedem Körper folgt aus $x + 1 = y + 1$, dass $x = y$. Es bleibt also nur noch (P.2) nachzuprüfen. Dazu zeigen wir zunächst

$$x \geqslant 0 \quad \text{für alle } x \in \mathcal{N}.$$

Beweis hierfür. Wir definieren $M := \{x \in \mathcal{N} : x \geqslant 0\}$. Offenbar erfüllt M die Bedingungen i) und ii) von (P.3), also muss $M = \mathcal{N}$ sein.

Wäre nun (P.2) falsch, so gäbe es ein $x \in \mathcal{N}$ mit $0 = \nu(x) = x + 1$, also $x = -1$. Nach (3.9) und (3.4) ist $-1 < 0$, im Widerspruch zu $x \geqslant 0$. $\square$

Somit sind alle Peano-Axiome erfüllt. Man kann zeigen, dass durch die Peano-Axiome die natürlichen Zahlen bis auf Isomorphie[1] eindeutig festgelegt sind. Wir werden deshalb $\mathcal{N}$ und $\mathbb{N}$ identifizieren.

Übrigens enthält das Peano-Axiom (P.3) das Prinzip der vollständigen Induktion. Denn sei $A(n)$ für jedes $n \in \mathbb{N}$ eine Aussage. Wir definieren M als die Menge aller $n \in \mathbb{N}$, für die $A(n)$ wahr ist. Dann bedeutet (P.3.i) den Induktions-Anfang und (P.3.ii) den Induktions-Schritt. Sind beide erfüllt, so gilt $M = \mathbb{N}$, d. h. $A(n)$ ist wahr für alle $n \in \mathbb{N}$.

Bemerkung Die gemachten Überlegungen zeigen, dass die natürlichen Zahlen in jedem angeordneten Körper enthalten sind.

Der Absolut-Betrag

Für eine reelle Zahl x wird ihr (Absolut-)Betrag definiert durch

$$|x| := \begin{cases} x, & \text{falls } x \geqslant 0, \\ -x, & \text{falls } x < 0, \end{cases}$$

gesprochen x-*Betrag* oder x-*absolut*. Die Definition ist gleichwertig mit

$$|x| := \max(x, -x).$$

Satz 3.1 *Der Absolut-Betrag in* $\mathbb{R}$ *hat folgende Eigenschaften:*

a) *Es ist* $|x| \geqslant 0$ *für alle* $x \in \mathbb{R}$ *und*

$$|x| = 0 \Longleftrightarrow x = 0.$$

---

[1] Dies bedeutet folgendes: Ist $\widetilde{\mathcal{N}}$ eine weitere Menge mit ausgezeichnetem Element $\widetilde{0} \in \widetilde{\mathcal{N}}$ und einer Funktion $\widetilde{\nu} : \widetilde{\mathcal{N}} \to \widetilde{\mathcal{N}}$, so dass das Tripel $(\widetilde{\mathcal{N}}, \widetilde{0}, \widetilde{\nu})$ die Peano-Axiome erfüllt, so gibt es eine eindeutig bestimmte, umkehrbar eindeutige Abbildung $\phi : \mathcal{N} \to \widetilde{\mathcal{N}}$ mit $\phi(0) = \widetilde{0}$ und $\phi(\nu(x)) = \widetilde{\nu}(\phi(x))$ für alle $x \in \mathcal{N}$.

b) (Multiplikativität)

$$|xy| = |x| \cdot |y| \quad \textit{für alle } x, y \in \mathbb{R}.$$

c) (Dreiecks-Ungleichung)

$$|x + y| \leqslant |x| + |y| \quad \textit{für alle } x, y \in \mathbb{R}.$$

Beweis Die Eigenschaft a) folgt unmittelbar aus der Definition.

b) Die Aussage ist trivial für $x, y \geqslant 0$. Im allgemeinen Fall schreiben wir $x = \pm x_0$ und $y = \pm y_0$ mit $x_0, y_0 \geqslant 0$. Dann ist

$$|xy| = |\pm x_0 y_0| = |x_0 y_0| = |x_0| \cdot |y_0| = |x| \cdot |y|.$$

c) Da $x \leqslant |x|$ und $y \leqslant |y|$, folgt aus (3.3) und (3.5), dass

$$x + y \leqslant |x| + |y|.$$

Ebenso ist wegen $-x \leqslant |x|$ und $-y \leqslant |y|$

$$-(x + y) = -x - y \leqslant |x| + |y|.$$

Zusammen genommen ergibt sich $|x + y| \leqslant |x| + |y|$. $\square$

Definition (Bewerteter Körper) Ein Körper K, auf dem eine Abbildung

$$K \to \mathbb{R}, \quad x \mapsto |x|,$$

definiert ist, so dass die in Satz 3.1 genannten Eigenschaften a), b), c) erfüllt sind, heißt *bewerteter Körper*.

Es gibt auch nicht angeordnete bewertete Körper, wie den Körper der komplexen Zahlen, den wir in Kap. 13 untersuchen werden (dort erklärt sich auch der Name Dreiecks-Ungleichung). Bei der folgenden Ableitung weiterer Eigenschaften des Absolut-Betrages verwenden wir nur die Regeln a) bis c); sie sind damit in jedem bewerteten Körper gültig.

(3.12)   Setzt man in b) $x = y = 1$, erhält man $|1| = |1||1|$, woraus folgt $|1| = 1$. Für $x = y = -1$ ergibt sich $|-1|^2 = |1| = 1$, also $|-1| = 1$ wegen a). Daraus folgt

$$|-x| = |x| \quad \text{für alle } x.$$

(3.13)   Für alle $x, y \in \mathbb{R}$ mit $y \neq 0$ gilt

$$\left| \frac{x}{y} \right| = \frac{|x|}{|y|}.$$

Beweis   Weil $x = \frac{x}{y} \cdot y$, folgt aus der Multiplikativität des Betrages $|x| = \left| \frac{x}{y} \right| \cdot |y|$. Bringt man $|y|$ auf die andere Seite (d. h. multipliziert man die Gleichung mit $\frac{1}{|y|}$), erhält man die Behauptung.

(3.14)   Für alle $x, y \in \mathbb{R}$ gilt

$$|x - y| \geqslant |x| - |y| \quad \text{und} \quad |x + y| \geqslant |x| - |y|.$$

Beweis   Aus $x = (x - y) + y$ erhält man mit der Dreiecks-Ungleichung $|x| \leqslant |x - y| + |y|$. Addition von $-|y|$ auf beiden Seiten ergibt die erste Ungleichung. Ersetzt man y durch $-y$, folgt daraus die zweite. $\qquad\square$

Das Archimedische Axiom
Wir benötigen noch ein weiteres sich auf die Anordnung beziehendes Axiom:

(Arch)   Zu je zwei reellen Zahlen $x, y > 0$ existiert eine natürliche Zahl n mit $nx > y$.

Bei Archimedes kommt dieses Axiom im Rahmen der Geometrie vor: Hat man zwei Strecken auf einer Geraden, so kann man, wenn man die kleinere von beiden nur oft genug abträgt, die größere übertreffen, siehe Abb. 3 B.

Abb. 3 B Zum Archimedischen Axiom

Bemerkung Ein angeordneter Körper, in dem das Archimedische Axiom gilt, heißt *archimedisch angeordnet*. $\mathbb{R}$ und $\mathbb{Q}$ sind archimedisch angeordnete Körper. Es gibt aber auch angeordnete Körper, in denen das Archimedische Axiom nicht gilt (siehe z. B. [H]). Also ist das Archimedische Axiom von den bisherigen Axiomen unabhängig.

Folgerungen aus dem Archimedischen Axiom

(3.15) Zu jeder reellen Zahl x gibt es natürliche Zahlen n_1 und n_2, so dass $n_1 > x$ und $-n_2 < x$. Daraus folgt: Zu jedem $x \in \mathbb{R}$ gibt es eine eindeutig bestimmte ganze Zahl $n \in \mathbb{Z}$ mit

$$n \leqslant x < n + 1 \,.$$

Diese ganze Zahl wird mit $\lfloor x \rfloor$ oder floor(x) bezeichnet. Statt $\lfloor x \rfloor$ ist auch die Bezeichnung $[x]$ üblich (Gauß-Klammer).

Ebenso existiert eine eindeutig bestimmte ganze Zahl $m \in \mathbb{Z}$ mit

$$m - 1 < x \leqslant m \,,$$

welche mit $\lceil x \rceil$ oder ceil(x) bezeichnet wird (von engl. *ceiling =* Decke).

(3.16) Zu jedem $\varepsilon > 0$ existiert eine natürliche Zahl $n > 0$ mit

$$\frac{1}{n} < \varepsilon \,.$$

Beweis Sei $n := \lfloor 1/\varepsilon \rfloor + 1$. Dann ist $n > 1/\varepsilon$. Nach (3.11) folgt daraus $1/n < \varepsilon$. $\square$

Satz 3.2 (Bernoullische Ungleichung)   *Sei $x \geq -1$. Dann gilt*

$$(1 + x)^n \geq 1 + nx \quad \textit{für alle } n \in \mathbb{N}.$$

Beweis   durch vollständige Induktion nach n.

Induktions-Anfang $n = 0$. Trivialerweise ist $(1 + x)^0 = 1 \geq 1$.

Induktions-Schritt $n \to n + 1$. Da $1 + x \geq 0$, folgt durch Multiplikation der Induktions-Voraussetzung $(1 + x)^n \geq 1 + nx$ mit $1 + x$ die Ungleichung

$$\begin{aligned}
(1 + x)^{n+1} &\geq (1 + nx)(1 + x) \\
&= 1 + (n + 1)x + nx^2 \geq 1 + (n + 1)x. \quad \square
\end{aligned}$$

Satz 3.3 (Wachstum von Potenzen)   *Sei b eine positive reelle Zahl.*

a) *Ist $b > 1$, so gibt es zu jedem $K \in \mathbb{R}$ ein $n \in \mathbb{N}$, so dass*

$$b^n > K.$$

b) *Ist $0 < b < 1$, so gibt es zu jedem $\varepsilon > 0$ ein $n \in \mathbb{N}$, so dass*

$$b^n < \varepsilon.$$

Beweis   a) Sei $x := b - 1$. Nach Voraussetzung ist $x > 0$. Die Bernoullische Ungleichung sagt

$$b^n = (1 + x)^n \geq 1 + nx.$$

Nach dem Archimedischen Axiom gibt es ein $n \in \mathbb{N}$ mit $nx > K - 1$. Für dieses n ist dann $b^n > K$.
   b) Da $1/b > 1$, gibt es nach Teil a) zu $K := 1/\varepsilon$ ein n mit $(1/b)^n > 1/\varepsilon$. Mit (3.11) folgt daraus $b^n < \varepsilon$. $\qquad \square$

Aufgaben

3.1 Man zeige $n^2 \leq 2^n$ für jede natürliche Zahl $n \neq 3$.

3.2 Man zeige $2^n < n!$ für jede natürliche Zahl $n \geq 4$.

3.3 Man beweise:

a) Für jede reelle Zahl x mit $0 \leq x < 1$ gilt

$$\frac{1}{1-x} \geq 1 + x.$$

b) Für jede reelle Zahl x mit $0 \leq x \leq \frac{1}{2}$ gilt

$$\frac{1}{1-x} \leq 1 + 2x.$$

3.4 Man beweise mit Hilfe des Binomischen Lehrsatzes: Für jede reelle Zahl $x \geq 0$ und jede natürliche Zahl $n \geq 2$ gilt

$$(1 + x)^n > \frac{n^2}{4} x^2.$$

3.5 Seien $a_1, \ldots, a_n$ nicht-negative reelle Zahlen. Man beweise:

$$\prod_{i=1}^{n} (1 + a_i) \geq 1 + \sum_{i=1}^{n} a_i.$$

3.6 Seien $a_1, \ldots, a_n$ nicht-negative reelle Zahlen mit $\sum_{i=1}^{n} a_i \leq 1$. Man beweise:

a) $\displaystyle\prod_{i=1}^{n} (1 + a_i) \leq 1 + 2 \sum_{i=1}^{n} a_i,$

b) $\displaystyle\prod_{i=1}^{n} (1 - a_i) \geq 1 - \sum_{i=1}^{n} a_i.$

3.7 Man beweise: Für jede natürliche Zahl $n \geqslant 1$ gelten die folgenden Aussagen:

a) $\binom{n}{k} \dfrac{1}{n^k} \leqslant \dfrac{1}{k!}$ für alle $k \in \mathbb{N}$,

b) $\left(1 + \dfrac{1}{n}\right)^n \leqslant \displaystyle\sum_{k=0}^{n} \dfrac{1}{k!} < 3$,

c) $\left(\dfrac{n}{3}\right)^n \leqslant \dfrac{1}{3} n!$

3.8 Man beweise: Für alle natürlichen Zahlen n gilt

$$n! \leqslant 2 \left(\frac{n}{2}\right)^n.$$

3.9 Man zeige: Für alle reellen Zahlen x, y gilt

$$\max(x, y) = \tfrac{1}{2}(x + y + |x - y|),$$
$$\min(x, y) = \tfrac{1}{2}(x + y - |x - y|).$$

3.10 Man beweise folgende Regeln für die Funktionen floor und ceil:

a) $\lceil x \rceil = -\lfloor -x \rfloor$ für alle $x \in \mathbb{R}$.
b) $\lceil x \rceil = \lfloor x \rfloor + 1$ für alle $x \in \mathbb{R}$, $x \notin \mathbb{Z}$.
c) $\lceil n/k \rceil = \lfloor (n + k - 1)/k \rfloor$ für alle $n, k \in \mathbb{Z}$ mit $k \geqslant 1$.

3.11 Seien a, b, m ganze Zahlen, $m \geqslant 1$. Man beweise:

$$\left\lfloor \frac{a+b}{m} \right\rfloor - \left\lfloor \frac{a}{m} \right\rfloor - \left\lfloor \frac{b}{m} \right\rfloor \in \{0, 1\} \qquad \text{und}$$
$$\left\lfloor \frac{a+b+1}{m} \right\rfloor - \left\lfloor \frac{a}{m} \right\rfloor - \left\lfloor \frac{b}{m} \right\rfloor \in \{0, 1\}.$$

Folgen, Grenzwerte

4

Wir kommen jetzt zu einem der zentralen Begriffe der Analysis, dem des Grenzwerts einer Folge. Seine Bedeutung beruht darauf, dass viele Größen nicht durch einen in endlich vielen Schritten exakt berechenbaren Ausdruck gegeben, sondern nur mit beliebiger Genauigkeit approximiert werden können. Eine Zahl mit beliebiger Genauigkeit approximieren heißt, sie als Grenzwert einer Folge darstellen. Dies werden wir jetzt präzisieren.

Unter einer *Folge* reeller Zahlen versteht man eine Abbildung $\mathbb{N} \longrightarrow \mathbb{R}$. Jedem $n \in \mathbb{N}$ ist also ein $a_n \in \mathbb{R}$ zugeordnet. Man schreibt hierfür

$$(a_n)_{n \in \mathbb{N}} \quad \text{oder} \quad (a_0, a_1, a_2, a_3, \ldots)$$

oder kurz (a_n). Etwas allgemeiner kann man als Indexmenge statt $\mathbb{N}$ die Menge $\{n \in \mathbb{Z} : n \geqslant k\}$ aller ganzen Zahlen, die größergleich einer vorgegebenen ganzen Zahl k sind, zulassen. So erhält man Folgen

$$(a_n)_{n \geqslant k} \quad \text{oder} \quad (a_k, a_{k+1}, a_{k+2}, \ldots).$$

Beispiele

(4.1) Sei $a_n = a$ für alle $n \in \mathbb{N}$. Man erhält die *konstante Folge*

$$(a, a, a, a, \ldots).$$

© Der/die Autor(en), exklusiv lizenziert an Springer Fachmedien Wiesbaden GmbH, ein Teil von Springer Nature 2023
O. Forster, F. Lindemann, *Analysis 1*, Grundkurs Mathematik,
https://doi.org/10.1007/978-3-658-40130-6_4

(4.2) Sei $a_n = \frac{1}{n}$, $n \geq 1$. Dies ergibt die Folge

$$\left(1, \tfrac{1}{2}, \tfrac{1}{3}, \tfrac{1}{4}, \dots\right).$$

(4.3) Für $a_n = (-1)^n$ ist

$$(a_n)_{n \in \mathbb{N}} = (+1, -1, +1, -1, +1, \dots).$$

(4.4) $\left(\dfrac{n}{n+1}\right)_{n \in \mathbb{N}} = (0, \tfrac{1}{2}, \tfrac{2}{3}, \tfrac{3}{4}, \tfrac{4}{5}, \dots).$

(4.5) $\left(\dfrac{n}{2^n}\right)_{n \in \mathbb{N}} = (0, \tfrac{1}{2}, \tfrac{1}{2}, \tfrac{3}{8}, \tfrac{1}{4}, \tfrac{5}{32}, \dots).$

(4.6) Sei $f_0 := 0$, $f_1 := 1$ und $f_n := f_{n-1} + f_{n-2}$. Dadurch wird rekursiv die Folge der *Fibonacci*-Zahlen definiert:

$$(f_n)_{n \in \mathbb{N}} = (0, 1, 1, 2, 3, 5, 8, 13, 21, 34, \dots).$$

(4.7) Für jede reelle Zahl x hat man die Folge ihrer Potenzen:

$$(x^n)_{n \in \mathbb{N}} = (1, x, x^2, x^3, x^4, \dots).$$

Definition (Konvergenz) Sei $(a_n)_{n \in \mathbb{N}}$ eine Folge reeller Zahlen. Die Folge heißt *konvergent* gegen $a \in \mathbb{R}$, falls gilt:

Zu jedem $\varepsilon > 0$ existiert ein $N \in \mathbb{N}$, so dass

$|a_n - a| < \varepsilon$ für alle $n \geq N$.

Man beachte, dass die Zahl N von ε abhängt. Im Allgemeinen wird man N umso größer wählen müssen, je kleiner ε ist.

Konvergiert (a_n) gegen a, so nennt man a den *Grenzwert* oder den *Limes* der Folge und schreibt

$$\lim_{n \to \infty} a_n = a \quad \text{oder kurz} \quad \lim a_n = a.$$

Auch die Schreibweise

$$a_n \longrightarrow a \quad \text{für } n \to \infty$$

(gelesen: a_n strebt gegen a für n gegen unendlich) ist gebräuchlich.

Eine Folge, die gegen 0 konvergiert, nennt man *Nullfolge*.

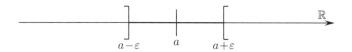

Abb. 4 A ε-Umgebung

Abb. 4 B Konvergenz

Geometrische Deutung der Konvergenz Für $\varepsilon > 0$ versteht man unter der *ε-Umgebung* von $a \in \mathbb{R}$ die Menge aller Punkte der Zahlengeraden, die von a einen Abstand kleiner als ε haben. Dies ist das Intervall

$$]a - \varepsilon, a + \varepsilon[:= \{x \in \mathbb{R} : a - \varepsilon < x < a + \varepsilon\},$$

siehe Abb. 4 A. (Die nach außen geöffneten Klammern deuten an, dass die Endpunkte nicht zum Intervall gehören.)

Die Konvergenz-Bedingung lässt sich nun so formulieren: Zu jedem $\varepsilon > 0$ existiert ein N, so dass

$$a_n \in]a - \varepsilon, a + \varepsilon[\quad \text{für alle } n \geqslant N.$$

Die Folge (a_n) konvergiert also genau dann gegen a, wenn in jeder noch so kleinen ε-Umgebung von a fast alle Glieder der Folge liegen. Dabei bedeutet „fast alle": alle bis auf höchstens endlich viele Ausnahmen.

Definition Eine Folge (a_n), die nicht konvergiert, heißt *divergent*.

Behandlung der Beispiele
Wir untersuchen jetzt die eingangs gebrachten Beispiele von Folgen auf Konvergenz bzw. Divergenz. (Dabei bezieht sich $(4.x)'$ auf Beispiel $(4.x)$.)

(4.1)′ Die konstante Folge $(a, a, a, \dots)$ konvergiert trivialerweise gegen a.

(4.2)′ $\lim\limits_{n \to \infty} \frac{1}{n} = 0$, die Folge $(1/n)_{n \geq 1}$ ist also eine Nullfolge.

Denn sei $\varepsilon > 0$ vorgegeben. Nach dem Archimedischen Axiom gibt es ein $N \in \mathbb{N}$ mit $N > 1/\varepsilon$. Damit ist

$$\left| \frac{1}{n} - 0 \right| = \frac{1}{n} < \varepsilon \quad \text{für alle } n \geq N \,. \qquad \square$$

Übrigens kann man zeigen, dass die Tatsache, dass $(1/n)_{n \geq 1}$ eine Nullfolge ist, sogar äquivalent mit dem Archimedischen Axiom ist, siehe Aufgabe 4.9.

(4.3)′ Die Folge $a_n = (-1)^n$, $n \in \mathbb{N}$, divergiert.

Beweis Angenommen, die Folge (a_n) konvergiert gegen eine reelle Zahl a. Dann gibt es nach Definition zu $\varepsilon := 1$ ein $N \in \mathbb{N}$ mit

$$|a_n - a| < 1 \quad \text{für alle } n \geq N \,.$$

Für alle $n \geq N$ gilt dann nach der Dreiecks-Ungleichung

$$\begin{aligned}
2 = |a_{n+1} - a_n| &= |(a_{n+1} - a) + (a - a_n)| \\
&\leq |a_{n+1} - a| + |a_n - a| \\
&< 1 + 1 = 2 \,.
\end{aligned}$$

Es ergibt sich also der Widerspruch $2 < 2$, d. h. die Folge kann nicht gegen a konvergieren. $\qquad \square$

(4.4)′ $\lim\limits_{n \to \infty} \dfrac{n}{n+1} = 1$.

Zu $\varepsilon > 0$ wählen wir ein $N \in \mathbb{N}$ mit $N > 1/\varepsilon$. Damit ist

$$\left| \frac{n}{n+1} - 1 \right| = \frac{1}{n+1} < \varepsilon \quad \text{für alle } n \geq N \,. \qquad \square$$

(4.5)′ $\lim\limits_{n\to\infty} \dfrac{n}{2^n} = 0$.

Beweis Für alle $n \geqslant 4$ gilt $n^2 \leqslant 2^n$, wie man durch vollständige Induktion beweist (vgl. Aufgabe 3.1). Daraus folgt

$$\frac{n^2}{2^n} \leqslant 1, \quad \text{also} \quad \frac{n}{2^n} \leqslant \frac{1}{n}\,.$$

Sei $\varepsilon > 0$ vorgegeben und $N > \max(4, 1/\varepsilon)$. Dann ist

$$\left|\frac{n}{2^n} - 0\right| = \frac{n}{2^n} \leqslant \frac{1}{n} < \varepsilon \quad \text{für alle } n \geqslant N\,. \qquad \square$$

Bevor wir die nächsten Beispiele behandeln, führen wir noch einen weiteren wichtigen Begriff ein.

Definition (Beschränktheit von Folgen) Eine Folge $(a_n)_{n\in\mathbb{N}}$ reeller Zahlen heißt *beschränkt*, wenn es eine reelle Konstante $M \geqslant 0$ gibt, so dass

$$|a_n| \leqslant M \quad \text{für alle } n \in \mathbb{N}.$$

Die Folge (a_n) heißt *nach oben* (bzw. *nach unten*) *beschränkt*, wenn es eine Konstante $K \in \mathbb{R}$ gibt, so dass

$$a_n \leqslant K \quad \text{für alle } n \quad (\text{bzw.} \quad a_n \geqslant K \quad \text{für alle } n).$$

Bemerkung Eine Folge (a_n) reeller Zahlen ist genau dann beschränkt, wenn sie sowohl nach oben als auch nach unten beschränkt ist.

Satz 4.1 *Jede konvergente Folge* $(a_n)_{n\in\mathbb{N}}$ *ist beschränkt.*

Beweis Sei $\lim a_n = a$. Dann gibt es ein $N \in \mathbb{N}$, so dass

$$|a_n - a| < 1 \quad \text{für alle } n \geqslant N\,.$$

Daraus folgt

$$|a_n| \leqslant |a| + |a_n - a| \leqslant |a| + 1 \quad \text{für } n \geqslant N\,.$$

Wir setzen $M := \max(|a_0|, |a_1|, \ldots, |a_{N-1}|, |a| + 1)$. Damit gilt

$$|a_n| \leqslant M \quad \text{für alle } n \in \mathbb{N} \, . \qquad \square$$

Bemerkung Die Umkehrung von Satz 4.1 gilt nicht. Z. B. ist die Folge $a_n = (-1)^n$, $n \in \mathbb{N}$, beschränkt, aber nicht konvergent.

Wir fahren jetzt mit der Behandlung der Beispiele fort.

(4.6)′ Die Folge $(f_n) = (0, 1, 1, 2, 3, 5, 8, 13, \ldots)$ der Fibonacci-Zahlen divergiert.

Denn man zeigt leicht durch vollständige Induktion, dass $f_{n+1} \geqslant n$ für alle $n \geqslant 0$. Die Folge ist also nicht beschränkt und kann deshalb nach Satz 4.1 nicht konvergieren. $\qquad \square$

Zu den Fibonacci-Zahlen siehe auch Aufgaben 4.2 und 6.6.

(4.7)′ Das Konvergenzverhalten der Folge $(x^n)_{n \in \mathbb{N}}$ hängt vom Wert von x ab. Wir unterscheiden vier Fälle.

1. Fall. Für $|x| < 1$ gilt $\lim\limits_{n \to \infty} x^n = 0$.

Beweis hierfür. Nach Satz 3.3 b) existiert zu vorgegebenem $\varepsilon > 0$ ein $N \in \mathbb{N}$ mit $|x|^N < \varepsilon$. Damit ist

$$|x^n - 0| = |x|^n \leqslant |x|^N < \varepsilon \quad \text{für alle } n \geqslant N \, .$$

2. Fall. Für $x = 1$ ist $x^n = 1$ für alle n, also $\lim\limits_{n \to \infty} x^n = 1$.

3. Fall. $x = -1$. Die Folge $((-1)^n)_{n \in \mathbb{N}}$ divergiert, vgl. (4.3)′.

4. Fall. Für $|x| > 1$ divergiert die Folge (x^n). Denn aus Satz 3.3a) ergibt sich, dass die Folge (x^n) unbeschränkt ist. $\qquad \square$

Satz 4.2 (Eindeutigkeit des Limes) *Die Folge (a_n) konvergiere sowohl gegen a als auch gegen b. Dann ist $a = b$.*

Bemerkung   Satz 4.2 macht die Schreibweise $\lim\limits_{n\to\infty} a_n = a$ erst sinnvoll.

Beweis   Angenommen, es wäre $a \neq b$. Setze $\varepsilon := |a-b|/2$. Dann gibt es nach Voraussetzung natürliche Zahlen N_1 und N_2 mit

$$|a_n - a| < \varepsilon \ \text{für } n \geqslant N_1 \quad \text{und} \quad |a_n - b| < \varepsilon \ \text{für } n \geqslant N_2 \,.$$

Für $n := \max(N_1, N_2)$ gilt dann sowohl $|a_n - a| < \varepsilon$ als auch $|a_n - b| < \varepsilon$. Daraus folgt mit der Dreiecks-Ungleichung

$$|a - b| \leqslant |a - a_n| + |a_n - b| < 2\varepsilon = |a - b| \,,$$

also der Widerspruch $|a - b| < |a - b|$. Es muss also doch $a = b$ sein. $\square$

Häufig benutzt man bei der Untersuchung der Konvergenz von Folgen nicht direkt die Definition, sondern führt die Konvergenz nach gewissen Regeln auf schon bekannte Folgen zurück. Dazu dienen die nächsten Sätze.

Satz 4.3 (Summe und Produkt konvergenter Folgen)   *Seien* $(a_n)_{n\in\mathbb{N}}$ *und* $(b_n)_{n\in\mathbb{N}}$ *zwei konvergente Folgen reeller Zahlen. Dann konvergieren auch die Summenfolge* $(a_n + b_n)_{n\in\mathbb{N}}$ *und die Produktfolge* $(a_n b_n)_{n\in\mathbb{N}}$ *und es gilt*

$$\lim_{n\to\infty}(a_n + b_n) = \Big(\lim_{n\to\infty} a_n\Big) + \Big(\lim_{n\to\infty} b_n\Big),$$
$$\lim_{n\to\infty}(a_n b_n) = \Big(\lim_{n\to\infty} a_n\Big) \cdot \Big(\lim_{n\to\infty} b_n\Big).$$

Beweis   Wir bezeichnen die Limites der gegebenen Folgen mit

$$a := \lim_{n\to\infty} a_n \quad \text{und} \quad b := \lim_{n\to\infty} b_n \,.$$

a) Zunächst zur Summenfolge! Es ist zu zeigen

$$\lim_{n\to\infty}(a_n + b_n) = a + b \,.$$

Sei $\varepsilon > 0$ vorgegeben. Dann ist auch $\varepsilon/2 > 0$, es gibt also wegen der Konvergenz der Folgen (a_n) und (b_n) Zahlen $N_1, N_2 \in \mathbb{N}$ mit

$$|a_n - a| < \frac{\varepsilon}{2} \text{ für } n \geq N_1 \quad \text{und} \quad |b_n - b| < \frac{\varepsilon}{2} \text{ für } n \geq N_2.$$

Dann gilt für alle $n \geq N := \max(N_1, N_2)$

$$|(a_n + b_n) - (a + b)| \leq |a_n - a| + |b_n - b| < \frac{\varepsilon}{2} + \frac{\varepsilon}{2} = \varepsilon.$$

Damit ist die Konvergenz der Summenfolge bewiesen.

b) Wir zeigen jetzt $\lim_{n \to \infty}(a_n b_n) = ab$.

Nach Satz 4.1 ist die Folge (a_n) beschränkt, es gibt also eine reelle Konstante $K > 0$, so dass $|a_n| \leq K$ für alle n. Wir können außerdem (nach evtl. Vergrößerung von K) annehmen, dass $|b| \leq K$. Sei wieder $\varepsilon > 0$ vorgegeben. Da auch $\frac{\varepsilon}{2K} > 0$, gibt es Zahlen $M_1, M_2 \in \mathbb{N}$ mit

$$|a_n - a| < \frac{\varepsilon}{2K} \quad \text{für } n \geq M_1 \quad \text{und}$$

$$|b_n - b| < \frac{\varepsilon}{2K} \quad \text{für } n \geq M_2.$$

Für alle $n \geq M := \max(M_1, M_2)$ gilt dann

$$|a_n b_n - ab| = |a_n b_n - a_n b + a_n b - ab|$$

$$= |a_n(b_n - b) + (a_n - a)b|$$

$$\leq |a_n||b_n - b| + |a_n - a||b|$$

$$< K \cdot \frac{\varepsilon}{2K} + \frac{\varepsilon}{2K} \cdot K = \varepsilon.$$

Daraus folgt die Konvergenz der Produktfolge. $\square$

Bemerkung Der hier zur Abschätzung von $|a_n b_n - ab|$ angewandte Trick, einen scheinbar nutzlosen Summanden $0 = -a_n b + a_n b$ einzufügen, wird in der Analysis in ähnlicher Form öfter benutzt.

Corollar 4.3a (Linearkombination konvergenter Folgen) *Sei-
en $(a_n)_{n\in\mathbb{N}}$ und $(b_n)_{n\in\mathbb{N}}$ zwei konvergente Folgen reeller Zahlen
und $\lambda, \mu \in \mathbb{R}$. Dann konvergiert auch die Folge $(\lambda a_n + \mu b_n)_{n\in\mathbb{N}}$
und es gilt*

$$\lim_{n\to\infty} (\lambda a_n + \mu b_n) = \lambda \lim_{n\to\infty} a_n + \mu \lim_{n\to\infty} b_n \,.$$

Dies ergibt sich aus Satz 4.3, da man die Folge $(\lambda a_n)_{n\in\mathbb{N}}$ als
Produkt der konstanten Folge (λ) mit der Folge (a_n) auffassen
kann, und analog für (μb_n). $\square$

Beispielsweise erhält man für $\lambda = 1$, $\mu = -1$ insbesondere
folgende Aussage: Zwei konvergente Folgen (a_n) und (b_n) haben genau dann denselben Grenzwert, wenn die Differenzfolge
$(a_n - b_n)$ eine Nullfolge ist.

Satz 4.4 (Quotient konvergenter Folgen) *Seien $(a_n)_{n\in\mathbb{N}}$ und
$(b_n)_{n\in\mathbb{N}}$ zwei konvergente Folgen reeller Zahlen mit $\lim b_n =:
b \neq 0$. Dann gibt es ein $n_0 \in \mathbb{N}$, so dass $b_n \neq 0$ für alle $n \geq n_0$ und
die Quotientenfolge $(a_n/b_n)_{n\geq n_0}$ konvergiert. Für ihren Grenz-
wert gilt*

$$\lim_{n\to\infty} \frac{a_n}{b_n} = \frac{\lim a_n}{\lim b_n} \,.$$

Beweis Wir behandeln zunächst den Spezialfall, dass (a_n) die
konstante Folge $a_n = 1$ ist. Da $b \neq 0$, ist $|b|/2 > 0$, es gibt also
ein $n_0 \in \mathbb{N}$ mit

$$|b_n - b| < \frac{|b|}{2} \quad \text{für alle } n \geq n_0.$$

Daraus folgt $|b_n| \geq |b|/2$, insbesondere $b_n \neq 0$ für $n \geq n_0$. Zu
vorgegebenem $\varepsilon > 0$ gibt es ein $N_1 \in \mathbb{N}$, so dass

$$|b_n - b| < \frac{\varepsilon |b|^2}{2} \quad \text{für alle } n \geq N_1.$$

Dann gilt für $n \geq N := \max(n_0, N_1)$

$$\left| \frac{1}{b_n} - \frac{1}{b} \right| = \frac{1}{|b_n||b|} \cdot |b - b_n| < \frac{2}{|b|^2} \cdot \frac{\varepsilon |b|^2}{2} = \varepsilon.$$

Damit ist $\lim(1/b_n) = 1/b$ gezeigt. Der allgemeine Fall folgt mit Satz 4.3 aus diesem Spezialfall, da sich der Quotient a_n/b_n als Produkt $a_n \cdot (1/b_n)$ schreiben lässt. $\square$

(4.8) Wir betrachten als Beispiel die Folge

$$a_n := \frac{3n^2 + 13n}{n^2 - 2}, \quad n \in \mathbb{N}.$$

Für $n > 0$ kann man schreiben $a_n = \frac{3 + 13/n}{1 - 2/n^2}$. Da $\lim(1/n) = 0$, folgt aus Satz 4.3, dass $\lim(1/n^2) = 0$. Aus dem Corollar 4.3a folgt nun

$$\lim(3 + \tfrac{13}{n}) = 3, \quad \text{und} \quad \lim(1 - \tfrac{2}{n^2}) = 1.$$

Mit Satz 4.4 erhält man schließlich

$$\lim_{n \to \infty} \frac{3n^2 + 13n}{n^2 - 2} = \frac{\lim(3 + \tfrac{13}{n})}{\lim(1 - \tfrac{2}{n^2})} = \frac{3}{1} = 3.$$

Satz 4.5 (Größenvergleich konvergenter Folgen) *Seien* (a_n) *und* (b_n) *zwei konvergente Folgen reeller Zahlen mit* $a_n \leq b_n$ *für alle* $n \in \mathbb{N}$. *Dann gilt auch*

$$\lim_{n \to \infty} a_n \leq \lim_{n \to \infty} b_n.$$

Vorsicht! Wenn $a_n < b_n$ für alle n, dann ist nicht notwendig $\lim a_n < \lim b_n$, wie man an dem Beispiel der Folgen $a_n = 0$ und $b_n = \frac{1}{n}$, $(n \geq 1)$, sieht, die beide gegen 0 konvergieren.

Beweis Durch Übergang zur Differenzenfolge $(b_n - a_n)$ genügt es nach Corollar 4.3a folgendes zu beweisen: Ist (c_n) eine konvergente Folge mit $c_n \geq 0$ für alle n, so gilt auch $\lim c_n \geq 0$.

Hierfür geben wir einen Widerspruchsbeweis. Wäre dies nicht der Fall, so hätten wir

$$\lim_{n \to \infty} c_n = -\varepsilon \quad \text{mit einem } \varepsilon > 0$$

und es gäbe ein $N \in \mathbb{N}$ mit $|c_n - (-\varepsilon)| < \varepsilon$ für alle $n \geq N$, woraus der Widerspruch $c_n < 0$ für $n \geq N$ folgen würde.   □

Corollar 4.5a *Seien $A \leq B$ reelle Zahlen und $(a_n)_{n \in \mathbb{N}}$ eine konvergente Folge reeller Zahlen mit $A \leq a_n \leq B$ für alle n. Dann gilt auch*

$$A \leq \lim_{n \to \infty} a_n \leq B \, .$$

Unendliche Reihen

Sei $(a_n)_{n \in \mathbb{N}}$ eine Folge reeller Zahlen. Daraus entsteht eine (unendliche) Reihe, indem man, grob gesprochen, die Folgenglieder durch ein Pluszeichen verbindet:

$$a_0 + a_1 + a_2 + a_3 + a_4 + \ldots$$

Dies lässt sich so präzisieren: Für jedes $m \in \mathbb{N}$ betrachte man die sog. *Partialsumme*

$$s_m := \sum_{n=0}^{m} a_n = a_0 + a_1 + a_2 + \cdots + a_m \, .$$

Die Folge $(s_m)_{m \in \mathbb{N}}$ der Partialsummen heißt (unendliche) *Reihe* mit den Gliedern a_n und wird mit $\sum_{n=0}^{\infty} a_n$ bezeichnet. Konvergiert die Folge $(s_m)_{m \in \mathbb{N}}$ der Partialsummen, so wird ihr Grenzwert ebenfalls mit $\sum_{n=0}^{\infty} a_n$ bezeichnet und heißt dann Summe der Reihe.

Das Symbol $\displaystyle\sum_{n=0}^{\infty} a_n$ bedeutet also zweierlei:

i) Die Folge $\displaystyle\left(\sum_{n=0}^{m} a_n\right)_{m\in\mathbb{N}}$ der Partialsummen.

ii) Im Falle der Konvergenz den Grenzwert $\displaystyle\lim_{m\to\infty}\sum_{n=0}^{m} a_n$.

Entsprechend sind natürlich Reihen $\sum_{n=k}^{\infty} a_n$ definiert, bei denen die Indexmenge nicht bei 0 beginnt.

Übrigens lässt sich jede Folge $(c_n)_{n\in\mathbb{N}}$ auch als Reihe darstellen, denn es gilt

$$c_n = c_0 + \sum_{k=1}^{n}(c_k - c_{k-1}) \quad \text{für alle } n \in \mathbb{N}.$$

Eine solche Darstellung, in der sich zwei aufeinander folgende Terme immer zur Hälfte wegkürzen, nennt man auch *Teleskop-Summe*.

(4.9) *Beispiel.* Mit $c_n := \frac{n}{n+1}$ ist $c_0 = 0$ und

$$c_k - c_{k-1} = \frac{k}{k+1} - \frac{k-1}{k} = \frac{1}{k(k+1)}.$$

Deshalb gilt $\sum_{k=1}^{n} \frac{1}{k(k+1)} = \frac{n}{n+1}$ und

$$\sum_{k=1}^{\infty} \frac{1}{k(k+1)} = \lim_{n\to\infty} \frac{n}{n+1} = 1.$$

Satz 4.6 (Unendliche geometrische Reihe) *Die Reihe $\sum_{n=0}^{\infty} x^n$ konvergiert für alle $|x| < 1$ mit dem Grenzwert*

$$\sum_{n=0}^{\infty} x^n = \frac{1}{1-x}.$$

Beweis Für die Partialsummen gilt nach Satz 1.8

$$s_n = \sum_{k=0}^{n} x^k = \frac{1 - x^{n+1}}{1 - x}.$$

Nach Beispiel (4.7)′ ist $\lim\limits_{n \to \infty} x^{n+1} = 0$, also $\lim\limits_{n \to \infty} s_n = \frac{1}{1-x}$. $\square$

(4.10) *Beispiele.* Für $x = \pm \frac{1}{2}$ erhält man die beiden Formeln

$$1 + \frac{1}{2} + \frac{1}{4} + \frac{1}{8} + \frac{1}{16} + \ldots = \frac{1}{1 - 1/2} = 2,$$

$$1 - \frac{1}{2} + \frac{1}{4} - \frac{1}{8} + \frac{1}{16} \mp \ldots = \frac{1}{1 + 1/2} = \frac{2}{3}.$$

Satz 4.7 (Linearkombination konvergenter Reihen) *Seien*

$$\sum_{n=0}^{\infty} a_n \quad und \quad \sum_{n=0}^{\infty} b_n$$

zwei konvergente Reihen reeller Zahlen und $\lambda, \mu \in \mathbb{R}$*. Dann konvergiert auch die Reihe* $\sum_{n=0}^{\infty} (\lambda a_n + \mu b_n)$ *und es gilt*

$$\sum_{n=0}^{\infty} (\lambda a_n + \mu b_n) = \lambda \sum_{n=0}^{\infty} a_n + \mu \sum_{n=0}^{\infty} b_n.$$

Dies ergibt sich sofort, wenn man das Corollar 4.3a auf die Partialsummen anwendet. $\square$

Bemerkung Mit den Begriffen aus der Linearen Algebra lässt sich Satz 4.7 abstrakt so interpretieren: Die konvergenten Reihen bilden einen Vektorraum über dem Körper $\mathbb{R}$, und die Abbildung, die einer konvergenten Reihe ihre Summe zuordnet, ist eine Linearform auf diesem Vektorraum.

Bei konvergenten Folgen hatten wir auch eine einfache Aussage über Produkte. Im Gegensatz dazu sind die Verhältnisse bei Produkten konvergenter Reihen viel komplizierter. Wir werden uns damit in Kap. 8 beschäftigen.

(4.11)   Unendliche Dezimalbrüche sind spezielle Reihen. Wir betrachten hier als Beispiel den *periodischen Dezimalbruch*

$$x := 0.08636\overline{363},$$

wobei die Überstreichung von 63 andeuten soll, dass sich diese Zifferngruppe unendlich oft wiederholt. Dies bedeutet, dass x den folgenden Wert hat:

$$x = \frac{8}{100} + \frac{63}{10^4} + \frac{63}{10^6} + \cdots = \frac{8}{100} + \sum_{k=0}^{\infty} \frac{63}{10^{4+2k}}.$$

Nach den Sätzen 4.6 und 4.7 ist

$$\sum_{k=0}^{\infty} \frac{63}{10^{4+2k}} = \frac{63}{10^4} \sum_{k=0}^{\infty} (10^{-2})^k$$

$$= \frac{63}{10^4} \cdot \frac{1}{1 - 10^{-2}} = \frac{63}{9900} = \frac{7}{1100},$$

also

$$x = \frac{8}{100} + \frac{7}{1100} = \frac{95}{1100} = \frac{19}{220}.$$

Im nächsten Kapitel werden wir uns systematischer mit unendlichen Dezimalbrüchen beschäftigen.

Bestimmte Divergenz gegen $\pm\infty$

Definition   Eine Folge $(a_n)_{n \in \mathbb{N}}$ reeller Zahlen heißt *bestimmt divergent* gegen $+\infty$, wenn zu jedem $K \in \mathbb{R}$ ein $N \in \mathbb{N}$ existiert, so dass

$$a_n > K \quad \text{für alle } n \geq N.$$

Die Folge (a_n) heißt bestimmt divergent gegen $-\infty$, wenn die Folge $(-a_n)$ bestimmt gegen $+\infty$ divergiert.

Divergiert (a_n) bestimmt gegen $+\infty$ (bzw. $-\infty$), so schreibt man

$$\lim_{n\to\infty} a_n = \infty \quad (\text{bzw. } \lim_{n\to\infty} a_n = -\infty)\,.$$

Statt bestimmt divergent sagt man auch *uneigentlich konvergent*.

Beispiele

(4.12) Die Folge $a_n = n$, $n \in \mathbb{N}$, divergiert bestimmt gegen $+\infty$.

(4.13) Die Folge $a_n = -2^n$, $n \in \mathbb{N}$, divergiert bestimmt gegen $-\infty$.

(4.14) Die Folge $a_n = (-1)^n n$, $n \in \mathbb{N}$, divergiert. Sie divergiert jedoch weder bestimmt gegen $+\infty$ noch bestimmt gegen $-\infty$.

Bemerkungen

a) Wie aus der Definition unmittelbar folgt, ist eine Folge, die bestimmt gegen $+\infty$ (bzw. $-\infty$) divergiert, nicht nach oben (bzw. nicht nach unten) beschränkt. Die Umkehrung gilt jedoch nicht, wie Beispiel (4.14) zeigt.

b) $+\infty$ und $-\infty$ (gesprochen *plus unendlich* bzw. *minus unendlich*) sind Symbole, deren Bedeutung durch die Definition der bestimmten Divergenz genau festgelegt ist. Sie lassen sich nicht als reelle Zahlen auffassen, sonst ergäben sich Widersprüche. Sei etwa $a_n := n$, $b_n := 1$ und $c_n := a_n + b_n = n + 1$. Dann ist $\lim a_n = \infty$, $\lim b_n = 1$ und $\lim c_n = \infty$. Könnte man mit ∞ so rechnen wie mit reellen Zahlen, würde nach Satz 4.3 gelten $\infty + 1 = \infty$. Nach (2.4) besitzt die Gleichung $a + x = a$ die eindeutige Lösung $x = 0$. Man erhielte damit den Widerspruch $1 = 0$.

Es ist jedoch für manche Zwecke nützlich, die sog. *erweiterte Zahlengerade* $\overline{\mathbb{R}} := \mathbb{R} \cup \{+\infty, -\infty\}$ einzuführen und

$$-\infty < x < +\infty \quad \text{für alle } x \in \mathbb{R}$$

zu definieren.

Die nächsten beiden Sätze stellen eine Beziehung zwischen der bestimmten Divergenz gegen $\pm\infty$ und der Konvergenz gegen 0 her.

Satz 4.8 (Reziprokes einer bestimmt divergenten Folge) *Die Folge $(a_n)_{n\in\mathbb{N}}$ sei bestimmt divergent gegen $+\infty$ oder $-\infty$. Dann gibt es ein $n_0 \in \mathbb{N}$, so dass $a_n \neq 0$ für alle $n \geq n_0$, und es gilt*

$$\lim_{n\to\infty} \frac{1}{a_n} = 0.$$

Beweis Sei $\lim a_n = +\infty$. Dann gibt es nach Definition zur Schranke $K = 0$ ein $n_0 \in \mathbb{N}$ mit $a_n > 0$ für alle $n \geq n_0$. Insbesondere ist $a_n \neq 0$ für $n \geq n_0$.

Wir zeigen jetzt $\lim(1/a_n) = 0$. Sei $\varepsilon > 0$ vorgegeben. Da $\lim a_n = \infty$, gibt es ein $N \in \mathbb{N}$ mit $a_n > 1/\varepsilon$ für alle $n \geq N$. Daraus folgt $1/a_n < \varepsilon$ für alle $n \geq N$.

Der Fall $\lim a_n = -\infty$ wird durch Übergang zur Folge $(-a_n)$ bewiesen. $\square$

Satz 4.9 (Reziprokes einer Nullfolge) *Sei $(a_n)_{n\in\mathbb{N}}$ eine Nullfolge mit $a_n > 0$ für alle n (bzw. $a_n < 0$ für alle n). Dann divergiert die Folge $(1/a_n)_{n\in\mathbb{N}}$ bestimmt gegen $+\infty$ (bzw. gegen $-\infty$).*

Beweis Wir behandeln nur den Fall einer positiven Nullfolge. Sei $K > 0$ eine vorgegebene Schranke. Wegen $\lim a_n = 0$ gibt es ein $N \in \mathbb{N}$, so dass

$$|a_n| < \varepsilon := \frac{1}{K} \quad \text{für alle } n \geq N.$$

Also ist $\frac{1}{a_n} = \frac{1}{|a_n|} > K$ für alle $n \geq N$, d.h. $\lim_{n\to\infty} \frac{1}{a_n} = \infty$. $\square$

(4.15) Beispielsweise ist $\lim_{n\to\infty} \dfrac{2^n}{n} = \infty$, wie aus $(4.5)'$ folgt.

Aufgaben

4.1 Seien a und b reelle Zahlen. Die Folge $(a_n)_{n\in\mathbb{N}}$ sei wie folgt rekursiv definiert:

$$a_0 := a, \quad a_1 := b, \quad a_n := \tfrac{1}{2}(a_{n-1} + a_{n-2}) \quad \text{für } n \geq 2.$$

Man beweise, dass die Folge $(a_n)_{n\in\mathbb{N}}$ konvergiert und bestimme ihren Grenzwert.

4.2

a) Für die in (4.6) definierten Fibonacci-Zahlen beweise man

$$f_{n+1}f_{n-1} - f_n^2 = (-1)^n \quad \text{für alle } n \geq 1.$$

b) Man zeige $\lim\limits_{n\to\infty} \dfrac{f_{n+1}f_{n-1}}{f_n^2} = 1$.

4.3 Man berechne die Summe der Reihe

$$\sum_{n=1}^{\infty} \frac{1}{4n^2 - 1}.$$

4.4 Man berechne das unendliche Produkt

$$\prod_{n=2}^{\infty} \frac{n^3 - 1}{n^3 + 1},$$

d. h. den Limes der Folge $p_m := \prod\limits_{n=2}^{m} \frac{n^3-1}{n^3+1}$, $m \geq 2$.

4.5

a) Es sei $(a_n)_{n\in\mathbb{N}}$ eine Folge, die gegen ein $a \in \mathbb{R}$ konvergiere. Man beweise, dass dann die Folge $(b_n)_{n\in\mathbb{N}}$, definiert durch

$$b_n := \frac{1}{n+1}(a_0 + a_1 + \cdots + a_n) \quad \text{für alle } n \in \mathbb{N},$$

ebenfalls gegen a konvergiert.

b) Man gebe ein Beispiel einer nicht konvergenten Folge $(a_n)_{n\in\mathbb{N}}$ an, bei dem die wie in a) definierte Folge (b_n) konvergiert.

4.6 Man beweise: Für jede reelle Zahl $b > 1$ und jede natürliche Zahl k gilt

$$\lim_{n\to\infty} \frac{b^n}{n^k} = \infty \,.$$

4.7 Seien $(a_n)_{n\in\mathbb{N}}$ und $(b_n)_{n\in\mathbb{N}}$ Folgen reeller Zahlen mit

$$\lim a_n = \infty \quad \text{und} \quad \lim b_n =: b \in \mathbb{R}.$$

Man beweise:

a) $\lim (a_n + b_n) = \infty$.
b) Falls $b > 0$, so gilt $\lim (a_n b_n) = \infty$.
c) Falls $b < 0$, so gilt $\lim (a_n b_n) = -\infty$.

4.8 Man gebe Beispiele reeller Zahlenfolgen $(a_n)_{n\in\mathbb{N}}$ und $(b_n)_{n\in\mathbb{N}}$ mit $\lim a_n = \infty$ und $\lim b_n = 0$ an, so dass jeder der folgenden Fälle eintritt:

a) $\lim (a_n b_n) = +\infty$.
b) $\lim (a_n b_n) = -\infty$.
c) $\lim (a_n b_n) = c$, wobei c eine beliebig vorgegebene reelle Zahl ist.
d) Die Folge $(a_n b_n)_{n\in\mathbb{N}}$ ist beschränkt, aber nicht konvergent.

4.9 Man beweise: In einem angeordneten Körper ist jede der folgenden Aussagen äquivalent zum Archimedischen Axiom:

(1) Die Folge $(1/n)_{n\geq 1}$ ist eine Nullfolge.
(2) Die Folge $(2^{-n})_{n\in\mathbb{N}}$ ist eine Nullfolge.

Das Vollständigkeits-Axiom

Mithilfe der bisher behandelten Axiome lässt sich nicht die Existenz von Irrationalzahlen beweisen, denn all diese Axiome gelten auch im Körper der rationalen Zahlen. Bekanntlich gibt es (was schon die alten Griechen wussten) keine rationale Zahl, deren Quadrat gleich 2 ist. Also lässt sich mit den bisherigen Axiomen nicht beweisen, dass eine Quadratwurzel aus 2 existiert. Es ist ein weiteres Axiom nötig, das sogenannte Vollständigkeits-Axiom. Aus diesem folgt unter anderem, dass jeder unendliche Dezimalbruch (ob periodisch oder nicht) gegen eine reelle Zahl konvergiert.

Eine charakteristische Eigenschaft konvergenter Folgen, die formuliert werden kann, ohne auf den Grenzwert der Folge Bezug zu nehmen, wurde von Cauchy entdeckt.

Definition (Cauchy-Folge)   Eine Folge $(a_n)_{n \in \mathbb{N}}$ reeller Zahlen heißt *Cauchy-Folge*, wenn gilt:

Zu jedem $\varepsilon > 0$ existiert ein $N \in \mathbb{N}$, so dass

$|a_n - a_m| < \varepsilon$ für alle $n, m \geq N$.

Eine andere Bezeichnung für Cauchy-Folge ist *Fundamental-Folge*.

© Der/die Autor(en), exklusiv lizenziert an Springer Fachmedien Wiesbaden GmbH, ein Teil von Springer Nature 2023
O. Forster, F. Lindemann, *Analysis 1*, Grundkurs Mathematik,
https://doi.org/10.1007/978-3-658-40130-6_5

Grob gesprochen kann man also sagen: Eine Folge ist eine Cauchy-Folge, wenn die Folgenglieder untereinander beliebig wenig abweichen, falls nur die Indizes genügend groß sind. Man beachte: Es genügt nicht, dass die Differenz $|a_n - a_{n+1}|$ zweier aufeinander folgender Folgenglieder beliebig klein wird, sondern die Differenz $|a_n - a_m|$ muss kleiner als ein beliebig vorgegebenes $\varepsilon > 0$ sein, wobei n und m unabhängig voneinander alle natürlichen Zahlen durchlaufen, die größer-gleich einer von ε abhängigen Schranke sind. Bei konvergenten Folgen ist das der Fall, wie der nächste Satz zeigt.

Satz 5.1 *Jede konvergente Folge reeller Zahlen ist eine Cauchy-Folge.*

Beweis Die Folge (a_n) konvergiere gegen a. Dann gibt es zu vorgegebenem $\varepsilon > 0$ ein $N \in \mathbb{N}$, so dass

$$|a_n - a| < \frac{\varepsilon}{2} \quad \text{für alle } n \geq N.$$

Für alle $n, m \geq N$ gilt dann

$$|a_n - a_m| = |(a_n - a) - (a_m - a)|$$
$$\leq |a_n - a| + |a_m - a| < \frac{\varepsilon}{2} + \frac{\varepsilon}{2} = \varepsilon. \qquad \square$$

Die Umkehrung von Satz 5.1 formulieren wir nun als Axiom.

Vollständigkeits-Axiom *In $\mathbb{R}$ konvergiert jede Cauchy-Folge.*

Bemerkung Wir werden im nächsten Kapitel mithilfe des Vollständigkeits-Axioms die Existenz der Quadratwurzeln aus jeder positiven reellen Zahl beweisen. Dies ist mit den bisherigen Axiomen allein noch nicht möglich. Denn da diese auch im Körper der rationalen Zahlen gelten, würde dann z. B. folgen, dass die Quadratwurzel aus 2 rational ist, was aber falsch ist. Also ist das Vollständigkeits-Axiom unabhängig von den bisherigen Axiomen.

Wir erinnern kurz an den wohl aus der Schule bekannten Beweis der Irrationalität der Quadratwurzel aus 2. Wäre diese rational, gäbe es ganze Zahlen $n, m > 0$ mit $(n/m)^2 = 2$. Wir nehmen den Bruch n/m in gekürzter Form an und können deshalb voraussetzen, dass höchstens eine der beiden Zahlen n, m gerade ist. Aus der obigen Gleichung folgt $n^2 = 2m^2$, also ist n gerade, d. h. $n = 2k$ mit einer ganzen Zahl k. Einsetzen und Kürzen ergibt $2k^2 = m^2$, woraus folgt, dass auch m gerade sein muss, Widerspruch!

Das Vollständigkeits-Axiom ist nicht besonders anschaulich. Wir wollen deshalb zeigen, dass es zu einer sehr anschaulichen Aussage, nämlich dem Intervallschachtelungs-Prinzip, äquivalent ist. Sind $a \leqslant b$ reelle Zahlen, so versteht man unter dem abgeschlossenen Intervall mit Endpunkten a und b die Menge aller Punkte auf der reellen Zahlengeraden, die zwischen a und b liegen, wobei die Endpunkte mit eingeschlossen seien:

$$[a, b] := \{x \in \mathbb{R} : a \leqslant x \leqslant b\}.$$

Die Länge (oder der Durchmesser) des Intervalls wird durch

$$\mathrm{diam}([a, b]) := b - a$$

definiert. Damit können wir formulieren:

Intervallschachtelungs-Prinzip *Sei*

$$I_0 \supset I_1 \supset I_2 \supset \cdots \supset I_n \supset I_{n+1} \supset \ldots$$

eine absteigende Folge von abgeschlossenen Intervallen in $\mathbb{R}$ mit

$$\lim_{n \to \infty} \mathrm{diam}(I_n) = 0 \,.$$

Dann gibt es genau eine reelle Zahl x mit $x \in I_n$ für alle $n \in \mathbb{N}$.

Man hat sich vorzustellen, dass die ineinander geschachtelten Intervalle auf den Punkt x „zusammenschrumpfen", siehe Abb. 5 A.

Wir zeigen nun in zwei Schritten die Gleichwertigkeit des Vollständigkeits-Axioms mit dem Intervallschachtelungs-Prinzip.

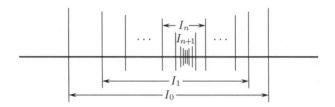

Abb. 5 A Intervallschachtelung

Satz 5.2 *Das Vollständigkeits-Axiom impliziert das Intervall-schachtelungs-Prinzip.*

Beweis Seien $I_n = [a_n, b_n], n \in \mathbb{N}$, die ineinander geschachtelten Intervalle. Wir zeigen zunächst, dass die Folge (a_n) der linken Endpunkte eine Cauchy-Folge darstellt.

Beweis hierfür. Da die Länge der Intervalle gegen null konvergiert, gibt es zu vorgegebenem $\varepsilon > 0$ ein $N \in \mathbb{N}$, so dass

$$\mathrm{diam}(I_n) < \varepsilon \quad \text{für alle } n \geqslant N \,.$$

Sind $n, m \geqslant N$, so liegen die Punkte a_n und a_m beide im Intervall I_N, woraus folgt

$$|a_n - a_m| \leqslant \mathrm{diam}(I_N) < \varepsilon.$$

Daher ist (a_n) eine Cauchy-Folge.

Nach dem Vollständigkeits-Axiom konvergiert die Folge (a_n) gegen einen Punkt $x \in \mathbb{R}$. Da $a_k \leqslant a_n \leqslant b_n \leqslant b_k$ für alle $n \geqslant k$, folgt aus Corollar 4.5a, dass $a_k \leqslant x \leqslant b_k$. Das heißt, dass der Grenzwert x in allen Intervallen I_k enthalten ist. Da die Länge der Intervalle gegen null konvergiert, kann es nicht mehr als einen solchen Punkt geben. $\qquad\qquad\Box$

Satz 5.3 *Das Intervallschachtelungs-Prinzip impliziert das Voll-ständigkeits-Axiom.*

Beweis Sei $(a_n)_{n \in \mathbb{N}}$ eine vorgegebene Cauchy-Folge. Nach Definition gibt es eine Folge $n_0 < n_1 < n_2 < \ldots$ natürlicher Zahlen mit

$$|a_n - a_m| < 2^{-k} \quad \text{für alle } n, m \geq n_k.$$

Wir definieren nun

$$I_k := \{x \in \mathbb{R} : |x - a_{n_k}| \leq 2^{-k+1}\}.$$

Die I_k sind abgeschlossene Intervalle mit $I_k \supset I_{k+1}$ für alle k. Denn sei etwa $x \in I_{k+1}$. Dann ist $|x - a_{n_{k+1}}| \leq 2^{-k}$; außerdem ist

$$|a_{n_{k+1}} - a_{n_k}| < 2^{-k},$$

woraus nach der Dreiecks-Ungleichung folgt $|x - a_{n_k}| < 2^{-k+1}$, d. h. $x \in I_k$. Da die Längen der Intervalle gegen null konvergieren, können wir das Intervallschachtelungs-Prinzip anwenden und erhalten einen Punkt $x_0 \in \mathbb{R}$, der in allen I_k liegt, d. h.

$$|x_0 - a_{n_k}| \leq 2^{-k+1} \quad \text{für alle } k \geq 0.$$

Für $n \geq n_k$ ist $|a_n - a_{n_k}| < 2^{-k}$, also insgesamt

$$|x_0 - a_n| < 2^{-k+1} + 2^{-k} < 2^{-k+2},$$

woraus folgt $\lim_{n \to \infty} a_n = x_0$, die Cauchy-Folge konvergiert also. $\qquad\square$

Wegen der bewiesenen Äquivalenz hätten wir statt des Axioms über die Konvergenz von Cauchy-Folgen auch das Intervallschachtelungs-Prinzip zum Axiom erheben können. Wir haben das Vollständigkeits-Axiom mit den Cauchy-Folgen gewählt, da diese einen zentralen Begriff in der Analysis darstellen, der auch noch in viel allgemeineren Situationen anwendbar ist. (So wird der Leser, der tiefer in das Studium der Analysis einsteigt, später sicherlich auf den Begriff des vollständigen metrischen Raumes und des vollständigen normierten Vektorraums stoßen. In beiden Fällen wird die Vollständigkeit mithilfe von Cauchy-Folgen definiert.)

b-adische Brüche

Sei b eine natürliche Zahl ≥ 2. Unter einem (unendlichen) b-adischen Bruch versteht man eine Reihe der Gestalt

$$\pm \sum_{n=-k}^{\infty} a_n b^{-n}.$$

Dabei ist $k \geq 0$ und die a_n sind natürliche Zahlen mit $0 \leq a_n < b$. Falls die Basis b festgelegt ist, kann man einen b-adischen Bruch auch einfach durch die Aneinanderreihung der Ziffern a_n angeben:

$$\pm a_{-k} a_{-k+1} \cdots a_{-1} a_0 . a_1 a_2 a_3 a_4 a_5 \cdots$$

Dabei werden die Koeffizienten der negativen Potenzen der Basis b durch einen Punkt von den Koeffizienten der nicht-negativen Potenzen abgetrennt. Falls von einer Stelle $k_0 \geq 1$ an alle Koeffizienten $a_k = 0$ sind, lässt man diese auch weg und erhält einen endlichen b-adischen Bruch.

Für $b = 10$ spricht man von Dezimalbrüchen. Im Fall $b = 2$ (dyadische Brüche) sind nur die Ziffern 0 und 1 nötig. Dies eignet sich besonders gut für die interne Darstellung von Zahlen im Computer. Die Babylonier haben das Sexagesimalsystem ($b = 60$) verwendet.

Satz 5.4   *Jeder b-adische Bruch stellt eine Cauchy-Folge dar, konvergiert also gegen eine reelle Zahl.*

Beweis   Es genügt, einen nicht-negativen b-adischen Bruch $\sum_{n=-k}^{\infty} a_n b^{-n}$ zu betrachten. Für $n \geq -k$ bezeichnen wir die Partialsummen mit

$$x_n := \sum_{\nu=-k}^{n} a_\nu b^{-\nu}.$$

Wir haben zu zeigen, dass $(x_n)_{n \geq -k}$ eine Cauchy-Folge ist. Sei $\varepsilon > 0$ vorgegeben und $N \in \mathbb{N}$ so groß, dass $b^{-N} < \varepsilon$. Dann gilt für $n \geqslant m \geqslant N$

$$|x_n - x_m| = \sum_{\nu=m+1}^{n} a_\nu b^{-\nu} \leqslant \sum_{\nu=m+1}^{n} (b-1)b^{-\nu}$$

$$\leqslant (b-1)b^{-m-1} \sum_{\nu=0}^{n-m-1} b^{-\nu}$$

$$< (b-1)b^{-m-1} \frac{1}{1-b^{-1}} = b^{-m} \leqslant b^{-N} < \varepsilon.$$

Damit ist die Behauptung bewiesen. $\qquad\square$

Von Satz 5.4 gilt auch die Umkehrung.

Satz 5.5 *Sei b eine natürliche Zahl $\geqslant 2$. Dann lässt sich jede reelle Zahl in einen b-adischen Bruch entwickeln.*

Bemerkung Aus Satz 5.5 folgt insbesondere, dass sich jede reelle Zahl beliebig genau durch rationale Zahlen approximieren lässt, denn die Partialsummen eines b-adischen Bruches sind rational.

Beweis Es genügt, den Satz für reelle Zahlen $x \geqslant 0$ zu beweisen. Nach Satz 3.3 gibt es mindestens eine natürliche Zahl m mit $x < b^{m+1}$. Sei k die kleinste natürliche Zahl, so dass

$$0 \leqslant x < b^{k+1}.$$

Wir konstruieren jetzt durch vollständige Induktion eine Folge $(a_\nu)_{\nu \geqslant -k}$ natürlicher Zahlen $0 \leqslant a_\nu < b$, so dass für alle $n \geqslant -k$ gilt

$$x = \sum_{\nu=-k}^{n} a_\nu b^{-\nu} + \xi_n \quad \text{mit } 0 \leqslant \xi_n < b^{-n}.$$

Wegen $\lim_{n\to\infty} \xi_n = 0$ folgt dann $x = \sum_{\nu=-k}^{\infty} a_\nu b^{-\nu}$, also die Behauptung.

Induktionsanfang $n = -k$. Es gilt $0 \leqslant xb^{-k} < b$, also gibt es eine ganze Zahl $a_{-k} \in \{0, 1, \ldots, b - 1\}$ und eine reelle Zahl δ mit $0 \leqslant \delta < 1$, so dass $xb^{-k} = a_{-k} + \delta$. Mit $\xi_{-k} := \delta b^k$ erhält man

$$x = a_{-k}b^k + \xi_{-k} \quad \text{mit } 0 \leqslant \xi_{-k} < b^k.$$

Das ist die Behauptung für $n = -k$.

Induktionsschritt $n \to n + 1$. Es gilt $0 \leqslant \xi_n b^{n+1} < b$, also gibt es eine ganze Zahl $a_{n+1} \in \{0, 1, \ldots, b - 1\}$ und eine reelle Zahl δ mit $0 \leqslant \delta < 1$, so dass $\xi_n b^{n+1} = a_{n+1} + \delta$. Mit $\xi_{n+1} := \delta b^{-n-1}$ erhält man

$$x = \sum_{v=-k}^{n} a_v b^{-v} + (a_{n+1} + \delta)b^{-n-1} = \sum_{v=-k}^{n+1} a_v b^{-v} + \xi_{n+1},$$

wobei $0 \leqslant \xi_{n+1} < b^{-n-1}$.   □

Bemerkung   Die Sätze 5.4 und 5.5 sagen insbesondere, dass sich jede reelle Zahl durch einen (unendlichen) Dezimalbruch darstellen lässt und umgekehrt. Wir haben also, ausgehend von den Axiomen, die gewohnte Darstellung der reellen Zahlen wiedergefunden.

Man beachte, dass die Darstellung einer reellen Zahl durch einen b-adischen Bruch nicht immer eindeutig ist. Beispielsweise stellen die Dezimalbrüche $1.000000\ldots$ und $0.999999\ldots$ beide die Zahl 1 dar, denn nach der Summenformel für die unendliche geometrische Reihe ist

$$\sum_{k=1}^{\infty} 9 \cdot 10^{-k} = \frac{9}{10} \sum_{k=0}^{\infty} \left(\frac{1}{10}\right)^k = \frac{9}{10} \cdot \frac{1}{1 - 1/10} = 1.$$

Das hier gegebene Beispiel für die Mehrdeutigkeit ist typisch für den allgemeinen Fall, siehe Aufgabe 5.3.

Teilfolgen

Definition   Sei $(a_n)_{n \in \mathbb{N}}$ eine Folge und

$$n_0 < n_1 < n_2 < \dots$$

eine aufsteigende Folge natürlicher Zahlen. Dann heißt die Folge

$$(a_{n_k})_{k \in \mathbb{N}} = (a_{n_0}, a_{n_1}, a_{n_2}, \dots)$$

Teilfolge der Folge (a_n).

Es folgt unmittelbar aus der Definition: Ist $(a_n)_{n \in \mathbb{N}}$ eine konvergente Folge mit dem Limes a, so konvergiert auch jede Teilfolge gegen a. Schwieriger ist das Problem, aus nicht-konvergenten Folgen konvergente Teilfolgen zu konstruieren. Die wichtigste Aussage in dieser Richtung ist der folgende Satz.

Satz 5.6 (Bolzano-Weierstraß) *Jede beschränkte Folge* $(a_n)_{n \in \mathbb{N}}$ *reeller Zahlen besitzt eine konvergente Teilfolge.*

Beweis   a) Da die Folge beschränkt ist, gibt es Zahlen $A, B \in \mathbb{R}$ mit $A \leqslant a_n \leqslant B$ für alle $n \in \mathbb{N}$. Die ganze Folge ist also in dem Intervall

$$[A, B] := \{x \in \mathbb{R} : A \leqslant x \leqslant B\}$$

enthalten. Wir konstruieren nun durch vollständige Induktion eine Folge von abgeschlossenen Intervallen $I_k \subset \mathbb{R}$, $k \in \mathbb{N}$, mit folgenden Eigenschaften:

i)   In I_k liegen unendlich viele Glieder der Folge (a_n),
ii) $I_k \subset I_{k-1}$ für $k \geqslant 1$,
iii) $\mathrm{diam}(I_k) = 2^{-k} \, \mathrm{diam}(I_0)$.

Für den *Induktionsanfang* können wir das Intervall $I_0 := [A, B]$ wählen.

Induktionsschritt $k \to k + 1$. Sei das Intervall $I_k = [A_k, B_k]$ mit den Eigenschaften i) bis iii) bereits konstruiert. Sei $M :=$ $(A_k + B_k)/2$ die Mitte des Intervalls. Da in I_k unendlich viele Glieder der Folge liegen, muss mindestens eines der Teilintervalle $[A_k, M]$ und $[M, B_k]$ unendlich viele Folgenglieder enthalten. Wir setzen $I_{k+1} := [A_k, M]$, falls in diesem Intervall unendlich viele Folgenglieder liegen, sonst $I_{k+1} := [M, B_k]$. Offenbar hat I_{k+1} wieder die Eigenschaften i) bis iii).

b) Wir definieren nun induktiv eine Teilfolge $(a_{n_k})_{k \in \mathbb{N}}$ mit $a_{n_k} \in I_k$ für alle $k \in \mathbb{N}$.

Induktionsanfang. Wir setzen $n_0 := 0$, d. h. $a_{n_0} = a_0$.

Induktionsschritt $k \to k + 1$. Da in dem Intervall I_{k+1} unendlich viele Glieder der Folge (a_n) liegen, gibt es ein $n_{k+1} > n_k$ mit $a_{n_{k+1}} \in I_{k+1}$.

c) Wir beweisen nun, dass die Teilfolge (a_{n_k}) konvergiert, indem wir zeigen, dass sie eine Cauchy-Folge ist.

Sei $\varepsilon > 0$ vorgegeben und N so groß gewählt, dass $\operatorname{diam}(I_N) < \varepsilon$. Dann gilt für alle $k, j \geq N$

$$a_{n_k} \in I_k \subset I_N \quad \text{und} \quad a_{n_j} \in I_j \subset I_N.$$

Also ist

$$|a_{n_k} - a_{n_j}| \leq \operatorname{diam}(I_N) < \varepsilon. \qquad \square$$

Definition (Häufungspunkt)   Eine Zahl a heißt *Häufungspunkt* einer Folge $(a_n)_{n \in \mathbb{N}}$, wenn es eine Teilfolge von (a_n) gibt, die gegen a konvergiert.

Mit dieser Definition kann man den Inhalt des Satzes von Bolzano-Weierstraß auch so ausdrücken: Jede beschränkte Folge reeller Zahlen besitzt mindestens einen Häufungspunkt.

Wir geben einige Beispiele für Häufungspunkte.

(5.1)   Die durch $a_n := (-1)^n$ definierte Folge (a_n) besitzt die Häufungspunkte $+1$ und -1. Denn es gilt

$$\lim_{k \to \infty} a_{2k} = 1 \quad \text{und} \quad \lim_{k \to \infty} a_{2k+1} = -1 \,.$$

(5.2)   Die Folge $a_n := (-1)^n + \frac{1}{n}$, $n \geq 1$, besitzt ebenfalls die beiden Häufungspunkte $+1$ und -1, denn es gilt

$$\lim_{k \to \infty} a_{2k} = \lim_{k \to \infty} \left(1 + \frac{1}{2k} \right) = 1$$

und analog $\lim a_{2k+1} = -1$.

(5.3)   Die Folge $a_n := n$, $n \in \mathbb{N}$, besitzt keinen Häufungspunkt, da jede Teilfolge unbeschränkt ist, also nicht konvergiert.

(5.4)   Die Folge

$$a_n := \begin{cases} n & \text{falls } n \text{ gerade,} \\ \frac{1}{n} & \text{falls } n \text{ ungerade,} \end{cases}$$

ist unbeschränkt, besitzt aber den Häufungspunkt 0, da die Teilfolge $(a_{2k+1})_{k \in \mathbb{N}}$ gegen 0 konvergiert.

(5.5)   Für jede konvergente Folge ist der Limes ihr einziger Häufungspunkt.

Monotone Folgen

Definition   Eine Folge $(a_n)_{n \in \mathbb{N}}$ reeller Zahlen heißt

i)   *monoton wachsend*, falls $a_n \leq a_{n+1}$ für alle $n \in \mathbb{N}$,
ii)   *streng monoton wachsend*, falls $a_n < a_{n+1}$ für alle $n \in \mathbb{N}$,
iii)   *monoton fallend*, falls $a_n \geq a_{n+1}$ für alle $n \in \mathbb{N}$,
iv)   *streng monoton fallend*, falls $a_n > a_{n+1}$ für alle $n \in \mathbb{N}$.

Satz 5.7 *Jede beschränkte monotone Folge* (a_n) *reeller Zahlen konvergiert.*

Dies ist ein Konvergenzkriterium, das häufig angewendet werden kann, da in der Praxis viele Folgen monoton sind. Beispielsweise definiert jeder positive (negative) unendliche Dezimalbruch eine beschränkte, monoton wachsende (bzw. fallende) Folge.

Beweis Nach dem Satz von Bolzano-Weierstraß besitzt die Folge (a_n) eine konvergente Teilfolge (a_{n_k}). Sei a der Limes dieser Teilfolge. Wir zeigen, dass auch die gesamte Folge gegen a konvergiert. Dabei setzen wir voraus, dass die Folge (a_n) monoton wächst; für monoton fallende Folgen geht der Beweis analog.

Sei $\varepsilon > 0$ vorgegeben. Dann existiert ein $k_0 \in \mathbb{N}$, so dass

$$|a_{n_k} - a| < \varepsilon \quad \text{für alle } k \geqslant k_0 \, .$$

Sei $N := n_{k_0}$. Zu jedem $n \geqslant N$ gibt es ein $k \geqslant k_0$ mit $n_k \leqslant n < n_{k+1}$. Da die Folge (a_n) monoton wächst, folgt daraus

$$a_{n_k} \leqslant a_n \leqslant a_{n_{k+1}} \leqslant a \, ,$$

also

$$|a_n - a| \leqslant |a_{n_k} - a| < \varepsilon \, . \qquad \square$$

Schluss-Bemerkung zu den Axiomen der reellen Zahlen. Mit den Körper-Axiomen, den Anordnungs-Axiomen, dem Archimedischen Axiom und dem Vollständigkeits-Axiom haben wir nun alle Axiome der reellen Zahlen aufgezählt. Ein Körper, in dem diese Axiome erfüllt sind, heißt vollständiger, archimedisch angeordneter Körper. (Siehe dazu auch die Zusammenstellung der Axiome nach Kap. 23.) Man kann beweisen, dass jeder vollständige, archimedisch angeordnete Körper dem Körper der reellen Zahlen isomorph ist, dass also die genannten Axiome die reellen Zahlen vollständig charakterisieren.

Wir haben hier die reellen Zahlen als gegeben betrachtet. Man kann aber auch, ausgehend von den natürlichen Zahlen (die nach einem Ausspruch von L. Kronecker vom lieben Gott geschaffen worden sind, während alles andere Menschenwerk sei), nacheinander die ganzen Zahlen, die rationalen Zahlen und die reellen Zahlen konstruieren und dann die Axiome beweisen. Diesen Aufbau des Zahlensystems sollten alle Studierenden der Mathematik im Laufe ihres Studiums kennenlernen. Wir verweisen hierzu auf die Literatur, z. B. [L], [Z].

Anhang

Zur Darstellung reeller Zahlen im Computer

Zahlen werden in heutigen Computern meist *binär*, d. h. bzgl. der Basis 2 dargestellt. Natürlich ist es unmöglich, reelle Zahlen als unendliche 2-adische Brüche zu speichern, sondern man muss sich auf eine endliche Anzahl von Ziffern (*bits* = *bi*nary di*gits*) beschränken. Um betragsmäßig große und kleine Zahlen mit derselben relativen Genauigkeit darzustellen, verwendet man eine sog. *Gleitpunkt*-Darstellung[1] der Form

$$x = \pm a_0 . a_1 a_2 a_3 \ldots a_m \cdot 2^r,$$

wobei r ein ganzzahliger Exponent ist. Das Vorzeichen wird als $(-1)^s$ durch ein Bit $s \in \{0, 1\}$ dargestellt.

$$\xi := a_0 . a_1 a_2 a_3 \ldots a_m := \sum_{\mu=0}^{m} a_\mu \cdot 2^{-\mu}, \quad a_\mu \in \{0, 1\},$$

ist die sog. *Mantisse*, die man für $x \neq 0$ durch geeignete Wahl des Exponenten im Bereich $1 \leqslant \xi < 2$ annehmen kann, was gleichbedeutend mit $a_0 = 1$ ist. Der Exponent r wird natürlich auch binär mit einer begrenzten Anzahl von Bits gespeichert. Um nicht das Vorzeichen von r eigens abspeichern zu müssen, schreibt man r

---

[1] Statt Gleitpunkt sagt man auch Fließpunkt oder Fließkomma, engl. *floating point*.

in der Form $r = e - e_*$ mit einem festen Offset $e_* > 0$ und

$$e = \sum_{\nu=0}^{k-1} e_\nu \cdot 2^\nu \geqslant 0, \quad e_\nu \in \{0, 1\}.$$

Häufig werden insgesamt 64 Bits zur Darstellung einer reellen Zahl verwendet (Datentyp DOUBLE PRECISION in FORTRAN oder double float in den Programmiersprachen C, Java, usw.). Dabei wird üblicherweise der IEEE-Standard[2] befolgt, der hierfür $m = 52$, $k = 11$ und $e_* = 1023$ vorsieht[3]. Das Bit a_0 wird nicht gespeichert, sondern ist implizit gegeben. Insgesamt wird daher ein double float durch folgenden Bit-Vektor dargestellt:

$$(s, e_{10}, e_9, \ldots, e_0, a_1, a_2, \ldots, a_{52}) \in \{0, 1\}^{64}.$$

Der Exponent $e = \sum_{\nu=0}^{10} e_\nu \cdot 2^\nu$ kann Werte im Bereich $0 \leqslant e \leqslant 2^{11} - 1 = 2047$ annehmen. Falls $1 \leqslant e \leqslant 2046$, wird das implizite Bit $a_0 = 1$ gesetzt, es wird also die Zahl

$$x = (-1)^s 2^{e-1023} \left(1 + \sum_{\mu=1}^{52} a_\mu \cdot 2^{-\mu}\right)$$

dargestellt; für $e = 0$ wird vereinbart

$$x = (-1)^s 2^{-1022} \sum_{\mu=1}^{52} a_\mu 2^{-\mu},$$

während der Fall $e = 2047$ der Anzeige von Fehlerbedingungen vorbehalten ist. Die Zahl 0 wird also durch den Bit-Vektor, der aus lauter Nullen besteht, dargestellt. Die kleinste darstellbare positive Zahl ist danach $2^{-1074} \approx 4.94 \cdot 10^{-324}$, die größte Zahl $2^{1023}(2 - 2^{-52}) \approx 1.79 \cdot 10^{308}$. Die arithmetischen Operationen (Addition, Multiplikation, ...) auf Gleitpunktzahlen sind

---

[2] IEEE = Institute of Electrical and Electronics Engineers.
[3] Bei 32-bit floats sind die entsprechenden Zahlen $m = 23$, $k = 8$ und $e_* = 127$.

im Allgemeinen mit Fehlern versehen, da das exakte Resultat (falls es nicht überhaupt dem Betrag nach größer als die größte darstellbare Zahl ist, also zu Überlauf führt), noch auf eine mit der gegebenen Mantissenlänge verträgliche Zahl gerundet werden muss. Die Gleitpunkt-Arithmetik wird meist durch sog. mathematische Coprozessoren unterstützt, die z. B. im Falle der auf PCs weit verbreiteten Intel-Prozessoren intern mit 80-Bit-Zahlen arbeiten, wobei 64 Bits für die Mantisse, 15 Bits für den Exponenten und ein Vorzeichen-Bit verwendet werden. Beliebig einstellbare Genauigkeit wird meist nicht direkt durch die Hardware, sondern durch Software realisiert. Man vergesse aber nicht, dass die Gleitpunkt-Arithmetik inhärent fehlerbehaftet ist. Selbst so eine einfache Zahl wie $\frac{1}{10}$ wird binär auch bei noch so großer Mantissen-Länge nicht exakt dargestellt.

Aufgaben

5.1 Man entwickle die Zahl $x = \frac{1}{7}$ in einen b-adischen Bruch für $b = 2, 7, 10, 16$. Im 16-adischen System ($=$ Hexadezimalsystem) verwende man für die Ziffern 10 bis 15 die Buchstaben A bis F.

5.2 Ein b-adischer Bruch

$$a_{-k} \ldots a_0 . a_1 a_2 a_3 a_4 \ldots$$

heißt *periodisch*, wenn natürliche Zahlen $r, s \geq 1$ existieren, so dass

$$a_{n+s} = a_n \quad \text{für alle } n \geq r \,.$$

Man beweise: Ein b-adischer Bruch ist genau dann periodisch, wenn er eine rationale Zahl darstellt.

5.3 Gegeben seien zwei (unendliche) g-adische Brüche ($g \geq 2$),

$$0 . a_1 a_2 a_3 a_4 \ldots ,$$
$$0 . b_1 b_2 b_3 b_4 \ldots ,$$

die gegen dieselbe Zahl $x \in \mathbb{R}$ konvergieren. Man zeige: Entweder gilt $a_n = b_n$ für alle $n \geq 1$ oder es existiert eine natürliche Zahl $k \geq 1$, so dass (nach evtl. Vertauschung der Rollen von a und b) gilt:

$$\begin{cases} a_i = b_i & \text{für alle } i < k\,, \\ a_k = b_k + 1, \\ a_n = 0 & \text{für alle } n > k\,, \\ b_n = g - 1 & \text{für alle } n > k\,. \end{cases}$$

5.4 Man bestimme die 64-Bit-IEEE-Darstellung der Zahlen $z_n := 10^n$ für $n = 2, 1, 0, -1, -2$.

5.5 Es sei $Q_{64} \subset \mathbb{R}$ die Menge aller durch den 64-Bit-IEEE-Standard exakt dargestellten reellen Zahlen (diese sind natürlich alle rational) und R_{64} das Intervall $R_{64} := \{x \in \mathbb{R} : |x| < 2^{1024}\}$. Eine Abbildung

$$\rho : R_{64} \longrightarrow Q_{64}$$

werde wie folgt definiert: Für $x \in R_{64}$ sei $\rho(x)$ die Zahl aus Q_{64}, die von x den kleinsten Abstand hat. Falls zwei Elemente aus Q_{64} von x denselben Abstand haben, werde dasjenige gewählt, in deren IEEE-Darstellung das Bit $a_{52} = 0$ ist. Man überlege sich, dass dadurch ρ eindeutig definiert ist. Nunmehr werde eine Addition

$$Q_{64} \times Q_{64} \longrightarrow Q_{64} \cup \{\diamond\}, \quad (x, y) \mapsto x \boxplus y\,,$$

durch folgende Vorschrift definiert: Falls $x + y \in R_{64}$, sei

$$x \boxplus y := \rho(x + y)\,.$$

Falls aber $x + y \notin R_{64}$, setze man $x \boxplus y := \diamond$. Dabei sei $\diamond$ ein nicht zu $\mathbb{R}$ gehöriges Symbol, das als „undefiniert" gelesen werde. (Seine Verwendung ist nur ein formaler Trick, damit $\boxplus$ ausnahmslos auf $Q_{64} \times Q_{64}$ definiert ist.)

a) Man zeige: Für alle $x, y \in Q_{64}$ gilt

  (i) $x \boxplus y = y \boxplus x$,   (ii) $x \boxplus 0 = x$,   (iii) $x \boxplus -x = 0$.

b) Man zeige durch Angabe von Gegenbeispielen, dass das Assoziativ-Gesetz

$$(x \boxplus y) \boxplus z = x \boxplus (y \boxplus z)$$

in Q_{64} im Allgemeinen falsch ist, selbst wenn beide Seiten
definiert sind. Man gebe auch ein Beispiel von Zahlen $x, y, z \in Q_{64}$ an, so dass $x \boxplus y$, $(x \boxplus y) \boxplus z$ und $y \boxplus z$ alle zu Q_{64}
gehören, aber $x \boxplus (y \boxplus z) = \Diamond$.

5.6 Man zeige, dass $+1$ und -1 die einzigen Häufungspunkte
der in den Beispielen (5.1) und (5.2) angegebenen Folgen sind.

5.7 Sei x eine vorgegebene reelle Zahl. Die Folge $(a_n(x))_{n \in \mathbb{N}}$
sei definiert durch

$$a_n(x) := nx - \lfloor nx \rfloor \quad \text{für alle } n \in \mathbb{N} .$$

Man beweise: Ist x rational, so hat die Folge nur endlich viele
Häufungspunkte; ist x irrational, so ist jede reelle Zahl a mit $0 \leq a \leq 1$ Häufungspunkt der Folge $(a_n(x))_{n \in \mathbb{N}}$.

5.8 Man beweise: Eine Folge reeller Zahlen konvergiert dann
und nur dann, wenn sie beschränkt ist und genau einen Häufungspunkt besitzt.

5.9 Man beweise: Jede Folge reeller Zahlen enthält eine monotone (wachsende oder fallende) Teilfolge.

5.10 Man zeige: Jede monoton wachsende (bzw. fallende) Folge
$(a_n)_{n \in \mathbb{N}}$, die nicht konvergiert, divergiert bestimmt gegen $+\infty$
(bzw. $-\infty$).

5.11 Man beweise: Aus Satz 5.7 (jede beschränkte monotone
Folge reeller Zahlen konvergiert) lässt sich das Archimedische
Axiom und das Intervallschachtelungs-Prinzip ableiten (ohne das
Vollständigkeits-Axiom zu benutzen).

Wurzeln

6

In diesem Kapitel beweisen wir als Anwendung des Vollständig-keits-Axioms die Existenz von Quadratwurzeln (und allgemeiner k-ter Wurzeln) positiver reeller Zahlen und geben gleichzeitig ein Iterationsverfahren zu ihrer Berechnung an. Dieses Verfahren, mit dem schon die Babylonier vor über dreitausend Jahren ihre Näherungswerte für die Quadratwurzeln der natürlichen Zahlen bestimmt haben sollen, konvergiert außerordentlich rasch und zählt auch noch heute im Computer-Zeitalter zu den effizientesten Algorithmen.

Sei $a > 0$ eine reelle Zahl, deren Quadratwurzel bestimmt werden soll. Wenn $x > 0$ Quadratwurzel von a ist, d. h. der Gleichung $x^2 = a$ genügt, gilt $x = \frac{a}{x}$, andernfalls ist $x \neq \frac{a}{x}$. Dann wird das arithmetische Mittel

$$x' := \tfrac{1}{2}\left(x + \frac{a}{x}\right)$$

ein besserer Näherungswert für die Wurzel sein und man kann hoffen, durch Wiederholung der Prozedur eine Folge zu erhalten, die gegen die Wurzel aus a konvergiert. Dass dies tatsächlich der Fall ist, beweisen wir jetzt.

© Der/die Autor(en), exklusiv lizenziert an Springer Fachmedien Wiesbaden GmbH, ein Teil von Springer Nature 2023
O. Forster, F. Lindemann, *Analysis 1*, Grundkurs Mathematik,
https://doi.org/10.1007/978-3-658-40130-6_6

Satz 6.1 *Seien $a > 0$ und $x_0 > 0$ reelle Zahlen. Die Folge $(x_n)_{n \in \mathbb{N}}$
sei durch*

$$x_{n+1} := \frac{1}{2}\left(x_n + \frac{a}{x_n}\right)$$

rekursiv definiert. Dann konvergiert die Folge (x_n) gegen die Quadratwurzel von a, d. h. gegen die eindeutig bestimmte positive Lösung der Gleichung $x^2 = a$.

Beweis Wir gehen in mehreren Schritten vor.

1) Ein einfacher Beweis durch vollständige Induktion zeigt, dass $x_n > 0$ für alle $n \geq 0$, insbesondere die Division $\frac{a}{x_n}$ immer zulässig ist.

2) Es gilt $x_n^2 \geq a$ für alle $n \geq 1$, denn

$$\begin{aligned}
x_n^2 - a &= \frac{1}{4}\left(x_{n-1} + \frac{a}{x_{n-1}}\right)^2 - a \\
&= \frac{1}{4}\left(x_{n-1}^2 + 2a + \frac{a^2}{x_{n-1}^2}\right) - a \\
&= \frac{1}{4}\left(x_{n-1} - \frac{a}{x_{n-1}}\right)^2 \geq 0.
\end{aligned}$$

3) Es gilt $x_{n+1} \leq x_n$ für alle $n \geq 1$, denn

$$x_n - x_{n+1} = x_n - \frac{1}{2}\left(x_n + \frac{a}{x_n}\right) = \frac{1}{2x_n}(x_n^2 - a) \geq 0.$$

4) Wegen 3) ist $(x_n)_{n \geq 1}$ eine monoton fallende Folge, die durch 0 nach unten beschränkt ist, also nach Satz 5.7 konvergiert. (Hier geht das Vollständigkeits-Axiom ein, denn es wurde beim Beweis des Satzes über die Konvergenz beschränkter monotoner Folgen benötigt.) Für den Grenzwert $x := \lim_{n \to \infty} x_n$ gilt nach Corollar 4.5a, dass $x \geq 0$. Um den Wert von x zu bestimmen, benutzen wir die Gleichung

$$2x_{n+1}x_n = x_n^2 + a,$$

die sich aus der Rekursionsformel durch Multiplikation mit $2x_n$ ergibt. Da $\lim\limits_{n\to\infty} x_{n+1} = \lim\limits_{n\to\infty} x_n = x$, folgt aus den Regeln über das Rechnen mit Grenzwerten (Satz 4.3)

$$2x^2 = x^2 + a,$$

also $x^2 = a$. Damit ist gezeigt, dass die Folge (x_n) gegen eine Quadratwurzel von a konvergiert.

5) Es ist noch die Eindeutigkeit zu zeigen. Sei y eine weitere positive Lösung der Gleichung $y^2 = a$. Dann ist

$$0 = x^2 - y^2 = (x + y)(x - y).$$

Da $x + y > 0$, muss $x - y = 0$ sein, also $x = y$. $\square$

Bezeichnung   Für eine reelle Zahl $a \geq 0$ wird die eindeutig bestimmte nicht-negative Lösung der Gleichung $x^2 = a$ mit

$$\sqrt{a} \quad \text{oder} \quad \text{sqrt}(a)$$

bezeichnet.

Bemerkung   Die Gleichung $x^2 = a$ hat für $a = 0$ nur die Lösung $x = 0$ und für $a > 0$ genau zwei Lösungen, nämlich $\sqrt{a}$ und $-\sqrt{a}$. Denn für jedes $x \in \mathbb{R}$ mit $x^2 = a$ gilt

$$(x + \sqrt{a})(x - \sqrt{a}) = x^2 - a = 0,$$

also muss einer der beiden Faktoren gleich 0 sein, d. h. $x = \pm\sqrt{a}$. Für $a < 0$ hat die Gleichung natürlich keine reelle Lösung, weil für jedes $x \in \mathbb{R}$ gilt $x^2 \geq 0$.

Numerisches Beispiel
Zur numerischen Rechnung ist es günstig, noch die Größe $y_n := a/x_n$ einzuführen. Dann ist $x_{n+1} = \frac{1}{2}(x_n + y_n)$. Für $n \geq 1$ gilt nach Punkt 2) des Beweises die Abschätzung $x_n^2 \geq a$, also $x_n \geq \sqrt{a}$. Daraus folgt $y_n \leq \sqrt{a}$; man hat also

$$y_n \leq \sqrt{a} \leq x_n \quad \text{für alle } n \geq 1.$$

Zur Illustration des Algorithmus berechnen wir die Quadratwurzel aus $a := 2$. Wir wählen $x_0 := 2$ und daher $y_0 := a/x_0 = 1$. Die Rechnung auf 20 Nachkommastellen ergibt

n	x_n	y_n
0	2.0	1.0
1	1.5	1.33333 33333 33333 33333
2	1.41666 66666 66666 66667	1.41176 47058 82352 94118
3	1.41421 56862 74509 80392	1.41421 14384 74870 01733
4	1.41421 35623 74689 91063	1.41421 35623 71500 18698
5	1.41421 35623 73095 04880	1.41421 35623 73095 04880

Schon nach 5 Iterations-Schritten stimmen x_n und y_n im Rahmen der Rechengenauigkeit überein. Es gilt also

$$\sqrt{2} = 1.41421\ 35623\ 73095\ 04880 \pm 10^{-20}.$$

Geschwindigkeit der Konvergenz

Die in dem Beispiel sichtbare schnelle Konvergenz wollen wir nun im allgemeinen Fall untersuchen. Dazu definieren wir den relativen Fehler f_n im n-ten Iterationschritt durch die Gleichung

$$x_n = \sqrt{a}\,(1 + f_n).$$

Es ist $f_n \geq 0$ für $n \geq 1$. Einsetzen in die Gleichung $x_{n+1} = \frac{1}{2}(x_n + \frac{a}{x_n})$ ergibt nach Kürzung durch $\sqrt{a}$

$$1 + f_{n+1} = \frac{1}{2}\Big(1 + f_n + \frac{1}{1 + f_n}\Big).$$

Daraus folgt

$$f_{n+1} = \frac{1}{2} \cdot \frac{f_n^2}{1 + f_n} \leq \frac{1}{2}\min(f_n, f_n^2).$$

Da Zahlen im Computer meist binär, d.h. bzgl. der Basis 2 dargestellt werden, ist die Multiplikation mit ganzzahligen Potenzen von 2 trivial. So kann man jede positive reelle Zahl a leicht in die Form $a = 2^{2k} a_0$ mit $k \in \mathbb{Z}$, $1 \leqslant a_0 < 4$, bringen. Es ist dann $\sqrt{a} = 2^k \sqrt{a_0}$; also kann man ohne Beschränkung der Allgemeinheit $1 \leqslant a < 4$ voraussetzen. Wählt man dann $x_0 = a$, so ist $\sqrt{a} \leqslant x_0 < 2\sqrt{a}$, d. h. $0 \leqslant f_0 < 1$. Mit der obigen Rekursionsformel für den relativen Fehler ergibt sich $f_1 < 1/4$, $f_2 < 1/40,\ldots$, $f_5 < 1.2 \cdot 10^{-15}$, $f_6 < 10^{-30}$ etc. Die Zahl der gültigen Dezimalstellen verdoppelt sich also mit jedem Schritt. Man spricht von *quadratischer* Konvergenz.

Der angegebene Algorithmus zur Wurzelberechnung hat neben seiner schnellen Konvergenz noch den Vorteil, *selbstkorrigierend* zu sein. Denn da der Anfangswert $x_0 > 0$ beliebig vorgegeben werden kann, beginnt nach eventuellen Rechen-, insbesondere Rundungsfehlern, der Algorithmus eben wieder mit dem fehlerhaften Wert von x_n statt mit x_0. Wollten wir etwa $\sqrt{2}$ auf 100 Dezimalstellen genau berechnen, so müssten wir nicht die Rechnung von Anfang an mit 100-stelliger Genauigkeit wiederholen, sondern könnten mit dem erhaltenen 20-stelligen Näherungswert beginnen und erhielten nach drei weiteren Schritten das Ergebnis.

Es sei jedoch bemerkt, dass die Verhältnisse nicht immer so günstig liegen. Bei vielen Näherungs-Verfahren der numerischen Mathematik ist die Fehlerabschätzung viel schwieriger; Rundungsfehler können sich akkumulieren und aufschaukeln, wodurch manchmal sogar die Konvergenz, die unter der Prämisse der exakten Rechnung bewiesen worden ist, gefährdet wird.

k-te Wurzeln

Die für die Quadratwurzeln angestellten Überlegungen lassen sich leicht auf k-te Wurzeln verallgemeinern.

Satz 6.2 *Sei $k \geqslant 2$ eine natürliche Zahl und $a > 0$ eine positive reelle Zahl. Dann konvergiert für jeden Anfangswert $x_0 > 0$ die durch*

$$x_{n+1} := \frac{1}{k}\left((k-1)x_n + \frac{a}{x_n^{k-1}}\right)$$

rekursiv definierte Folge $(x_n)_{n \in \mathbb{N}}$ gegen die eindeutig bestimmte positive Lösung der Gleichung $x^k = a$.

Bezeichnung Diese Lösung heißt k-te Wurzel von a und wird mit $\sqrt[k]{a}$ bezeichnet. Im Spezialfall $k = 2$ schreibt man kürzer $\sqrt{a}$ statt $\sqrt[2]{a}$.

Beweis a) Dass es nicht mehr als eine positive Lösung geben kann, ergibt sich daraus, dass aus $0 \leqslant z_1 < z_2$ folgt $z_1^k < z_2^k$.

b) Wir zeigen jetzt, dass der Grenzwert $x := \lim_{n \to \infty} x_n$ im Falle der Existenz die Gleichung $x^k = a$ erfüllt. Multiplikation der Rekursionsgleichung mit $k x_n^{k-1}$ ergibt nämlich

$$k x_{n+1} x_n^{k-1} = (k-1) x_n^k + a,$$

woraus durch Grenzübergang $n \to \infty$ folgt

$$k x^k = (k-1) x^k + a,$$

d. h. $x^k = a$.

c) Es bleibt nur noch die Konvergenz zu beweisen. Dazu formen wir die Rekursionsformel wie folgt um:

$$x_{n+1} = \frac{1}{k} x_n \left((k-1) + \frac{a}{x_n^k} \right) = x_n \left(1 + \frac{1}{k} \left(\frac{a}{x_n^k} - 1 \right) \right) \quad (\star)$$

Aus der Bernoullischen Ungleichung $(1 + \xi)^k \geqslant 1 + k\xi$ für $\xi \geqslant -1$ folgt

$$\left(1 + \frac{1}{k} \left(\frac{a}{x_n^k} - 1 \right) \right)^k \geqslant 1 + \left(\frac{a}{x_n^k} - 1 \right) = \frac{a}{x_n^k},$$

also $x_{n+1}^k \geqslant a$. Deshalb ist $a / x_n^k \leqslant 1$ für alle $n \geqslant 1$, d. h.

$$\frac{1}{k} \left(\frac{a}{x_n^k} - 1 \right) \leqslant 0$$

und man liest aus $(\star)$ ab $x_{n+1} \leqslant x_n$ für $n \geqslant 1$. Die Folge $(x_n)_{n \geqslant 1}$ ist also monoton fallend und durch 0 nach unten beschränkt, konvergiert also gegen eine reelle Zahl $x \geqslant 0$, für die nach b) gilt $x^k = a$. $\qquad\square$

Bemerkungen 1) Natürlich enthält Satz 6.2 als Spezialfall den Satz 6.1. Man kann sich fragen, warum beim Iterationsschritt für die k-te Wurzel nicht die Formel $x_{n+1} = \frac{1}{2}(x_n + a/x_n^{k-1})$ verwendet wird. Den tieferen Grund dafür werden wir in Kap. 17 kennenlernen, wo das Iterationsverfahren zum Wurzelziehen sich als Spezialfall eines viel allgemeineren Approximations-Verfahrens von Newton herausstellen wird.

2) Ein weiterer Beweis für die Existenz der Wurzeln wird in Kap. 12 gegeben, als Anwendung eines allgemeinen Satzes über Umkehrfunktionen, siehe Satz 12.2.

Aufgaben

6.1 Man beweise für $a \geq 0$, $b \geq 0$ die Ungleichung zwischen geometrischem und arithmetischem Mittel

$$\sqrt{ab} \leq \tfrac{1}{2}(a + b),$$

wobei Gleichheit genau dann eintritt, wenn $a = b$.

6.2 Seien $a \geq 0$, $b \geq 0$ reelle Zahlen. Die Folgen $(a_n)_{n \in \mathbb{N}}$, $(b_n)_{n \in \mathbb{N}}$ seien rekursiv definiert durch $a_0 := a$, $b_0 := b$ und

$$a_{n+1} := \sqrt{a_n b_n}, \quad b_{n+1} := \tfrac{1}{2}(a_n + b_n) \quad \text{für alle } n \in \mathbb{N}.$$

i) Man zeige, dass beide Folgen konvergieren und denselben Grenzwert haben.
   Dieser Grenzwert werde mit $M(a, b)$ bezeichnet und heißt das *arithmetisch-geometrische Mittel* von a und b.
ii) Man beweise für $a > 0$, $b \geq 0$ die Beziehung

$$M(a, b) = a M(1, b/a).$$

iii) Man berechne $M(1, 2)$ mit einem Fehler $< 10^{-6}$.

6.3 Beim Iterations-Verfahren

$$x_0 > 0, \quad x_{n+1} := \frac{1}{3}\left(2x_n + \frac{a}{x_n^2}\right)$$

zur Berechnung der 3. Wurzel einer positiven Zahl $a > 0$ definiere man den n-ten relativen Fehler f_n durch

$$x_n = \sqrt[3]{a}(1 + f_n).$$

Man leite eine Rekursionsformel für die Folge (f_n) her und beweise

$$f_{n+1} \leq f_n^2 \quad \text{für alle } n \geq 1.$$

6.4 Seien $a > 0$ und $x_0 > 0$ reelle Zahlen mit $ax_0 < 2$. Die Folge $(x_n)_{n \in \mathbb{N}}$ werde rekursiv definiert durch

$$x_{n+1} := x_n(1 + \varepsilon_n), \quad \text{wobei } \varepsilon_n := 1 - ax_n.$$

Man beweise, dass die Folge (x_n) gegen $1/a$ konvergiert.

Anleitung. Man zeige dazu: $\varepsilon_{n+1} = \varepsilon_n^2$ für alle $n \geq 0$.

Bemerkung Dieser Algorithmus kann benutzt werden, um die Division auf die Multiplikation zurückzuführen.

6.5 Man berechne

$$\sqrt{1 + \sqrt{1 + \sqrt{1 + \sqrt{1 + \ldots}}}},$$

d. h. den Limes der Folge $(a_n)_{n \in \mathbb{N}}$ mit $a_0 := 1$ und $a_{n+1} := \sqrt{1 + a_n}$.

6.6 Der Wert des unendlichen Kettenbruchs

$$1 + \cfrac{1}{1 + \cfrac{1}{1 + \cfrac{1}{1 + \cfrac{1}{1 + \ldots}}}}$$

ist definiert als der Limes der Folge $(a_n)_{n \in \mathbb{N}}$ mit $a_0 := 1$ und $a_{n+1} := 1 + \frac{1}{a_n}$.

a) Man zeige $a_{n-1} = \dfrac{f_{n+1}}{f_n}$ für alle $n \geqslant 1$, wobei f_n die in (4.6) definierten Fibonacci-Zahlen sind.

b) Man beweise $\lim\limits_{n \to \infty} a_n = \dfrac{1 + \sqrt{5}}{2}$.

Bemerkung Der Limes ist der berühmte *goldene Schnitt*, der durch

$$g : 1 = 1 : (g - 1), \quad g > 1,$$

definiert ist.

6.7 Die drei Folgen $(a_n)_{n \in \mathbb{N}}$, $(b_n)_{n \in \mathbb{N}}$, $(c_n)_{n \in \mathbb{N}}$ seien definiert durch

$$a_n := \sqrt{n + 1000} - \sqrt{n},$$

$$b_n := \sqrt{n + \sqrt{n}} - \sqrt{n},$$

$$c_n := \sqrt{n + \tfrac{n}{1000}} - \sqrt{n}.$$

Man zeige: Für alle $n < 10^6$ gilt $a_n > b_n > c_n$, aber

$$\lim_{n \to \infty} a_n = 0, \quad \lim_{n \to \infty} b_n = \tfrac{1}{2}, \quad \lim_{n \to \infty} c_n = \infty.$$

6.8 Man beweise:

a) $\lim\limits_{n \to \infty} \left(\sqrt[3]{n + \sqrt{n}} - \sqrt[3]{n} \right) = 0.$

b) $\lim\limits_{n \to \infty} \left(\sqrt[3]{n + \sqrt[3]{n^2}} - \sqrt[3]{n} \right) = \dfrac{1}{3}.$

6.9

a) Man zeige: Für alle natürlichen Zahlen $n \geqslant 1$ gilt

$$\sqrt[n]{n} \leqslant 1 + \frac{2}{\sqrt{n}}.$$

Anleitung. Man verwende dazu Aufgabe 3.4.

b) Man folgere aus Teil a)

$$\lim_{n \to \infty} \sqrt[n]{n} = 1 .$$

6.10 Für eine reelle Zahl $x > 0$ und eine rationale Zahl $r = m/n$, $(m, n \in \mathbb{Z}, n > 0)$ definiert man

$$x^r := \sqrt[n]{x^m} .$$

a) Man zeige, dass diese Definition unabhängig von der Darstellung von r ist, d. h. aus $m/n = \ell/k$ folgt $\sqrt[n]{x^m} = \sqrt[k]{x^\ell}$.

b) Für reelle Zahlen $x, y > 0$ und rationale Zahlen $r, s \in \mathbb{Q}$ beweise man die Rechenregeln

$$x^r y^r = (xy)^r, \quad x^r x^s = x^{r+s}, \quad (x^r)^s = x^{rs} .$$

Konvergenz-Kriterien für Reihen 7

In diesem Kapitel beweisen wir die wichtigsten Konvergenz-Kriterien für unendliche Reihen und behandeln einige typische Beispiele.

Wendet man das Vollständigkeits-Axiom über die Konvergenz von Cauchy-Folgen auf Reihen an, so erhält man folgendes Kriterium.

Satz 7.1 (Cauchysches Konvergenz-Kriterium) *Sei $(a_n)_{n \in \mathbb{N}}$ eine Folge reeller Zahlen. Die Reihe $\sum_{n=0}^{\infty} a_n$ konvergiert genau dann, wenn gilt:*

Zu jedem $\varepsilon > 0$ existiert ein $N \in \mathbb{N}$, so dass

$$\left| \sum_{k=m}^{n} a_k \right| < \varepsilon \quad \text{für alle } n \geqslant m \geqslant N \, .$$

Beweis Wir bezeichnen mit $S_N := \sum_{k=0}^{N} a_k$ die N-te Partialsumme. Dann ist

$$S_n - S_{m-1} = \sum_{k=m}^{n} a_k \, .$$

Die angegebene Bedingung drückt deshalb einfach aus, dass die Folge (S_n) der Partialsummen eine Cauchy-Folge ist, was gleichbedeutend mit ihrer Konvergenz ist. $\square$

© Der/die Autor(en), exklusiv lizenziert an Springer Fachmedien Wiesbaden GmbH, ein Teil von Springer Nature 2023
O. Forster, F. Lindemann, *Analysis 1*, Grundkurs Mathematik,
https://doi.org/10.1007/978-3-658-40130-6_7

Bemerkung Aus Satz 7.1 folgt unmittelbar: Das Konvergenz-verhalten einer Reihe ändert sich nicht, wenn man endlich viele Summanden abändert. (Nur die Summe ändert sich.)

Satz 7.2 *Eine notwendige (aber nicht hinreichende) Bedingung für die Konvergenz einer Reihe $\sum_{n=0}^{\infty} a_n$ ist, dass*

$$\lim_{n \to \infty} a_n = 0\,.$$

Beweis Wenn die Reihe konvergiert, gibt es nach Satz 7.1 zu vorgegebenem $\varepsilon > 0$ ein $N \in \mathbb{N}$, so dass

$$\left| \sum_{k=m}^{n} a_k \right| < \varepsilon \quad \text{für alle } n \geqslant m \geqslant N\,.$$

Insbesondere gilt daher (für $n = m$)

$$|a_n| < \varepsilon \quad \text{für alle } n \geqslant N\,.$$

Daraus folgt $\lim a_n = 0$. $\qquad\qquad\qquad\qquad\qquad\qquad\qquad$ □

Beispielsweise divergiert die Reihe $\sum_{n=0}^{\infty} (-1)^n$, da die Reihenglieder nicht gegen 0 konvergieren. Ein Beispiel dafür, dass die Bedingung $\lim a_n = 0$ für die Konvergenz nicht ausreicht, behandeln wir in (7.1) im Anschluss an den nächsten Satz.

Satz 7.3 *Eine Reihe $\sum_{n=0}^{\infty} a_n$ mit $a_n \geqslant 0$ für alle $n \in \mathbb{N}$ konvergiert genau dann, wenn die Reihe (d. h. die Folge der Partialsummen) beschränkt ist.*

Beweis Da $a_n \geqslant 0$, ist die Folge der Partialsummen

$$S_n = \sum_{k=0}^{n} a_k, \quad n \in \mathbb{N}\,,$$

monoton wachsend. Die Behauptung folgt deshalb aus dem Satz 5.7 über die Konvergenz monotoner beschränkter Folgen. $\qquad$ □

Beispiele

(7.1) Die *harmonische Reihe* $\displaystyle\sum_{n=1}^{\infty} \frac{1}{n}$.

Die Reihenglieder konvergieren gegen 0, trotzdem divergiert die Reihe. Dazu betrachten wir die speziellen Partialsummen

$$S_{2^k} = \sum_{n=1}^{2^k} \frac{1}{n} = 1 + \frac{1}{2} + \sum_{i=1}^{k-1}\Big(\sum_{n=2^i+1}^{2^{i+1}} \frac{1}{n}\Big)$$

$$= 1 + \frac{1}{2} + \Big(\frac{1}{3} + \frac{1}{4}\Big) + \Big(\frac{1}{5} + \frac{1}{6} + \frac{1}{7} + \frac{1}{8}\Big)$$

$$+ \cdots + \Big(\frac{1}{2^{k-1}+1} + \cdots + \frac{1}{2^k}\Big).$$

Da die Summe jeder Klammer $\geq \frac{1}{2}$ ist, folgt

$$S_{2^k} \geq 1 + \frac{k}{2}.$$

Also ist die Folge der Partialsummen unbeschränkt, d. h. es gilt

$$\sum_{n=1}^{\infty} \frac{1}{n} = \infty.$$

(7.2) Die Reihen $\displaystyle\sum_{n=1}^{\infty} \frac{1}{n^k}$ für $k > 1$.

Wir beweisen, dass diese Reihen konvergieren, indem wir zeigen, dass die Partialsummen durch $\dfrac{1}{1 - 2^{-k+1}}$ beschränkt sind. Zu beliebigem $N \in \mathbb{N}$ gibt es ein $m \in \mathbb{N}$ mit $N \leq 2^{m+1} - 1$. Damit gilt

$$S_N \leq \sum_{n=1}^{2^{m+1}-1} \frac{1}{n^k} = 1 + \Big(\frac{1}{2^k} + \frac{1}{3^k}\Big) + \cdots + \Big(\sum_{n=2^m}^{2^{m+1}-1} \frac{1}{n^k}\Big)$$

$$\leq \sum_{i=0}^{m} 2^i \frac{1}{(2^i)^k} = \sum_{i=0}^{m} \Big(\frac{1}{2^{k-1}}\Big)^i$$

$$\leq \sum_{i=0}^{\infty} (2^{-k+1})^i = \frac{1}{1 - 2^{-k+1}}. \qquad \square$$

Bemerkungen a) Die hier zur Untersuchung der Konvergenz der Reihen $\sum \frac{1}{n^k}$ benutzte Methode ist ein Spezialfall des sog. Reihenverdichtungs-Kriteriums, siehe Aufgabe 7.3.

b) Für alle geraden ganzen Zahlen $k \geq 2$ gibt es explizite Formeln für die Limiten der Reihen $\sum_{n=1}^{\infty} \frac{1}{n^k}$. Z.B. gilt

$$\sum_{n=1}^{\infty} \frac{1}{n^2} = \frac{\pi^2}{6}, \qquad \sum_{n=1}^{\infty} \frac{1}{n^4} = \frac{\pi^4}{90}, \qquad \sum_{n=1}^{\infty} \frac{1}{n^6} = \frac{\pi^6}{945},$$

siehe dazu (21.9) und Satz 22.12.

Während sich Satz 7.3 auf Reihen mit lauter nicht-negativen Gliedern bezog, behandeln wir jetzt ein Konvergenz-Kriterium für *alternierende* Reihen, das sind Reihen, deren Glieder abwechselndes Vorzeichen haben.

Satz 7.4 (Leibniz'sches Konvergenz-Kriterium) *Sei* $(a_n)_{n \in \mathbb{N}}$ *eine monoton fallende Folge nicht-negativer reeller Zahlen mit* $\lim\limits_{n \to \infty} a_n = 0$. *Dann konvergiert die alternierende Reihe*

$$\sum_{n=0}^{\infty} (-1)^n a_n .$$

Beweis Wir setzen $s_k := \sum_{n=0}^{k} (-1)^n a_n$. Da $s_{2k+2} - s_{2k} = -a_{2k+1} + a_{2k+2} \leq 0$, gilt

$$s_0 \geq s_2 \geq s_4 \geq \cdots \geq s_{2k} \geq s_{2k+2} \geq \ldots .$$

Entsprechend ist wegen $s_{2k+3} - s_{2k+1} = a_{2k+2} - a_{2k+3} \geq 0$

$$s_1 \leq s_3 \leq s_5 \leq \cdots \leq s_{2k+1} \leq s_{2k+3} \leq \ldots .$$

Außerdem gilt wegen $s_{2k+1} - s_{2k} = -a_{2k+1} \leq 0$

$$s_{2k+1} \leq s_{2k} \quad \text{für alle } k \in \mathbb{N} .$$

Die Folge $(s_{2k})_{k \in \mathbb{N}}$ ist also monoton fallend und beschränkt, da $s_{2k} \geqslant s_1$ für alle k. Nach Satz 5.7 existiert daher der Limes

$$\lim_{k \to \infty} s_{2k} =: S\,.$$

Analog ist $(s_{2k+1})_{k \in \mathbb{N}}$ monoton wachsend und beschränkt, also existiert

$$\lim_{k \to \infty} s_{2k+1} =: S'.$$

Wir zeigen nun, dass $S = S'$ und dass die gesamte Folge $(s_n)_{n \in \mathbb{N}}$ gegen S konvergiert. Zunächst ist

$$S - S' = \lim_{k \to \infty} (s_{2k} - s_{2k+1}) = \lim_{k \to \infty} a_{2k+1} = 0\,.$$

Sei nun $\varepsilon > 0$ vorgegeben. Dann gibt es $N_1, N_2 \in \mathbb{N}$, so dass

$$|s_{2k} - S| < \varepsilon \ \text{ für } k \geqslant N_1 \quad \text{und} \quad |s_{2k+1} - S| < \varepsilon \text{ für } k \geqslant N_2\,.$$

Wir setzen $N := \max(2N_1, 2N_2 + 1)$. Dann gilt

$$|s_n - S| < \varepsilon \quad \text{für alle } n \geqslant N\,. \qquad \square$$

Das Konvergenzverhalten der alternierenden Reihen lässt sich durch Abb. 7 A veranschaulichen.

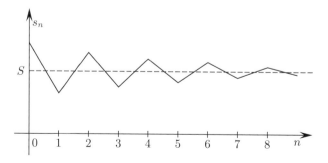

Abb. 7 A Zum Leibniz'schen Konvergenz-Kriterium

Beispiele

(7.3) Die *alternierende harmonische* Reihe $\sum\limits_{n=1}^{\infty} \dfrac{(-1)^{n-1}}{n}$ konvergiert nach dem Leibniz'schen Konvergenz-Kriterium. Wir werden in Kap. 22 sehen, dass

$$1 - \frac{1}{2} + \frac{1}{3} - \frac{1}{4} + \frac{1}{5} - \frac{1}{6} \pm \cdots = \log 2 \,.$$

Dabei ist $\log 2 = 0.693147\ldots$ der natürliche Logarithmus von 2.

(7.4) Ebenso konvergiert die *Leibniz'sche* Reihe $\sum\limits_{k=0}^{\infty} \dfrac{(-1)^k}{2k+1}$. Für sie zeigte Leibniz, dass

$$1 - \frac{1}{3} + \frac{1}{5} - \frac{1}{7} + \frac{1}{9} - \frac{1}{11} \pm \ldots = \frac{\pi}{4} \,.$$

Wir werden dies in Kap. 22 beweisen, siehe (22.6).

Absolute Konvergenz

Definition Eine Reihe $\sum\limits_{n=0}^{\infty} a_n$ heißt *absolut konvergent*, falls die Reihe der Absolutbeträge $\sum\limits_{n=0}^{\infty} |a_n|$ konvergiert.

Bemerkung Da die Partialsummen der Reihe $\sum\limits_{n=0}^{\infty} |a_n|$ monoton wachsen, gilt nach Satz 5.7: Eine Reihe $\sum\limits_{n=0}^{\infty} a_n$ ist genau dann absolut konvergent, wenn

$$\sum_{n=0}^{\infty} |a_n| < \infty \,.$$

Satz 7.5 *Eine absolut konvergente Reihe konvergiert auch im gewöhnlichen Sinn.*

Bemerkung Wie das Beispiel der alternierenden harmonischen Reihe (7.3) zeigt, gilt die Umkehrung von Satz 7.5 nicht. Die absolute Konvergenz ist also eine schärfere Bedingung als die gewöhnliche Konvergenz.

Beweis Sei $\sum_{n=0}^{\infty} a_n$ eine absolut konvergente Reihe. Nach dem Cauchyschen Konvergenz-Kriterium (Satz 7.1) für die Reihe $\sum |a_n|$ gibt es zu jedem $\varepsilon > 0$ ein $N \in \mathbb{N}$, so dass

$$\sum_{k=m}^{n} |a_k| < \varepsilon \quad \text{für alle } n \geq m \geq N \,.$$

Daraus folgt

$$\left| \sum_{k=m}^{n} a_k \right| \leq \sum_{k=m}^{n} |a_k| < \varepsilon \quad \text{für alle } n \geq m \geq N \,.$$

Wiederum nach dem Cauchyschen Konvergenz-Kriterium konvergiert daher $\sum_{n=0}^{\infty} a_n$. $\square$

Satz 7.6 (Majoranten-Kriterium) *Sei $\sum_{n=0}^{\infty} b_n$ eine konvergente Reihe mit lauter nicht-negativen Gliedern und $(a_n)_{n \in \mathbb{N}}$ eine Folge mit*

$$|a_n| \leq b_n \quad \text{für alle } n \in \mathbb{N} \,.$$

Dann konvergiert die Reihe $\sum_{n=0}^{\infty} a_n$ absolut.

Bezeichnung Eine Reihe $\sum_{n=0}^{\infty} b_n$ mit nicht-negativen Gliedern $b_n \geq 0$ heißt *Majorante* der Reihe $\sum_{n=0}^{\infty} a_n$, falls $|a_n| \leq b_n$ für alle $n \in \mathbb{N}$. Der Inhalt des Satzes lässt sich dann so aussprechen: Besitzt die Reihe $\sum_{n=0}^{\infty} a_n$ eine konvergente Majorante, so konvergiert sie selbst absolut.

Beweis Da $\sum_{n=0}^{\infty} b_n$ konvergiert, gibt es nach Satz 7.1 zu vorgegebenem $\varepsilon > 0$ ein $N \in \mathbb{N}$, so dass

$$\left| \sum_{k=m}^{n} b_k \right| < \varepsilon \quad \text{für alle } n \geqslant m \geqslant N \ .$$

Daher ist

$$\sum_{k=m}^{n} |a_k| \leqslant \sum_{k=m}^{n} b_k < \varepsilon \quad \text{für alle } n \geqslant m \geqslant N \ .$$

Die Reihe $\sum |a_n|$ erfüllt also das Cauchysche Konvergenz-Kriterium. $\qquad\square$

Beispiel

(7.5) Wir beweisen noch einmal die Konvergenz der Reihen

$$\sum_{n=1}^{\infty} \frac{1}{n^k}, \quad k \geqslant 2,$$

mithilfe des Majoranten-Kriteriums. Nach Beispiel (4.9) konvergiert die Reihe $\sum_{n=1}^{\infty} \frac{1}{n(n+1)}$, also auch die Reihe $\sum_{n=1}^{\infty} \frac{2}{n(n+1)}$. Für $k \geqslant 2$ und alle $n \geqslant 1$ gilt

$$\frac{1}{n^k} \leqslant \frac{1}{n^2} \leqslant \frac{2}{n(n+1)},$$

daher ist $\sum \frac{2}{n(n+1)}$ eine konvergente Majorante von $\sum \frac{1}{n^k}$. $\qquad\square$

Hinweis Wir werden später (in Kap. 20) noch ein sehr nützliches, dem Majoranten-Kriterium verwandtes Konvergenz-Kriterium kennenlernen, das Integralvergleichs-Kriterium. Mit diesem lassen sich die Reihen $\sum \frac{1}{n^k}$ besonders elegant behandeln.

Bemerkung Satz 7.6 impliziert folgendes Divergenz-Kriterium:
Sei $\sum_{n=0}^{\infty} b_n$ eine divergente Reihe mit lauter nicht-negativen Gliedern und $(a_n)_{n \in \mathbb{N}}$ eine Folge mit $a_n \geq b_n$ für alle n. Dann divergiert auch die Reihe $\sum_{n=0}^{\infty} a_n$.

Denn andernfalls wäre $\sum a_n$ eine konvergente Majorante von $\sum b_n$, also müsste auch $\sum b_n$ konvergieren.

Satz 7.7 (Quotienten-Kriterium) *Sei* $\sum_{n=0}^{\infty} a_n$ *eine Reihe mit* $a_n \neq 0$ *für alle* $n \geq n_0$. *Es gebe eine reelle Zahl* θ *mit* $0 < \theta < 1$, *so dass*

$$\left| \frac{a_{n+1}}{a_n} \right| \leq \theta \quad \textit{für alle } n \geq n_0 \, .$$

Dann konvergiert die Reihe $\sum a_n$ *absolut.*

Beweis Da ein Abändern endlich vieler Summanden das Konvergenzverhalten nicht ändert, können wir o. B. d. A. annehmen, dass

$$\left| \frac{a_{n+1}}{a_n} \right| \leq \theta \quad \text{für alle } n \in \mathbb{N} \, .$$

Daraus ergibt sich mit vollständiger Induktion

$$|a_n| \leq |a_0| \, \theta^n \quad \text{für alle } n \in \mathbb{N} \, .$$

Die Reihe $\sum_{n=0}^{\infty} |a_0| \, \theta^n$ ist daher Majorante von $\sum a_n$. Da

$$\sum_{n=0}^{\infty} |a_0| \, \theta^n = |a_0| \sum_{n=0}^{\infty} \theta^n = \frac{|a_0|}{1 - \theta}$$

konvergiert (geometrische Reihe), folgt aus dem Majoranten-Kriterium die Behauptung. $\qquad\square$

Bemerkung Ein dem Quotienten-Kriterium verwandtes Konvergenz-Kriterium ist das Wurzel-Kriterium, siehe Aufgabe 7.5.

Beispiele

(7.6) Wir beweisen die Konvergenz der Reihe $\displaystyle\sum_{n=1}^{\infty} \frac{n^2}{2^n}$.

Mit $a_n := \frac{n^2}{2^n}$ gilt für alle $n \geqslant 3$

$$\left|\frac{a_{n+1}}{a_n}\right| = \frac{(n+1)^2\, 2^n}{2^{n+1}\, n^2} = \frac{1}{2}\left(1 + \frac{1}{n}\right)^2$$

$$\leqslant \frac{1}{2}\left(1 + \frac{1}{3}\right)^2 = \frac{8}{9} =: \theta < 1,$$

das Quotienten-Kriterium ist also erfüllt. □

(7.7) Man beachte, dass die Bedingung im Quotienten-Kriterium *nicht* lautet

$$\left|\frac{a_{n+1}}{a_n}\right| < 1 \quad \text{für alle } n \geqslant n_0, \qquad (\star)$$

sondern

$$\left|\frac{a_{n+1}}{a_n}\right| \leqslant \theta \quad \text{für alle } n \geqslant n_0$$

mit einem von n *unabhängigen* $\theta < 1$. Die Quotienten $\left|\frac{a_{n+1}}{a_n}\right|$ dürfen also nicht beliebig nahe an 1 herankommen. Dass die Bedingung $(\star)$ nicht ausreicht, zeigt das Beispiel der divergenten harmonischen Reihe $\sum_{n=1}^{\infty} \frac{1}{n}$. Mit $a_n := 1/n$ gilt zwar

$$\left|\frac{a_{n+1}}{a_n}\right| = \frac{n}{n+1} < 1 \quad \text{für alle } n \geqslant 1,$$

wegen $\lim \frac{n}{n+1} = 1$ gibt es jedoch *kein* $\theta < 1$ mit

$$\left|\frac{a_{n+1}}{a_n}\right| \leqslant \theta \quad \text{für alle } n \geqslant n_0.$$

Das Quotienten-Kriterium ist also nicht anwendbar.

(7.8) Für $a_n := 1/n^2$ erhalten wir die Reihe $\sum\limits_{n=1}^{\infty} a_n = \sum\limits_{n=1}^{\infty} \frac{1}{n^2}$.

Sie konvergiert, wie wir bereits wissen. Auch hier ist

$$\left| \frac{a_{n+1}}{a_n} \right| = \frac{n^2}{(n+1)^2} < 1 \quad \text{für alle } n \geqslant 1 \,,$$

es gibt aber *kein* $\theta < 1$ mit

$$\left| \frac{a_{n+1}}{a_n} \right| \leqslant \theta \quad \text{für alle } n \geqslant n_0 \,.$$

Das Quotienten-Kriterium ist also nicht anwendbar, obwohl die Reihe konvergiert. Das bedeutet, dass das Quotienten-Kriterium nur eine hinreichende, jedoch nicht notwendige Bedingung für die Konvergenz ist.

Umordnung von Reihen

Wir beschäftigen uns jetzt mit Umordnungen einer gegebenen unendlichen Reihe

$$\sum_{n=0}^{\infty} a_n = a_0 + a_1 + a_2 + a_3 + \dots \,.$$

Eine Umordnung kann definiert werden durch eine umkehrbar eindeutige (= *bijektive*) Abbildung $\tau : \mathbb{N} \to \mathbb{N}$ der Indexmenge. Zu jedem Index $n \in \mathbb{N}$ gibt es also genau einen Index $k \in \mathbb{N}$ mit $\tau(k) = n$. Die bzgl. τ umgeordnete Reihe ist dann

$$\sum_{k=0}^{\infty} a_{\tau(k)} = a_{\tau(0)} + a_{\tau(1)} + a_{\tau(2)} + a_{\tau(3)} + \dots \,.$$

Sie besteht aus denselben Summanden wie die gegebene Reihe, nur in einer anderen Reihenfolge. Anders als bei endlichen Summen ist es bei konvergenten unendlichen Reihen nicht ohne weiteres klar, dass sie nach Umordnung wieder konvergent mit demselben Grenzwert sind. Für *absolut* konvergente Reihen ist dies jedoch richtig.

Satz 7.8 (Umordnungssatz) *Sei $\sum_{n=0}^{\infty} a_n$ eine absolut konvergente Reihe. Dann konvergiert auch jede Umordnung dieser Reihe absolut gegen denselben Grenzwert.*

Beweis Sei $A := \sum_{n=0}^{\infty} a_n$ die Summe der Reihe und $\tau : \mathbb{N} \to \mathbb{N}$ eine Umordnung, d. h. eine umkehrbar eindeutige Abbildung. Wir müssen zeigen, dass

$$\lim_{m \to \infty} \sum_{k=0}^{m} a_{\tau(k)} = A \,.$$

Sei $\varepsilon > 0$ vorgegeben. Dann gibt es wegen der Konvergenz von $\sum_{k=0}^{\infty} |a_k|$ ein $n_0 \in \mathbb{N}$, so dass

$$\sum_{k=n_0}^{\infty} |a_k| < \frac{\varepsilon}{2} \,.$$

Daraus folgt

$$\left| A - \sum_{k=0}^{n_0-1} a_k \right| = \left| \sum_{k=n_0}^{\infty} a_k \right| \leq \sum_{k=n_0}^{\infty} |a_k| < \frac{\varepsilon}{2} \,.$$

Da jeder Index $n < n_0$ gleich einem gewissen $\tau(k)$ ist, gibt es ein $N \in \mathbb{N}$, so dass

$$\{\tau(0), \tau(1), \tau(2), \ldots, \tau(N)\} \supset \{0, 1, 2, \ldots, n_0 - 1\}.$$

Für alle $m \geq N$ ist dann

$$\left| \sum_{k=0}^{m} a_{\tau(k)} - \sum_{k=0}^{n_0-1} a_k \right| \leq \sum_{k=n_0}^{\infty} |a_k| < \frac{\varepsilon}{2} \,,$$

woraus folgt

$$\left| \sum_{k=0}^{m} a_{\tau(k)} - A \right| \leq \left| \sum_{k=0}^{m} a_{\tau(k)} - \sum_{k=0}^{n_0-1} a_k \right| + \left| \sum_{k=0}^{n_0-1} a_k - A \right|$$

$$< \frac{\varepsilon}{2} + \frac{\varepsilon}{2} = \varepsilon,$$

die umgeordnete Reihe konvergiert also gegen denselben Grenzwert wie die Ausgangsreihe. Dass die umgeordnete Reihe wieder absolut konvergiert, folgt aus der Anwendung des gerade Bewiesenen auf die Reihe $\sum_{n=0}^{\infty} |a_n|$. $\qquad\square$

(7.9) Wir zeigen an einem Beispiel, dass der Satz 7.8 falsch wird, wenn man nicht verlangt, dass die Reihe absolut konvergiert. Dazu verwenden wir die nach (7.3) konvergente alternierende harmonische Reihe

$$\sum_{n=1}^{\infty} \frac{(-1)^{n-1}}{n} = 1 - \frac{1}{2} + \frac{1}{3} - \frac{1}{4} \pm \dots.$$

Behauptung. Es gibt eine Umordnung $\tau : \mathbb{N} \to \mathbb{N}$ mit

$$\sum_{n=1}^{\infty} \frac{(-1)^{\tau(n)-1}}{\tau(n)} = \infty.$$

Beweis Wir betrachten die Glieder ungerader Ordnung der gegebenen Reihe von $\frac{1}{2^n+1}$ bis $\frac{1}{2^{n+1}-1}$. Für jedes $n \geq 1$ gilt

$$\frac{1}{2^n + 1} + \frac{1}{2^n + 3} + \dots + \frac{1}{2^{n+1} - 1} > 2^{n-1} \cdot \frac{1}{2^{n+1}} = \frac{1}{4}.$$

Deshalb divergiert folgende Reihen-Umordnung bestimmt gegen $+\infty$:

$$
\begin{aligned}
&1 - \tfrac{1}{2} + \tfrac{1}{3} - \tfrac{1}{4} \\
&\quad + \left(\tfrac{1}{5} + \tfrac{1}{7}\right) - \tfrac{1}{6} \\
&\quad + \left(\tfrac{1}{9} + \tfrac{1}{11} + \tfrac{1}{13} + \tfrac{1}{15}\right) - \tfrac{1}{8} \\
&\quad + \dots \\
&\quad + \left(\tfrac{1}{2^n + 1} + \tfrac{1}{2^n + 3} + \dots + \tfrac{1}{2^{n+1} - 1}\right) - \tfrac{1}{2n + 2} \\
&\quad + \dots
\end{aligned}
$$
$\qquad\square$

Man beachte, dass in der Umordnung alle mit Minuszeichen behafteten Glieder gerader Ordnung einmal an die Reihe kommen, aber mit immer größerer Verzögerung gegenüber den positiven Gliedern ungerader Ordnung. Deshalb können die Partialsummen über alle Grenzen wachsen.

Dies Gegenbeispiel zeigt also, dass für nicht absolut konvergente unendliche Summen das Kommutativgesetz nicht gilt. Siehe dazu auch Aufgabe 7.13.

Aufgaben

7.1 Man untersuche die folgenden Reihen auf Konvergenz oder Divergenz:

$$\sum_{n=1}^{\infty} \frac{n!}{n^n}, \quad \sum_{n=0}^{\infty} \frac{n^4}{3^n}, \quad \sum_{n=0}^{\infty} \frac{n+4}{n^2-3n+1}, \quad \sum_{n=1}^{\infty} \frac{(n+1)^{n-1}}{(-n)^n}.$$

7.2 Sei $(a_n)_{n \geq 1}$ eine Folge reeller Zahlen mit $|a_n| \leq M$ für alle $n \geq 1$. Man zeige:

a) Für jedes $x \in \mathbb{R}$ mit $|x| < 1$ konvergiert die Reihe

$$f(x) := \sum_{n=1}^{\infty} a_n x^n.$$

b) Ist $a_1 \neq 0$, so gilt

$$f(x) \neq 0 \quad \text{für alle } x \in \mathbb{R} \text{ mit } 0 < |x| < \frac{|a_1|}{2M}.$$

7.3 (Reihenverdichtungs-Kriterium) Es sei $(a_n)_{n \in \mathbb{N}}$ eine Folge nicht-negativer reeller Zahlen mit

$$a_0 \geq a_1 \geq a_2 \geq \cdots \geq a_k \geq a_{k+1} \geq \dots.$$

Man beweise: Die Reihe $\displaystyle\sum_{n=0}^{\infty} a_n$ konvergiert genau dann, wenn $\displaystyle\sum_{n=0}^{\infty} 2^n a_{2^n}$ konvergiert.

7.4 Man zeige: Für jede natürliche Zahl $k \geqslant 2$ konvergiert die Reihe

$$\sum_{n=1}^{\infty} \frac{1}{n \sqrt[k]{n}}.$$

7.5 (Wurzel-Kriterium) Sei $\sum_{n=0}^{\infty} a_n$ eine unendliche Reihe. Es gebe ein θ mit $0 < \theta < 1$ und ein $n_0 > 0$, so dass

$$\sqrt[n]{|a_n|} \leqslant \theta \quad \text{für alle } n \geqslant n_0.$$

a) Man beweise, dass die Reihe absolut konvergiert.
b) Man zeige, dass die Bedingung

$$\sqrt[n]{|a_n|} < 1 \quad \text{für alle } n \geqslant n_0.$$

nicht hinreichend für die Konvergenz der Reihe $\sum a_n$ ist. Ist dies eine notwendige Bedingung?

7.6 Es sei $\sum_{n=0}^{\infty} a_n$ eine unendliche Reihe, deren absolute Konvergenz mit dem Quotienten-Kriterium bewiesen werden kann.
Man zeige: Dann ist auch das Wurzel-Kriterium anwendbar.
Gilt auch die Umkehrung?

7.7 (Raabesches Konvergenz-Kriterium) Sei $(a_n)_{n \in \mathbb{N}}$ eine Folge positiver reeller Zahlen. Man beweise

a) Es gebe eine reelle Zahl $\alpha > 1$ und ein $n_0 \geqslant 2$, so dass

$$\frac{a_n}{a_{n-1}} \leqslant 1 - \frac{\alpha}{n} \quad \text{für alle } n \geqslant n_0.$$

Dann ist die Reihe $\sum_{n=0}^{\infty} a_n$ konvergent.
b) Falls

$$\frac{a_n}{a_{n-1}} \geqslant 1 - \frac{1}{n} \quad \text{für alle } n \geqslant n_0,$$

so divergiert die Reihe $\sum_{n=0}^{\infty} a_n$.

7.8 Man beweise mithilfe des Raabeschen Konvergenz-Kriteriums: Die Reihe

$$\sum_{n=1}^{\infty} \binom{1/2}{n} \quad \text{konvergiert absolut.}$$

Zur Definition von $\binom{1/2}{n}$ vgl. Aufgabe 1.10.

7.9 Es bezeichne

$$M_1 = \{2, 3, \ldots, 8, 9, 20, 22, \ldots, 29, 30, 32, \ldots, 39, 40, 42, \ldots\}$$

die Menge aller positiven ganzen Zahlen, in deren Dezimaldarstellung die Ziffer 1 nicht vorkommt. Man zeige

$$\sum_{n \in M_1} \frac{1}{n} < \infty.$$

7.10 Sei $(a_n)_{n \in \mathbb{N}}$ eine Folge reeller Zahlen mit $\lim_{n \to \infty} a_n = 0$. Die Folge $(A_k)_{k \in \mathbb{N}}$ werde definiert durch

$$A_0 := \tfrac{1}{2}a_0\,,$$

$$A_k := \tfrac{1}{2}a_{2k-2} + a_{2k-1} + \tfrac{1}{2}a_{2k} \quad \text{für } k \geq 1\,.$$

Man beweise: Konvergiert eine der beiden Reihen

$$\sum_{n=0}^{\infty} a_n\,, \qquad \sum_{k=0}^{\infty} A_k\,,$$

so konvergiert auch die zweite gegen denselben Grenzwert.

7.11 Unter Benutzung der Summe der Leibniz'schen Reihe (7.4) beweise man

$$\pi = 2 + \sum_{k=1}^{\infty} \frac{16}{(4k-3)(16k^2-1)}\,.$$

Man vergleiche die Konvergenz-Geschwindigkeit der Leibniz'schen Reihe und der obigen Reihe. (Die Reihe eignet sich gut zu kleinen Programmier-Experimenten!)

7.12 Sei $\tau : \mathbb{N} \to \mathbb{N}$ eine beschränkte Umordnung, d. h. eine umkehrbar eindeutige Abbildung derart, dass die Folge der Differenzen $(\tau(n) - n)_{n \in \mathbb{N}}$ beschränkt ist. Es gibt also ein $d \in \mathbb{N}$, so dass

$$|\tau(n) - n| \leqslant d \quad \text{für alle } n \in \mathbb{N} \,.$$

Man beweise: Eine Reihe $\sum_{n=0}^{\infty} a_n$ konvergiert genau dann, wenn die Reihe $\sum_{n=0}^{\infty} a_{\tau(n)}$ konvergiert, und beide Reihen haben denselben Grenzwert.

7.13 Sei $\sum a_n$ eine konvergente, aber nicht absolut konvergente Reihe reeller Zahlen. Man beweise:

a) Zu beliebig vorgegebenem $c \in \mathbb{R}$ gibt es eine Umordnung $\sum a_{\tau(n)}$, die gegen c konvergiert.
b) Es gibt Umordnungen, so dass $\sum a_{\tau(n)}$ bestimmt gegen $+\infty$ bzw. $-\infty$ divergiert.
c) Es gibt Umordnungen, so dass $\sum a_{\tau(n)}$ weder konvergiert noch bestimmt gegen $\pm\infty$ divergiert.

Die Exponentialreihe

8

Wir behandeln jetzt die Exponentialreihe, die neben der geometrischen Reihe die wichtigste Reihe in der Analysis ist. Die Funktionalgleichung der Exponentialfunktion beweisen wir mithilfe eines allgemeinen Satzes über das sog. Cauchy-Produkt von Reihen.

Satz 8.1 *Für jedes $x \in \mathbb{R}$ ist die* Exponentialreihe

$$\exp(x) := \sum_{n=0}^{\infty} \frac{x^n}{n!}$$

absolut konvergent.

Beweis Die Behauptung folgt aus dem Quotienten-Kriterium (Satz 7.7). Mit $a_n := x^n/n!$ gilt für alle $x \neq 0$ und $n \geq 2|x|$

$$\left| \frac{a_{n+1}}{a_n} \right| = \left| \frac{x^{n+1}}{(n+1)!} \cdot \frac{n!}{x^n} \right| = \frac{|x|}{n+1} \leq \frac{1}{2} . \qquad \square$$

Mit der Exponentialreihe definiert man die berühmte *Eulersche Zahl*

$$e := \exp(1) = \sum_{n=0}^{\infty} \frac{1}{n!}$$

$$= 1 + 1 + \frac{1}{2} + \frac{1}{3!} + \frac{1}{4!} + \cdots = 2.718281 \ldots .$$

© Der/die Autor(en), exklusiv lizenziert an Springer Fachmedien Wiesbaden GmbH, ein Teil von Springer Nature 2023
O. Forster, F. Lindemann, *Analysis 1*, Grundkurs Mathematik,
https://doi.org/10.1007/978-3-658-40130-6_8

Bemerkung Eine äquivalente Definition $e = \lim\limits_{n \to \infty}\left(1 + \dfrac{1}{n}\right)^n$
werden wir später in (15.12) kennenlernen.

Satz 8.2 (Abschätzung des Restglieds) *Es gilt*

$$\exp(x) = \sum_{n=0}^{N} \frac{x^n}{n!} + R_{N+1}(x),$$

wobei

$$|R_{N+1}(x)| \leqslant 2\frac{|x|^{N+1}}{(N+1)!} \quad \text{für alle } x \text{ mit } |x| \leqslant 1 + \tfrac{1}{2}N.$$

Bei Abbruch der Reihe ist also der Fehler in dem angegebenen x-Bereich dem Betrage nach höchstens zweimal so groß wie das erste nicht berücksichtigte Glied.

Beweis Wir schätzen den Rest $R_{N+1}(x) = \sum_{n=N+1}^{\infty} x^n/n!$ mittels der geometrischen Reihe ab. Es ist

$$\begin{aligned}
|R_{N+1}(x)| &\leqslant \sum_{n=N+1}^{\infty} \frac{|x|^n}{n!} \\
&= \frac{|x|^{N+1}}{(N+1)!}\left\{1 + \frac{|x|}{N+2} + \frac{|x|^2}{(N+2)(N+3)} + \dots\right\} \\
&\leqslant \frac{|x|^{N+1}}{(N+1)!}\left\{1 + \frac{|x|}{N+2} + \left(\frac{|x|}{N+2}\right)^2 + \left(\frac{|x|}{N+2}\right)^3 + \dots\right\}.
\end{aligned}$$

Für $|x| \leqslant 1 + \tfrac{1}{2}N$ ist der Ausdruck innerhalb der geschweiften Klammer $\leqslant 1 + \tfrac{1}{2} + \tfrac{1}{4} + \tfrac{1}{8} + \dots = 2$, woraus die Behauptung folgt. □

Beispiel Da $\frac{2}{26!} < 5 \cdot 10^{-27}$, erhält man mit der Partialsumme $\sum_{n=0}^{25} \frac{1}{n!}$ die Eulersche Zahl auf 25 Nachkommastellen genau

$$e = 2.71828\,18284\,59045\,23536\,02874\ldots.$$

Cauchy-Produkt von Reihen

Zum Beweis der Funktionalgleichung der Exponentialfunktion benützen wir folgenden allgemeinen Satz über das Produkt von unendlichen Reihen.

Satz 8.3 (Cauchy-Produkt von Reihen) *Es seien $\sum_{n=0}^{\infty} a_n$ und $\sum_{n=0}^{\infty} b_n$ absolut konvergente Reihen. Für $n \in \mathbb{N}$ werde definiert*

$$c_n := \sum_{k=0}^{n} a_k b_{n-k} = a_0 b_n + a_1 b_{n-1} + \cdots + a_n b_0 \,.$$

Dann ist auch die Reihe $\sum_{n=0}^{\infty} c_n$ absolut konvergent mit

$$\sum_{n=0}^{\infty} c_n = \left(\sum_{n=0}^{\infty} a_n \right) \cdot \left(\sum_{n=0}^{\infty} b_n \right).$$

Beweis Die Definition der Koeffizienten c_n lässt sich auch so schreiben:

$$c_n = \sum \{ a_k b_\ell : k + \ell = n \}.$$

Es wird dabei über alle Indexpaare (k, ℓ) summiert, die in $\mathbb{N} \times \mathbb{N}$ auf der Diagonalen $k + \ell = n$ liegen. Deshalb gilt für die Partialsumme

$$C_N := \sum_{n=0}^{N} c_n = \sum \{ a_k b_\ell : (k, \ell) \in \Delta_N \},$$

wobei Δ_N das wie folgt definierte Dreieck in $\mathbb{N} \times \mathbb{N}$ ist:

$$\Delta_N := \{ (k, \ell) \in \mathbb{N} \times \mathbb{N} : k + \ell \leq N \},$$

siehe Abb. 8 A.

Abb. 8 A Zum Cauchy-
Produkt

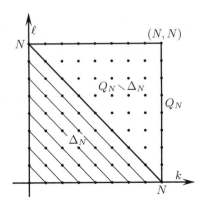

Multiplizieren wir die Partialsummen

$$A_N := \sum_{n=0}^{N} a_n \quad \text{und} \quad B_N := \sum_{n=0}^{N} b_n$$

aus, erhalten wir als Produkt

$$A_N B_N = \sum \{ a_k b_\ell : (k, \ell) \in Q_N \},$$

wobei Q_N das Quadrat

$$Q_N := \{ (k, \ell) \in \mathbb{N} \times \mathbb{N} : 0 \leq k \leq N, \ 0 \leq \ell \leq N \}$$

bezeichnet. Da $\Delta_N \subset Q_N$, können wir schreiben

$$A_N B_N - C_N = \sum \{ a_k b_\ell : (k, \ell) \in Q_N \smallsetminus \Delta_N \}.$$

Für die Partialsummen der Reihen der Absolutbeträge

$$A_N^* := \sum_{n=0}^{N} |a_n|, \quad B_N^* := \sum_{n=0}^{N} |b_n|$$

erhält man wie oben

$$A_N^* B_N^* = \sum \{ |a_k| |b_\ell| : (k, \ell) \in Q_N \}.$$

Da $Q_{\lfloor N/2 \rfloor} \subset \Delta_N$, folgt $Q_N \smallsetminus \Delta_N \subset Q_N \smallsetminus Q_{\lfloor N/2 \rfloor}$, also

$$|A_N B_N - C_N| \leqslant \sum \{|a_k||b_\ell| : (k, \ell) \in Q_N \smallsetminus Q_{\lfloor N/2 \rfloor}\}$$
$$= A_N^* B_N^* - A_{\lfloor N/2 \rfloor}^* B_{\lfloor N/2 \rfloor}^* .$$

Da die Folge $(A_N^* B_N^*)$ konvergiert, also eine Cauchy-Folge ist, strebt die letzte Differenz für $N \to \infty$ gegen 0, d. h.

$$\lim_{N \to \infty} C_N = \lim_{N \to \infty} A_N B_N = \left(\lim_{N \to \infty} A_N \right) \cdot \left(\lim_{N \to \infty} B_N \right).$$

Damit ist gezeigt, dass $\sum c_n$ konvergiert und die im Satz behauptete Formel über das Cauchy-Produkt gilt. Es ist noch die absolute Konvergenz von $\sum c_n$ zu beweisen. Wegen

$$|c_n| \leqslant \sum_{k=0}^{n} |a_k||b_{n-k}|$$

ergibt sich dies durch Anwendung des bisher Bewiesenen auf die Reihen $\sum |a_n|$ und $\sum |b_n|$. □

Bemerkung Die Voraussetzung der absoluten Konvergenz ist wesentlich für die Gültigkeit von Satz 8.3, vgl. Aufgabe 8.2.

Satz 8.4 (Funktionalgleichung der Exponentialfunktion) *Für alle $x, y \in \mathbb{R}$ gilt*

$$\exp(x + y) = \exp(x) \exp(y).$$

Bemerkung Diese Funktionalgleichung heißt auch *Additions-Theorem* der Exponentialfunktion.

Beweis Wir bilden das Cauchy-Produkt der absolut konvergenten Reihen $\exp(x) = \sum x^n/n!$ und $\exp(y) = \sum y^n/n!$. Für den n-ten Koeffizienten der Produktreihe ergibt sich mit dem binomischen Lehrsatz

$$c_n = \sum_{k=0}^{n} \frac{x^k}{k!} \cdot \frac{y^{n-k}}{(n-k)!} = \frac{1}{n!} \sum_{k=0}^{n} \binom{n}{k} x^k y^{n-k} = \frac{1}{n!} (x + y)^n.$$

Also folgt $\exp(x) \exp(y) = \sum \frac{1}{n!} (x + y)^n = \exp(x + y)$. □

Corollar 8.4a

i) *Für alle $x \in \mathbb{R}$ gilt* $\exp(x) > 0$.

ii) *Für alle $x \in \mathbb{R}$ gilt* $\exp(-x) = \dfrac{1}{\exp(x)}$.

iii) *Für jede ganze Zahl $n \in \mathbb{Z}$ ist* $\exp(n) = e^n$.

Beweis Zu ii) Aufgrund der Funktionalgleichung ist

$$\exp(x)\exp(-x) = \exp(x - x) = \exp(0) = 1\,,$$

also insbesondere $\exp(x) \neq 0$ und $\exp(-x) = \exp(x)^{-1}$.

Zu i) Für $x \geq 0$ sieht man an der Reihendarstellung, dass

$$\exp(x) = 1 + x + \frac{x^2}{2} + \cdots \geq 1 > 0\,.$$

Ist $x < 0$, so folgt $-x > 0$ also $\exp(-x) > 0$ und damit

$$\exp(x) = \exp(-x)^{-1} > 0\,.$$

Zu iii) Wir zeigen zunächst mit vollständiger Induktion, dass für alle $n \in \mathbb{N}$ gilt $\exp(n) = e^n$.

Induktionsanfang $n = 0$. Es ist $\exp(0) = 1 = e^0$.

Induktionsschritt $n \to n + 1$. Mit der Funktionalgleichung und Induktionsvoraussetzung erhält man

$$\exp(n + 1) = \exp(n)\exp(1) = e^n e = e^{n+1}\,.$$

Damit ist $\exp(n) = e^n$ für $n \geq 0$ bewiesen. Mittels b) ergibt sich daraus

$$\exp(-n) = \frac{1}{\exp(n)} = \frac{1}{e^n} = e^{-n} \quad \text{für alle } n \in \mathbb{N}\,.$$

Somit gilt $\exp(n) = e^n$ für alle ganzen Zahlen n. $\square$

Bemerkung Die Formel iii) des Corollars motiviert die Bezeichnung Exponentialfunktion. Man kann sagen, dass $\exp(x)$ die Potenzen e^n, $n \in \mathbb{Z}$, interpoliert und so auf nicht-ganze Exponenten ausdehnt. Man schreibt deshalb auch suggestiv e^x für $\exp(x)$. Die Formel zeigt auch, dass es genügt, die Werte der Exponentialfunktion im Bereich $-\frac{1}{2} \leqslant x \leqslant \frac{1}{2}$ zu kennen, um sie für alle x zu kennen. Denn jedes $x \in \mathbb{R}$ lässt sich schreiben als $x = n + \xi$ mit $n \in \mathbb{Z}$ und $|\xi| \leqslant \frac{1}{2}$ und es gilt dann

$$\exp(x) = \exp(n + \xi) = e^n \exp(\xi).$$

Da $|\xi|$ klein ist, konvergiert die Exponentialreihe für $\exp(\xi)$ besonders schnell.

Aufgaben

8.1

a) Sei $x \geqslant 1$ eine reelle Zahl. Man zeige, dass die Reihe

$$s(x) := \sum_{n=0}^{\infty} \binom{x}{n}$$

absolut konvergiert. (Die Zahlen $\binom{x}{n}$ wurden in Aufgabe 1.10 definiert.)

b) Man beweise die Funktionalgleichung

$$s(x + y) = s(x)s(y) \quad \text{für alle } x, y \geqslant 1.$$

c) Man berechne $s(n + \frac{1}{2})$ für alle natürlichen Zahlen $n \geqslant 1$.

8.2 Für $n \in \mathbb{N}$ sei

$$a_n := b_n := \frac{(-1)^n}{\sqrt{n + 1}} \quad \text{und} \quad c_n := \sum_{k=0}^{n} a_{n-k} b_k.$$

Man zeige, dass die Reihen $\sum_{n=0}^{\infty} a_n$ und $\sum_{n=0}^{\infty} b_n$ konvergieren, ihr Cauchy-Produkt $\sum_{n=0}^{\infty} c_n$ aber nicht konvergiert.

8.3   Sei $A(n)$ die Anzahl aller Paare $(k, \ell) \in \mathbb{N} \times \mathbb{N}$ mit

$$n = k^2 + \ell^2.$$

Man beweise: Für alle x mit $|x| < 1$ gilt

$$\left(\sum_{n=0}^{\infty} x^{n^2} \right)^2 = \sum_{n=0}^{\infty} A(n) x^n.$$

8.4   Sei $M = \{1, 2, 4, 5, 8, 10, 16, 20, 25, \ldots\}$ die Menge aller natürlichen Zahlen ≥ 1, die durch keine Primzahl $\neq 2, 5$ teilbar sind. Man betrachte die zu M gehörige Teilreihe der harmonischen Reihe und beweise

$$\sum_{n \in M} \frac{1}{n} = \frac{5}{2}.$$

Anleitung. Man bilde das Produkt der geometrischen Reihen $\sum 2^{-n}$ und $\sum 5^{-n}$.

8.5   (Verallgemeinerung von Aufgabe 8.4.) Sei $\mathcal{P}$ eine endliche Menge von Primzahlen und $\mathcal{N}(\mathcal{P})$ die Menge aller natürlichen Zahlen ≥ 1, in deren Primfaktor-Zerlegung höchstens Primzahlen aus $\mathcal{P}$ vorkommen (Existenz und Eindeutigkeit der Primfaktor-Zerlegung sei vorausgesetzt.) Man beweise, dass

$$\sum_{n \in \mathcal{N}(\mathcal{P})} \frac{1}{n} = \prod_{p \in \mathcal{P}} \left(1 - \frac{1}{p} \right)^{-1} < \infty.$$

Bemerkung   Ist $\mathcal{P}$ die Menge aller Primzahlen, so besteht $\mathcal{N}(\mathcal{P})$ aus allen natürlichen Zahlen ≥ 1. Daraus kann man nach Euler folgern, dass es unendlich viele Primzahlen gibt. Gäbe es nur endlich viele, würde die harmonische Reihe konvergieren.

Punktmengen

9

In diesem Kapitel behandeln wir die Begriffe Abzählbarkeit und Überabzählbarkeit und beweisen insbesondere, dass die Menge aller reellen Zahlen nicht abzählbar ist. Weiter beschäftigen wir uns mit dem Supremum und Infimum von Mengen reeller Zahlen und definieren den Limes superior und Limes inferior von Folgen.

Bezeichnungen Wir verwenden folgende Bezeichnungen für Intervalle auf der Zahlengeraden $\mathbb{R}$.

a) *Abgeschlossene Intervalle.* Seien $a, b \in \mathbb{R}$, $a \leqslant b$. Dann setzt man

$$[a, b] := \{x \in \mathbb{R} : a \leqslant x \leqslant b\}.$$

Für $a = b$ besteht $[a, b]$ nur aus einem Punkt.

b) *Offene Intervalle.* Seien $a, b \in \mathbb{R}$, $a < b$. Man setzt

$$]a, b[:= \{x \in \mathbb{R} : a < x < b\}.$$

c) *Halboffene Intervalle.* Für $a, b \in \mathbb{R}$, $a < b$ sei

$$[a, b[:= \{x \in \mathbb{R} : a \leqslant x < b\},$$
$$]a, b] := \{x \in \mathbb{R} : a < x \leqslant b\}.$$

© Der/die Autor(en), exklusiv lizenziert an Springer Fachmedien Wiesbaden GmbH, ein Teil von Springer Nature 2023
O. Forster, F. Lindemann, *Analysis 1*, Grundkurs Mathematik,
https://doi.org/10.1007/978-3-658-40130-6_9

d) *Uneigentliche Intervalle.* Sei $a \in \mathbb{R}$. Man definiert

$$[a, +\infty[:= \{x \in \mathbb{R} : x \geqslant a\},$$
$$]a, +\infty[:= \{x \in \mathbb{R} : x > a\},$$
$$]-\infty, a] := \{x \in \mathbb{R} : x \leqslant a\},$$
$$]-\infty, a[:= \{x \in \mathbb{R} : x < a\}.$$

Weitere Bezeichnungen

$$\mathbb{R}_+ := \{x \in \mathbb{R} : x \geqslant 0\},$$
$$\mathbb{R}^* := \{x \in \mathbb{R} : x \neq 0\},$$
$$\mathbb{R}_+^* := \mathbb{R}_+ \cap \mathbb{R}^* = \{x \in \mathbb{R} : x > 0\} =]0, +\infty[.$$

Die reelle Zahlengerade $\mathbb{R}$ wird manchmal auch mit $]-\infty, +\infty[$ bezeichnet.

Injektive, surjektive, bijektive Abbildungen
Seien X, Y zwei Mengen und $f : X \to Y$ eine Abbildung.

i) Die Abbildung $f : X \to Y$ heißt *injektiv*, falls zwei verschiedene Elemente $x_1, x_2 \in X$, $x_1 \neq x_2$, stets verschiedene Bilder $f(x_1) \neq f(x_2)$ haben. Äquivalent dazu ist die Bedingung: Aus $f(x_1) = f(x_2)$ folgt $x_1 = x_2$.

ii) Die Abbildung $f : X \to Y$ heißt *surjektiv* (oder Abbildung von X *auf* Y), falls jedes Element von Y im Bild vorkommt, d.h. zu jedem $y \in Y$ existiert (mindestens) ein $x \in X$ mit $f(x) = y$.

iii) Die Abbildung $f : X \to Y$ heißt *bijektiv* (oder umkehrbar eindeutig), falls sie injektiv und surjektiv ist. Das bedeutet: Zu jedem $y \in Y$ gibt es genau ein $x \in X$ mit $f(x) = y$. In diesem Fall kann man eine Umkehrabbildung $f^{-1} : Y \to X$ definieren durch die Vorschrift: $f^{-1}(y) = x$ genau dann, wenn $f(x) = y$.

Abbildung von Teilmengen   Eine Abbildung $f : X \to Y$ kann man nicht nur auf Elemente von X anwenden, sondern auch auf Teilmengen von X.

a) Für eine Teilmenge $A \subset X$ ist das *Bild* $f(A)$ diejenige Teilmenge von Y, die aus den Bildern $f(x)$ aller Elemente $x \in A$ besteht, in Zeichen

$$f(A) := \{ f(x) : x \in A \} \subset Y.$$

$f : X \to Y$ ist also genau dann *surjektiv*, wenn $f(X) = Y$.

b) Ist umgekehrt eine Teilmenge $B \subset Y$ gegeben, so definiert man das *Urbild* von B bzgl. f durch

$$f^{-1}(B) := \{ x \in X : f(x) \in B \}.$$

Für eine ein-elementige Menge $B = \{y\}$, $y \in Y$, schreibt man statt $f^{-1}(\{y\})$ auch kurz $f^{-1}(y)$. Damit gilt:

- $f : X \to Y$ ist genau dann *injektiv*, falls $f^{-1}(y)$ für alle $y \in f(X)$ aus genau einem Element besteht (falls $y \notin f(X)$, gilt $f^{-1}(y) = \emptyset$).
- $f : X \to Y$ ist genau dann *bijektiv*, falls $f^{-1}(y)$ für *alle* $y \in Y$ aus genau einem Element besteht. Ist dann $f^{-1}(y) = \{x\}$, so schreibt man auch $f^{-1}(y) = x$.

Bemerkung Man beachte, dass hier f und f^{-1} in verschiedenen Bedeutungen auftreten. Sei $\mathfrak{P}(X)$ die Menge aller Teilmengen von X (auch *Potenzmenge* von X genannt) und entsprechend $\mathfrak{P}(Y)$ die Menge aller Teilmengen von Y. Dann hat man Abbildungen

1) $f : X \longrightarrow Y, \quad x \mapsto f(x)$,
2) $f : \mathfrak{P}(X) \longrightarrow \mathfrak{P}(Y), \quad A \mapsto f(A)$,
3) $f^{-1} : \mathfrak{P}(Y) \longrightarrow \mathfrak{P}(X), \quad B \mapsto f^{-1}(B)$,
4) $f^{-1} : Y \longrightarrow \mathfrak{P}(X), \quad y \mapsto f^{-1}(\{y\})$,
5) Falls $f : X \to Y$ bijektiv ist, hat man die Umkehrabbildung

$$f^{-1} : Y \to X.$$

Es sollte jedoch immer aus dem Zusammenhang hervorgehen, welche Bedeutung gemeint ist.

(9.1) Beispiele

a) Die Abbildung

$$f : \mathbb{R}_+ \to \mathbb{R}_+, \quad x \mapsto f(x) := x + 1,$$

ist injektiv, aber nicht surjektiv. Hier gilt $f(\mathbb{R}_+) = [1, \infty[\neq \mathbb{R}_+$
und

$$f^{-1}(y) = \{y - 1\} \quad \text{für alle } y \in [1, \infty[.$$

b) Die Abbildung

$$g : \mathbb{R}_+ \to \mathbb{R}_+, \quad x \mapsto g(x) := (x - 1)^2,$$

ist surjektiv, aber nicht injektiv. Sie ist surjektiv, denn ist $y \in \mathbb{R}_+$ beliebig vorgegeben, so gilt für $x := 1 + \sqrt{y}$, dass $g(x) = y$. Sie ist nicht injektiv, da z. B. $g^{-1}(1) = \{0, 2\}$ aus zwei Elementen besteht.

c) Es mag zunächst erstaunlich erscheinen, dass es eine bijektive Abbildung der unendlichen Zahlengeraden $\mathbb{R} =]-\infty, +\infty[$ auf das beschränkte Intervall $]-1, 1[$ gibt. Eine solche Abbildung ist z. B.

$$\varphi : \mathbb{R} \longrightarrow]-1, 1[, \quad x \mapsto \varphi(x) := \frac{x}{1 + |x|}.$$

Die Umkehrabbildung ist

$$\varphi^{-1} =: \psi :]-1, 1[\longrightarrow \mathbb{R}, \quad y \mapsto \psi(y) := \frac{y}{1 - |y|},$$

wie man leicht (mit Fallunterscheidung $x > 0, x = 0, x < 0$) nachrechnet.

Bemerkung Ist X eine Menge mit *endlich* vielen Elementen und $f : X \to X$ eine Abbildung von X in sich, so hat man die Äquivalenzen:

$$f \text{ injektiv} \quad \Longleftrightarrow \quad f \text{ surjektiv} \quad \Longleftrightarrow \quad f \text{ bijektiv}.$$

Wie die Beispiele (9.1) a) und b) zeigen, gilt dies nicht mehr, wenn X eine unendliche Menge ist.

Dedekind definiert sogar in seiner berühmten Abhandlung *Was sind und was sollen die Zahlen?* (1. Aufl. Braunschweig 1888) in heutiger Sprechweise: Eine Menge X heißt unendlich, wenn es eine injektive, aber nicht surjektive Abbildung $\phi : X \to X$ gibt, d. h. wenn X bijektiv auf eine echte Teilmengen $Y \subsetneq X$ abgebidet werden kann.

Mengen und Folgen

Sei $(a_n)_{n \in \mathbb{N}}$ eine Folge reeller Zahlen. Dann heißt die Menge

$$M := \{a_n : n \in \mathbb{N}\}$$

die der Folge $(a_n)_{n \in \mathbb{N}}$ *unterliegende Menge*. Verschiedene Folgen können dieselbe unterliegende Menge haben, wie folgendes Beispiel zeigt:

Die Folgen $(a_n)_{n \in \mathbb{N}}$ und $(b_n)_{n \in \mathbb{N}}$ mit $a_n = (-1)^n$ und $b_n = (-1)^{n+1}$ sind verschieden, sie haben jedoch beide dieselbe unterliegende Menge, nämlich $\{-1, +1\}$.

Abzählbarkeit, Überabzählbarkeit

Definition   Eine nichtleere Menge A heißt *abzählbar*, wenn es eine surjektive Abbildung $\mathbb{N} \to A$ gibt, d. h. wenn eine Folge $(x_n)_{n \in \mathbb{N}}$ existiert, deren unterliegende Menge gleich A ist, d. h. $A = \{x_n : n \in \mathbb{N}\}$. Die leere Menge wird ebenfalls als abzählbar definiert. Eine nichtleere Menge heißt *überabzählbar*, wenn sie nicht abzählbar ist.

Bemerkung   Jede endliche Menge $A = \{a_0, \dots, a_n\}$ ist abzählbar. Eine surjektive Abbildung $\tau : \mathbb{N} \to A$ kann man wie folgt definieren: Man setze $\tau(k) := a_k$ für $0 \leqslant k \leqslant n$ und $\tau(k) := a_n$ für $k > n$. Eine nicht-endliche abzählbare Menge nennt man abzählbar unendlich. Man kann sich leicht überlegen, dass es zu jeder abzählbar unendlichen Menge M sogar eine bijektive Abbildung $\mathbb{N} \longrightarrow M$ gibt.

Beispiele

(9.2) Die Menge $\mathbb{N}$ aller natürlichen Zahlen ist abzählbar, denn die identische Abbildung $\mathbb{N} \to \mathbb{N}$ ist surjektiv. Jede Teilmenge $M \subset \mathbb{N}$ ist entweder endlich oder abzählbar unendlich. Ist $M \subset \mathbb{N}$ eine nicht-endliche Teilmenge, so erhält man eine bijektive Abbildung $\sigma : M \to \mathbb{N}$ z. B. so: Für $n \in M$ sei $\sigma(n) = k$, wobei k die Anzahl der Elemente von

$$M_n := \{x \in M : x < n\}$$

ist.

(9.3) Die Menge $\mathbb{Z}$ aller ganzen Zahlen ist abzählbar. Denn $\mathbb{Z}$ ist unterliegende Menge der Folge

$$(x_0, x_1, x_2, \ldots) := (0, +1, -1, +2, -2, \ldots).$$

(Es ist $x_0 = 0$ und $x_{2k-1} = k$, $x_{2k} = -k$ für $k \geqslant 1$.)

Satz 9.1 *Die Vereinigung abzählbar vieler abzählbarer Mengen M_n, $n \in \mathbb{N}$, ist wieder abzählbar.*

Beweis Sei $M_n = \{x_{nm} : m \in \mathbb{N}\}$. Wir schreiben die Vereinigungsmenge $\bigcup_{n \in \mathbb{N}} M_n$ in einem quadratisch unendlichen Schema an.

$$
\begin{array}{llllll}
M_0 : & x_{00} & \to & x_{01} & x_{02} & \to & x_{03} & \cdots \\
 & & \swarrow & & \nearrow & & \swarrow & & \nearrow \\
M_1 : & x_{10} & & x_{11} & x_{12} & & x_{13} & \cdots \\
 & & \downarrow & \nearrow & & \swarrow & & \nearrow \\
M_2 : & x_{20} & & x_{21} & x_{22} & & x_{23} & \cdots \\
 & & \swarrow & & \nearrow \\
M_3 : & x_{30} & & x_{31} & x_{32} & & x_{33} & \cdots \\
\vdots & & \downarrow & \nearrow \\
 & x_{40} & & \cdots
\end{array}
$$

Die durch die Pfeile angedeutete Abzählungsvorschrift liefert eine Folge

$$(y_0, y_1, y_2, \ldots) := (x_{00}, x_{01}, x_{10}, x_{20}, x_{11}, x_{02}, x_{03}, x_{12}, \ldots),$$

für die $\bigcup_{n \in \mathbb{N}} M_n = \{y_n : n \in \mathbb{N}\}$. □

Corollar 9.1a *Die Menge $\mathbb{Q}$ der rationalen Zahlen ist abzählbar.*

Beweis Da die Menge $\mathbb{Z}$ aller ganzen Zahlen abzählbar ist, ist für jede feste natürliche Zahl $k \geq 1$ die Menge

$$A_k := \left\{ \frac{n}{k} : n \in \mathbb{Z} \right\}$$

abzählbar. Da $\mathbb{Q} = \bigcup_{k \geq 1} A_k$, ist nach Satz 9.1 auch $\mathbb{Q}$ abzählbar. □

Aus Satz 9.1 lassen sich weitere interessante Folgerungen ziehen. Betrachten wir etwa die Menge aller in einer gewissen Programmier-Sprache, z. B. in PASCAL, geschriebenen Programme. Jedes einzelne solche Programm kann man darstellen als eine endliche Folge von Bytes. (Natürlich ist nicht jede endliche Byte-Folge ein gültiges PASCAL-Programm.) Daraus folgt, dass die Menge P_n aller PASCAL-Programme, die eine Länge von n Bytes haben, endlich, also auch abzählbar ist. Daher ist die Vereinigung $\bigcup_{n \geq 1} P_n$ ebenfalls abzählbar. Damit haben wir bewiesen:

Corollar 9.1b *Die Menge aller möglichen* Pascal-*Programme ist abzählbar.*

Nennt man eine reelle Zahl x berechenbar, wenn es ein Programm gibt, das bei Eingabe einer natürlichen Zahl n die Zahl x mit einem Fehler $\leq 2^{-n}$ berechnet, so folgt, dass es nur abzählbar viele berechenbare reelle Zahlen gibt, was im Kontrast zu dem nachfolgend bewiesenen Satz steht, dass die Menge aller reellen Zahlen überabzählbar ist. Nicht alle reellen Zahlen sind also berechenbar.

Bemerkung Natürlich kann man auf einem konkreten Computer wegen der Endlichkeit des Speicherplatzes i. Allg. eine reelle Zahl nicht mit beliebiger Genauigkeit berechnen. Deshalb legt man in der theoretischen Informatik das Modell der sog. *Turing-Maschine* zugrunde, die zwar nur endlich viele Zustände hat und von einem endlichen Programm gesteuert wird, aber für die Ein- und Ausgabe ein nach zwei Richtungen unendliches Band zur Verfügung hat. Zu jedem Zeitpunkt sind aber nur endlich viele Zellen des Bandes beschrieben. (Eine Definition der Turing-Maschinen findet man in fast allen Lehrbüchern der Theoretischen Informatik, z. B. [HMU] oder [We].)

Satz 9.2 *Die Menge $\mathbb{R}$ aller reellen Zahlen ist überabzählbar.*

Beweis Wir zeigen, dass sogar das Intervall $I := \,]0, 1[$ nicht abzählbar ist. Dazu genügt es offenbar, folgendes zu beweisen: Zu jeder Folge $(x_n)_{n \geqslant 1}$ von Zahlen $x_n \in I$ gibt es eine Zahl $z \in I$ mit $z \neq x_n$ für alle $n \geqslant 1$. Zum Beweis verwenden wir das sog. *Cantorsche Diagonalverfahren*. Die Dezimalbruch-Entwicklungen der Zahlen x_n seien

$$x_1 = 0.a_{11}a_{12}a_{13}\ldots$$
$$x_2 = 0.a_{21}a_{22}a_{23}\ldots$$
$$x_3 = 0.a_{31}a_{32}a_{33}\ldots$$
$$\vdots$$

Wir definieren die Zahl $z \in I$ durch die Dezimalbruch-Entwicklung

$$z = 0.c_1c_2c_3\ldots,$$

wobei

$$c_n := \begin{cases} a_{nn} + 2, & \text{falls } a_{nn} < 5, \\ a_{nn} - 2, & \text{falls } a_{nn} \geqslant 5. \end{cases}$$

Es gilt also $|c_n - a_{nn}| = 2$ für alle $n \geqslant 1$, woraus folgt $|z - x_n| \geqslant 10^{-n}$ für alle n, d. h. z ist verschieden von allen Gliedern der Folge (x_n). □

Bemerkung Der Beweis zeigt, dass jedes nichtleere offene Intervall $]a, b[$ überabzählbar ist. Denn durch die Zuordnung

$$x \mapsto \frac{x - a}{b - a}$$

wird $]a, b[$ bijektiv auf $]0, 1[$ abgebildet.

Corollar 9.2a *Die Menge $\mathbb{R} \smallsetminus \mathbb{Q}$ der irrationalen Zahlen ist überabzählbar.*

Beweis Angenommen, die Menge $\mathbb{R} \smallsetminus \mathbb{Q}$ wäre abzählbar. Da $\mathbb{Q}$ abzählbar ist, wäre nach Satz 9.1 auch $\mathbb{R} = (\mathbb{R} \smallsetminus \mathbb{Q}) \cup \mathbb{Q}$ abzählbar, Widerspruch! $\qquad\square$

Bemerkung Ebenso zeigt man, dass die Menge der nicht berechenbaren reellen Zahlen überabzählbar ist, es gibt also mehr nicht berechenbare als berechenbare reelle Zahlen. Zur Beruhigung der Leserin sei jedoch gesagt, dass alle interessanten reellen Zahlen berechenbar sind. (Natürlich ist es eine Frage des Geschmacks, welche Zahlen man als interessant betrachtet, und darüber lässt sich streiten ....)

Berührpunkte, Häufungspunkte

Definition Sei $A \subset \mathbb{R}$ eine Teilmenge der Zahlengeraden und $a \in \mathbb{R}$.

a) Der Punkt a heißt *Berührpunkt* von A, falls in jeder ε-Umgebung von a,

$$U_\varepsilon(a) :=]a - \varepsilon, a + \varepsilon[, \quad \varepsilon > 0,$$

mindestens ein Punkt von A liegt.

b) Der Punkt a heißt *Häufungspunkt* von A, falls in jeder ε-Umgebung von a unendlich viele Punkte von A liegen.

Bemerkungen 1) Jeder Punkt $a \in A$ ist trivialerweise Berührpunkt von A.

2) a ist genau dann Berührpunkt von A, wenn es eine Folge
(a_n) von Punkten $a_n \in A$ mit $\lim\limits_{n\to\infty} a_n = a$ gibt. Ist nämlich die
Bedingung a) der Definition erfüllt, so wähle man für jedes $n \geqslant 1$
einen Punkt $a_n \in U_{1/n}(a) \cap A$. Damit gilt offensichtlich $\lim\limits_{n\to\infty} a_n =$
a. Die Umkehrung ist klar.

3) a ist genau dann Häufungspunkt von A, wenn a Berühr-
punkt von $A \smallsetminus \{a\}$ ist. Dann gibt es nämlich eine Folge $(a_n)_{n\in\mathbb{N}}$
von Punkten $a_n \in A \smallsetminus \{a\}$ mit $\lim\limits_{n\to\infty} a_n = a$, und unter diesen Punkten müssen unendlich viele verschieden sein.

4) Nach der Definition in Kap. 5 ist ein Punkt $a \in \mathbb{R}$ Häufungspunkt einer *Folge* $(a_n)_{n\in\mathbb{N}}$, wenn es eine Teilfolge gibt, die gegen
a konvergiert. Dies kann man so umformulieren: a ist genau dann
Häufungspunkt der Folge (a_n), wenn es zu jeder ε-Umgebung von
a unendlich viele Indizes $n \in \mathbb{N}$ gibt, so dass $a_n \in U_\varepsilon(a)$. Daraus folgt jedoch nicht, dass a Häufungspunkt der der Folge (a_n)
unterliegenden *Menge* $\{a_n : n \in \mathbb{N}\}$ sein muss, denn diese Menge könnte endlich sein (z. B. für die konstante Folge $a_n = a$ für
alle n).

Beispiele

(9.4) Die beiden Randpunkte a, b des offenen Intervalls $I =$
$]a, b[\subset \mathbb{R}, (a < b)$, sind Berührpunkte und Häufungspunkte von
I, außerdem alle Punkte von I selbst.

(9.5) Die Menge $A := \{\dfrac{1}{n} : n \in \mathbb{N}, n \geqslant 1\}$ hat 0 als einzigen
Häufungspunkt, die Menge aller Berührpunkte von A ist $A \cup \{0\}$.

(9.6) Jede reelle Zahl $x \in \mathbb{R}$ ist Häufungspunkt der Menge $\mathbb{Q}$
der rationalen Zahlen. Jedes $x \in \mathbb{R}$ ist auch Häufungspunkt der
Menge $\mathbb{R} \smallsetminus \mathbb{Q}$ der irrationalen Zahlen. Man drückt dies auch so
aus: Sowohl die rationalen Zahlen als auch die irrationalen Zahlen
liegen *dicht* in $\mathbb{R}$.

Supremum und Infimum von Punktmengen

Definition Eine Teilmenge $A \subset \mathbb{R}$ heißt *nach oben* (bzw. *nach unten*) *beschränkt*, wenn es eine Konstante $K \in \mathbb{R}$ gibt, so dass

$$x \leqslant K \quad (\text{bzw. } x \geqslant K) \quad \text{für alle } x \in A.$$

Man nennt dann K obere (bzw. untere) *Schranke* von A. Die Menge A heißt beschränkt, wenn sie sowohl nach oben als auch nach unten beschränkt ist.

Bemerkungen a) Eine Teilmenge $A \subset \mathbb{R}$ ist genau dann beschränkt, wenn es eine Konstante $M \geqslant 0$ gibt, so dass $|x| \leqslant M$ für alle $x \in A$.

b) Eine Folge ist genau dann nach oben (bzw. unten) beschränkt, wenn die ihr unterliegende Menge nach oben (bzw. unten) beschränkt ist (vgl. die Definition der Beschränktheit von Folgen in Kap. 4).

Definition Sei A eine Teilmenge von $\mathbb{R}$. Eine Zahl $K \in \mathbb{R}$ heißt *Supremum* (bzw. *Infimum*) von A, falls K kleinste obere (bzw. größte untere) Schranke von A ist.

Dabei heißt K kleinste obere Schranke von A, falls gilt:

i) K ist eine obere Schranke von A.
ii) Ist K' eine weitere obere Schranke von A, so folgt $K \leqslant K'$.

Analog ist die größte untere Schranke von A definiert.

Es ist klar, dass die kleinste obere Schranke (bzw. größte untere Schranke) im Falle der Existenz eindeutig bestimmt ist. Man bezeichnet sie mit $\sup(A)$ bzw. $\inf(A)$.

Satz 9.3 *Jede nichtleere, nach oben (bzw. unten) beschränkte Teilmenge $A \subset \mathbb{R}$ besitzt ein Supremum (bzw. Infimum).*

Beweis Sei $A \subset \mathbb{R}$ nichtleer und nach oben beschränkt. Dann gibt es ein Element $x_0 \in A$ und eine obere Schranke K_0 von A. Wir konstruieren jetzt durch Induktion nach n eine Folge von Intervallen

$$[x_0, K_0] \supset [x_1, K_1] \supset \cdots \supset [x_n, K_n] \supset [x_{n+1}, K_{n+1}] \supset \cdots$$

so dass für alle n gilt:

(1) $x_n \in A$,

(2) K_n ist obere Schranke von A,

(3) $K_n - x_n \leq 2^{-n}(K_0 - x_0)$.

Für $n = 0$ haben wir die Wahl von x_0 und K_0 schon durchgeführt.

Induktions-Schritt $n \to n + 1$. Sei $M := (K_n + x_n)/2$ die Mitte des Intervalls $[x_n, K_n]$. Es können zwei Fälle auftreten:

1. Fall: $A \cap {]M, K_n]} = \emptyset$. Dann ist M eine obere Schranke von A und wir definieren $x_{n+1} := x_n$ und $K_{n+1} := M$.

2. Fall: $A \cap {]M, K_n]} \neq \emptyset$. Dann gibt es einen Punkt $x_{n+1} \in A$ mit $x_{n+1} > M$. In diesem Fall setzen wir $K_{n+1} := K_n$.

In jedem der beiden Fälle gelten für x_{n+1} und K_{n+1} wieder die Eigenschaften (1) bis (3).

Nun ist $(K_n)_{n \in \mathbb{N}}$ eine monoton fallende und nach unten beschränkte Folge, konvergiert also nach Satz 5.7 gegen eine Zahl K. Wir zeigen, dass K kleinste obere Schranke von A ist.

i) Für jedes $x \in A$ gilt $x \leq K_n$ für alle n. Daraus folgt $x \leq K$. Dies zeigt, dass K obere Schranke von A ist.

ii) Sei K' eine weitere obere Schranke von A. Angenommen, es würde gelten $K' < K$. Da $K - K' > 0$, gibt es ein n, so dass

$$K_n - x_n \leq 2^{-n}(K_0 - x_0) < K - K' \leq K_n - K'.$$

Dann folgt $K' < x_n$, was im Widerspruch dazu steht, dass K' obere Schranke von A ist. Also muss $K \leq K'$ sein, d. h. K ist kleinste obere Schranke von A. Wir haben somit die Existenz des Supremums von A bewiesen.

Die Existenz des Infimums zeigt man analog. $\square$

Beispiele

(9.7) Für das abgeschlossene Intervall $[a, b]$, $a \leq b$, gilt

$$\sup([a, b]) = b \quad \text{und} \quad \inf([a, b]) = a.$$

(9.8) Für das offene Intervall $]a, b[$, $a < b$, gilt ebenfalls

$$\sup(]a, b[) = b \quad \text{und} \quad \inf(]a, b[) = a.$$

Wir beweisen, dass b kleinste obere Schranke von $]a, b[$ ist. Zunächst ist klar, dass b obere Schranke ist. Um zu zeigen, dass b sogar kleinste obere Schranke ist, betrachten wir irgend eine obere Schranke K des Intervalls. Die Punkte $x_n := b - 2^{-n}(b - a)$ liegen für $n \geq 1$ alle im Intervall $]a, b[$, also ist $x_n \leq K$. Da $\lim_{n \to \infty} x_n = b$, folgt $b \leq K$. Also ist b kleinste obere Schranke.

(9.9) Für $A := \left\{ \dfrac{n}{n+1} : n \in \mathbb{N} \right\}$ gilt $\sup(A) = 1$.

(9.10) Für $A := \left\{ \dfrac{n^2}{2^n} : n \in \mathbb{N} \right\}$ gilt $\sup(A) = \dfrac{9}{8}$.

Beweis $\frac{9}{8}$ ist obere Schranke von A, denn

$$\frac{n^2}{2^n} \leq 1 < \frac{9}{8} \quad \text{für alle } n \neq 3,$$

vgl. Aufgabe 3.1 und $\frac{3^2}{2^3} = \frac{9}{8}$. Außerdem ist $\frac{9}{8}$ kleinste obere Schranke, da $\frac{9}{8} \in A$. □

Maximum, Minimum

Wie die obigen Beispiele zeigen, kann es sowohl vorkommen, dass $\sup(A)$ in A liegt, als auch, dass $\sup(A)$ nicht in A liegt. Falls $\sup(A) \in A$, nennt man $\sup(A)$ auch das *Maximum* von A. Ebenso heißt $\inf(A)$ das *Minimum* von A, falls $\inf(A) \in A$.

In jedem Fall existiert jedoch, wie aus dem Beweis von Satz 9.3 hervorgeht, eine Folge $x_n \in A$, $n \in \mathbb{N}$, mit $\lim_{n \to \infty} x_n = \sup(A)$ und eine Folge $y_n \in A$, $n \in \mathbb{N}$, mit $\lim_{n \to \infty} y_n = \inf(A)$, d. h. $\sup(A)$ und $\inf(A)$ sind Berührpunkte von A.

Bezeichnung Falls die Teilmenge $A \subset \mathbb{R}$ nicht nach oben (bzw. nicht nach unten) beschränkt ist, schreibt man

$$\sup(A) = +\infty \quad \text{bzw.} \quad \inf(A) = -\infty.$$

Limes superior, Limes inferior

Definition Sei $(a_n)_{n \in \mathbb{N}}$ eine Folge reeller Zahlen. Dann definiert man

$$\limsup_{n \to \infty} a_n := \lim_{n \to \infty} (\sup\{a_k : k \geq n\}),$$

$$\liminf_{n \to \infty} a_n := \lim_{n \to \infty} (\inf\{a_k : k \geq n\}).$$

Eine andere Schreibweise ist $\overline{\lim}$ für lim sup und $\underline{\lim}$ für lim inf.

Bemerkung Die Folge $(\sup\{a_k : k \geq n\})_{n \in \mathbb{N}}$ ist monoton fallend (oder identisch $+\infty$) und die Folge $(\inf\{a_k : k \geq n\})_{n \in \mathbb{N}}$ ist monoton wachsend (oder identisch $-\infty$). Daher existieren $\limsup a_n$ und $\liminf a_n$ immer eigentlich oder uneigentlich, d. h. sie sind entweder reelle Zahlen oder es gilt

$$\limsup a_n = \pm\infty \quad \text{bzw.} \quad \liminf a_n = \pm\infty.$$

Beispiele

(9.11) Wir betrachten die Folge $a_n := (-1)^n (1 + \frac{1}{n})$, $n \geq 1$. Hier ist

$$\sup\{a_k : k \geq n\} = \begin{cases} 1 + \frac{1}{n}, & \text{falls } n \text{ gerade,} \\ 1 + \frac{1}{n+1}, & \text{falls } n \text{ ungerade.} \end{cases}$$

Also gilt $\limsup\limits_{n \to \infty} a_n = 1$.

Entsprechend hat man

$$\inf\{a_k : k \geq n\} = \begin{cases} -(1 + \frac{1}{n}), & \text{falls } n \text{ ungerade,} \\ -(1 + \frac{1}{n+1}), & \text{falls } n \text{ gerade.} \end{cases}$$

Daraus folgt $\liminf\limits_{n \to \infty} a_n = -1$.

(9.12) Für die Folge $a_n := n, n \in \mathbb{N}$, gilt

$$\sup\{a_k : k \geq n\} = \infty,$$
$$\inf\{a_k : k \geq n\} = n.$$

Daraus folgt $\lim\limits_{n \to \infty} \sup a_n = \infty$ und $\lim\limits_{n \to \infty} \inf a_n = \infty$.

Satz 9.4 (Charakterisierung des Limes superior) *Sei $(a_n)_{n \in \mathbb{N}}$ eine Folge reeller Zahlen und $a \in \mathbb{R}$. Genau dann gilt*

$$\lim\limits_{n \to \infty} \sup a_n = a,$$

wenn für jedes $\varepsilon > 0$ die folgenden beiden Bedingungen erfüllt sind:

i) *Für fast alle Indizes $n \in \mathbb{N}$ (d. h. alle bis auf endlich viele) gilt*

$$a_n < a + \varepsilon.$$

ii) *Es gibt unendlich viele Indizes $m \in \mathbb{N}$ mit*

$$a_m > a - \varepsilon.$$

Beweis Wir verwenden die Bezeichnungen

$$A_n := \{a_k : k \geq n\} \quad \text{und} \quad s_n := \sup A_n \,.$$

a) Sei zunächst vorausgesetzt, dass $\lim \sup a_n = a$, d. h. $\lim\limits_{n \to \infty} s_n = a$, und sei $\varepsilon > 0$ vorgegeben. Da die Folge (s_n) monoton fällt, gilt $s_n \geq a$ für alle n. Daraus folgt Bedingung ii). Andrerseits gibt es ein $N \in \mathbb{N}$, so dass $s_n < a + \varepsilon$ für alle $n \geq N$. Daraus folgt $a_n < a + \varepsilon$ für alle $n \geq N$.

b) Seien umgekehrt die Bedingungen i) und ii) erfüllt. Aus ii) folgt, dass $s_n > a - \varepsilon$ für alle n und alle $\varepsilon > 0$, also $\lim_{n \to \infty} s_n \geq a$. Wegen i) gibt es zu $\varepsilon > 0$ ein $N \in \mathbb{N}$, so dass $a_n < a + \varepsilon$ für alle $n \geq N$, woraus folgt $s_n \leq a + \varepsilon$ für $n \geq N$. Insgesamt folgt $\lim s_n = a$. $\qquad \square$

Bemerkung Analog zu Satz 9.4 hat man folgende Charakterisierung des Limes inferior:

Es gilt $\liminf\limits_{n\to\infty} a_n = a$ genau dann, wenn für jedes $\varepsilon > 0$ gilt:

i) $a_n > a - \varepsilon$ für fast alle n,   und
ii) $a_n < a + \varepsilon$ für unendlich viele $n \in \mathbb{N}$.

Aufgaben

9.1 Eine Zahl $x \in \mathbb{R}$ heißt *algebraisch*, wenn es eine natürliche
Zahl $n \geq 1$ und rationale Zahlen $a_1, a_2, \ldots, a_n \in \mathbb{Q}$ gibt, so dass

$$x^n + a_1 x^{n-1} + \cdots + a_{n-1} x + a_n = 0.$$

Man beweise: Die Menge $A \subset \mathbb{R}$ aller algebraischen Zahlen ist
abzählbar.

Hinweis. Man zeige dazu, dass die Menge aller Polynome mit
rationalen Koeffizienten abzählbar ist und benutze (ohne Beweis),
dass ein Polynom n-ten Grades höchstens n Nullstellen hat.

Bemerkung Eine reelle Zahl $x \in \mathbb{R}$ heißt *transzendent*, wenn
sie nicht algebraisch ist. Aus der Abzählbarkeit der algebraischen
Zahlen folgt, dass es überabzählbar viele transzendente Zahlen
gibt. Es ist jedoch i. Allg. schwer, von einer konkret gegebenen
Zahl $x \in \mathbb{R}$ zu entscheiden, ob sie transzendent oder algebraisch
ist. Bekannte transzendente Zahlen sind die Eulersche Zahl e (Beweis von Hermite 1873) sowie die Zahl π (Lindemann 1882). Aus
der Transzendenz von π folgt die Unmöglichkeit der Quadratur
des Kreises mit Zirkel und Lineal. Siehe dazu auch [T].

9.2 Man beweise:

a) Die Menge aller *endlichen* Teilmengen von $\mathbb{N}$ ist abzählbar.
b) Die Menge *aller* Teilmengen von $\mathbb{N}$ ist überabzählbar.

9.3 Man zeige, dass die Abbildung

$$\tau : \mathbb{N} \times \mathbb{N} \longrightarrow \mathbb{N}, \quad \tau(n,m) := \tfrac{1}{2}(n + m + 1)(n + m) + n,$$

bijektiv ist.

9.4 Man konstruiere bijektive Abbildungen

i) $\phi_1 : \mathbb{R}^* \to \mathbb{R}$,

ii) $\phi_2 : \mathbb{R} \smallsetminus \mathbb{Z} \to \mathbb{R}$,

iii) $\phi_3 : \mathbb{R}_+^* \to \mathbb{R}$,

iv) $\phi_4 : \mathbb{R}_+ \to \mathbb{R}$.

Bemerkung Eine Menge M heißt von der *Mächtigkeit des Kontinuums*, falls es eine bijektive Abbildung $\phi : M \to \mathbb{R}$ gibt. Die sog. *Kontinuums-Hypothese* von G. Cantor sagt, dass sich eine unendliche Teilmenge $M \subset \mathbb{R}$ entweder bijektiv auf $\mathbb{N}$ oder bijektiv auf $\mathbb{R}$ abbilden lässt. K. Gödel bewies 1938, dass die Kontinuums-Hypothese mit den üblichen Axiomen der Mengenlehre verträglich ist. P.J. Cohen bewies 1963, dass auch die Negation der Kontinuums-Hypothese (es gibt unendliche Teilmengen M von $\mathbb{R}$, die sich weder bijektiv auf $\mathbb{N}$ noch bijektiv auf $\mathbb{R}$ abbilden lassen), mit den üblichen Axiomen der Mengenlehre verträglich ist. Bei der Kontinuums-Hypothese handelt es sich also um ein unentscheidbares Problem.

9.5 Es sei $a \in \mathbb{R}_+^*$ und k eine natürliche Zahl $\geqslant 2$. Man zeige

$$\sup\{x \in \mathbb{Q} : x^k < a\} = \sqrt[k]{a}.$$

9.6 Sei $(a_n)_{n \in \mathbb{N}}$ eine beschränkte Folge reeller Zahlen. Man zeige: Genau dann gilt

$$\limsup_{n \to \infty} a_n = a,$$

wenn folgende beiden Bedingungen erfüllt sind:

a) Es gibt eine konvergente Teilfolge $(a_{n_k})_{k \in \mathbb{N}}$ von (a_n) mit

$$\lim_{k \to \infty} a_{n_k} = a.$$

b) Für jede konvergente Teilfolge $(a_{m_k})_{k \in \mathbb{N}}$ von (a_n) gilt

$$\lim_{k \to \infty} a_{m_k} \leqslant a.$$

9.7 Sei $(a_n)_{n \in \mathbb{N}}$ eine beschränkte Folge reeller Zahlen und H die Menge ihrer Häufungspunkte. Man zeige

$$\limsup_{n \to \infty} a_n = \sup(H),$$
$$\liminf_{n \to \infty} a_n = \inf(H).$$

9.8 Man beweise: Eine Folge $(a_n)_{n \in \mathbb{N}}$ reeller Zahlen konvergiert genau dann gegen ein $a \in \mathbb{R}$, wenn

$$\limsup_{n \to \infty} a_n = \liminf_{n \to \infty} a_n = a.$$

9.9 Man untersuche, ob folgende Aussage richtig ist:
Eine Folge $(a_n)_{n \in \mathbb{N}}$ reeller Zahlen konvergiert genau dann gegen $a \in \mathbb{R}$, wenn für jede konvergente Teilfolge (a_{n_k}) von (a_n) gilt: $\lim_{k \to \infty} a_{n_k} = a$.

9.10 Man zeige, dass für jede Folge $(a_n)_{n \in \mathbb{N}}$ reeller Zahlen gilt:

$$\liminf_{n \to \infty} a_n = - \limsup_{n \to \infty} (-a_n).$$

9.11 Sei $(a_n)_{n \in \mathbb{N}}$ eine Folge reeller Zahlen. Man zeige:

a) Es gilt $\limsup_{n \to \infty} a_n = +\infty$ genau dann, wenn die Folge (a_n) nicht nach oben beschränkt ist.
b) Es gilt $\limsup_{n \to \infty} a_n = -\infty$ genau dann, wenn die Folge (a_n) bestimmt gegen $-\infty$ divergiert.

9.12 Es seien $(a_n)_{n \in \mathbb{N}}$ und $(b_n)_{n \in \mathbb{N}}$ Folgen reeller Zahlen mit

$$\limsup a_n \neq -\infty \quad \text{und} \quad \liminf b_n \neq -\infty.$$

Man zeige:

$$\limsup_{n \to \infty} a_n + \liminf_{n \to \infty} b_n \leq \limsup_{n \to \infty} (a_n + b_n)$$

$$\leq \limsup_{n \to \infty} a_n + \limsup_{n \to \infty} b_n.$$

Dabei werde vereinbart $a + \infty = \infty + a = \infty$ für alle $a \in \mathbb{R} \cup \{\infty\}$.

9.13 Das *Dedekindsche Schnittaxiom* für einen angeordneten Körper K lautet wie folgt:

Seien $A, B \subset K$ nicht-leere Teilmengen mit $A \cup B = K$, so dass für alle $x \in A$ und $y \in B$ gilt $x < y$. Dann gibt es genau ein $s \in K$ mit

$$x \leq s \leq y \quad \text{für alle } x \in A \text{ und } y \in B.$$

Man beweise:

a) Im Körper $\mathbb{R}$ gilt das Dedekindsche Schnittaxiom.
b) In einem angeordneten Körper impliziert das Dedekindsche Schnittaxiom das Archimedische Axiom und das Vollständig-keits-Axiom.

Funktionen. Stetigkeit

10

Wir kommen jetzt zu einem weiteren zentralen Begriff der Analysis, dem der stetigen Funktion. Wir zeigen, dass Summe, Produkt und Quotient (mit nichtverschwindendem Nenner) stetiger Funktionen sowie die Komposition stetiger Funktionen wieder stetig ist.

Definition   Sei D eine Teilmenge von $\mathbb{R}$. Unter einer reellwertigen (reellen) *Funktion* auf D versteht man eine Abbildung $f : D \to \mathbb{R}$. Die Menge D heißt *Definitionsbereich* von f. Der *Graph* von f ist die Menge

$$\Gamma_f := \{(x, y) \in D \times \mathbb{R} : y = f(x)\}.$$

Beispiele

(10.1)   Konstante Funktionen. Sei $c \in \mathbb{R}$ eine vorgegebene Konstante.

$$f : \mathbb{R} \to \mathbb{R}, \quad x \mapsto f(x) := c.$$

(10.2)   Die identische Abbildung

$$\mathrm{id}_{\mathbb{R}} : \mathbb{R} \to \mathbb{R}, \quad x \mapsto x.$$

© Der/die Autor(en), exklusiv lizenziert an Springer Fachmedien Wiesbaden GmbH, ein Teil von Springer Nature 2023
O. Forster, F. Lindemann, *Analysis 1*, Grundkurs Mathematik,
https://doi.org/10.1007/978-3-658-40130-6_10

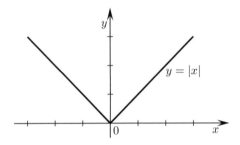

Abb. 10 A   Absolutbetrag

(10.3)   Der Absolutbetrag (Abb. 10 A).

$$\text{abs} : \mathbb{R} \to \mathbb{R} \,, \quad x \mapsto |x| \,.$$

(10.4)   Die floor-Funktion (Abb. 10 B).

$$\text{floor} : \mathbb{R} \to \mathbb{R} \,, \quad x \mapsto \lfloor x \rfloor \,.$$

(10.5)   Quadratwurzel (Abb. 10 C).

$$\text{sqrt} : \mathbb{R}_+ \to \mathbb{R} \,, \quad x \mapsto \sqrt{x}.$$

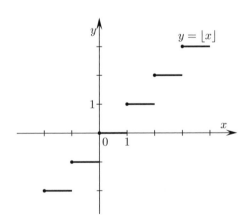

Abb. 10 B   Die floor-Funktion

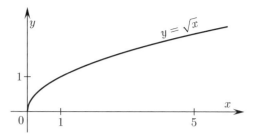

Abb. 10 C Quadratwurzel

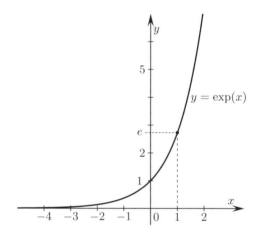

Abb. 10 D Exponentialfunktion

(10.6) Die Exponentialfunktion (Abb. 10 D).

$$\exp : \mathbb{R} \to \mathbb{R}, \quad x \mapsto \exp(x).$$

(10.7) Polynomfunktionen. Seien $a_0, a_1, \ldots, a_n \in \mathbb{R}$.

$$p : \mathbb{R} \to \mathbb{R}, \quad x \mapsto p(x) := a_n x^n + \ldots + a_1 x + a_0.$$

(10.8) Rationale Funktionen. Seien

$$P(x) = a_n x^n + \ldots + a_1 x + a_0 \, ,$$
$$Q(x) = b_m x^m + \ldots + b_1 x + b_0$$

Polynome und $D := \{x \in \mathbb{R} : Q(x) \neq 0\}$. Dann ist die rationale Funktion $R = \frac{P}{Q}$ definiert durch

$$R : D \to \mathbb{R}, \quad x \mapsto R(x) := \frac{P(x)}{Q(x)} \, .$$

Die Polynomfunktionen sind spezielle rationale Funktionen.

(10.9) Treppenfunktionen (Abb. 10 E). Seien $a < b$ reelle Zahlen. Eine Funktion $\varphi : [a, b] \to \mathbb{R}$ heißt *Treppenfunktion*, wenn es eine Unterteilung

$$a = t_0 < t_1 < \ldots < t_{n-1} < t_n = b$$

des Intervalls $[a, b]$ und Konstanten $c_1, c_2, \ldots, c_n \in \mathbb{R}$ gibt, so dass

$$\varphi(x) = c_k \quad \text{für alle } x \in \,]t_{k-1}, t_k[\, , \quad (1 \leqslant k \leqslant n).$$

Die Funktionswerte $\varphi(t_k)$ in den Teilpunkten t_k sind beliebig.

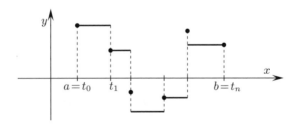

Abb. 10 E Treppenfunktion

(10.10) Es gibt auch Funktionen, deren Graph man nicht zeich-
nen kann, z. B. die von Dirichlet betrachtete Funktion $f : \mathbb{R} \to \mathbb{R}$
mit

$$f(x) := \begin{cases} 1, & \text{falls } x \text{ rational,} \\ 0, & \text{falls } x \text{ irrational.} \end{cases}$$

Definition (Rationale Operationen auf Funktionen) Seien
$f, g : D \to \mathbb{R}$ Funktionen und $\lambda \in \mathbb{R}$. Dann sind die Funktionen

$$f + g : D \to \mathbb{R},$$
$$\lambda f : D \to \mathbb{R},$$
$$fg : D \to \mathbb{R}$$

definiert durch

$$(f + g)(x) := f(x) + g(x),$$
$$(\lambda f)(x) := \lambda f(x),$$
$$(fg)(x) := f(x)g(x).$$

Sei $D' := \{x \in D : g(x) \neq 0\}$. Dann ist die Funktion

$$\frac{f}{g} : D' \to \mathbb{R}$$

definiert durch

$$\left(\frac{f}{g}\right)(x) := \frac{f(x)}{g(x)}.$$

Bemerkung Alle rationalen Funktionen entstehen aus $\text{id}_\mathbb{R}$ und
der konstanten Funktion 1 durch wiederholte Anwendung dieser
Operationen.

Die nächste Definition gibt ein weiteres Verfahren an, aus gegebenen Funktionen neue zu konstruieren.

Definition (Komposition von Funktionen) Seien $f : D \to \mathbb{R}$
und $g : E \to \mathbb{R}$ Funktionen mit $f(D) \subset E$. Dann ist die Funktion

$$g \circ f : D \to \mathbb{R}$$

definiert durch $(g \circ f)(x) := g(f(x))$ für $x \in D$.

(10.11) Beispiel. Sei $q : \mathbb{R} \to \mathbb{R}$ die durch $q(x) = x^2$ definierte Funktion. Dann lässt sich die Funktion abs : $\mathbb{R} \to \mathbb{R}$ schreiben als

$$\text{abs} = \text{sqrt} \circ q \,,$$

denn es gilt für alle $x \in \mathbb{R}$

$$(\text{sqrt} \circ q)(x) = \text{sqrt}(q(x)) = \sqrt{x^2} = |x| = \text{abs}(x) \,.$$

(10.12) Man beachte: Bei der Komposition $g \circ f$ zweier Funktionen wird zuerst f und dann erst g ausgeführt. Selbst wenn $g \circ f$ und $f \circ g$ beide definiert sind, gilt i. Allg. $g \circ f \neq f \circ g$. Betrachten wir etwa die Funktionen

$$\exp : \mathbb{R} \to \mathbb{R} \quad \text{und}$$
$$q : \mathbb{R} \to \mathbb{R}, \quad x \mapsto x^2.$$

Für die Zusammensetzungen $F_1 := \exp \circ q$ und $F_2 := q \circ \exp$ ist dann

$$F_1 : \mathbb{R} \to \mathbb{R} \,, \quad x \mapsto \exp(q(x)) = \exp(x^2)$$

und

$$F_2 : \mathbb{R} \to \mathbb{R} \,, \quad x \mapsto q(\exp(x)) = \exp(x)^2 = \exp(2x),$$

also $F_1 \neq F_2$.

Grenzwerte bei Funktionen

Wir verbinden jetzt den Grenzwertbegriff und den Funktionsbegriff.

Definition Sei $f : D \to \mathbb{R}$ eine reelle Funktion auf $D \subset \mathbb{R}$ und $a \in \mathbb{R}$ ein Berührpunkt von D. Man definiert

$$\lim_{x \to a} f(x) = c \,,$$

falls für *jede* Folge $(x_n)_{n \in \mathbb{N}}$, $x_n \in D$, mit $\lim\limits_{n \to \infty} x_n = a$ gilt:

$$\lim_{n \to \infty} f(x_n) = c \, .$$

Statt $\lim\limits_{x \to a} f(x)$ schreibt man zur Verdeutlichung auch $\lim\limits_{\substack{x \to a \\ x \in D}} f(x)$.

Bemerkung Da a Berührpunkt von D ist (vgl. die Definition in Kap. 9), gibt es mindestens eine Folge (x_n), $x_n \in D$, mit $\lim\limits_{n \to \infty} x_n = a$.

Falls $a \in D$, hat man in jedem Fall die konstante Folge $x_n = a$ für alle n, so dass dann der Limes $\lim\limits_{x \to a} f(x)$ im Falle der Existenz notwendig gleich $f(a)$ ist.

Weitere Bezeichnungen

a) $\lim\limits_{x \searrow a} f(x) = c$ bedeutet:

a ist Berührpunkt von $D \cap \,]a, \infty[$ und für jede Folge (x_n) mit $x_n \in D$, $x_n > a$ und $\lim\limits_{n \to \infty} x_n = a$ gilt

$$\lim_{n \to \infty} f(x_n) = c \, .$$

b) $\lim\limits_{x \nearrow a} f(x) = c$ bedeutet:

a ist Berührpunkt von $D \cap \,]-\infty, a[$ und für jede Folge (x_n) mit $x_n \in D$, $x_n < a$, und $\lim\limits_{n \to \infty} x_n = a$ gilt

$$\lim_{n \to \infty} f(x_n) = c \, .$$

c) $\lim\limits_{x \to \infty} f(x) = c$ bedeutet:

Der Definitionsbereich D ist nach oben unbeschränkt und für jede Folge (x_n) mit $x_n \in D$ und $\lim\limits_{n \to \infty} x_n = \infty$ gilt

$$\lim_{n \to \infty} f(x_n) = c \, .$$

Analog ist $\lim\limits_{x \to -\infty} f(x)$ definiert.

Beispiele

(10.13) $\lim\limits_{x \to 0} \exp(x) = 1.$

Beweis Die Restgliedabschätzung von Satz 8.2 liefert für $N = 0$:

$$| \exp(x) - 1 | \leq 2|x| \quad \text{für } |x| \leq 1 .$$

Sei (x_n) eine beliebige Folge mit $\lim x_n = 0$. Dann gilt $|x_n| < 1$
für alle $n \geq n_0$, also

$$| \exp(x_n) - 1 | \leq 2|x_n| \quad \text{für } n \geq n_0 .$$

Daraus folgt $\lim_{n \to \infty} | \exp(x_n) - 1 | = 0$, also

$$\lim\limits_{n \to \infty} \exp(x_n) = 1. \qquad \square$$

(10.14) Es gilt $\lim\limits_{x \searrow 1} \text{floor}\,(x) = 1$ und $\lim\limits_{x \nearrow 1} \text{floor}\,(x) = 0$.

Also existiert $\lim\limits_{x \to 1} \text{floor}\,(x)$ nicht.

(10.15) Es sei $P : \mathbb{R} \to \mathbb{R}$ ein Polynom der Gestalt

$$P(x) = x^k + a_1 x^{k-1} + \ldots + a_{k-1}x + a_k .$$

$(a_1, \ldots, a_k \in \mathbb{R},\ k \geq 1)$. Dann gilt

$$\lim\limits_{x \to \infty} P(x) = \infty,$$

$$\lim\limits_{x \to -\infty} P(x) = \begin{cases} +\infty, & \text{falls } k \text{ gerade,} \\ -\infty, & \text{falls } k \text{ ungerade.} \end{cases}$$

Beweis Für $x \neq 0$ gilt $P(x) = x^k g(x)$, wobei

$$g(x) = 1 + \frac{a_1}{x} + \frac{a_2}{x^2} + \ldots + \frac{a_k}{x^k} .$$

Für alle $x \in \mathbb{R}$ mit

$$x \geq c := \max(1, 2k|a_1|, 2k|a_2|, \ldots, 2k|a_k|)$$

gilt $g(x) \geq \frac{1}{2}$, also $P(x) \geq \frac{1}{2}x^k \geq \frac{x}{2}$. Sei nun (x_n) eine beliebige Folge reeller Zahlen mit $\lim x_n = \infty$. Dann gilt $x_n \geq c$ für alle $n \geq n_0$, also $P(x_n) \geq \frac{1}{2}x_n$ für $n \geq n_0$. Daraus folgt

$$\lim_{n \to \infty} P(x_n) = \infty.$$

Die Behauptung über den Limes für $x \to -\infty$ folgt aus der Tatsache, dass

$$P(-x) = (-1)^k Q(x)$$

mit

$$Q(x) = x^k - a_1 x^{k-1} + \ldots + (-1)^{k-1} a_{k-1} x + (-1)^k a_k. \quad \square$$

Stetige Funktionen

Definition   Sei $f : D \to \mathbb{R}$ eine reelle Funktion, die auf einer Teilmenge $D \subset \mathbb{R}$ definiert ist. Die Funktion f heißt *stetig* im Punkt $a \in D$, falls

$$\lim_{x \to a} f(x) = f(a).$$

f heißt stetig in D, falls f in jedem Punkt von D stetig ist.

Beispiele

(10.16)   Die konstanten Funktionen und $\mathrm{id}_{\mathbb{R}}$ sind überall stetig.

(10.17)   Die Exponentialfunktion $\exp : \mathbb{R} \to \mathbb{R}$ ist in jedem Punkt stetig.

Beweis   Sei $a \in \mathbb{R}$. Wir haben zu zeigen, dass

$$\lim_{x \to a} \exp(x) = \exp(a).$$

Sei (x_n) eine beliebige Folge mit $\lim x_n = a$. Dann gilt $\lim(x_n - a) = 0$, also nach Beispiel (10.13)

$$\lim_{n \to \infty} \exp(x_n - a) = 1 \,.$$

Daraus folgt mithilfe der Funktionalgleichung

$$\lim_{n \to \infty} \exp(x_n) = \lim_{n \to \infty} (\exp(a) \exp(x_n - a))$$
$$= \exp(a) \lim_{n \to \infty} \exp(x_n - a) = \exp(a) \,. \qquad \square$$

(10.18) Die in (10.10) definierte Dirichletsche Funktion ist in keinem Punkt $x \in \mathbb{R}$ stetig.

Satz 10.1 (Rationale Operationen auf stetigen Funktionen)
Seien $f, g : D \to \mathbb{R}$ Funktionen, die in $a \in D$ stetig sind und sei $\lambda \in \mathbb{R}$. Dann sind auch die Funktionen

$$f + g : D \to \mathbb{R} \,,$$
$$\lambda f : D \to \mathbb{R} \,,$$
$$fg : D \to \mathbb{R}$$

im Punkte a stetig. Ist $g(a) \neq 0$, so ist auch die Funktion

$$\frac{f}{g} : D' \to \mathbb{R}$$

in a stetig. Dabei ist $D' = \{x \in D : g(x) \neq 0\}$.

Beweis Sei (x_n) eine Folge in D (bzw. D') mit $\lim x_n = a$. Es ist zu zeigen:

$$\lim_{n \to \infty} (f + g)(x_n) = (f + g)(a) \,,$$
$$\lim_{n \to \infty} (\lambda f)(x_n) = (\lambda f)(a) \,,$$
$$\lim_{n \to \infty} (fg)(x_n) = (fg)(a) \,,$$
$$\lim_{n \to \infty} \left(\frac{f}{g} \right)(x_n) = \left(\frac{f}{g} \right)(a) \,.$$

Nach Voraussetzung ist

$$\lim_{n\to\infty} f(x_n) = f(a) \quad \text{und} \quad \lim_{n\to\infty} g(x_n) = g(a).$$

Die Behauptung folgt deshalb aus den in Satz 4.3 und Satz 4.4 aufgestellten Rechenregeln für Zahlenfolgen. $\qquad\Box$

Corollar 10.1a *Alle rationalen Funktionen sind stetig in ihrem Definitionsbereich.*

Dies folgt durch wiederholte Anwendung von Satz 10.1 auf Beispiel (10.16).

Bemerkung Die Stetigkeit ist eine lokale Eigenschaft in folgendem Sinn: Seien $f, g : D \to \mathbb{R}$ zwei Funktionen, die in einer Umgebung eines Punktes $a \in D$ übereinstimmen, d. h. es gebe ein $\varepsilon > 0$, so dass $f(x) = g(x)$ für alle $x \in D$ mit $|x - a| < \varepsilon$. Dann ist f genau dann in a stetig, wenn g in a stetig ist. Dies folgt unmittelbar aus der Definition.

Der folgende Satz gibt ein Stetigkeits-Kriterium, das insbesondere für Funktionen, die stückweise definiert sind, nützlich ist.

Satz 10.2 *Sei $I \subset \mathbb{R}$ ein Intervall und $a \in I$ kein Randpunkt von I. Eine Funktion $f : I \to \mathbb{R}$ ist genau dann stetig in a, wenn*

$$\lim_{x \nearrow a} f(x) = \lim_{x \searrow a} f(x) = f(a). \qquad (\star)$$

Beweis Zunächst ist klar, dass die Bedingungen $(\star)$ notwendig für die Stetigkeit von f in a sind. Es bleibt also nur zu zeigen, dass aus den Bedingungen $(\star)$ folgt, dass für *jede* Folge $x_n \in I$ mit $\lim_{n\to\infty} x_n = a$ gilt, dass $\lim_{n\to\infty} f(x_n) = a$. Dazu betrachten wir die Indexmengen

$$M_- := \{n \in \mathbb{N} : x_n < a\}, \quad M_+ := \{n \in \mathbb{N} : x_n > a\},$$
$$M_0 := \{n \in \mathbb{N} : x_n = a\}$$

Ist eine der Mengen M_σ, $\sigma \in \{+, -, 0\}$, endlich, so darf man o. B. d. A. annehmen, dass sie leer ist, denn durch Weglassen von endlich vielen Gliedern ändert sich die Konvergenz der Folge $(f(x_n))_{n \in \mathbb{N}}$ nicht. Ist M_σ aber unendlich, so gilt

$$\lim_{\substack{n \to \infty \\ n \in M_\sigma}} f(x_n) = a.$$

Dies ist trivial für $\sigma = 0$, und für $\sigma \in \{+, -\}$ folgt es aus ($\star$). Da $M_0 \cup M_+ \cup M_- = \mathbb{N}$, folgt

$$\lim_{n \to \infty} f(x_n) = f(a), \qquad\qquad \square$$

(10.19) *Beispiel.* Die Funktion abs : $\mathbb{R} \to \mathbb{R}$ ist stetig.

Beweis   Sei a ein beliebiger Punkt aus $\mathbb{R}$.

1. Fall: $a > 0$. In der Umgebung $]0, 2a[$ von a gilt abs$(x) = x = \mathrm{id}_\mathbb{R}(x)$. Da $\mathrm{id}_\mathbb{R}$ stetig ist, ist auch abs in a stetig.

2. Fall: $a < 0$. In der Umgebung $]2a, 0[$ von a gilt abs$(x) = -x = -\mathrm{id}_\mathbb{R}(x)$. Nach Satz 10.1 ist $-\mathrm{id}_\mathbb{R}$ stetig, also ist auch abs im Punkt a stetig.

3. Fall: $a = 0$. Wir benutzen das Kriterium ($\star$) von Satz 10.2

$$\lim_{x \nearrow 0} \mathrm{abs}(x) = \lim_{x \nearrow 0} (-x) = 0 = \mathrm{abs}(0) \quad \text{und}$$

$$\lim_{x \searrow 0} \mathrm{abs}(x) = \lim_{x \searrow 0} (x) = 0 = \mathrm{abs}(0).$$

Also ist die Funktion abs im Nullpunkt stetig. $\square$

(10.20) *Stückweise lineare Funktionen.* Sei $f : [a, b] \to \mathbb{R}$ eine auf dem abgeschlossenen Intervall $[a, b] \subset \mathbb{R}$, $(a < b)$, definierte Funktion. f heißt stückweise linear, wenn es eine Unterteilung

$$a = t_0 < t_1 < \cdots < t_r = b$$

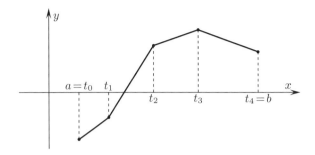

Abb. 10 F PL-Funktion

gibt, so dass f auf allen Teilintervallen $[t_{\nu-1}, t_\nu]$, $1 \leqslant \nu \leqslant r$, affin-linear ist, d. h. es gibt Konstanten $\alpha_\nu, \beta_\nu \in \mathbb{R}$ mit

$$f(x) = \alpha_\nu + \beta_\nu x \quad \text{für} \quad t_{\nu-1} \leqslant x \leqslant t_\nu.$$

Der Graph von f ist dann ein Polygonzug, der die Punkte $(t_k, f(t_k))$, $k = 0, 1, \ldots, r$ verbindet, siehe Abb. 10 F. Wie in (10.19) sieht man, dass f stetig ist. Die Menge aller auf dem Intervall $[a, b]$ stückweise linearen Funktionen werde mit PL$[a, b]$ bezeichnet (PL von *piecewise linear*). In natürlicher Weise trägt PL$[a, b]$ die Struktur eines Vektorraums über $\mathbb{R}$.

Satz 10.3 (Komposition stetiger Funktionen)   *Seien $D, E \subset \mathbb{R}$ Teilmengen und*

$$f : D \to \mathbb{R} \quad \text{und} \quad g : E \to \mathbb{R}$$

Funktionen mit $f(D) \subset E$. Die Funktion f sei stetig in $a \in D$ und g stetig in $b := f(a) \in E$. Dann ist die Funktion

$$g \circ f : D \to \mathbb{R}$$

im Punkt a stetig.

Beweis   Sei (x_n) eine Folge mit $x_n \in D$ und $\lim x_n = a$. Wegen der Stetigkeit von f in a gilt $\lim\limits_{n \to \infty} f(x_n) = f(a)$. Nach Voraussetzung ist $y_n := f(x_n) \in E$ und $\lim y_n = f(a) = b$. Da g in b

stetig ist, gilt $\lim\limits_{n\to\infty} g(y_n) = g(b)$. Deshalb folgt

$$\lim_{n\to\infty} (g \circ f)(x_n) = \lim_{n\to\infty} g(f(x_n)) = \lim_{n\to\infty} g(y_n) = g(b)$$
$$= g(f(a)) = (g \circ f)(a). \qquad \Box$$

Beispiele

(10.21) Sei $f : D \to \mathbb{R}$ stetig. Dann ist auch die Funktion

$$|f| : D \to \mathbb{R}, \quad x \mapsto |f(x)|$$

stetig. Denn es gilt $|f| = \text{abs} \circ f$.

(10.22) Seien $f_1, f_2 : D \to \mathbb{R}$ stetige Funktionen. Dann ist auch
die Funktion $G := \max(f_1, f_2)$,

$$G : D \to \mathbb{R}, \quad x \mapsto \max(f_1(x), f_2(x))$$

stetig. Denn für alle $\xi, \eta \in \mathbb{R}$ gilt $\max(\xi, \eta) = \frac{1}{2}(\xi + \eta + |\xi - \eta|)$,
vgl. Aufgabe 3.9, also ist

$$G = \tfrac{1}{2}(f_1 + f_2 + \text{abs} \circ (f_1 - f_2)).$$

Da $\text{abs} \circ (f_1 - f_2)$ nach Satz 10.3 stetig ist, ist auch G stetig.

Aufgaben

10.1 Die Funktionen

$$\cosh : \mathbb{R} \to \mathbb{R} \quad \text{(Cosinus hyperbolicus)},$$
$$\sinh : \mathbb{R} \to \mathbb{R} \quad \text{(Sinus hyperbolicus)}$$

sind definiert durch

$$\cosh(x) := \tfrac{1}{2}(\exp(x) + \exp(-x)),$$
$$\sinh(x) := \tfrac{1}{2}(\exp(x) - \exp(-x)).$$

Man zeige, dass diese Funktionen stetig sind und beweise die Formeln

$$\cosh(x + y) = \cosh(x)\cosh(y) + \sinh(x)\sinh(y),$$
$$\sinh(x + y) = \cosh(x)\sinh(y) + \sinh(x)\cosh(y),$$
$$\cosh^2(x) - \sinh^2(x) = 1.$$

10.2 Die Funktionen $g_n : \mathbb{R} \to \mathbb{R}$, $n \in \mathbb{N}$, seien definiert durch

$$g_n(x) := \frac{nx}{1 + |nx|}.$$

Man zeige, dass alle Funktionen g_n stetig sind. Für welche $x \in \mathbb{R}$
ist die Funktion

$$g(x) := \lim_{n \to \infty} g_n(x)$$

definiert bzw. stetig?

10.3 Seien $a < b$ reelle Zahlen. Man zeige:
    Jede Funktion $g \in \mathrm{PL}[a, b]$ lässt sich schreiben als

$$g(x) = \alpha + \beta x + \sum_{k=1}^{r} c_k |x - t_k|$$

mit geeigneten Konstanten $\alpha, \beta, c_k \in \mathbb{R}$ und $t_k \in \,]a, b[$.

10.4 Die Funktion zack : $\mathbb{R} \to \mathbb{R}$ sei definiert durch

$$\mathrm{zack}\,(x) := \mathrm{abs}\big(\lfloor x + \tfrac{1}{2}\rfloor - x\big).$$

Man zeichne den Graphen der Funktion zack und zeige:

a) Für $|x| \leq \tfrac{1}{2}$ gilt $\mathrm{zack}(x) = \mathrm{abs}(x)$.
b) Für alle $x \in \mathbb{R}$ und $n \in \mathbb{Z}$ gilt $\mathrm{zack}(x + n) = \mathrm{zack}(x)$.
c) Die Funktion zack ist stetig.

10.5 Für $p, q \in \mathbb{Z}$ und $x \in \mathbb{R}^*$ sei definiert

$$f_{pq}(x) := |x|^p \mathrm{zack}(x^q).$$

Für welche p und q kann man $f_{pq}(0)$ so definieren, dass eine überall stetige Funktion $f_{pq} : \mathbb{R} \to \mathbb{R}$ entsteht?

10.6 Die Funktion $f : \mathbb{R} \to \mathbb{R}$ sei definiert durch

$$f(x) := \begin{cases} 1/q, & \text{falls } x = \pm p/q \text{ mit } p, q \in \mathbb{N} \text{ teilerfremd,} \\ 0, & \text{falls } x \text{ irrational.} \end{cases}$$

Man zeige:

i) f ist in jedem Punkt $a \in \mathbb{R} \smallsetminus \mathbb{Q}$ stetig.
ii) f ist in keinem Punkt $b \in \mathbb{Q}$ stetig.

10.7 Die Funktion $f : \mathbb{Q} \to \mathbb{R}$ werde definiert durch

$$f(x) := \begin{cases} 0, & \text{falls } x < \sqrt{2}, \\ 1, & \text{falls } x > \sqrt{2}. \end{cases}$$

Man zeige, dass f auf $\mathbb{Q}$ stetig ist.

Sätze über stetige Funktionen 11

In diesem Kapitel beweisen wir die wichtigsten allgemeinen Sätze über stetige Funktionen in abgeschlossenen und beschränkten Intervallen, nämlich den Zwischenwertsatz, den Satz über die Annahme von Maximum und Minimum und die gleichmäßige Stetigkeit.

Satz 11.1 (Zwischenwertsatz: Existenz einer Nullstelle) *Sei $[a,b] \subset \mathbb{R}$ ein abgeschlossenes Intervall und $f : [a,b] \to \mathbb{R}$ eine stetige Funktion mit $f(a) < 0$ und $f(b) > 0$ (bzw. $f(a) > 0$ und $f(b) < 0$). Dann existiert ein $p \in [a,b]$ mit $f(p) = 0$.*

Bemerkung Die Aussage des Satzes ist anschaulich klar, vgl. Abb. 11 A. Zwar ist eine Zeichnung oft nützlich für das Verständnis, ersetzt aber keinen Beweis. Die Aussage wird falsch, wenn man nur innerhalb der rationalen Zahlen arbeitet. Sei etwa $D := \{x \in \mathbb{Q} : 1 \leqslant x \leqslant 2\}$ und $f: D \to \mathbb{R}$ die stetige Funktion $x \mapsto f(x) := x^2 - 2$. Dann ist $f(1) = -1 < 0$ und $f(2) = 2 > 0$, aber es gibt kein $p \in D$ mit $f(p) = 0$, da die Zahl 2 keine rationale Quadratwurzel hat.

Beweis von Satz 11.1 Wir benutzen die sog. *Intervall-Halbierungsmethode*, die auch schon beim Beweis des Satzes von Bolzano-Weierstraß (Satz 5.6) dienlich war. O. B. d. A. sei $f(a) < 0$

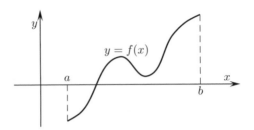

Abb. 11 A   Zum Zwischenwertsatz

und $f(b) > 0$. Wir definieren induktiv eine Folge $[a_n, b_n] \subset [a, b]$, $n \in \mathbb{N}$, von Intervallen mit folgenden Eigenschaften:

(1) $[a_n, b_n] \subset [a_{n-1}, b_{n-1}]$ für $n \geqslant 1$,
(2) $b_n - a_n = 2^{-n}(b - a)$,
(3) $f(a_n) \leqslant 0$, $f(b_n) \geqslant 0$.

Induktionsanfang. Wir setzen $[a_0, b_0] := [a, b]$.

Induktionsschritt. Sei das Intervall $[a_n, b_n]$ bereits definiert und sei $M := (a_n + b_n)/2$ die Mitte des Intervalls. Nun können zwei Fälle auftreten:

1. Fall: $f(M) \geqslant 0$. Dann sei $[a_{n+1}, b_{n+1}] := [a_n, M]$.
2. Fall: $f(M) < 0$. Dann sei $[a_{n+1}, b_{n+1}] := [M, b_n]$.

Offenbar sind wieder die Eigenschaften (1)–(3) für $n + 1$ erfüllt. Es folgt, dass die Folge (a_n) monoton wachsend und beschränkt und die Folge (b_n) monoton fallend und beschränkt ist. Also konvergieren beide Folgen (Satz 5.7) und wegen (2) gilt

$$\lim_{n \to \infty} a_n = \lim_{n \to \infty} b_n =: p .$$

Aufgrund der Stetigkeit von f ist $\lim f(a_n) = \lim f(b_n) = f(p)$. Aus (3) folgt nach Corollar 4.5a, dass

$$f(p) = \lim f(a_n) \leqslant 0 \quad \text{und} \quad f(p) = \lim f(b_n) \geqslant 0 .$$

Daher gilt $f(p) = 0$.   □

(11.1) *Beispiel.* Jedes Polynom ungeraden Grades $f\colon \mathbb{R} \to \mathbb{R}$,

$$f(x) = x^n + c_1 x^{n-1} + \ldots + c_n, \qquad (c_v \in \mathbb{R}),$$

besitzt mindestens eine reelle Nullstelle.

Denn nach (10.15) gilt

$$\lim_{x \to -\infty} f(x) = -\infty \quad \text{und} \quad \lim_{x \to \infty} f(x) = \infty,$$

man kann also Stellen $a < b$ finden mit $f(a) < 0$ und $f(b) > 0$. Deshalb gibt es ein $p \in [a, b]$ mit $f(p) = 0$.

Bemerkung Ein Polynom geraden Grades braucht keine reelle Nullstelle zu besitzen, wie das Beispiel $f(x) = x^{2k} + 1$ zeigt.

Corollar 11.1a (Zwischenwertsatz) *Sei $f\colon [a, b] \to \mathbb{R}$ eine stetige Funktion und c eine reelle Zahl zwischen $f(a)$ und $f(b)$. Dann existiert ein $p \in [a, b]$ mit $f(p) = c$.*

Beweis Sei etwa $f(a) < c < f(b)$. Die Funktion $g\colon [a, b] \to \mathbb{R}$ sei definiert durch $g(x) := f(x) - c$. Dann ist g stetig und $g(a) < 0 < g(b)$. Nach Satz 11.1 existiert daher ein $p \in [a, b]$ mit $g(p) = 0$, woraus folgt $f(p) = c$. $\qquad\square$

Corollar 11.1b (Stetiges Bild eines Intervalls) *Sei $I \subset \mathbb{R}$ ein (eigentliches oder uneigentliches) Intervall und $f\colon I \to \mathbb{R}$ eine stetige Funktion. Dann ist auch $f(I) \subset \mathbb{R}$ ein Intervall.*

Beweis Wir setzen

$$B := \sup f(I) \in \mathbb{R} \cup \{+\infty\}, \quad A := \inf f(I) \in \mathbb{R} \cup \{-\infty\}$$

und zeigen zunächst, dass $]A, B[\subset f(I)$. Sei dazu irgend eine Zahl y mit $A < y < B$ gegeben. Nach Definition von A und B gibt es dann $a, b \in I$ mit $f(a) < y < f(b)$. Nach Corollar 11.1a existiert ein $x \in I$ mit $f(x) = y$; also ist $y \in f(I)$. Damit ist $]A, B[\subset f(I)$ bewiesen. Es folgt, dass $f(I)$ gleich einem der folgenden vier Intervalle ist: $]A, B[$, $]A, B]$, $[A, B[$ oder $[A, B]$. $\square$

Definition (beschränkte Funktion)   Eine Funktion $f: D \to \mathbb{R}$ heißt *beschränkt*, wenn die Menge $f(D)$ beschränkt ist, d. h. wenn ein $M \in \mathbb{R}_+$ existiert, so dass

$$|f(x)| \leqslant M \quad \text{für alle } x \in D \, .$$

Definition (kompaktes Intervall)   Unter einem *kompakten Intervall* versteht man ein abgeschlossenes und beschränktes Intervall $[a, b] \subset \mathbb{R}$.

Satz 11.2   *Jede in einem kompakten Intervall stetige Funktion* $f: [a, b] \to \mathbb{R}$ *ist beschränkt und nimmt ihr Maximum und Minimum an, d. h. es existiert ein Punkt* $p \in [a, b]$*, so dass*

$$f(p) = \sup\{f(x) : x \in [a, b]\}$$

und ein Punkt $q \in [a, b]$*, so dass*

$$f(q) = \inf\{f(x) : x \in [a, b]\}.$$

Bemerkung   Satz 11.2 gilt nicht in offenen, halboffenen oder uneigentlichen Intervallen. Z. B. ist die Funktion $f : \,]0, 1] \to \mathbb{R}$, $f(x) := 1/x$, in $]0, 1]$ stetig, aber nicht beschränkt. Die Funktion $g : \,]0, 1[\to \mathbb{R}$, $g(x) := x$, ist stetig und beschränkt, nimmt aber weder ihr Infimum 0 noch ihr Supremum 1 an.

Beweis   Wir geben nur den Beweis für das Maximum. Der Übergang von f zu $-f$ liefert dann die Behauptung für das Minimum. Sei

$$A := \sup\{f(x) : x \in [a, b]\} \in \mathbb{R} \cup \{\infty\}.$$

(Es gilt $A = \infty$, falls f nicht nach oben beschränkt ist.) Dann existiert eine Folge $x_n \in [a, b]$, $n \in \mathbb{N}$, so dass

$$\lim_{n \to \infty} f(x_n) = A \, .$$

Da die Folge (x_n) beschränkt ist, besitzt sie nach dem Satz von Bolzano-Weierstraß (Satz 5.6) eine konvergente Teilfolge $(x_{n_k})_{k \in \mathbb{N}}$ mit

$$\lim_{k \to \infty} x_{n_k} =: p \in [a, b].$$

Aus der Stetigkeit von f folgt

$$f(p) = \lim_{k \to \infty} f(x_{n_k}) = A,$$

insbesondere $A \in \mathbb{R}$, also ist f nach oben beschränkt und nimmt in p ihr Maximum an.   □

Der folgende Satz gibt eine Umformulierung der Definition der Stetigkeit.

Satz 11.3 (ε-δ-Definition der Stetigkeit) *Sei $D \subset \mathbb{R}$ und $f : D \to \mathbb{R}$ eine Funktion. f ist genau dann im Punkt $p \in D$ stetig, wenn gilt:*

Zu jedem $\varepsilon > 0$ existiert ein $\delta > 0$, so dass

$|f(x) - f(p)| < \varepsilon$ für alle $x \in D$ mit $|x - p| < \delta$.

Man kann dies in Worten auch so ausdrücken: f ist genau dann in p stetig, wenn gilt: Der Funktionswert $f(x)$ weicht beliebig wenig von $f(p)$ ab, falls nur x hinreichend nahe bei p liegt.

Beweis 1) Es gebe zu jedem $\varepsilon > 0$ ein $\delta > 0$, so dass

$$|f(x) - f(p)| < \varepsilon \quad \text{für alle } x \in D \text{ mit } |x - p| < \delta.$$

Es ist zu zeigen, dass für jede Folge (x_n) mit $x_n \in D$ und $\lim x_n = p$ gilt

$$\lim f(x_n) = f(p).$$

Sei $\varepsilon > 0$ vorgegeben und sei $\delta > 0$ gemäß Voraussetzung. Wegen $\lim x_n = p$ existiert ein $N \in \mathbb{N}$, so dass $|x_n - p| < \delta$ für alle $n \geq N$. Daher gilt dann $|f(x_n) - f(p)| < \varepsilon$ für alle $n \geq N$. Also folgt $\lim_{n \to \infty} f(x_n) = f(p)$.

2) Für jede Folge $x_n \in D$ mit $\lim x_n = p$ gelte $\lim_{n \to \infty} f(x_n) = f(p)$. Es ist zu zeigen: Zu jedem $\varepsilon > 0$ existiert ein $\delta > 0$, so dass

$$|f(x) - f(p)| < \varepsilon \quad \text{für alle } x \in D \text{ mit } |x - p| < \delta.$$

Angenommen, dies sei nicht der Fall. Dann gibt es ein $\varepsilon > 0$, so dass kein $\delta > 0$ existiert mit $|f(x) - f(p)| < \varepsilon$ für alle $x \in D$ mit $|x - p| < \delta$. Es existiert also zu jedem $\delta > 0$ wenigstens ein $x \in D$ mit $|x - p| < \delta$, aber $|f(x) - f(p)| \geq \varepsilon$. Insbesondere gibt es dann für jede natürliche Zahl $n \geq 1$ ein $x_n \in D$ mit

$$|x_n - p| < \tfrac{1}{n} \quad \text{und} \quad |f(x_n) - f(p)| \geq \varepsilon.$$

Folglich ist $\lim x_n = p$ und daher nach Voraussetzung $\lim f(x_n) = f(p)$. Dies steht aber im Widerspruch zu $|f(x_n) - f(p)| \geq \varepsilon$ für alle $n \geq 1$. $\qquad\qquad\qquad\qquad\qquad\qquad\qquad\qquad\square$

Corollar 11.3a   *Sei $f : D \to \mathbb{R}$ stetig im Punkt $p \in D$ und $f(p) \neq 0$. Dann ist $f(x) \neq 0$ für alle x in einer Umgebung von p, d. h. es existiert ein $\delta > 0$, so dass*

$$f(x) \neq 0 \quad \text{für alle } x \in D \text{ mit } |x - p| < \delta.$$

Beweis   Zu $\varepsilon := |f(p)| > 0$ existiert nach Satz 11.3 ein $\delta > 0$, so dass

$$|f(x) - f(p)| < \varepsilon \quad \text{für alle } x \in D \text{ mit } |x - p| < \delta.$$

Daraus folgt $|f(x)| \geq |f(p)| - |f(x) - f(p)| > 0$ für alle $x \in D$ mit $|x - p| < \delta$. $\qquad\qquad\qquad\qquad\qquad\qquad\qquad\qquad\qquad\qquad\square$

Gleichmäßige Stetigkeit

Wir kommen jetzt zu einem wichtigen Begriff, der eine Verschärfung des Begriffs der Stetigkeit darstellt.

Definition Eine Funktion $f : D \to \mathbb{R}$ heißt in D *gleichmäßig stetig*, wenn gilt:

Zu jedem $\varepsilon > 0$ existiert ein $\delta > 0$, so dass

$|f(x) - f(x')| < \varepsilon$ für alle $x, x' \in D$ mit $|x - x'| < \delta$.

Bemerkung Vergleicht man dies mit der ε-δ-Definition der Stetigkeit aus Satz 11.3, so sieht man, dass eine gleichmäßig stetige Funktion $f \colon D \to \mathbb{R}$ in jedem Punkt $p \in D$ stetig ist. Der Unterschied beider Definitionen ist, dass bei gleichmäßiger Stetigkeit das δ nur von ε, aber nicht vom Punkt p abhängen darf. Für stetige Funktionen auf *kompakten* Intervallen läuft dies aber auf dasselbe hinaus, wie der folgende Satz zeigt.

Satz 11.4 *Jede auf einem kompakten Intervall stetige Funktion* $f : [a, b] \to \mathbb{R}$ *ist dort gleichmäßig stetig.*

Beweis Angenommen, f sei nicht gleichmäßig stetig. Dann gibt es ein $\varepsilon > 0$ derart, dass zu jedem $n \geq 1$ Punkte $x_n, x'_n \in [a, b]$ existieren mit

$$|x_n - x'_n| < \frac{1}{n} \quad \text{und} \quad |f(x_n) - f(x'_n)| \geq \varepsilon.$$

Nach dem Satz von Bolzano-Weierstraß besitzt die beschränkte Folge (x_n) eine konvergente Teilfolge (x_{n_k}). Für ihren Grenzwert gilt Corollar 4.5a

$$\lim_{k \to \infty} x_{n_k} =: p \in [a, b].$$

Wegen $|x_{n_k} - x'_{n_k}| < \frac{1}{n_k}$ ist auch $\lim x'_{n_k} = p$. Da f stetig ist, folgt daraus

$$\lim_{k \to \infty} \left(f(x_{n_k}) - f(x'_{n_k}) \right) = f(p) - f(p) = 0.$$

Dies ist ein Widerspruch zu $\left| f(x_{n_k}) - f(x'_{n_k}) \right| \geq \varepsilon$ für alle k. Also ist die Annahme falsch und f gleichmäßig stetig. $\qquad\square$

(11.2) Eine stetige Funktion auf einem *nicht-kompakten* Intervall ist i. Allg. nicht gleichmäßig stetig. Betrachten wir als Beispiel die Funktion

$$f :]0, 1] \to \mathbb{R}, \quad x \mapsto \frac{1}{x}.$$

Diese Funktion ist natürlich stetig.

Wäre f auf dem halboffenen Intervall $]0, 1]$ gleichmäßig stetig, gäbe es insbesondere zu $\varepsilon = 1$ ein $\delta > 0$, so dass

$$|f(x) - f(x')| < 1 \text{ für alle } x, x' \in]0, 1] \text{ mit } |x - x'| < \delta. \quad (\star)$$

Es gibt aber ein $n \geqslant 1$ mit

$$\left| \frac{1}{n} - \frac{1}{2n} \right| < \delta \quad \text{und} \quad \left| f\left(\tfrac{1}{n}\right) - f\left(\tfrac{1}{2n}\right) \right| = n \geqslant 1,$$

was $(\star)$ widerspricht. Also ist f nicht gleichmäßig stetig.

Eine Folgerung aus der gleichmäßigen Stetigkeit ist die Approximierbarkeit stetiger Funktionen durch Treppenfunktionen und durch stückweise lineare Funktionen.

Satz 11.5 *Sei $[a, b] \to \mathbb{R}$ ein kompaktes Intervall und $f : [a, b] \to \mathbb{R}$ eine stetige Funktion.*

a) *Zu jedem $\varepsilon > 0$ existiert eine Treppenfunktion $\varphi : [a, b] \to \mathbb{R}$, so dass*

$$|f(x) - \varphi(x)| \leqslant \varepsilon \quad \text{für alle } x \in [a, b].$$

b) *Zu jedem $\varepsilon > 0$ existiert eine stückweise lineare Funktion $g \in$ PL$[a, b]$ so dass*

$$|f(x) - g(x)| \leqslant \varepsilon \quad \text{für alle } x \in [a, b].$$

Zur Definition der Treppenfunktionen und der stückweise linearen Funktionen siehe (10.9) und (10.20).

Beweis 1) Da f gleichmäßig stetig ist, gibt es zu $\varepsilon > 0$ ein $\delta > 0$, so dass

$$|f(x) - f(x')| < \varepsilon \quad \text{für alle } x, x' \in [a, b] \text{ mit } |x - x'| < \delta.$$

Wir wählen n so groß, dass $(b - a)/n < \delta$ und setzen

$$t_k := a + k \cdot \frac{b - a}{n} \quad \text{für } k = 0, \ldots, n.$$

Wir erhalten so eine (äquidistante) Unterteilung

$$a = t_0 < t_1 < \ldots < t_{n-1} < t_n = b$$

des Intervalls $[a, b]$ mit $\quad t_k - t_{k-1} < \delta \quad$ für alle $0 < k \leqslant n$.

2) Zum Beweis der Behauptung a) definieren wir die Treppen-funktion $\varphi : [a, b] \to \mathbb{R}$ durch $\varphi(a) := f(a)$ und

$$\varphi(x) := f(t_k) \quad \text{für } t_{k-1} < x \leqslant t_k, \quad (1 \leqslant k \leqslant n).$$

Behauptung. Für diese Funktion gilt $|f(x) - \varphi(x)| < \varepsilon$ für alle $x \in [a, b]$. Dies ist trivial für $x = a$. Falls $a < x \leqslant b$, gibt es ein k mit $t_{k-1} < x \leqslant t_k$. Dann ist

$$|f(x) - \varphi(x)| = |f(x) - f(t_k)| < \varepsilon, \quad \text{da } |x - t_k| < \delta.$$

Damit ist die Behauptung a) bewiesen.

3) Um b) zu beweisen, definieren wir die Funktion $g \in \text{PL}[a, b]$ als diejenige stückweise lineare Funktion, deren Graph aus dem Polygonzug durch die Punkte $(t_k, f(t_k))$, $0 \leqslant k \leqslant n$, besteht. Man rechnet nun nach, dass diese Funktion die Abschätzung b) erfüllt. Die Ausführung sei dem Leser als Übung überlassen. $\square$

Die Aproximation von f durch eine Treppenfunktion wird durch Abb. 11 B veranschaulicht.

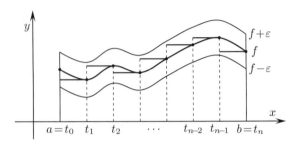

Abb. 11 B Approximation durch Treppenfunktion

Lipschitz-stetige Funktionen
Eine Verschärfung des Begriffs der gleichmäßigen Stetigkeit ist
die Lipschitz-Stetigkeit.

Definition Eine auf einer Teilmenge $D \subset \mathbb{R}$ definierte Funktion
$f : D \to \mathbb{R}$ heißt *Lipschitz-stetig* mit Lipschitz-Konstante $L \in \mathbb{R}_+$,
falls

$$|f(x) - f(x')| \leqslant L|x - x'| \quad \text{für alle } x, x' \in D.$$

Jede Lipschitz-stetige Funktion $f : D \to \mathbb{R}$ ist auch gleichmäßig
stetig. Denn sei $\varepsilon > 0$ vorgegeben. Wir setzen $\delta := \varepsilon/L$, falls $L > 0$
und $\delta := \varepsilon$, falls $L = 0$. Dann folgt $|f(x) - f(x')| < \varepsilon$ für alle
$x, x' \in D$ mit $|x - x'| < \delta$.

(11.3) Um zu zeigen, dass nicht jede gleichmäßig stetige Funktion Lipschitz-stetig ist, betrachten wir folgendes Beispiel. Die
Funktion

$$f : [0, 1] \to \mathbb{R}, \quad x \mapsto f(x) := \sqrt{x},$$

ist als stetige Funktion auf einem kompakten Intervall gleichmäßig stetig. Wäre f Lipschitz-stetig, gäbe es eine Konstante
$L \in \mathbb{R}_+$ mit

$$|f(x) - f(0)| \leqslant L|x - 0| \quad \text{für alle } x \in [0, 1].$$

Daraus würde aber folgen, dass

$$\sqrt{x} \leqslant Lx \quad \text{für alle } x \in [0, 1],$$

also $L \geqslant 1/\sqrt{x}$ für $0 < x \leqslant 1$. Dies ist aber unmöglich, da

$$\lim_{x \searrow 0} \frac{1}{\sqrt{x}} = \infty.$$

Also ist f nicht Lipschitz-stetig.

(11.4) Sei $f \in \mathrm{PL}[a, b]$ eine stückweise lineare Funktion, die bzgl. der Unterteilung

$$a = t_0 < t_1 < \cdots < t_n = b \qquad \text{(T)}$$

definiert ist; und zwar sei $f(x) = \alpha_\nu + \beta_\nu x$ für $t_{\nu-1} \leqslant x \leqslant t_\nu$. Dann ist f Lipschitz-stetig mit der Lipschitz-Konstanten

$$L := \max(|\beta_\nu| : 1 \leqslant \nu \leqslant n).$$

(11.5) In Verallgemeinerung des vorigen Beispiels sei

$$f : [a, b] \to \mathbb{R}$$

eine stetige Funktion, so dass bzgl. derselben Unterteilung (T) die Beschränkung $f \mid [t_{\nu-1}, t_\nu] \to \mathbb{R}$ auf jedes Teilintervall Lipschitz-stetig mit der Konstanten L_ν ist. Dann ist f auf $[a, b]$ Lipschitz-stetig mit der Konstanten $L := \max(L_1, \ldots, L_n)$, was die Leserin leicht nachrechnen kann.

Aufgaben

11.1 Es sei $F : [a, b] \to \mathbb{R}$ eine stetige Funktion mit $F([a, b]) \subset [a, b]$. Man zeige, dass F mindestens einen Fixpunkt hat, d. h. es gibt ein $x_0 \in [a, b]$ mit $F(x_0) = x_0$.

11.2 Man zeige, dass die Funktion

$$\text{sqrt} : \mathbb{R}_+ \to \mathbb{R}, \quad x \mapsto \sqrt{x},$$

gleichmäßig stetig, die Funktion

$$q : \mathbb{R}_+ \to \mathbb{R}, \quad x \mapsto x^2,$$

aber nicht gleichmäßig stetig ist.

11.3 Sei $f : [a, b] \to \mathbb{R}$ eine stetige Funktion. Der *Stetigkeitsmodul* $\omega_f : \mathbb{R}_+ \to \mathbb{R}$ von f ist wie folgt definiert:

$$\omega_f(\delta) := \sup\{|f(x) - f(x')| : x, x' \in [a, b], |x - x'| \leq \delta\}.$$

Man beweise:

i) ω_f ist stetig auf $\mathbb{R}_+$, insbesondere gilt $\lim_{\delta \searrow 0} \omega_f(\delta) = 0$.
ii) Für $0 < \delta \leq \delta'$ gilt $\omega_f(\delta) \leq \omega_f(\delta')$.
iii) Für alle $\delta, \delta' \in \mathbb{R}_+$ gilt $\omega_f(\delta + \delta') \leq \omega_f(\delta) + \omega_f(\delta')$.

11.4 Man beweise: Eine auf einem beschränkten offenen Intervall $]a, b[\subset \mathbb{R}$ stetige Funktion

$$f :]a, b[\longrightarrow \mathbb{R}$$

ist genau dann gleichmäßig stetig, wenn sie sich stetig auf das abgeschlossene Intervall $[a, b]$ fortsetzen lässt.

11.5 Sei zack : $\mathbb{R} \to \mathbb{R}$ die in Aufgabe 10.4 definierte Zackenfunktion. Auf dem halboffenen Intervall $]0, 1]$ definieren wir eine Funktion f durch

$$f :]0, 1] \to \mathbb{R}, \quad x \mapsto f(x) := \text{zack}(1/x).$$

Man zeige, dass f stetig und beschränkt, aber nicht gleichmäßig stetig ist.

11.6 Sei $f : \mathbb{R}_+ \to \mathbb{R}$ eine gleichmäßig stetige Funktion. Man zeige: Es gibt eine Konstante $M > 0$, so dass

$$|f(x)| \leq M(1 + x) \quad \text{für alle } x \in \mathbb{R}_+.$$

Logarithmus und allgemeine Potenz 12

In diesem Kapitel beweisen wir zunächst einen allgemeinen Satz über Umkehrfunktionen, den wir dann anwenden, um die Wurzeln und den Logarithmus zu definieren. Mithilfe des Logarithmus und der Exponentialfunktion wird dann die allgemeine Potenz a^x mit beliebiger positiver Basis a und reellem Exponenten x definiert.

Definition (Monotone Funktionen)   Sei $D \subset \mathbb{R}$ und $f : D \to \mathbb{R}$ eine Funktion.

$$f \text{ heißt} \begin{Bmatrix} \text{monoton wachsend} \\ \text{streng monoton wachsend} \\ \text{monoton fallend} \\ \text{streng monoton fallend} \end{Bmatrix}, \text{ falls } \begin{Bmatrix} f(x) \leqq f(x') \\ f(x) < f(x') \\ f(x) \geqq f(x') \\ f(x) > f(x') \end{Bmatrix}$$

für alle $x, x' \in D$ mit $x < x'$.

Satz 12.1   *Sei $D \subset \mathbb{R}$ ein Intervall und $f : D \to \mathbb{R}$ eine stetige, streng monoton wachsende (oder fallende) Funktion. Dann bildet f das Intervall D bijektiv auf das Intervall $D' := f(D)$ ab, und die Umkehrfunktion*

$$f^{-1} : D' \longrightarrow \mathbb{R}$$

ist ebenfalls stetig und streng monoton wachsend (bzw. fallend).

© Der/die Autor(en), exklusiv lizenziert an Springer Fachmedien Wiesbaden GmbH, ein Teil von Springer Nature 2023
O. Forster, F. Lindemann, *Analysis 1*, Grundkurs Mathematik,
https://doi.org/10.1007/978-3-658-40130-6_12

Bemerkung Die Umkehrfunktion ist genau genommen die Abbildung $f^{-1} : D' \to D$, definiert durch die Eigenschaft

$$f^{-1}(y) = x \quad \Longleftrightarrow \quad f(x) = y.$$

Wir können aber f^{-1} unter Beibehaltung der Bezeichnung auch als Funktion $D' \to \mathbb{R}$ auffassen.

Vorsicht! Man verwechsle die Umkehrfunktion nicht mit der Funktion $x \mapsto 1/f(x)$.

Beweis von Satz 12.1 Wir haben bereits im vorigen Kapitel als Folgerung aus dem Zwischenwertsatz bewiesen, dass $D' = f(D)$ wieder ein Intervall ist (Corollar 11.1b). Als streng monotone Funktion ist f trivialerweise injektiv, bildet also D bijektiv auf D' ab, und die Umkehrabbildung ist wieder streng monoton (wachsend bzw. fallend). Es ist also nur noch die Stetigkeit von f^{-1} zu beweisen. Wir nehmen an, dass f streng monoton wächst (für streng monoton fallende Funktionen ist der Beweis analog zu führen). Sei $b \in D'$ ein gegebener Punkt und $a := f^{-1}(b)$, d. h. $b = f(a)$. Wir zeigen, dass f^{-1} im Punkt b stetig ist. Wir behandeln zunächst den Fall, dass b weder rechter noch linker Randpunkt von D' ist, also auch a kein Randpunkt von D ist. Sei $\varepsilon > 0$ beliebig vorgegeben. Wir dürfen ohne Beschränkung der Allgemeinheit annehmen, dass ε so klein ist, dass das Intervall $[a - \varepsilon, a + \varepsilon]$ ganz in D liegt. Sei $b_1 := f(a - \varepsilon)$ und $b_2 := f(a + \varepsilon)$. Dann ist $b_1 < b < b_2$, und f bildet $[a - \varepsilon, a + \varepsilon]$ bijektiv auf das Intervall $[b_1, b_2]$ ab. Sei $\delta := \min(b - b_1, b_2 - b)$. Dann gilt

$$f^{-1}(]b - \delta, b + \delta[) \subset]a - \varepsilon, a + \varepsilon[,$$

Dies zeigt (nach dem ε-δ-Kriterium), dass f^{-1} in b stetig ist. Ist $b \in D'$ rechter (bzw. linker) Randpunkt, so ist $a = f^{-1}(b)$ rechter (bzw. linker) Randpunkt von D und der Beweis verläuft ähnlich wie oben durch Betrachtung der Abbildung des Intervalls $[a - \varepsilon, a]$ (bzw. $[a, a + \varepsilon]$). $\qquad\square$

Wurzeln

Satz 12.2 und Definition   *Sei k eine natürliche Zahl ≥ 2. Die Funktion*

$$f : \mathbb{R}_+ \longrightarrow \mathbb{R}, \quad x \mapsto x^k,$$

ist streng monoton wachsend und bildet $\mathbb{R}_+$ bijektiv auf $\mathbb{R}_+$ ab. Die Umkehrfunktion

$$f^{-1} : \mathbb{R}_+ \longrightarrow \mathbb{R}, \quad x \mapsto \sqrt[k]{x},$$

ist stetig und streng monoton wachsend und wird als k-te Wurzel bezeichnet.

Beweis   Es ist klar, dass f streng monoton wächst und das Intervall $[0, +\infty[$ stetig und bijektiv auf $[0, +\infty[$ abbildet. Somit folgt Satz 12.2 unmittelbar aus Satz 12.1.   □

Bemerkung   Falls k ungerade ist, ist die Funktion

$$f : \mathbb{R} \longrightarrow \mathbb{R}, \quad x \mapsto x^k,$$

streng monoton und bijektiv. In diesem Fall kann also die k-te Wurzel als Funktion

$$\mathbb{R} \longrightarrow \mathbb{R}, \quad x \mapsto \sqrt[k]{x},$$

auf ganz $\mathbb{R}$ definiert werden.

Natürlicher Logarithmus

Satz 12.3 und Definition   *Die Exponentialfunktion $\exp : \mathbb{R} \to \mathbb{R}$ ist streng monoton wachsend und bildet $\mathbb{R}$ bijektiv auf $\mathbb{R}_+^*$ ab. Die Umkehrfunktion*

$$\log : \mathbb{R}_+^* \longrightarrow \mathbb{R}$$

ist stetig und streng monoton wachsend und heißt natürlicher Logarithmus (Abb. 12 A). Es gilt die Funktionalgleichung

$$\log(xy) = \log x + \log y \quad \text{für alle } x, y \in \mathbb{R}_+^*.$$

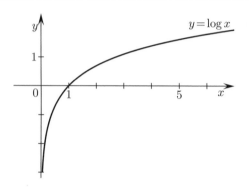

Abb. 12 A Logarithmus

Bemerkung Statt log ist auch die Bezeichnung ln gebräuchlich.

Beweis a) Wir zeigen zunächst, dass die Funktion exp streng monoton wächst. Für $\xi > 0$ gilt

$$\exp(\xi) = 1 + \xi + \frac{\xi^2}{2} + \cdots > 1.$$

Sei $x < x'$. Dann ist $\xi := x' - x > 0$, also $\exp(\xi) > 1$. Daraus folgt

$$\exp(x') = \exp(x + \xi) = \exp(x)\exp(\xi) > \exp(x),$$

d. h. exp ist streng monoton wachsend.

b) Für alle $n \in \mathbb{N}$ gilt

$$\exp(n) \geqslant 1 + n \quad \text{und}$$

$$\exp(-n) = \frac{1}{\exp(n)} \leqslant \frac{1}{1 + n}.$$

Daraus folgt

$$\lim_{n \to \infty} \exp(n) = \infty \qquad \text{und} \qquad \lim_{n \to \infty} \exp(-n) = 0.$$

Also gilt $\exp(\mathbb{R}) = \,]0, \infty[\, = \mathbb{R}_+^*$ und nach Satz 12.1 ist die Umkehrfunktion $\log: \mathbb{R}_+^* \to \mathbb{R}$ stetig und streng monoton wachsend.

c) Zum Beweis der Funktionalgleichung setzen wir

$$\xi := \log(x) \quad \text{und} \quad \eta := \log(y).$$

Dann ist nach Definition $\exp(\xi) = x$ und $\exp(\eta) = y$. Aus der Funktionalgleichung der Exponentialfunktion folgt

$$\exp(\xi + \eta) = \exp(\xi)\exp(\eta) = xy.$$

Wieder nach Definition der Umkehrfunktion ist daher

$$\log(xy) = \xi + \eta = \log(x) + \log(y). \qquad \square$$

Definition (Exponentialfunktion zur Basis a) Für $a > 0$ sei die Funktion $\exp_a : \mathbb{R} \longrightarrow \mathbb{R}$ definiert durch

$$\exp_a(x) := \exp(x \log a).$$

Satz 12.4 *Die Funktion* $\exp_a : \mathbb{R} \longrightarrow \mathbb{R}$ *ist stetig und es gilt:*

i) $\exp_a(x + y) = \exp_a(x)\exp_a(y)$ *für alle* $x, y \in \mathbb{R}$.
ii) $\exp_a(n) = a^n$ *für alle* $n \in \mathbb{Z}$.
iii) $\exp_a(\frac{p}{q}) = \sqrt[q]{a^p}$ *für alle* $p \in \mathbb{Z}$ *und* $q \in \mathbb{N}$ *mit* $q \geq 2$.

Beweis a) Die Funktion $\exp_a$ ist die Komposition der stetigen Funktionen $x \mapsto x \log a$ und $y \mapsto \exp(y)$, also nach Satz 10.3 selbst stetig.

b) Die Behauptung i) folgt unmittelbar aus der Funktionalgleichung der Exponentialfunktion. Aus i) ergibt sich, wenn man $y = -x$ setzt, insbesondere

$$\exp_a(-x) = \frac{1}{\exp_a(x)}.$$

c) Durch vollständige Induktion zeigt man

$$\exp_a(nx) = (\exp_a(x))^n \quad \text{für alle } n \in \mathbb{N} \text{ und } x \in \mathbb{R}.$$

Da $\exp_a(1) = \exp(\log a) = a$ und $\exp_a(-1) = 1/a$, folgt daraus mit $x = 1$ bzw. $x = -1$

$$\exp_a(n) = a^n \quad \text{und} \quad \exp_a(-n) = a^{-n}.$$

Damit ist ii) bewiesen. Weiter ergibt sich

$$a^p = \exp_a(p) = \exp_a\left(q \cdot \frac{p}{q}\right) = \left(\exp_a\left(\frac{p}{q}\right)\right)^q,$$

also durch Ziehen der q-ten Wurzel die Behauptung iii).   □

Bezeichnung Satz 12.4 rechtfertigt die Bezeichnung

$$a^x := \exp_a(x) = \exp(x \log a).$$

Da $\log e = 1$, ist insbesondere $e^x = \exp(x) = \exp_e(x)$.

Corollar 12.4a *Für alle $a > 0$ gilt $\lim\limits_{n\to\infty} \sqrt[n]{a} = 1$.*

Beweis Dies folgt aus der Stetigkeit der Funktion $\exp_a$:

$$\lim_{n\to\infty} \sqrt[n]{a} = \lim_{n\to\infty} \exp_a\left(\frac{1}{n}\right) = \exp_a(0) = 1.\qquad \square$$

Die für ganzzahlige Potenzen bekannten Rechenregeln gelten auch für die allgemeine Potenz.

Satz 12.5 (Rechenregeln für Potenzen) *Für alle $a, b \in \mathbb{R}_+^*$ und $x, y \in \mathbb{R}$ gilt:*

i) $a^x a^y = a^{x+y}$,
ii) $(a^x)^y = a^{xy}$,
iii) $a^x b^x = (ab)^x$,
iv) $(1/a)^x = a^{-x}$.

Beweis Die Regel i) ist nur eine andere Schreibweise von Satz 12.4 i).

Zu ii) Da $a^x = \exp(x \log a)$, ist $\log(a^x) = x \log a$, also

$$(a^x)^y = \exp(y \log(a^x)) = \exp(yx \log a) = a^{xy}.$$

Die Behauptungen iii) und iv) sind ebenso einfach zu beweisen.

$\square$

Wir zeigen jetzt, dass die Funktionalgleichung $a^{x+y} = a^x a^y$ charakteristisch für die allgemeine Potenz ist.

Satz 12.6 *Sei* $F \colon \mathbb{R} \longrightarrow \mathbb{R}$ *eine stetige Funktion mit*

$$F(x + y) = F(x)F(y) \quad \text{für alle } x, y \in \mathbb{R}.$$

Dann ist entweder $F(x) = 0$ *für alle* $x \in \mathbb{R}$ *oder es ist* $a := F(1) > 0$ *und*

$$F(x) = a^x \quad \text{für alle } x \in \mathbb{R}.$$

Beweis Da $F(1) = F(\frac{1}{2})^2$, gilt in jedem Fall $F(1) \geqslant 0$.

a) Setzen wir zunächst voraus, dass $a := F(1) > 0$. Da

$$a = F(1 + 0) = F(1)F(0) = aF(0),$$

folgt daraus $F(0) = 1$. Man beweist nun wie in Satz 12.4 allein mithilfe der Funktionalgleichung

$$F(n) = a^n \qquad \text{für alle } n \in \mathbb{Z},$$
$$F(\tfrac{p}{q}) = \sqrt[q]{a^p} \quad \text{für alle } p \in \mathbb{Z} \text{ und } q \in \mathbb{N} \text{ mit } q \geqslant 2.$$

Es gilt also $F(x) = a^x$ für alle rationalen Zahlen x. Sei nun x eine beliebige reelle Zahl. Dann gibt es eine Folge $(x_n)_{n \in \mathbb{N}}$ rationaler Zahlen mit $\lim\limits_{n \to \infty} x_n = x$. Wegen der Stetigkeit der Funktionen F und $\exp_a$ folgt daraus

$$F(x) = \lim_{n \to \infty} F(x_n) = \lim_{n \to \infty} a^{x_n} = a^x.$$

b) Es bleibt noch der Fall $F(1) = 0$ zu untersuchen. Wir haben zu zeigen, dass dann $F(x) = 0$ für alle $x \in \mathbb{R}$. Dies sieht man so:

$$F(x) = F(1 + (x - 1))$$
$$= F(1)F(x - 1) = 0 \cdot F(x - 1) = 0. \qquad \square$$

Bemerkung Die Definition $a^x := \exp(x \log a)$ mag zunächst künstlich erscheinen. Wenn man aber die Definition so treffen will, dass $a^{x+y} = a^x a^y$ für alle $x, y \in \mathbb{R}$ sowie $a^1 = a$, und dass a^x stetig von x abhängt, so sagt Satz 12.6, dass notwendig $a^x = \exp(x \log a)$ ist.

Berechnung einiger Grenzwerte

Wir beweisen jetzt einige wichtige Aussagen über das Verhalten des Logarithmus und der Potenzfunktionen für $x \to \infty$ und $x \to 0$.

(12.1) Für alle $k \in \mathbb{N}$ gilt $\lim\limits_{x \to \infty} \dfrac{e^x}{x^k} = \infty$.

Man drückt dies auch so aus: e^x wächst für $x \to \infty$ schneller gegen unendlich, als jede Potenz von x.

Beweis Für alle $x > 0$ ist

$$e^x = \sum_{n=0}^{\infty} \frac{x^n}{n!} > \frac{x^{k+1}}{(k + 1)!},$$

also $\dfrac{e^x}{x^k} > \dfrac{x}{(k + 1)!}$. Daraus folgt die Behauptung. $\qquad \square$

(12.2) Für alle $k \in \mathbb{N}$ gilt

$$\lim_{x \to \infty} x^k e^{-x} = 0 \qquad \text{und} \qquad \lim_{x \searrow 0} x^k e^{1/x} = \infty.$$

Beweis Die erste Aussage folgt aus (12.1), da $x^k e^{-x} = \left(\dfrac{e^x}{x^k} \right)^{-1}$. Die zweite Aussage folgt ebenfalls aus (12.1), denn

$$\lim_{x \searrow 0} x^k e^{1/x} = \lim_{y \to \infty} \left(\frac{1}{y} \right)^k e^y = \lim_{y \to \infty} \frac{e^y}{y^k} = \infty. \qquad \square$$

(12.3) $\displaystyle\lim_{x\to\infty} \log x = \infty$ und $\displaystyle\lim_{x\searrow 0} \log x = -\infty.$

Beweis Sei $K \in \mathbb{R}$ beliebig vorgegeben. Da die Funktion log streng monoton wächst, gilt $\log x > K$ für alle $x > e^K$. Also ist $\lim_{x\to\infty} \log x = \infty$. Daraus folgt die zweite Behauptung, da

$$\lim_{x\searrow 0} \log x = \lim_{y\to\infty} \log(1/y) = -\lim_{y\to\infty} \log y = -\infty. \qquad \square$$

(12.4) Für jede reelle Zahl $\alpha > 0$ gilt

$$\lim_{x\searrow 0} x^\alpha = 0 \qquad \text{und} \qquad \lim_{x\searrow 0} x^{-\alpha} = \infty.$$

Beweis Sei $(x_n)_{n\in\mathbb{N}}$ eine Folge reeller Zahlen mit $x_n > 0$ und $\lim_{n\to\infty} x_n = 0$. Mit (12.3) folgt

$$\lim_{n\to\infty} \alpha \log x_n = -\infty.$$

Da nach (12.2) gilt $\lim_{y\to-\infty} e^y = 0$, folgt

$$\lim_{n\to\infty} x_n^\alpha = \lim_{n\to\infty} e^{\alpha \log x_n} = 0,$$

also $\lim_{x\searrow 0} x^\alpha = 0$. Die zweite Behauptung gilt wegen $x^{-\alpha} = 1/x^\alpha$.
$$\square$$

Bemerkung Wegen (12.4) definiert man

$$0^\alpha := 0 \quad \text{für alle } \alpha > 0.$$

Man erhält dann eine auf ganz $\mathbb{R}_+ = [0, \infty[$ stetige Funktion

$$\mathbb{R}_+ \longrightarrow \mathbb{R}, \quad x \mapsto x^\alpha.$$

(12.5) Für alle $\alpha > 0$ gilt $\displaystyle\lim_{x\to\infty} \frac{\log x}{x^\alpha} = 0.$

Anders ausgedrückt: Der Logarithmus wächst für $x \to \infty$ langsamer gegen unendlich, als jede positive Potenz von x.

Beweis   Sei (x_n) eine Folge positiver Zahlen mit $\lim x_n = \infty$. Für die Folge $y_n := \alpha \log x_n$ gilt wegen (12.3) dann ebenfalls $\lim y_n = \infty$. Da $x_n^\alpha = e^{y_n}$, erhalten wir unter Verwendung von (12.2)

$$\lim_{n\to\infty} \frac{\log x_n}{x_n^\alpha} = \lim_{n\to\infty} \frac{1}{\alpha} y_n e^{-y_n} = 0. \qquad \square$$

(12.6)   Für alle $\alpha > 0$ gilt $\displaystyle\lim_{x \searrow 0} x^\alpha \log x = 0$.

Dies folgt aus (12.5), da $x^\alpha \log x = -\dfrac{\log(1/x)}{(1/x)^\alpha}$. $\qquad \square$

(12.7) $\displaystyle\lim_{\substack{x\to 0 \\ x\neq 0}} \frac{e^x - 1}{x} = 1$.

Beweis   Nach Satz 8.2 gilt

$$\left| e^x - (1+x) \right| \leqslant |x|^2 \quad \text{für } |x| \leqslant \tfrac{3}{2}.$$

Division durch $|x|$ ergibt für $0 < |x| \leqslant \tfrac{3}{2}$

$$\left| \frac{e^x - 1}{x} - 1 \right| = \left| \frac{e^x - (1+x)}{x} \right| \leqslant |x|.$$

Daraus folgt die Behauptung. $\qquad \square$

(12.8) $\displaystyle\lim_{\substack{x\to 0 \\ x\neq 0}} \frac{\log(1+x)}{x} = 1$.

Beweis   Wir machen die Substitution $t := \log(1+x)$. Dann ist $x = e^t - 1$. Da die Funktion log stetig und streng monoton wachsend ist, folgt aus $x \to 0$, dass $t \to 0$, und falls $x \neq 0$, ist auch $t \neq 0$. Daher ergibt sich unter Benutzung von (12.7)

$$\lim_{\substack{x\to 0 \\ x\neq 0}} \frac{\log(1+x)}{x} = \lim_{\substack{t\to 0 \\ t\neq 0}} \frac{t}{e^t - 1} = 1. \qquad \square$$

Die Landau-Symbole O und o

E. Landau hat zum Vergleich des Wachstums von Funktionen suggestive Bezeichnungen eingeführt, die wir jetzt vorstellen. Gegeben seien zwei Funktionen

$$f, g : \;]a, \infty[\; \longrightarrow \mathbb{R}.$$

Dann schreibt man

$$f(x) = o(g(x)) \qquad \text{für } x \to \infty,$$

(gesprochen: $f(x)$ gleich klein-oh von $g(x)$), wenn zu jedem $\varepsilon > 0$ ein $R > a$ existiert, so dass

$$|f(x)| \leq \varepsilon |g(x)| \quad \text{für alle } x \geq R.$$

Ist $g(x) \neq 0$ für $x \geq R_0$, so ist dies äquivalent zu

$$\lim_{x \to \infty} \frac{f(x)}{g(x)} = 0.$$

Die Bedingung $f(x) = o(g(x))$ sagt also anschaulich, dass f asymptotisch für $x \to \infty$ im Vergleich zu g verschwindend klein ist. Damit lässt sich z. B. nach (12.2) und (12.5) schreiben

$$e^{-x} = o(x^{-n}) \qquad \text{für } x \to \infty$$

für alle $n \in \mathbb{N}$ und

$$\log x = o(x^\alpha), \qquad (\alpha > 0, \; x \to \infty).$$

Man beachte jedoch, dass das Gleichheitszeichen in $f(x) = o(g(x))$ nicht eine Gleichheit von Funktionen bedeutet, sondern nur eine Eigenschaft der Funktion f im Vergleich zu g ausdrückt. So folgt natürlich aus $f_1(x) = o(g(x))$ und $f_2(x) = o(g(x))$ nicht, dass $f_1 = f_2$, aber z. B.

$$f_1(x) - f_2(x) = o(g(x)) \quad \text{und} \quad f_1(x) + f_2(x) = o(g(x)).$$

Das Symbol O ist für zwei Funktionen $f, g\colon]a, \infty[\to \mathbb{R}$ so definiert: Man schreibt

$$f(x) = O(g(x)) \quad \text{für } x \to \infty,$$

wenn Konstanten $K \in \mathbb{R}_+$ und $R > a$ existieren, so dass

$$|f(x)| \leqslant K|g(x)| \quad \text{für alle } x \geqslant R.$$

Falls $g(x) \neq 0$ für $x \geqslant R_0$, ist dies äquivalent mit

$$\limsup_{x \to \infty} \left| \frac{f(x)}{g(x)} \right| < \infty.$$

Anschaulich bedeutet das, dass asymptotisch für $x \to \infty$ die Funktion f höchstens von gleicher Größenordnung wie g ist. Z. B. gilt für jedes Polynom n-ten Grades

$$P(x) = a_0 + a_1 x + \ldots a_{n-1} x^{n-1} + a_n x^n,$$

dass $P(x) = O(x^n)$ für $x \to \infty$.

Die Landau-Symbole o und O sind nicht nur für den Grenzübergang $x \to \infty$, sondern auch für andere Grenzübergänge $x \to x_0$ definiert. Seien etwa $f, g\colon D \to \mathbb{R}$ zwei auf der Teilmenge $D \subset \mathbb{R}$ definierte Funktionen und x_0 ein Berührpunkt von D. Dann schreibt man

$$f(x) = o(g(x)) \qquad \text{für } x \to x_0,\ x \in D,$$

falls zu jedem $\varepsilon > 0$ ein $\delta > 0$ existiert, so dass

$$|f(x)| \leqslant \varepsilon |g(x)| \quad \text{für alle } x \in D \text{ mit } |x - x_0| < \delta.$$

Falls $g(x) \neq 0$ in D, ist dies wieder gleichbedeutend mit

$$\lim_{\substack{x \to x_0 \\ x \in D}} \frac{f(x)}{g(x)} = 0.$$

Damit schreibt sich (12.6) als

$$\log x = o\left(\frac{1}{x^\alpha}\right) \qquad (\alpha > 0, \ x \searrow 0),$$

und aus (12.2) folgt für alle $n \in \mathbb{N}$

$$e^{-1/x} = o(x^n) \qquad \text{für } x \searrow 0.$$

Manchmal ist folgende Erweiterung der Schreibweise nützlich:

$$f_1(x) = f_2(x) + o(g(x)) \qquad \text{für } x \to x_0$$

bedeute $f_1(x) - f_2(x) = o(g(x))$. Sei beispielsweise $f\colon D \to \mathbb{R}$ eine Funktion und $x_0 \in D$. Dann ist

$$f(x) = f(x_0) + o(1) \qquad \text{für } x \to x_0$$

gleichbedeutend mit $\lim_{x \to x_0}(f(x) - f(x_0)) = 0$, also mit der Stetigkeit von f in x_0. Die Aussage von Beispiel (12.8) ist äquivalent zu

$$\log(1 + x) = x + o(x) \qquad \text{für } x \to 0.$$

Analoge Schreibweisen führt man für das Symbol O ein. Z. B. gilt, vgl. (12.7),

$$e^x = 1 + x + O(x^2) \qquad \text{für } x \to 0.$$

Aufgaben

12.1 Man zeige: Die Funktion

$$\exp_a\colon \mathbb{R} \longrightarrow \mathbb{R}, \quad x \mapsto a^x,$$

ist für $a > 1$ streng monoton wachsend und für $0 < a < 1$ streng monoton fallend. In beiden Fällen wird $\mathbb{R}$ bijektiv auf $\mathbb{R}_+^*$ abgebildet. Die Umkehrfunktion

$${}^a\!\log : \mathbb{R}_+^* \longrightarrow \mathbb{R}$$

(Logarithmus zur Basis a) ist stetig und es gilt

$$^{a}\log x = \frac{\log x}{\log a} \quad \text{für alle } x \in \mathbb{R}_{+}^{*}.$$

12.2   Man zeige: Die Funktion sinh bildet $\mathbb{R}$ bijektiv auf $\mathbb{R}$ ab; die Funktion cosh bildet $\mathbb{R}_{+}$ bijektiv auf $[1, \infty[$ ab.

(Die Funktionen sinh und cosh wurden in Aufgabe 10.1 definiert.)

Für die Umkehrfunktionen

$$\text{Arsinh} : \mathbb{R} \longrightarrow \mathbb{R} \qquad \text{(Area sinus hyperbolici)},$$
$$\text{Arcosh} : [1, \infty[\longrightarrow \mathbb{R} \quad \text{(Area cosinus hyperbolici)}$$

gelten die Beziehungen

$$\text{Arsinh}\, x = \log(x + \sqrt{x^2 + 1}),$$
$$\text{Arcosh}\, x = \log(x + \sqrt{x^2 - 1}).$$

12.3   Sei $D \subset \mathbb{R}$ ein Intervall und $f : D \longrightarrow \mathbb{R}$ eine streng monotone Funktion (nicht notwendig stetig). Sei $D' := f(D)$. Man beweise: Die Umkehrfunktion $f^{-1} : D' \longrightarrow D \subset \mathbb{R}$ ist stetig.

12.4   Man beweise:

$$\lim_{x \searrow 0} x^x = 1 \quad \text{und} \quad \lim_{n \to \infty} \sqrt[n]{n} = 1.$$

12.5   Sei $a > 0$. Die Folgen (x_n) und (y_n) seien definiert durch

$$x_0 := a, \quad x_{n+1} := \sqrt{x_n},$$
$$y_n := 2^n(x_n - 1).$$

Man beweise $\displaystyle\lim_{n \to \infty} y_n = \log a$.

Hinweis. Man verwende $\displaystyle\lim_{x \to 0} \frac{e^x - 1}{x} = 1$.

12.6 Man zeige:

i) $\log(1 + x) \leqslant x$ für alle $x \geqslant 0$.
ii) $\log(1 - x) \geqslant -2x$ für $0 \leqslant x \leqslant \frac{1}{2}$.
iii) $|\log(1 + x)| \leqslant 2|x|$ für $|x| \leqslant \frac{1}{2}$.

12.7 Man zeige: Für alle $n \in \mathbb{N}$ und alle $\alpha > 0$ gilt für $x \to \infty$:

i) $x(\log x)^n = o(x^{1+\alpha})$,
ii) $x^n = o(e^{\sqrt{x}})$,
iii) $e^{\sqrt{x}} = o(e^{\alpha x})$.

12.8 Man bestimme alle stetigen Funktionen, die folgenden Funktionalgleichungen genügen:

i) $f : \mathbb{R} \longrightarrow \mathbb{R}$, $\quad f(x + y) = f(x) + f(y)$,
ii) $g : \mathbb{R}_+^* \longrightarrow \mathbb{R}$, $\quad g(xy) = g(x) + g(y)$,
iii) $h : \mathbb{R}_+^* \longrightarrow \mathbb{R}$, $\quad h(xy) = h(x)h(y)$.

12.9 Seien $f_1, f_2, g_1, g_2 :]a, \infty[\longrightarrow \mathbb{R}$ Funktionen mit

$$f_1(x) = o(g_1(x)) \quad \text{und} \quad f_2(x) = O(g_2(x)) \quad \text{für } x \to \infty.$$

Man zeige $f_1(x)f_2(x) = o(g_1(x)g_2(x))$ für $x \to \infty$.

12.10 Seien $f, g :]-\varepsilon, \varepsilon[\to \mathbb{R}, (\varepsilon > 0)$, Funktionen mit

$$\left.\begin{array}{l} f(x) = a_0 + a_1 x + a_2 x^2 + \cdots + a_n x^n + o(|x|^n) \\ g(x) = b_0 + b_1 x + b_2 x^2 + \cdots + b_n x^n + o(|x|^n) \end{array}\right\} \text{für } x \to 0.$$

Man zeige

$$f(x)g(x) = c_0 + c_1 x + c_2 x^2 + \cdots + c_n x^n + o(|x|^n) \text{ für } x \to 0,$$

wobei $c_k = \sum_{i=0}^{k} a_i b_{k-i}$.

12.11   Sei $f :]-\varepsilon, \varepsilon[\to \mathbb{R}$, $(\varepsilon > 0)$, eine Funktion mit

$$f(x) = 1 + ax + O(x^2) \quad \text{für } x \to 0.$$

Man zeige:

$$\frac{1}{f(x)} = 1 - ax + O(x^2) \quad \text{für } x \to 0.$$

Die Exponentialfunktion im Komplexen

Wir wollen im nächsten Kapitel die trigonometrischen Funktionen vermöge der Eulerschen Formel $e^{ix} = \cos x + i \sin x$ einführen. Zu diesem Zweck brauchen wir die Exponentialfunktion für komplexe Argumente. Sie ist wie im Reellen durch die Exponentialreihe definiert. Dazu müssen wir einige Sätze über die Konvergenz von Folgen und Reihen ins Komplexe übertragen, was eine gute Gelegenheit zur Wiederholung dieser Begriffe gibt.

Der Körper der komplexen Zahlen

Die Menge $\mathbb{R} \times \mathbb{R}$ aller (geordneten) Paare reeller Zahlen bildet zusammen mit der Addition und Multiplikation

$$(x_1, y_1) + (x_2, y_2) := (x_1 + x_2, y_1 + y_2),$$
$$(x_1, y_1) \cdot (x_2, y_2) := (x_1 x_2 - y_1 y_2, x_1 y_2 + y_1 x_2),$$

einen Körper. Das Nullelement ist $(0, 0)$, das Einselement $(1, 0)$. Das Inverse eines Elements $(x, y) \neq (0, 0)$ ist

$$(x, y)^{-1} = \left(\frac{x}{x^2 + y^2}, \frac{-y}{x^2 + y^2} \right).$$

Man prüft leicht alle Körper-Axiome nach. Nur die Verifikation des Assoziativ-Gesetzes der Multiplikation und des Distributiv-Gesetzes erfordert eine etwas längere (aber einfache) Rechnung.

© Der/die Autor(en), exklusiv lizenziert an Springer Fachmedien Wiesbaden GmbH, ein Teil von Springer Nature 2023
O. Forster, F. Lindemann, *Analysis 1*, Grundkurs Mathematik,
https://doi.org/10.1007/978-3-658-40130-6_13

Wir führen dies für das Assoziativ-Gesetz durch:

$$((x_1, y_1)(x_2, y_2))(x_3, y_3)$$
$$= (x_1x_2 - y_1y_2, x_1y_2 + y_1x_2)(x_3, y_3) =: (u_1, v_1)$$

mit

$$u_1 = (x_1x_2 - y_1y_2)x_3 - (x_1y_2 + y_1x_2)y_3,$$
$$v_1 = (x_1x_2 - y_1y_2)y_3 + (x_1y_2 + y_1x_2)x_3.$$

Andrerseits ist

$$(x_1, y_1)((x_2, y_2)(x_3, y_3))$$
$$= (x_1, y_1)(x_2x_3 - y_2y_3, x_2y_3 + y_2x_3) =: (u_2, v_2)$$

mit

$$u_2 = x_1(x_2x_3 - y_2y_3) - y_1(x_2y_3 + y_2x_3),$$
$$v_2 = x_1(x_2y_3 + y_2x_3) + y_1(x_2x_3 - y_2y_3).$$

Aufgrund des Distributiv-Gesetzes und des Assoziativ-Gesetzes der Multiplikation im Körper $\mathbb{R}$ (auch die Kommutativität und Assoziativität der Addition wird benutzt) sieht man, dass

$$u_1 = u_2 \quad \text{und} \quad v_1 = v_2.$$

Damit ist gezeigt, dass

$$((x_1, y_1)(x_2, y_2))(x_3, y_3) = (x_1, y_1)((x_2, y_2)(x_3, y_3)).$$

Der entstandene Körper heißt Körper der komplexen Zahlen und wird mit $\mathbb{C}$ bezeichnet. Für die speziellen komplexen Zahlen der Gestalt $(x, 0)$ gilt

$$(x_1, 0) + (x_2, 0) = (x_1 + x_2, 0),$$
$$(x_1, 0) \cdot (x_2, 0) = (x_1x_2, 0),$$

Abb. 13 A Gauß'sche
Zahlenebene

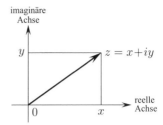

sie werden also genau so wie die entsprechenden reellen Zahlen addiert und multipliziert; wir dürfen deshalb die reelle Zahl x mit der komplexen Zahl $(x, 0)$ identifizieren. $\mathbb{R}$ wird so eine Teilmenge von $\mathbb{C}$. Eine wichtige komplexe Zahl ist die sog. *imaginäre Einheit $i := (0, 1)$*; für sie gilt

$$i^2 = (0, 1)(0, 1) = (-1, 0) = -1,$$

sie löst also die Gleichung $z^2 + 1 = 0$ in $\mathbb{C}$. Mithilfe von i erhält man die gebräuchliche Schreibweise für die komplexen Zahlen

$$z = (x, y) = (x, 0) + (0, 1)(y, 0) = x + iy, \quad x, y \in \mathbb{R}.$$

Man veranschaulicht sich die komplexen Zahlen in der *Gauß'-schen Zahlenebene* (Abb. 13 A). Die Addition zweier komplexer Zahlen wird dann die gewöhnliche Vektoraddition (Abb. 13 B). Eine geometrische Deutung der Multiplikation werden wir im nächsten Kapitel kennenlernen.

Abb. 13 B Vektoraddition

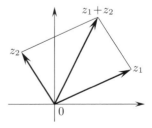

Für eine komplexe Zahl $z = x + iy$, $(x, y \in \mathbb{R})$, werden *Realteil* und *Imaginärteil* wie folgt definiert:

$$\text{Re}(z) := x, \quad \text{und} \quad \text{Im}(z) := y.$$

Zwei komplexe Zahlen z, z' sind also genau dann gleich, wenn

$$\text{Re}(z) = \text{Re}(z') \quad \text{und} \quad \text{Im}(z) = \text{Im}(z').$$

Komplexe Konjugation
Für eine komplexe Zahl $z = x + iy$, $(x, y \in \mathbb{R})$, definiert man die konjugiert komplexe Zahl durch

$$\overline{z} := x - iy.$$

In der Gauß'schen Zahlenebene entsteht $\overline{z}$ aus z durch Spiegelung an der reellen Achse. Offenbar gilt $\overline{z} = z$ genau dann, wenn z reell ist. Aus der Definition folgt

$$\text{Re}(z) = \tfrac{1}{2}(z + \overline{z}), \quad \text{Im}(z) = \tfrac{1}{2i}(z - \overline{z}).$$

Einfach nachzurechnen sind folgende Rechenregeln für die Konjugation: Für alle $z, w \in \mathbb{C}$ gilt

a) $\overline{\overline{z}} = z$,
b) $\overline{z + w} = \overline{z} + \overline{w}$,
c) $\overline{z \cdot w} = \overline{z} \cdot \overline{w}$.

Die Regeln a)–c) besagen, dass die Abbildung $z \mapsto \overline{z}$ ein *involutorischer Automorphismus* von $\mathbb{C}$ ist.

Betrag einer komplexen Zahl. Sei $z = x + iy \in \mathbb{C}$. Dann ist

$$z\overline{z} = (x + iy)(x - iy) = x^2 + y^2$$

eine nicht-negative reelle Zahl. Man setzt

$$|z| := \sqrt{z\overline{z}} \in \mathbb{R}_+.$$

$|z|$ heißt der Betrag von z. Da $|z| = \sqrt{x^2 + y^2}$, ist der Betrag von z gleich dem Abstand des Punktes z vom Nullpunkt der Gauß'schen Zahlenebene bzgl. der gewöhnlichen euklidischen Metrik.

Für $z \in \mathbb{R}$ stimmt der Betrag mit dem Betrag für reelle Zahlen überein. Für alle $z \in \mathbb{C}$ gilt $|z| = |\bar{z}|$.

Der nächste Satz bedeutet, dass $\mathbb{C}$ durch den Betrag $z \mapsto |z|$ zu einem *bewerteten Körper* wird, vgl. die Definition im Anschluss an Satz 3.1.

Satz 13.1 *Der Betrag in $\mathbb{C}$ hat folgende Eigenschaften:*

a) *Es ist $|z| \geqslant 0$ für alle $z \in \mathbb{C}$ und*

$$|z| = 0 \iff z = 0.$$

b) (Multiplikativität)

$$|z_1 z_2| = |z_1| \cdot |z_2| \quad \textit{für alle } z_1, z_2 \in \mathbb{C}.$$

c) (Dreiecks-Ungleichung)

$$|z_1 + z_2| \leqslant |z_1| + |z_2| \quad \textit{für alle } z_1, z_2 \in \mathbb{C}.$$

Bemerkung Die Dreiecks-Ungleichung drückt aus, dass in dem Dreieck mit den Ecken $0, z_1, z_1 + z_2$ (vgl. Abb. 13 B) die Länge der Seite von 0 nach $z_1 + z_2$ kleiner-gleich der Summe der Längen der beiden anderen Seiten ist.

Beweis von Satz 13.1. Die Behauptung a) ist trivial.

Zu b) Nach Definition des Betrages ist

$$|z_1 z_2|^2 = (z_1 z_2)(\overline{z_1 z_2})$$
$$= z_1 z_2 \bar{z}_1 \bar{z}_2 = (z_1 \bar{z}_1)(z_2 \bar{z}_2) = |z_1|^2 |z_2|^2.$$

Indem man die Wurzel zieht, erhält man die Behauptung.

Zu c) Da für jede komplexe Zahl gilt $\mathrm{Re}(z) \leqslant |z|$, folgt

$$\mathrm{Re}(z_1 \bar{z}_2) \leqslant |z_1 \bar{z}_2| = |z_1||\bar{z}_2| = |z_1||z_2|.$$

Nun ist

$$\begin{aligned}
|z_1 + z_2|^2 &= (z_1 + z_2)(\overline{z}_1 + \overline{z}_2) \\
&= z_1\overline{z}_1 + z_1\overline{z}_2 + z_2\overline{z}_1 + z_2\overline{z}_2 \\
&= |z_1|^2 + 2\operatorname{Re}(z_1\overline{z}_2) + |z_2|^2 \\
&\leqslant |z_1|^2 + 2|z_1||z_2| + |z_2|^2 = (|z_1| + |z_2|)^2,
\end{aligned}$$

also $|z_1 + z_2| \leqslant |z_1| + |z_2|$. $\qquad\qquad\qquad\qquad\qquad\square$

Konvergenz in $\mathbb{C}$
Wir übertragen nun die wichtigsten Begriffe und Sätze aus den Kapiteln 4, 5 und 7 über Konvergenz auf Folgen und Reihen komplexer Zahlen.

Definition   Eine Folge $(c_n)_{n\in\mathbb{N}}$ komplexer Zahlen heißt *konvergent* gegen eine komplexe Zahl c, falls gilt:

Zu jedem $\varepsilon > 0$ existiert ein $N \in \mathbb{N}$, so dass

$|c_n - c| < \varepsilon$ für alle $n \geqslant N$.

Wir schreiben dann $\lim\limits_{n\to\infty} c_n = c$.

Satz 13.2   *Sei $(c_n)_{n\in\mathbb{N}}$ eine Folge komplexer Zahlen. Die Folge konvergiert genau dann, wenn die beiden reellen Folgen $(\operatorname{Re}(c_n))_{n\in\mathbb{N}}$ und $(\operatorname{Im}(c_n))_{n\in\mathbb{N}}$ konvergieren. Im Falle der Konvergenz gilt*

$$\lim_{n\to\infty} c_n = \lim_{n\to\infty} \operatorname{Re}(c_n) + i \lim_{n\to\infty} \operatorname{Im}(c_n).$$

Beweis   Wir setzen $c_n = a_n + i b_n$, wobei $a_n, b_n \in \mathbb{R}$.
a) Die Folge $(c_n)_{n\in\mathbb{N}}$ konvergiere gegen $c = a + i b$, $a, b \in \mathbb{R}$. Dann existiert zu jedem $\varepsilon > 0$ ein $N \in \mathbb{N}$, so dass

$$|c_n - c| < \varepsilon \quad \text{für alle } n \geqslant N.$$

Daraus folgt für alle $n \geqslant N$

$$|a_n - a| = |\operatorname{Re}(c_n - c)| \leqslant |c_n - c| < \varepsilon,$$
$$|b_n - b| = |\operatorname{Im}(c_n - c)| \leqslant |c_n - c| < \varepsilon.$$

Also konvergieren die beiden Folgen (a_n) und (b_n) gegen $a = \operatorname{Re}(c)$ bzw. $b = \operatorname{Im}(c)$.

b) Sei jetzt umgekehrt vorausgesetzt, dass die beiden Folgen (a_n) und (b_n) gegen a bzw. b konvergieren. Zu vorgegebenem $\varepsilon > 0$ existieren dann $N_1, N_2 \in \mathbb{N}$, so dass

$$|a_n - a| < \tfrac{\varepsilon}{2} \text{ für } n \geqslant N_1 \quad \text{und} \quad |b_n - b| < \tfrac{\varepsilon}{2} \text{ für } n \geqslant N_2.$$

Sei $c := a + ib$ und $N := \max(N_1, N_2)$. Dann gilt für alle $n \geqslant N$

$$|c_n - c| = |(a_n - a) + i(b_n - b)|$$
$$\leqslant |a_n - a| + |b_n - b| < \tfrac{\varepsilon}{2} + \tfrac{\varepsilon}{2} = \varepsilon.$$

Also konvergiert die Folge (c_n) gegen $c = a + ib$. $\qquad\square$

Corollar 13.2a *Eine Folge $(c_n)_{n\in\mathbb{N}}$ komplexer Zahlen konvergiert genau dann, wenn die konjugiert-komplexe Folge $(\overline{c_n})_{n\in\mathbb{N}}$ konvergiert. In diesem Fall gilt*

$$\lim_{n\to\infty} \overline{c_n} = \overline{\lim_{n\to\infty} c_n}.$$

Beweis Dies folgt daraus, dass

$$\operatorname{Re}(\overline{c_n}) = \operatorname{Re}(c_n) \quad \text{und} \quad \operatorname{Im}(\overline{c_n}) = -\operatorname{Im}(c_n). \qquad\square$$

Definition Eine Folge $(c_n)_{n\in\mathbb{N}}$ komplexer Zahlen heißt *Cauchy-Folge*, wenn zu jedem $\varepsilon > 0$ ein $N \in \mathbb{N}$ existiert, so dass

$$|c_n - c_m| < \varepsilon \quad \text{für alle } n, m \geqslant N.$$

Man beachte, dass diese Definition völlig mit der entsprechenden Definition für reelle Folgen aus Kap. 5 übereinstimmt.

Ähnlich wie Satz 13.2 beweist man

Satz 13.3 *Eine Folge* $(c_n)_{n\in\mathbb{N}}$ *komplexer Zahlen ist genau dann eine Cauchy-Folge, wenn die beiden reellen Folgen* $(\mathrm{Re}(c_n))_{n\in\mathbb{N}}$ *und* $(\mathrm{Im}(c_n))_{n\in\mathbb{N}}$ *Cauchy-Folgen sind.*

Da in $\mathbb{R}$ jede Cauchy-Folge konvergiert, folgt daraus

Satz 13.4 *In* $\mathbb{C}$ *konvergiert jede Cauchy-Folge.*

Bemerkung Satz 13.4 besagt, dass $\mathbb{C}$ ein *vollständiger*, bewerteter Körper ist.

Satz 13.5 *Seien* $(c_n)_{n\in\mathbb{N}}$ *und* $(d_n)_{n\in\mathbb{N}}$ *konvergente Folgen komplexer Zahlen. Dann konvergieren auch die Summenfolge* $(c_n + d_n)_{n\in\mathbb{N}}$ *und die Produktfolge* $(c_n d_n)_{n\in\mathbb{N}}$ *und es gilt*

$$\lim_{n\to\infty}(c_n + d_n) = (\lim_{n\to\infty}c_n) + (\lim_{n\to\infty}d_n),$$
$$\lim_{n\to\infty}(c_n d_n) = (\lim_{n\to\infty}c_n)(\lim_{n\to\infty}d_n).$$

Ist außerdem $\lim d_n \neq 0$, *so gilt* $d_n \neq 0$ *für* $n \geq n_0$ *und die Folge* $(c_n/d_n)_{n\geq n_0}$ *konvergiert. Für ihren Grenzwert gilt*

$$\lim_{n\to\infty}\frac{c_n}{d_n} = \frac{\lim c_n}{\lim d_n}.$$

Der Beweis kann fast wörtlich aus Kap. 4 (Sätze 4.3 und 4.4) übernommen werden.

Definition Eine Reihe $\sum_{n=0}^{\infty} c_n$ komplexer Zahlen heißt *konvergent*, wenn die Folge der Partialsummen $s_n := \sum_{k=0}^{n} c_k$, $n \in \mathbb{N}$, konvergiert. Sie heißt *absolut konvergent*, wenn die Reihe $\sum_{n=0}^{\infty} |c_n|$ der Absolut-Beträge konvergiert.

Das Majoranten- und das Quotienten-Kriterium für komplexe Zahlen können genau so wie im reellen Fall (siehe Kap. 7) bewiesen werden.

Majoranten-Kriterium *Sei $\sum b_n$ eine konvergente Reihe nicht-negativer reeller Zahlen b_n. Weiter sei $(c_n)_{n \in \mathbb{N}}$ eine Folge komplexer Zahlen mit $|c_n| \leqslant b_n$ für alle $n \in \mathbb{N}$. Dann konvergiert die Reihe $\sum_{n=0}^{\infty} c_n$ absolut.*

Quotienten-Kriterium *Sei $\sum_{n=0}^{\infty} c_n$ eine Reihe komplexer Zahlen mit $c_n \neq 0$ für $n \geqslant n_0$. Es gebe ein $\theta \in \mathbb{R}$ mit $0 < \theta < 1$, so dass*

$$\left| \frac{c_{n+1}}{c_n} \right| \leqslant \theta \quad \text{für alle } n \geqslant n_0.$$

Dann konvergiert die Reihe $\sum_{n=0}^{\infty} c_n$ absolut.

Satz 13.6 *Für jedes $z \in \mathbb{C}$ ist die Exponentialreihe*

$$\exp(z) := \sum_{n=0}^{\infty} \frac{z^n}{n!}$$

absolut konvergent.

Beweis Sei $z \neq 0$. Mit $c_n := z^n / n!$ gilt für alle $n \geqslant 2|z|$

$$\left| \frac{c_{n+1}}{c_n} \right| = \left| \frac{z^{n+1}}{(n+1)!} \cdot \frac{n!}{z^n} \right| = \frac{|z|}{n+1} \leqslant \frac{1}{2}.$$

Die Behauptung folgt deshalb aus dem Quotienten-Kriterium. $\square$

Wie in Satz 8.2 zeigt man die

Abschätzung des Restglieds Es gilt

$$\exp(z) = \sum_{n=0}^{N} \frac{z^n}{n!} + R_{N+1}(z),$$

wobei $|R_{N+1}(z)| \leqslant 2 \dfrac{|z|^{N+1}}{(N+1)!}$ für alle z mit $|z| \leqslant 1 + \frac{1}{2} N$.

Satz 13.7 (Funktionalgleichung der Exponentialfunktion)
Für alle $z_1, z_2 \in \mathbb{C}$ gilt

$$\exp(z_1 + z_2) = \exp(z_1)\exp(z_2).$$

Beweis Dies wird wie im Reellen (Satz 8.4) bewiesen. Das ist möglich, da der dort vorangehende Satz 8.3 über das Cauchy-Produkt von Reihen richtig bleibt, wenn man $\sum a_n$ und $\sum b_n$ durch absolut konvergente Reihen komplexer Zahlen ersetzt. Der Beweis muss nicht abgeändert werden. □

Corollar 13.7a *Für alle $z \in \mathbb{C}$ gilt $\exp(z) \neq 0$.*

Beweis Es gilt $\exp(z)\exp(-z) = \exp(z-z) = \exp(0) = 1$. Wäre $\exp(z) = 0$, ergäbe sich daraus der Widerspruch $0 = 1$. □

Bemerkung Im Reellen hatten wir $\exp(x) > 0$ für alle $x \in \mathbb{R}$ bewiesen. Dies gilt natürlich im Komplexen nicht, da $\exp(z)$ im Allgemeinen nicht reell ist. Aber selbst wenn $\exp(z)$ reell ist, braucht es nicht positiv zu sein. So werden wir z. B. im nächsten Kapitel beweisen, dass $\exp(i\pi) = -1$.

Satz 13.8 *Für jedes $z \in \mathbb{C}$ gilt $\exp(\overline{z}) = \overline{\exp(z)}$.*

Beweis Sei $s_n(z) := \displaystyle\sum_{k=0}^{n} \frac{z^k}{k!}$ und $s_n^*(z) := \displaystyle\sum_{k=0}^{n} \frac{\overline{z}^k}{k!}$.

Nach den Rechenregeln für die Konjugation gilt für alle $n \in \mathbb{N}$

$$\overline{s_n(z)} = \overline{\sum_{k=0}^{n} \frac{z^k}{k!}} = \sum_{k=0}^{n} \overline{\left(\frac{z^k}{k!}\right)} = \sum_{k=0}^{n} \frac{\overline{z}^k}{k!} = s_n^*(z).$$

Aus Corollar 13.2a folgt daher

$$\exp(\overline{z}) = \lim_{n\to\infty} s_n^*(z) = \lim_{n\to\infty} \overline{s_n(z)}$$
$$= \overline{\lim_{n\to\infty} s_n(z)} = \overline{\exp(z)}. \qquad \square$$

Definition Sei D eine Teilmenge von $\mathbb{C}$. Eine Funktion $f : D \rightarrow \mathbb{C}$ heißt stetig in einem Punkt $p \in D$, falls

$$\lim_{\substack{z \to p \\ z \in D}} f(z) = f(p),$$

d. h. wenn für jede Folge $(z_n)_{n \in \mathbb{N}}$ von Punkten $z_n \in D$ mit $\lim z_n = p$ gilt $\lim_{n \to \infty} f(z_n) = f(p)$. Die Funktion f heißt stetig in D, wenn sie in jedem Punkt $p \in D$ stetig ist.

Satz 13.9 *Die Exponentialfunktion*

$$\exp : \mathbb{C} \longrightarrow \mathbb{C}, \quad z \mapsto \exp(z),$$

ist in ganz $\mathbb{C}$ stetig.

Beweis Die Abschätzung des Restglieds der Exponentialreihe liefert für $N = 0$:

$$|\exp(z) - 1| \leqslant 2|z| \quad \text{für } |z| \leqslant 1.$$

Sei nun $p \in \mathbb{C}$ und (z_n) eine Folge komplexer Zahlen mit $\lim z_n = p$, also $\lim (z_n - p) = 0$. Aus der obigen Abschätzung folgt daher

$$\lim_{n \to \infty} \exp(z_n - p) = 1.$$

Mithilfe der Funktionalgleichung erhalten wir daraus

$$\lim_{n \to \infty} \exp(z_n) = \lim_{n \to \infty} \exp(p) \exp(z_n - p) = \exp(p). \qquad \square$$

Aufgaben

13.1 Sei c eine komplexe Zahl ungleich 0. Man beweise: Die Gleichung $z^2 = c$ besitzt genau zwei Lösungen. Für eine der beiden Lösungen gilt

$$\mathrm{Re}(z) = \sqrt{\frac{|c| + \mathrm{Re}(c)}{2}}, \quad \mathrm{Im}(z) = \sigma \sqrt{\frac{|c| - \mathrm{Re}(c)}{2}},$$

wobei

$$\sigma := \begin{cases} +1, & \text{falls } \text{Im}(c) \geq 0, \\ -1, & \text{falls } \text{Im}(c) < 0. \end{cases}$$

Die andere Lösung ist das Negative davon.

13.2 Sei $a \in \mathbb{R}$. Man zeige: Die Gleichung

$$z^2 + 2az + 1 = 0$$

hat genau dann keine reellen Lösungen, wenn $|a| < 1$. In diesem Fall hat die Gleichung zwei konjugiert komplexe Lösungen, die auf dem Einheitskreis $\{z \in \mathbb{C} : |z| = 1\}$ liegen.

13.3 Man bestimme alle komplexen Lösungen der Gleichungen

$$z^3 = 1 \quad \text{und} \quad w^6 = 1.$$

13.4 (Die elementare analytische Geometrie der Ebene sei vorausgesetzt.) Man zeige: Für jedes $c \in \mathbb{C} \smallsetminus \{0\}$ und jedes $\alpha \in \mathbb{R}$ ist

$$\{z \in \mathbb{C} : \text{Re}(cz) = \alpha\}$$

eine Gerade in $\mathbb{C}$. Umgekehrt lässt sich jede Gerade in der komplexen Ebene $\mathbb{C}$ so darstellen.

13.5 Sei $z_1 := -1 - i$ und $z_2 := 3 + 2i$. Man bestimme eine Zahl $z_3 \in \mathbb{C}$, so dass z_1, z_2, z_3 die Ecken eines gleichseitigen Dreiecks bilden.

13.6 Man zeige:

a) Für jede Zahl $\zeta \in \mathbb{C} \smallsetminus \{0\}$ gilt $|\overline{\zeta}/\zeta| = 1$.
b) Zu jeder Zahl $z \in \mathbb{C}$ mit $|z| = 1$ gibt es ein $\zeta \in \mathbb{C} \smallsetminus \{0\}$ mit $z = \overline{\zeta}/\zeta$.

13.7 Man untersuche die folgenden Reihen auf Konvergenz:

$$\sum_{n=1}^{\infty} \frac{i^n}{n}, \quad \sum_{n=0}^{\infty} \Big(\frac{1-i}{1+i}\Big)^n, \quad \sum_{n=1}^{\infty} n^2 \Big(\frac{1-i}{2+i}\Big)^n.$$

13.8 Es sei $k \geq 1$ eine natürliche Zahl und für $n \in \mathbb{N}$ seien

$$A_n \in \mathrm{M}(k \times k, \mathbb{C}), \quad A_n = \big(a_{ij}^{(n)}\big),$$

komplexe $k \times k$–Matrizen. Man sagt, die Folge $(A_n)_{n \in \mathbb{N}}$ konvergiere gegen die Matrix $A = (a_{ij}) \in \mathrm{M}(k \times k, \mathbb{C})$, falls für jedes Paar $(i, j) \in \{1, \dots, k\}^2$ gilt

$$\lim_{n \to \infty} a_{ij}^{(n)} = a_{ij}.$$

Man beweise:

i) Für jede Matrix $A \in \mathrm{M}(k \times k, \mathbb{C})$ konvergiert die Reihe

$$\exp(A) := \sum_{n=0}^{\infty} \frac{1}{n!} A^n.$$

ii) Seien $A, B \in \mathrm{M}(k \times k, \mathbb{C})$ Matrizen mit $AB = BA$. Dann gilt

$$\exp(A + B) = \exp(A) \exp(B).$$

Trigonometrische Funktionen

14

Wie bereits angekündigt, führen wir nun die trigonometrischen Funktionen mithilfe der Eulerschen Formel $e^{ix} = \cos x + i \sin x$ ein. Ihre wichtigsten Eigenschaften, wie Reihenentwicklung, Additionstheoreme und Periodizität ergeben sich daraus in einfacher Weise. Außerdem behandeln wir in diesem Kapitel die Arcus-Funktionen, die Umkehrfunktionen der trigonometrischen Funktionen.

Definition (Cosinus, Sinus) Für $x \in \mathbb{R}$ sei

$$\cos x := \operatorname{Re}(e^{ix}),$$
$$\sin x := \operatorname{Im}(e^{ix}).$$

Es gilt also die *Eulersche Formel*

$$e^{ix} = \cos x + i \sin x.$$

Geometrische Deutung von Cosinus und Sinus in der Gaußschen Zahlenebene. Für alle $x \in \mathbb{R}$ ist $|e^{ix}| = 1$, denn nach Satz 13.8 gilt

$$\left| e^{ix} \right|^2 = e^{ix} \overline{e^{ix}} = e^{ix} e^{-ix} = e^0 = 1.$$

e^{ix} ist also ein Punkt des Einheitskreises der Gaußschen Ebene und $\cos x$ bzw. $\sin x$ sind die Projektionen dieses Punktes auf die reelle bzw. imaginäre Achse (Abb. 14 A).

© Der/die Autor(en), exklusiv lizenziert an Springer Fachmedien Wiesbaden GmbH, ein Teil von Springer Nature 2023
O. Forster, F. Lindemann, *Analysis 1*, Grundkurs Mathematik,
https://doi.org/10.1007/978-3-658-40130-6_14

Abb. 14 A Definition
von Sinus und Cosinus

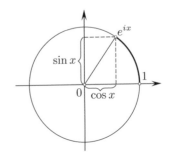

Nach Aufgabe 14.1 kann man x als orientierte Länge des Bogens von 1 nach e^{ix} mit Parameterdarstellung $t \mapsto e^{it}$, $0 \leq t \leq x$, (bzw. $0 \geq t \geq x$, falls x negativ ist) deuten, d. h. x ist der Winkel im *Bogenmaß* zwischen den Vektoren $\overrightarrow{0, 1}$ und $\overrightarrow{0, e^{ix}}$.

Satz 14.1 *Für alle $x \in \mathbb{R}$ gilt:*

a) $\cos x = \frac{1}{2}\left(e^{ix} + e^{-ix}\right)$, $\quad \sin x = \frac{1}{2i}\left(e^{ix} - e^{-ix}\right)$.
b) $\cos(-x) = \cos x$, $\quad \sin(-x) = -\sin x$.
c) $\cos^2 x + \sin^2 x = 1$.

Die Behauptungen ergeben sich unmittelbar aus der Definition.

Satz 14.2 *Die Funktionen* $\cos \colon \mathbb{R} \to \mathbb{R}$ *und* $\sin \colon \mathbb{R} \to \mathbb{R}$ *sind auf ganz $\mathbb{R}$ stetig.*

Beweis Sei $a \in \mathbb{R}$ und (x_n) eine Folge reeller Zahlen mit $\lim x_n = a$. Daraus folgt $\lim(i x_n) = ia$, also wegen der Stetigkeit der Exponentialfunktion

$$\lim e^{i x_n} = e^{i a}.$$

Nach Satz 13.2 gilt nun

$$\lim \cos x_n = \lim \operatorname{Re}\left(e^{i x_n}\right) = \operatorname{Re}\left(e^{i a}\right) = \cos a,$$
$$\lim \sin x_n = \lim \operatorname{Im}\left(e^{i x_n}\right) = \operatorname{Im}\left(e^{i a}\right) = \sin a.$$

Also sind cos und sin in a stetig. $\square$

Satz 14.3 (Additionstheoreme)   *Für alle* $x, y \in \mathbb{R}$ *gilt*

$$\cos(x + y) = \cos x \cos y - \sin x \sin y \,,$$
$$\sin(x + y) = \sin x \cos y + \cos x \sin y \,.$$

Insbesondere gelten für alle $x \in \mathbb{R}$ *die Verdoppelungsformeln*

$$\cos(2x) = \cos^2 x - \sin^2 x = 2\cos^2 x - 1 \,,$$
$$\sin(2x) = 2\sin x \, \cos x.$$

Beweis   Aus der Funktionalgleichung der Exponentialfunktion

$$e^{i(x+y)} = e^{ix+iy} = e^{ix} e^{iy}$$

ergibt sich mit der Eulerschen Formel

$$\cos(x + y) + i \sin(x + y)$$
$$= (\cos x + i \sin x)(\cos y + i \sin y)$$
$$= (\cos x \cos y - \sin x \sin y) + i (\sin x \cos y + \cos x \sin y).$$

Vergleicht man Real- und Imaginärteil, erhält man die Additionstheoreme für cos und sin. Die Verdoppelungsformeln folgen daraus unmittelbar. $\qquad\square$

Corollar 14.3a   *Für alle* $x, y \in \mathbb{R}$ *gilt*

$$\cos x - \cos y = -2 \sin \frac{x + y}{2} \sin \frac{x - y}{2} \,,$$
$$\sin x - \sin y = 2 \cos \frac{x + y}{2} \sin \frac{x - y}{2} \,.$$

Beweis   Setzen wir $u := \frac{x+y}{2}$, $v := \frac{x-y}{2}$, so ist $x = u + v$ und $y = u - v$. Aus Satz 14.3 folgt

$$\cos x - \cos y = \cos(u + v) - \cos(u - v)$$
$$= (\cos u \cos v - \sin u \sin v) - (\cos u \cos(-v) - \sin u \sin(-v))$$
$$= -2 \sin u \sin v = -2 \sin \frac{x + y}{2} \sin \frac{x - y}{2}.$$

Die zweite Gleichung ist analog zu beweisen. $\qquad\square$

Satz 14.4 (Reihen-Entwicklung von Cosinus und Sinus) *Für alle $x \in \mathbb{R}$ gilt*

$$\cos x = \sum_{k=0}^{\infty} (-1)^k \frac{x^{2k}}{(2k)!} = 1 - \frac{x^2}{2!} + \frac{x^4}{4!} \mp \ldots,$$

$$\sin x = \sum_{k=0}^{\infty} (-1)^k \frac{x^{2k+1}}{(2k+1)!} = x - \frac{x^3}{3!} + \frac{x^5}{5!} \mp \ldots.$$

Diese Reihen konvergieren absolut für alle $x \in \mathbb{R}$.

Beweis Die absolute Konvergenz folgt unmittelbar aus der absoluten Konvergenz der Exponentialreihe.

Für die Potenzen von i gilt

$$i^n = \begin{cases} 1\,, & \text{falls } n = 4m\,, \\ i\,, & \text{falls } n = 4m + 1\,, \\ -1\,, & \text{falls } n = 4m + 2\,, \\ -i\,, & \text{falls } n = 4m + 3 \end{cases} \qquad (m \in \mathbb{N}).$$

Damit erhält man aus der Exponentialreihe

$$\begin{aligned} e^{ix} &= \sum_{n=0}^{\infty} \frac{(ix)^n}{n!} = \sum_{n=0}^{\infty} i^n \frac{x^n}{n!} \\ &= \sum_{k=0}^{\infty} (-1)^k \frac{x^{2k}}{(2k)!} + i \sum_{k=0}^{\infty} (-1)^k \frac{x^{2k+1}}{(2k+1)!}\,. \end{aligned}$$

Da $\cos x = \mathrm{Re}\big(e^{ix}\big)$ und $\sin x = \mathrm{Im}\big(e^{ix}\big)$, folgt die Behauptung.
$\square$

Satz 14.5 (Abschätzung der Restglieder) *Sei $x \in \mathbb{R}$ und $n \in \mathbb{N}$. Dann gilt*

$$\cos x = \sum_{k=0}^{n} (-1)^k \frac{x^{2k}}{(2k)!} + r_{2n+2}(x)\,,$$

$$\sin x = \sum_{k=0}^{n} (-1)^k \frac{x^{2k+1}}{(2k+1)!} + r_{2n+3}(x)\,,$$

wobei

$$|r_{2n+2}(x)| \leqslant \frac{|x|^{2n+2}}{(2n+2)!} \quad \textit{für } |x| \leqslant 2n+3\,,$$

$$|r_{2n+3}(x)| \leqslant \frac{|x|^{2n+3}}{(2n+3)!} \quad \textit{für } |x| \leqslant 2n+4\,.$$

Bemerkungen

a) Die Restgliedabschätzungen sind sogar für alle $x \in \mathbb{R}$ gültig, wie später aus der Taylor-Formel folgt, siehe Beispiel (22.4).

b) Die Restgliedabschätzung bedeutet, dass bei Abbruch der Reihe der Fehler dem Betrage nach höchstens so groß ist, wie der erste nicht berücksichtigte Term.

Beweis Es ist

$$r_{2n+2}(x) = \pm \frac{x^{2n+2}}{(2n+2)!}\left(1 - \frac{x^2}{(2n+3)(2n+4)} \pm \dots\right).$$

Für $k \geqslant 1$ setzen wir

$$a_k := \frac{x^{2k}}{(2n+3)(2n+4)\cdot\ldots\cdot(2n+2(k+1))}\,.$$

Damit ist

$$r_{2n+2}(x) = \pm \frac{x^{2n+2}}{(2n+2)!}(1 - a_1 + a_2 - a_3 \pm \dots)\,.$$

Da

$$a_k = a_{k-1}\frac{x^2}{(2n+2k+1)(2n+2k+2)}\,,$$

gilt für $|x| \leqslant 2n+3$

$$1 > a_1 > a_2 > a_3 > \dots\,.$$

Wie beim Beweis des Leibniz'schen Konvergenzkriteriums (Satz 7.4) folgt daraus

$$0 \leqslant 1 - a_1 + a_2 - a_3 \pm \ldots \leqslant 1 \, .$$

Deswegen ist $|r_{2n+2}(x)| \leqslant \frac{|x|^{2n+2}}{(2n+2)!}$.

Die Abschätzung des Restglieds von $\sin x$ ist geht analog. □

Corollar 14.5a $\displaystyle\lim_{\substack{x \to 0 \\ x \neq 0}} \frac{\sin x}{x} = 1.$

Beweis Wir verwenden das Restglied 3. Ordnung:

$$\sin x = x + r_3(x) \, , \quad \text{wobei } |r_3(x)| \leqslant \frac{|x|^3}{3!} \text{ für } |x| \leqslant 4 \, ,$$

d. h.

$$|\sin x - x| \leqslant \frac{|x|^3}{6} \quad \text{für } |x| \leqslant 4 \, .$$

Division durch x ergibt

$$\left| \frac{\sin x}{x} - 1 \right| \leqslant \frac{|x|^2}{6} \quad \text{für } 0 < |x| \leqslant 4 \, .$$

Daraus folgt die Behauptung.   □

Die Zahl π

Die Zahl π wird gewöhnlich geometrisch definiert als Umfang eines Kreises vom Durchmesser 1. Eine andere, äquivalente geometrische Definition von π ist die als Fläche der Kreisscheibe mit Radius 1. Wir geben hier eine analytische Definition mithilfe der Nullstellen des Cosinus und zeigen später, dass diese Definition zu den geometrischen Definitionen äquivalent ist.

Satz 14.6 *Die Funktion* cos *hat im Intervall* $[0, 2]$ *genau eine Nullstelle.*

Zum Beweis benötigen wir drei Hilfssätze.

Hilfssatz 14.6a $\cos 2 \leqslant -\frac{1}{3}$.

Beweis Es ist

$$\cos x = 1 - \frac{x^2}{2} + r_4(x) \quad \text{mit} \quad |r_4(x)| \leqslant \frac{|x|^4}{24} \text{ für } |x| \leqslant 5.$$

Speziell für $x = 2$ ergibt sich

$$\cos 2 = 1 - 2 + r_4(2) \quad \text{mit} \quad |r_4(2)| \leqslant \tfrac{16}{24} = \tfrac{2}{3},$$

also

$$\cos 2 \leqslant 1 - 2 + \tfrac{2}{3} = -\tfrac{1}{3}. \qquad \square$$

Hilfssatz 14.6b $\sin x > 0$ *für alle* $x \in \,]0, 2]$.

Beweis Für $x \neq 0$ können wir schreiben

$$\sin x = x + r_3(x) = x\left(1 + \frac{r_3(x)}{x}\right).$$

Nach Satz 14.5 ist

$$\left|\frac{r_3(x)}{x}\right| \leqslant \frac{|x|^2}{6} \leqslant \frac{4}{6} = \frac{2}{3} \quad \text{für alle } x \in \,]0, 2]\,,$$

also

$$\sin x \geqslant x\left(1 - \frac{2}{3}\right) = \frac{x}{3} > 0 \quad \text{für alle } x \in \,]0, 2]. \qquad \square$$

Hilfssatz 14.6c *Die Funktion* cos *ist im Intervall* $[0, 2]$ *streng monoton fallend.*

Abb. 14 B Zur Definition von π

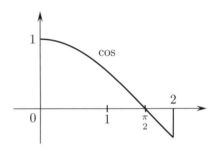

Beweis Sei $0 \leqslant x < x' \leqslant 2$. Dann folgt aus Hilfssatz 14.6b und dem Corollar 14.3a

$$\cos x' - \cos x = -2 \sin \frac{x' + x}{2} \sin \frac{x' - x}{2} < 0 \, . \qquad \square$$

Beweis von Satz 14.6 Da $\cos 0 = 1$ und $\cos 2 \leqslant -\frac{1}{3}$, besitzt die Funktion cos nach dem Zwischenwertsatz im Intervall $[0, 2]$ mindestens eine Nullstelle. Nach Hilfssatz 14.6c gibt es nicht mehr als eine Nullstelle. $\qquad \square$

Wir können nun die Zahl π definieren.

Definition $\dfrac{\pi}{2}$ ist die (eindeutig bestimmte) Nullstelle der Funktion cos im Intervall $[0, 2]$.

Abschätzung von π Für eine erste grobe Abschätzung des Wertes von π verwenden wir die Näherung der Cosinusreihe bis zu Gliedern 8-ter Ordnung:

$$\cos 8(x) = 1 - \frac{x^2}{2} + \frac{x^4}{24} - \frac{x^6}{720} + \frac{x^8}{40\,320} \, .$$

Nach Satz 14.5 ist der Unterschied zum exakten Wert des Cosinus

$$|\cos(x) - \cos 8(x)| \leqslant \frac{2^{10}}{10!} < 0.0003 \quad \text{für} \quad |x| \leqslant 2 \, .$$

Rechnung auf 5 Dezimalstellen ergibt

$$\cos 8(1.57) = 0.00079\ldots, \quad \cos 8(1.575) = -0.00417\ldots,$$

also folgt $\cos(1.57) > 0$ und $\cos(1.575) < 0$. Daher liegt π zwischen 3.14 und 3.15. Wir haben somit die ersten zwei Nachkommastellen von π gesichert. Ein genauerer Wert von π ist

$$\pi = 3.14159\,26535\,89793\,23846\ldots.$$

Wir kommen darauf in Beispiel (17.3) zurück.

Satz 14.7 (Spezielle Werte der Exponentialfunktion)

$$e^{i\frac{\pi}{2}} = i\,, \quad e^{i\pi} = -1\,, \quad e^{i\frac{3\pi}{2}} = -i\,, \quad e^{2\pi i} = 1\,.$$

Beweis Da $\cos \frac{\pi}{2} = 0$, ist

$$\sin^2(\tfrac{\pi}{2}) = 1 - \cos^2(\tfrac{\pi}{2}) = 1\,.$$

Nach Hilfssatz 14.6b ist daher $\sin \frac{\pi}{2} = +1$, also

$$e^{i\frac{\pi}{2}} = \cos \tfrac{\pi}{2} + i \sin \tfrac{\pi}{2} = i\,.$$

Die restlichen Behauptungen folgen wegen $e^{i\frac{n\pi}{2}} = i^n$.   □

Aus Satz 14.7 ergibt sich folgende Wertetabelle für sin und cos.

x	0	$\frac{\pi}{2}$	π	$\frac{3\pi}{2}$	2π
$\sin x$	0	1	0	-1	0
$\cos x$	1	0	-1	0	1

Corollar 14.7a *Für alle $x \in \mathbb{R}$ gilt*

i) $\cos(x + 2\pi) = \cos x, \quad \sin(x + 2\pi) = \sin x,$

ii) $\cos(x + \pi) = -\cos x, \quad \sin(x + \pi) = -\sin x,$

iii) $\cos x = \sin\left(\dfrac{\pi}{2} - x\right), \quad \sin x = \cos\left(\dfrac{\pi}{2} - x\right).$

Beweis Dies folgt unmittelbar aus den Additionstheoremen und
der obigen Wertetabelle.   □

Bemerkungen
a) Teil i) des Corollars bedeutet, dass die Funktionen Cosinus und
   Sinus *periodisch* mit der Periode 2π sind. Tatsächlich ist 2π
   die kleinste Periode dieser Funktionen. Wäre etwa L mit $0 <
   L < 2\pi$ eine kleinere Periode der Funktion cos, d. h. $\cos(x +
   L) = \cos(x)$ für alle $x \in \mathbb{R}$, so wäre insbesondere

$$\cos(L) = \cos(0) = 1.$$

   Es gilt aber

$$-1 \leq \cos(x) < 1 \quad \text{für alle } x \in \mathbb{R} \text{ mit } 0 < x < 2\pi,$$

   wie aus Hilfssatz 14.6c und dem Corollar folgt.
b) Aus dem Corollar folgt auch, dass man die Funktionen cos und
   sin nur im Intervall $[0, \frac{\pi}{4}]$ zu kennen braucht, um den Gesamt-
   verlauf der Funktionen cos und sin zu kennen.

Die Graphen von cos und sin sind in Abb. 14 C dargestellt.

Corollar 14.7b (Nullstellen von Sinus und Cosinus)

i) $\{x \in \mathbb{R} : \sin x = 0\} = \mathbb{Z}\pi := \{k\pi : k \in \mathbb{Z}\}$,
ii) $\{x \in \mathbb{R} : \cos x = 0\} = \frac{\pi}{2} + \mathbb{Z}\pi := \{\frac{\pi}{2} + k\pi : k \in \mathbb{Z}\}$.

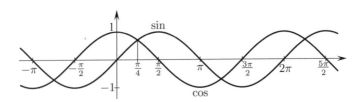

Abb. 14 C Graphen von Sinus und Cosinus

Beweis i) Nach Definition von $\frac{\pi}{2}$ und wegen $\cos(-x) = \cos x$ gilt $\cos x > 0$ für $-\frac{\pi}{2} < x < \frac{\pi}{2}$. Da $\sin x = \cos\left(\frac{\pi}{2} - x\right)$, folgt daraus

$$\sin x > 0 \quad \text{für } 0 < x < \pi\,.$$

Wegen $\sin(x + \pi) = -\sin x$ gilt

$$\sin x < 0 \quad \text{für } \pi < x < 2\pi\,.$$

Daraus folgt, dass 0 und π die einzigen Nullstellen von $\sin$ im Intervall $[0, 2\pi[$ sind. Sei nun x eine beliebige reelle Zahl mit $\sin x = 0$ und $m := \lfloor x/2\pi \rfloor$. Dann gilt

$$x = 2m\pi + \xi \quad \text{mit} \quad 0 \leqslant \xi < 2\pi$$

und $\sin \xi = \sin(x - 2m\pi) = \sin x = 0$. Also ist $\xi = 0$ oder π, d. h. $x = 2m\pi$ oder $x = (2m + 1)\pi$.

Umgekehrt gilt natürlich $\sin k\pi = 0$ für alle $k \in \mathbb{Z}$.

ii) Dies folgt aus i) wegen $\cos x = \sin\left(\frac{\pi}{2} + x\right)$. $\qquad\Box$

Corollar 14.7c *Für $x \in \mathbb{R}$ gilt $e^{ix} = 1$ genau dann, wenn x ein ganzzahliges Vielfaches von 2π ist.*

Beweis Wegen

$$\sin \frac{x}{2} = \frac{1}{2i}\left(e^{ix/2} - e^{-ix/2}\right) = \frac{e^{-ix/2}}{2i}\left(e^{ix} - 1\right)$$

gilt $e^{ix} = 1$ genau dann, wenn $\sin \frac{x}{2} = 0$. Die Behauptung folgt deshalb aus Corollar 14.7b i). $\qquad\Box$

Satz 14.8 (Weitere spezielle Werte von Sinus und Cosinus)

a) $\sin(\pi/4) = \cos(\pi/4) = \frac{1}{2}\sqrt{2}$.
b) $\sin(\pi/6) = \cos(\pi/3) = \frac{1}{2}$.
c) $\sin(\pi/3) = \cos(\pi/6) = \frac{1}{2}\sqrt{3}$.

Beweis   a) Nach Corollar 14.7 a iii) ist

$$\sin(\pi/4) = \cos(\pi/4) > 0.$$

Da $\sin(\pi/4)^2 + \cos(\pi/4)^2 = 1$, folgt

$$\sin(\pi/4)^2 = \tfrac{1}{2} \quad\Longrightarrow\quad \sin(\pi/4) = \tfrac{1}{2}\sqrt{2}.$$

Zu b) und c)   Wir setzen

$$z := e^{i\pi/3} = \cos(\pi/3) + i\sin(\pi/3).$$

Dann ist $z^3 = e^{i\pi} = -1$, also

$$0 = z^3 + 1 = (z+1)(z^2 - z + 1).$$

Da $z \neq -1$, folgt

$$z^2 - z + 1 = 0 \quad\Longrightarrow\quad z = \frac{1 \pm \sqrt{-3}}{2} = \frac{1}{2} \pm i\frac{\sqrt{3}}{2}.$$

Wegen $\sin(\pi/3) > 0$ kommt nur das Pluszeichen infrage, also ist

$$\cos(\pi/3) = \tfrac{1}{2} \quad\text{und}\quad \sin(\pi/3) = \tfrac{1}{2}\sqrt{3}$$

Nach Corollar 14.7 a iii) gilt

$$\sin(\pi/6) = \cos(\pi/3) \quad\text{und}\quad \cos(\pi/6) = \sin(\pi/3),$$

woraus die restlichen behaupteten Formeln folgen. $\square$

Definition (Tangens, Cotangens)
a) Die Tangens-Funktion ist für $x \in \mathbb{R} \smallsetminus \{\frac{\pi}{2} + k\pi : k \in \mathbb{Z}\}$ definiert durch

$$\tan x := \frac{\sin x}{\cos x}.$$

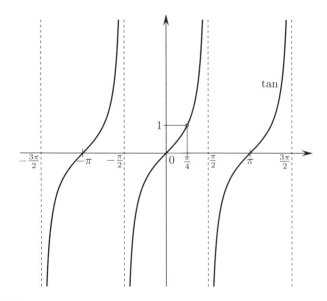

Abb. 14 D   Die Funktion Tangens

b) Die Cotangens-Funktion ist für $x \in \mathbb{R} \smallsetminus \{k\pi : k \in \mathbb{Z}\}$ definiert durch

$$\cot x := \frac{\cos x}{\sin x}.$$

Aus Corollar 14.7a iii) folgt

$$\cot x = \tan(\tfrac{\pi}{2} - x).$$

Der Graph des Tangens ist in Abb. 14 D dargestellt.

(14.1)   *Bemerkungen*
   a) Wegen $\sin(x + \pi) = -\sin(x)$ und $\cos(x + \pi) = -\cos(x)$ folgt

$$\tan(x + \pi) = \tan(x) \quad \text{für alle } x \in \mathbb{R} \smallsetminus (\tfrac{\pi}{2} + \mathbb{Z}\pi)$$

Der Tangens hat also die Periode π.

b) Aus $\sin(\pi/4) = \cos(\pi/4)$ folgt

$$\tan(\pi/4) = 1.$$

c) Aus den Additionstheoremen für Sinus und Cosinus folgt für $x + y \notin \frac{\pi}{2} + \mathbb{Z}\pi$, dass

$$\tan(x + y) = \frac{\sin x \cos y + \cos x \sin y}{\cos x \cos y - \sin x \sin y}.$$

Falls $\cos x \cos y \neq 0$, kann man Zähler und Nenner durch dieses Produkt kürzen und man erhält das *Additionstheorem des Tangens*

$$\tan(x + y) = \frac{\tan x + \tan y}{1 - \tan x \tan y}$$

für alle $x, y \in \mathbb{R}$ mit $x, y, x + y \notin \frac{\pi}{2} + \mathbb{Z}\pi$.

Umkehrfunktionen der trigonometrischen Funktionen

Satz 14.9 und Definition
a) *Die Funktion* cos *ist im Intervall* $[0, \pi]$ *streng monoton fallend und bildet dieses Intervall bijektiv auf* $[-1, 1]$ *ab. Die Umkehrfunktion*

$$\arccos : [-1, 1] \to \mathbb{R}$$

heißt Arcus-Cosinus.
b) *Die Funktion* sin *ist im Intervall* $\left[-\frac{\pi}{2}, \frac{\pi}{2}\right]$ *streng monoton wachsend und bildet dieses Intervall bijektiv auf* $[-1, 1]$ *ab. Die Umkehrfunktion*

$$\arcsin : [-1, 1] \to \mathbb{R}$$

heißt Arcus-Sinus.
c) *Die Funktion* tan *ist im Intervall* $\left]-\frac{\pi}{2}, \frac{\pi}{2}\right[$ *streng monoton wachsend und bildet dieses Intervall bijektiv auf* $\mathbb{R}$ *ab. Die Umkehrfunktion*

$$\arctan : \mathbb{R} \to \mathbb{R}$$

heißt Arcus-Tangens.

Beweis a) Nach Hilfssatz 14.6c ist cos in $[0, 2]$, insbesondere in $\left[0, \frac{\pi}{2}\right]$ streng monoton fallend. Da $\cos x = -\cos(\pi - x)$, ist cos auch in $\left[\frac{\pi}{2}, \pi\right]$ streng monoton fallend. Nach Satz 12.1 bildet daher cos das Intervall $[0, \pi]$ bijektiv auf $[\cos \pi, \cos 0] = [-1, 1]$ ab.

b) Da $\sin x = \cos\left(\frac{\pi}{2} - x\right)$, folgt aus a), dass sin im Intervall $\left[-\frac{\pi}{2}, \frac{\pi}{2}\right]$ streng monoton wächst und daher dieses Intervall bijektiv auf $\left[\sin\left(-\frac{\pi}{2}\right), \sin\left(\frac{\pi}{2}\right)\right] = [-1, 1]$ abbildet.

c) i) Sei $0 \leqslant x < x' < \frac{\pi}{2}$. Dann gilt $\sin x < \sin x'$ und $\cos x > \cos x' > 0$. Daraus folgt

$$\tan x = \frac{\sin x}{\cos x} < \frac{\sin x'}{\cos x'} = \tan x',$$

tan ist also in $\left[0, \frac{\pi}{2}\right[$ streng monoton wachsend. Weil $\tan(-x) = -\tan x$, wächst tan auch in $\left]-\frac{\pi}{2}, 0\right]$, d.h. im ganzen Intervall $\left]-\frac{\pi}{2}, \frac{\pi}{2}\right[$ streng monoton.

ii) Wir zeigen jetzt, dass $\lim_{x \nearrow \frac{\pi}{2}} \tan x = \infty$.

Sei $(x_n)_{n \in \mathbb{N}}$ eine Folge mit $x_n < \frac{\pi}{2}$ und $\lim x_n = \frac{\pi}{2}$. Wir dürfen annehmen, dass $x_n > 0$ für alle n. Dann ist auch

$$y_n := \frac{1}{\tan x_n} = \frac{\cos x_n}{\sin x_n} > 0 \quad \text{für alle } n \in \mathbb{N}$$

und

$$\lim y_n = \frac{\lim \cos x_n}{\lim \sin x_n} = \frac{\cos \frac{\pi}{2}}{\sin \frac{\pi}{2}} = \frac{0}{1} = 0.$$

Daraus folgt (nach Satz 4.9)

$$\lim \tan x_n = \lim \frac{1}{y_n} = \infty.$$

iii) Wegen $\tan(-x) = -\tan x$ folgt aus ii)

$$\lim_{x \searrow -\frac{\pi}{2}} \tan x = -\infty.$$

iv) Mithilfe von Satz 12.1 ergibt sich aus i)–iii), dass tan das Intervall $\left]-\frac{\pi}{2}, \frac{\pi}{2}\right[$ bijektiv auf $\mathbb{R}$ abbildet.   □

Die Graphen der Arcus-Funktionen sind in den Abbildungen 14 E bis 14 G dargestellt.

Abb. 14 E   Arcus-Cosinus

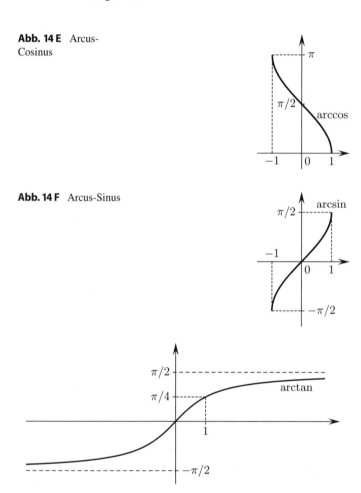

Abb. 14 F   Arcus-Sinus

Abb. 14 G   Arcus-Tangens

Bemerkung Die in Satz 14.9 definierten Funktionen nennt man auch die *Hauptzweige* von arccos, arcsin und arctan. Für beliebiges $k \in \mathbb{Z}$ gilt:

a) cos bildet $[k\pi, (k+1)\pi]$ bijektiv auf $[-1, 1]$ ab,
b) sin bildet $\left[-\frac{\pi}{2} + k\pi, \frac{\pi}{2} + k\pi\right]$ bijektiv auf $[-1, 1]$ ab,
c) tan bildet $\left]-\frac{\pi}{2} + k\pi, \frac{\pi}{2} + k\pi\right[$ bijektiv auf $\mathbb{R}$ ab.

Die zugehörigen Umkehrfunktionen

$$\arccos_k \colon [-1, 1] \to \mathbb{R},$$
$$\arcsin_k \colon [-1, 1] \to \mathbb{R},$$
$$\arctan_k \colon \mathbb{R} \to \mathbb{R}$$

heißen für $k \neq 0$ *Nebenzweige* von arccos, arcsin bzw. arctan.

Polarkoordinaten
Jede komplexe Zahl z wird durch zwei reelle Zahlen, den Realteil und den Imaginärteil von z dargestellt. Dies sind die kartesischen Koordinaten von z in der Gauß'schen Zahlenebene. Eine andere oft nützliche Darstellung wird durch die Polarkoordinaten gegeben.

Satz 14.10 (Polarkoordinaten) *Jede komplexe Zahl z lässt sich schreiben als*

$$z = r \cdot e^{i\varphi},$$

wobei $\varphi \in \mathbb{R}$ und $r = |z| \in \mathbb{R}_+$. Für $z \neq 0$ ist φ bis auf ein ganzzahliges Vielfaches von 2π eindeutig bestimmt.

Bemerkung Die Zahl r ist der Abstand des Punktes z vom Nullpunkt und φ ist der Winkel (im Bogenmaß) zwischen der positiven reellen Achse und dem Ortsvektor von z (Abb. 14 H). Man nennt φ auch das *Argument* der komplexen Zahl $z = r \cdot e^{i\varphi}$.

Abb. 14 H Polarkoordinaten

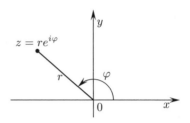

Beweis Für $z = 0$ ist $z = 0 \cdot e^{i\varphi}$ mit beliebigem φ. Sei jetzt $z \neq 0$, $r := |z|$ und $\zeta := \frac{z}{r}$. Dann ist $|\zeta| = 1$. Sind ξ und η Real- und Imaginärteil von ζ, d. h. $\zeta = \xi + i\eta$, so gilt also $\xi^2 + \eta^2 = 1$ und $|\xi| \leqslant 1$. Deshalb ist

$$\alpha := \arccos \xi \in [0, \pi]$$

definiert. Da $\cos \alpha = \xi$, folgt

$$\sin \alpha = \sqrt{1 - \xi^2} = \pm\eta\,.$$

Wir setzen $\varphi := \alpha$, falls $\sin \alpha = \eta$ und $\varphi := -\alpha$, falls $\sin \alpha = -\eta$. In jedem Fall ist dann

$$e^{i\varphi} = \cos \varphi + i \sin \varphi = \xi + i\eta = \zeta\,.$$

Damit gilt $z = re^{i\varphi}$. Die Eindeutigkeit von φ bis auf ein Viel- faches von 2π folgt aus Corollar 14.7c. Denn $e^{i\varphi} = e^{i\psi} = \zeta$ impliziert $e^{i(\varphi-\psi)} = 1$, also $\varphi - \psi = 2k\pi$ mit einer ganzen Zahl k.   □

Bemerkung Satz 14.10 erlaubt eine einfache Interpretation der Multiplikation komplexer Zahlen. Sei $z = r_1 e^{i\varphi}$ und $w = r_2 e^{i\psi}$. Dann ist $zw = r_1 r_2 e^{i(\varphi+\psi)}$. Man erhält also das Produkt zweier komplexer Zahlen, indem man ihre Beträge multipliziert und ihre Argumente addiert (Abb. 14 I).

Corollar 14.10a (n-te Einheitswurzeln) *Sei n eine natürliche Zahl $\geqslant 2$. Die Gleichung $z^n = 1$ hat genau n komplexe Lösungen,*

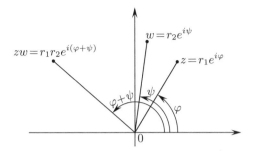

Abb. 14 I Zur Multiplikation komplexer Zahlen

nämlich $z = w_k$, wobei

$$w_k := e^{i \frac{2k\pi}{n}}, \quad k = 0, 1, \ldots, n - 1.$$

Beweis Die Zahl $z \in \mathbb{C}$ genüge der Gleichung $z^n = 1$. Wir können z darstellen als $z = r e^{i\varphi}$ mit $0 \leqslant \varphi < 2\pi$ und $r \geqslant 0$. Da

$$1 = |z^n| = |z|^n = r^n,$$

ist $r = 1$, also

$$z^n = \left(e^{i\varphi}\right)^n = e^{in\varphi} = 1.$$

Nach Corollar 14.7c existiert ein $k \in \mathbb{Z}$ mit $n\varphi = 2k\pi$, d. h. $\varphi = \frac{2k\pi}{n}$. Wegen $0 \leqslant \varphi < 2\pi$ ist $0 \leqslant k < n$ und $z = w_k$.

Umgekehrt gilt für jedes k

$$w_k^n = \left(e^{i \frac{2k\pi}{n}}\right)^n = e^{i \cdot 2k\pi} = 1. \qquad \square$$

Anwendung

(14.2) *Reguläres n-Eck* Die n-ten Einheitswurzeln bilden die Ecken eines dem Einheitskreis einbeschriebenen gleichseitigen n-Ecks (s. Abb. 14 J). Die k-te Seite ist die Strecke von $e^{2\pi i (k-1)/n}$

Abb. 14 J Fünfte Einheitswurzeln

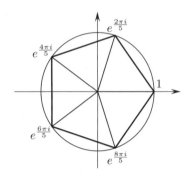

nach $e^{2\pi i k/n}$ $(k = 1, \ldots, n)$ und hat die Länge

$$
\begin{aligned}
s_n &= \left| e^{2\pi i k/n} - e^{2\pi i (k-1)/n} \right| \\
&= \left| e^{2\pi i (k-1/2)/n} \left(e^{\pi i/n} - e^{-\pi i/n} \right) \right| \\
&= \left| e^{\pi i/n} - e^{-\pi i/n} \right| = 2 \sin(\pi/n).
\end{aligned}
$$

Infolgedessen ist der Umfang des regulären n-Ecks gleich

$$
L_n = 2n \sin(\pi/n).
$$

Lässt man n gegen ∞ streben, so schmiegen sich die regulären n-Ecke immer mehr dem Einheitskreis an. Der Grenzwert der Längen L_n ist als Umfang des Einheitskreises definiert. Es gilt

$$
\begin{aligned}
\lim_{n \to \infty} L_n &= \lim_{n \to \infty} 2n \sin(\pi/n) = \lim_{n \to \infty} 2\pi \, \frac{\sin(\pi/n)}{\pi/n} \\
&= 2\pi \lim_{x \to 0} \frac{\sin x}{x} = 2\pi
\end{aligned}
$$

nach Corollar 14.5a. Der Umfang des Einheitskreises ist also gleich 2π. Damit haben wir den Anschluss der analytischen Definition von π an die geometrische Definition hergestellt. Siehe dazu auch Aufgabe 14.2.

Aufgaben

14.1 Sei x eine reelle Zahl und n eine natürliche Zahl $\geqslant 1$. Die Punkte $A_k^{(n)}$ auf dem Einheitskreis der komplexen Ebene seien wie folgt definiert:

$$A_k^{(n)} := e^{i \frac{k}{n} x}, \quad k = 0, 1, \ldots, n.$$

Sei L_n die Länge des Polygonzugs $A_0^{(n)} A_1^{(n)} \ldots A_n^{(n)}$, d. h.

$$L_n = \sum_{k=1}^{n} \left| A_k^{(n)} - A_{k-1}^{(n)} \right|.$$

Man beweise:

a) $L_n = 2n \left| \sin \dfrac{x}{2n} \right|$,

b) $\lim\limits_{n \to \infty} 2n \sin \dfrac{x}{2n} = x$.

14.2 Es sei U_n der Umfang des dem Einheitskreis umschriebenen regulären n-Ecks. Man beweise:

a) $U_n = 2n \tan \dfrac{\pi}{n}$.

b) $\lim\limits_{n \to \infty} U_n = 2\pi$.

14.3 Man beweise folgende Halbierungs-Formeln für die trigonometrischen Funktionen:

a) $\cos \dfrac{\alpha}{2} = \sqrt{\dfrac{1 + \cos \alpha}{2}}$ für $|\alpha| \leqslant \pi$,

b) $\sin \dfrac{\alpha}{2} = \dfrac{\sin \alpha}{2} \sqrt{\dfrac{2}{1 + \sqrt{1 - \sin^2 \alpha}}}$ für $|\alpha| \leqslant \pi/2$,

c) $\tan \dfrac{\alpha}{2} = \dfrac{\tan \alpha}{1 + \sqrt{1 + \tan^2 \alpha}}$ für $|\alpha| < \pi/2$.

14.4 Man beweise:

a) Für alle $x \in \mathbb{R}$ mit $|x| \leqslant 1$ gilt

$$\arccos x + \arcsin x = \frac{\pi}{2}.$$

b) Für alle $x \in \mathbb{R}$ mit $|x| < 1$ gilt

$$\arcsin x = \arctan \frac{x}{\sqrt{1-x^2}}.$$

14.5 Sei $x \in \mathbb{R}$. Die Folge $(x_n)_{n \in \mathbb{N}}$ werde rekursiv wie folgt definiert:

$$x_0 := x, \qquad x_{n+1} := \frac{x_n}{1 + \sqrt{1 + x_n^2}}.$$

Man zeige:

$$\lim_{n \to \infty} (2^n x_n) = \arctan x.$$

Bemerkung. Vergleiche dazu Aufgabe 12.5, wo eine ähnliche Folge für den Logarithmus gegeben wird.

14.6 Man berechne den exakten Wert von $z := e^{i\pi/5}$ und damit die Werte von $\cos(\pi/5)$ und $\sin(\pi/5)$.
    Anleitung. Es ist $z^5 = e^{-i\pi} = -1$, also

$$z^5 + 1 = (z + 1)(z^4 - z^3 + z^2 - z + 1) = 0.$$

Diese Gleichung kann man durch Einführung der Hilfsgröße

$$w := z + 1/z$$

lösen.

14.7 Sei x eine reelle Zahl. Man beweise

$$\frac{1 + ix}{1 - ix} = e^{2i\varphi},$$

wobei $\varphi = \arctan x$.

14.8 Man beweise für alle $x \in \mathbb{R} \smallsetminus \{n\pi/2 : n \in \mathbb{Z}\}$

a) $\tan x = \cot x - 2 \cot 2x$,

b) $\dfrac{1}{\sin 2x} = \cot x - \cot 2x$.

14.9 Man beweise die Funktionalgleichung des Arcus-Tangens:

Für $x, y \in \mathbb{R}$ mit $|\arctan x + \arctan y| < \frac{\pi}{2}$ gilt

$$\arctan x + \arctan y = \arctan \frac{x + y}{1 - xy}.$$

14.10 Für $-1 \le x \le 1$ und $n \in \mathbb{N}$ sei

$$T_n(x) := \cos(n \arccos x).$$

Man zeige:

a) T_n ist ein Polynom n-ten Grades in x mit ganzzahligen Koeffizienten. (T_n heißt n-tes Tschebyscheff-Polynom.)
b) Es gilt die Rekursionsformel $T_{n+1}(x) = 2x T_n(x) - T_{n-1}(x)$.

14.11 Sei x eine reelle Zahl, $x \ne (2k + 1)\pi$ für alle $k \in \mathbb{Z}$. Man beweise: Ist $u := \tan \frac{x}{2}$, so gilt

$$\sin x = \frac{2u}{1 + u^2}, \quad \cos x = \frac{1 - u^2}{1 + u^2}.$$

14.12 Sei $n \ge 2$. Man beweise die Identität

$$2^{n-1} \prod_{k=1}^{n-1} \sin \frac{k\pi}{n} = n.$$

Anleitung. Die Behauptung ist äquivalent zu $\prod\limits_{k=1}^{n-1} (1 - e^{\frac{2\pi i k}{n}}) = n$.
Man verwende die Polynomgleichung

$$X^n - 1 = \prod_{k=0}^{n-1} (X - \zeta_n^k), \qquad \zeta_n := e^{2\pi i/n}.$$

14.13 Die Funktionen Cosinus und Sinus werden im Komplexen wie folgt definiert: Für $z \in \mathbb{C}$ sei

$$\cos z := \frac{e^{iz} + e^{-iz}}{2}, \qquad \sin z := \frac{e^{iz} - e^{-iz}}{2i}.$$

Man zeige für alle $x, y \in \mathbb{R}$

$$\cos(x + iy) = \cos x \cosh y - i \sin x \sinh y$$
$$\sin(x + iy) = \sin x \cosh y + i \cos x \sinh y$$

(Die Funktionen cosh und sinh wurden in Aufgabe 10.1 definiert.)

14.14 Seien z_1 und z_2 zwei komplexe Zahlen mit $\sin z_1 = \sin z_2$. Man zeige: Es gibt eine ganze Zahl $n \in \mathbb{Z}$, so dass

$$z_1 = z_2 + 2n\pi \quad \text{oder} \quad z_1 = -z_2 + (2n + 1)\pi.$$

Differentiation

15

Wir definieren jetzt den Differentialquotienten (oder die Ableitung) einer Funktion als Limes der Differenzenquotienten und beweisen die wichtigsten Rechenregeln für die Ableitung, wie Produkt-, Quotienten- und Ketten-Regel sowie die Formel für die Ableitung der Umkehrfunktion. Damit ist es dann ein leichtes, die Ableitungen aller bisher besprochenen Funktionen zu berechnen.

Definition Sei $V \subset \mathbb{R}$ und $f : V \longrightarrow \mathbb{R}$ eine Funktion. f heißt in einem Punkt $x \in V$ *differenzierbar*, falls x Häufungspunkt von V ist und der Grenzwert

$$f'(x) := \lim_{\substack{\xi \to x \\ \xi \in V \smallsetminus \{x\}}} \frac{f(\xi) - f(x)}{\xi - x}$$

existiert.

Bemerkung Die Bedingung, dass x ein Häufungspunkt von V ist, ist nötig, um sicherzustellen, dass es mindestens eine Folge $\xi_n \in V \smallsetminus \{x\}$ mit $\lim_{n \to \infty} \xi_n = x$ gibt, vgl. die Definition in Kap. 9. Falls V ein Intervall ist, das aus mehr als einem Punkt besteht, ist diese Bedingung für jeden Punkt $x \in V$ automatisch erfüllt.

Der Grenzwert $f'(x)$ heißt *Differentialquotient* oder *Ableitung* von f im Punkte x. Die Funktion f heißt differenzierbar in V, falls f in jedem Punkt $x \in V$ differenzierbar ist.

© Der/die Autor(en), exklusiv lizenziert an Springer Fachmedien Wiesbaden GmbH, ein Teil von Springer Nature 2023
O. Forster, F. Lindemann, *Analysis 1*, Grundkurs Mathematik,
https://doi.org/10.1007/978-3-658-40130-6_15

Eine andere Darstellung des Differentialquotienten ist

$$f'(x) = \lim_{h \to 0} \frac{f(x+h) - f(x)}{h}.$$

Dabei sind natürlich bei der Limesbildung nur solche Folgen (h_n) mit $\lim h_n = 0$ zugelassen, für die $h_n \neq 0$ und $x + h_n \in V$ für alle n.

Geometrische Interpretation des Differentialquotienten

Der *Differenzenquotient* $\frac{f(\xi)-f(x)}{\xi-x}$ ist die Steigung der Sekante des Graphen von f durch die Punkte $(x, f(x))$ und $(\xi, f(\xi))$, siehe Abb. 15 A. Beim Grenzübergang $\xi \to x$ geht die Sekante in die Tangente an den Graphen von f im Punkt $(x, f(x))$ über. $f'(x)$ ist also (im Falle der Existenz) die Steigung der Tangente im Punkt $(x, f(x))$.

Bezeichnung   Man schreibt auch $\dfrac{df(x)}{dx}$ für $f'(x)$.

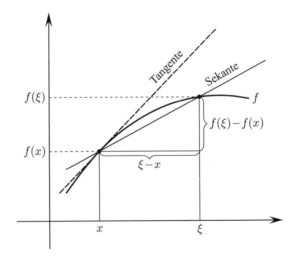

Abb. 15 A Zur Definition des Differentialquotienten

Diese Schreibweise erklärt sich so: Schreibt man $\frac{\Delta f(x)}{\Delta x}$ für den Differenzenquotienten $\frac{f(\xi)-f(x)}{\xi-x}$, so wird damit

$$\frac{df(x)}{dx} = \lim_{\Delta x \to 0} \frac{\Delta f(x)}{\Delta x}.$$

Im Gegensatz zum Differenzenquotienten ist jedoch der Differentialquotient $\frac{df(x)}{dx}$ *nicht der Quotient zweier reeller Zahlen* $df(x)$ und dx. Die Schreibweise $\frac{df(x)}{dx}$ ist auch insofern problematisch, dass der Buchstabe x in Zähler und Nenner eine verschiedene Bedeutung hat. Ist z. B. $x = 0$, so kann man zwar $f'(0)$, aber nicht $\frac{df(0)}{d0}$ schreiben. In diesem Fall verwendet man die Schreibweisen

$$\frac{df}{dx}(0) \quad \text{oder} \quad \frac{df(x)}{dx}\bigg|_{x=0}.$$

Beispiele

(15.1) Für eine konstante Funktion $f : \mathbb{R} \to \mathbb{R}$, $f(x) = c$, gilt

$$f'(x) = \lim_{\substack{\xi \to x \\ \xi \neq x}} \frac{f(\xi) - f(x)}{\xi - x} = \lim_{\substack{\xi \to x \\ \xi \neq x}} \frac{c - c}{\xi - x} = 0.$$

(15.2) $f : \mathbb{R} \to \mathbb{R}$, $f(x) = cx$, $(c \in \mathbb{R})$.

$$f'(x) = \lim_{\substack{\xi \to x \\ \xi \neq x}} \frac{f(\xi) - f(x)}{\xi - x} = \lim_{\substack{\xi \to x \\ \xi \neq x}} \frac{c\xi - cx}{\xi - x} = c.$$

(15.3) $f : \mathbb{R} \to \mathbb{R}$, $f(x) = x^2$.

$$f'(x) = \lim_{h \to 0} \frac{f(x+h) - f(x)}{h} = \lim_{h \to 0} \frac{(x+h)^2 - x^2}{h}$$

$$= \lim_{h \to 0} \frac{2xh + h^2}{h} = \lim_{h \to 0} (2x + h) = 2x.$$

(15.4) $f : \mathbb{R}^* \to \mathbb{R}$, $f(x) = \dfrac{1}{x}$.

$$f'(x) = \lim_{h \to 0} \frac{f(x + h) - f(x)}{h} = \lim_{h \to 0} \frac{1}{h} \left(\frac{1}{x + h} - \frac{1}{x} \right)$$

$$= \lim_{h \to 0} \frac{x - (x + h)}{h(x + h)x} = \lim_{h \to 0} \frac{-1}{(x + h)x} = -\frac{1}{x^2},$$

also

$$\frac{d}{dx} \left(\frac{1}{x} \right) = -\frac{1}{x^2}.$$

(15.5) $\exp : \mathbb{R} \to \mathbb{R}$.

Nach Beispiel (12.7) ist $\lim\limits_{h \to 0} \frac{\exp(h) - 1}{h} = 1$. Damit erhält man

$$\exp'(x) = \lim_{h \to 0} \frac{\exp(x + h) - \exp(x)}{h}$$

$$= \lim_{h \to 0} \exp(x) \frac{\exp(h) - 1}{h} = \exp(x).$$

Die Exponentialfunktion besitzt also die merkwürdige Eigenschaft, sich bei Differentiation zu reproduzieren. Wie wir später (Satz 16.3) sehen werden, ist dies sogar charakteristisch für die Exponentialfunktion.

(15.6) $\sin : \mathbb{R} \to \mathbb{R}$.

Mithilfe von Corollar 14.3a erhalten wir

$$\sin'(x) = \lim_{h \to 0} \frac{\sin(x + h) - \sin x}{h} = \lim_{h \to 0} \frac{2 \cos(x + \frac{h}{2}) \sin \frac{h}{2}}{h}$$

$$= \left(\lim_{h \to 0} \cos(x + \tfrac{h}{2}) \right) \left(\lim_{h \to 0} \frac{\sin \frac{h}{2}}{\frac{h}{2}} \right).$$

Da cos stetig ist, gilt $\lim\limits_{h \to 0} \cos\left(x + \frac{h}{2}\right) = \cos x$ und nach Corollar 14.5a ist $\lim\limits_{h \to 0} \dfrac{\sin(h/2)}{h/2} = 1$. Damit folgt

$$\sin'(x) = \cos x.$$

Analog berechnet man die Ableitung der Funktion $\cos : \mathbb{R} \to \mathbb{R}$:

$$\cos'(x) = -\sin(x).$$

(15.7) Die Ableitung komplexwertiger Funktionen wird ebenso definiert wie für reellwertige Funktionen. Als Beispiel betrachten wir die Funktion

$$f : \mathbb{R} \longrightarrow \mathbb{C}, \quad x \mapsto f(x) := e^{\lambda x},$$

wobei $\lambda \in \mathbb{C}$ eine komplexe Konstante ist (die Variable x ist jedoch reell).

Behauptung $\dfrac{de^{\lambda x}}{dx} = \lambda e^{\lambda x}.$

Beweis   Wir verwenden die Restgliedabschätzung der Exponentialreihe im Komplexen (Satz 13.6)

$$|\exp(\lambda x) - (1 + \lambda x)| \leqslant |\lambda x|^2 \quad \text{für } |\lambda x| \leqslant 3/2.$$

Division durch $x \neq 0$ ergibt

$$\left| \frac{e^{\lambda x} - 1}{x} - \lambda \right| \leqslant |\lambda^2 x| \quad \text{für } |\lambda x| \leqslant 3/2,$$

also $\lim\limits_{x \to 0} \dfrac{e^{\lambda x} - 1}{x} = \lambda$. Daraus folgt

$$\begin{aligned}
\frac{de^{\lambda x}}{dx} &= \lim_{h \to 0} \frac{1}{h}(e^{\lambda(x+h)} - e^{\lambda x}) \\
&= e^{\lambda x} \lim_{h \to 0} \frac{e^{\lambda h} - 1}{h} = \lambda e^{\lambda x}. \qquad \square
\end{aligned}$$

Folgerung   Speziell für $\lambda = i$ hat man $\dfrac{d}{dx} e^{ix} = i\, e^{ix}$. Setzt man darin die Eulersche Formel ein, so folgt

$$\frac{d}{dx}(\cos x + i \sin x) = i\,(\cos x + i \sin x) = -\sin x + i \cos x.$$

Durch Vergleich der Real- und Imaginärteile erhält man einen neuen Beweis der Formeln aus (15.6)

$$\cos'(x) = -\sin x, \qquad \sin'(x) = \cos x.$$

(15.8) Wir betrachten die Funktion abs: $\mathbb{R} \to \mathbb{R}$ (vgl. Abb. 10 A).

Behauptung abs$'(0)$ existiert nicht.

Beweis Sei $h_n = (-1)^n \frac{1}{n}$, $(n \geq 1)$. Es gilt $\lim h_n = 0$.

$$q_n := \frac{\text{abs}(0 + h_n) - \text{abs}(0)}{h_n} = \frac{\frac{1}{n} - 0}{(-1)^n \frac{1}{n}} = (-1)^n .$$

$\lim_{n \to \infty} q_n$ existiert nicht, also ist die Funktion abs im Nullpunkt nicht differenzierbar. □

Bemerkung Sei $x \in V \subset \mathbb{R}$ und $f: V \to \mathbb{R}$ eine Funktion. f heißt im Punkt x *von rechts differenzierbar*, falls der Grenzwert

$$f'_+(x) := \lim_{\xi \searrow x} \frac{f(\xi) - f(x)}{\xi - x}$$

existiert. Die Funktion f heißt in x *von links differenzierbar*, falls

$$f'_-(x) := \lim_{\xi \nearrow x} \frac{f(\xi) - f(x)}{\xi - x}$$

existiert.

Die Funktion abs ist im Nullpunkt von rechts und von links differenzierbar, und zwar gilt abs$'_+(0) = +1$, abs$'_-(0) = -1$.

Satz 15.1 (Lineare Approximierbarkeit) *Sei $V \subset \mathbb{R}$ und $a \in V$ ein Häufungspunkt von V. Eine Funktion $f : V \to \mathbb{R}$ ist genau dann im Punkt a differenzierbar, wenn es eine Konstante $c \in \mathbb{R}$ gibt, so dass*

$$f(x) = f(a) + c(x - a) + \varphi(x), \quad (x \in V),$$

wobei φ eine Funktion ist, für die gilt

$$\lim_{\substack{x \to a \\ x \neq a}} \frac{\varphi(x)}{x - a} = 0\,.$$

In diesem Fall ist $c = f'(a)$.

Bemerkung Der Satz drückt aus, dass die Differenzierbarkeit von f im Punkt a gleichbedeutend mit der Approximierbarkeit durch eine affin-lineare Funktion ist. Mit den obigen Bezeichnungen ist diese affin-lineare Funktion

$$L(x) = f(a) + c\,(x - a)\,.$$

Der Graph von L ist die Tangente an den Graphen von f im Punkt $(a, f(a))$, siehe Abb. 15 B.

Unter Benutzung des Landauschen o-Symbols (definiert in Kap. 12) lässt sich schreiben

$$f(x) = f(a) + c\,(x - a) + o(|x - a|) \quad \text{für } x \to a\,.$$

Beweis a) Sei zunächst vorausgesetzt, dass f in a differenzierbar ist und $c := f'(a)$. Wir definieren die Funktion φ durch

$$f(x) = f(a) + c(x - a) + \varphi(x)\,.$$

Abb. 15 B Affin-lineare Approximation

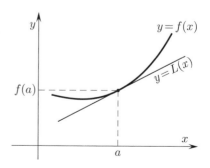

Dann gilt

$$\frac{\varphi(x)}{x - a} = \frac{f(x) - f(a)}{x - a} - f'(a),$$

also $\lim_{x \to a} \frac{\varphi(x)}{x-a} = 0$.

b) Es sei nun umgekehrt vorausgesetzt, dass für f die Darstellung

$$f(x) = f(a) + c(x - a) + \varphi(x)$$

mit $\lim_{x \to a} \frac{\varphi(x)}{x-a} = 0$ besteht. Dann ist

$$\lim_{x \to a} \left(\frac{f(x) - f(a)}{x - a} - c \right) = \lim_{x \to a} \frac{\varphi(x)}{x - a} = 0,$$

also

$$\lim_{x \to a} \frac{f(x) - f(a)}{x - a} = c,$$

d. h. f ist in a differenzierbar und $f'(a) = c$.   □

Corollar 15.1a *Ist die Funktion* $f : V \to \mathbb{R}$ *im Punkt* $a \in V$ *differenzierbar, so ist sie in* a *auch stetig.*

Beweis Wir benutzen die Darstellung von f aus Satz 15.1. Es gilt $\lim_{x \to a} \varphi(x) = 0$, also

$$\lim_{x \to a} f(x) = f(a) + \lim_{x \to a} (c(x - a) + \varphi(x)) = f(a).$$ □

Bemerkung Natürlich braucht umgekehrt eine stetige Funktion nicht differenzierbar zu sein. Es gibt sogar, wie wir in Beispiel (23.5) sehen werden, stetige Funktionen $f : \mathbb{R} \to \mathbb{R}$, die in keinem Punkt $x \in \mathbb{R}$ differenzierbar sind.

Differentiations-Regeln

In den meisten Fällen verwendet man bei der Berechnung der Ableitung einer Funktion nicht direkt die Limes-Definition, sondern führt die Ableitung mit gewissen Regeln auf schon bekannte Fälle zurück. Diese Regeln, wie Produkt- und Quotientenregel, Kettenregel und den Satz über die Ableitung der Umkehrfunktion werden wir jetzt beweisen und Beispiele besprechen.

Satz 15.2 (Algebraische Operationen und Differentiation)
Seien $f, g \colon V \to \mathbb{R}$ in $x \in V$ differenzierbare Funktionen und $\lambda \in \mathbb{R}$. Dann sind auch die Funktionen

$$f + g, \lambda f, fg \colon V \to \mathbb{R}$$

in x differenzierbar und es gelten die Rechenregeln:

a) Linearität

$$(f + g)'(x) = f'(x) + g'(x),$$
$$(\lambda f)'(x) = \lambda f'(x).$$

b) Produktregel

$$(fg)'(x) = f'(x)g(x) + f(x)g'(x).$$

c) Quotientenregel
Ist $g(\xi) \neq 0$ für alle $\xi \in V$, so ist auch die Funktion $(f/g) \colon V \to \mathbb{R}$ in x differenzierbar mit

$$\left(\frac{f}{g} \right)'(x) = \frac{f'(x)g(x) - f(x)g'(x)}{g(x)^2}.$$

Beweis a) Dies folgt unmittelbar aus den Rechenregeln für Grenzwerte von Folgen.

b) *Produktregel*

$$(fg)'(x) = \lim_{h \to 0} \frac{f(x+h)g(x+h) - f(x)g(x)}{h}$$

$$= \lim_{h \to 0} \frac{1}{h}\{f(x+h)(g(x+h) - g(x)) + (f(x+h) - f(x))g(x)\}$$

$$= \lim_{h \to 0} f(x+h)\frac{g(x+h) - g(x)}{h} + \lim_{h \to 0} \frac{f(x+h) - f(x)}{h}g(x)$$

$$= f(x)g'(x) + f'(x)g(x).$$

Dabei wurde die Stetigkeit von f in x verwendet.

c) *Quotientenregel.* Wir behandeln zunächst den Spezialfall, dass der Nenner f konstant gleich 1 ist.

$$\left(\frac{1}{g}\right)'(x) = \lim_{h \to 0} \frac{1}{h}\left(\frac{1}{g(x+h)} - \frac{1}{g(x)}\right)$$

$$= \lim_{h \to 0} \frac{1}{g(x+h)g(x)}\left(\frac{g(x) - g(x+h)}{h}\right) = \frac{-g'(x)}{g(x)^2}.$$

Der allgemeine Fall folgt hieraus mithilfe der Produktregel:

$$\left(\frac{f}{g}\right)'(x) = \left(f \cdot \frac{1}{g}\right)'(x) = f'(x)\frac{1}{g(x)} + f(x)\frac{-g'(x)}{g(x)^2}$$

$$= \frac{f'(x)g(x) - f(x)g'(x)}{g(x)^2}. \qquad \square$$

Beispiele

(15.9) Sei $f_n(x) = x^n, n \in \mathbb{N}$.

Behauptung $f_n'(x) = nx^{n-1}$.

Beweis durch vollständige Induktion nach n.

Die Fälle $n = 0, 1, 2$ wurden bereits in den Beispielen (15.1) bis (15.3) behandelt.

Induktionsschritt $n \to n + 1$. Da $f_{n+1} = f_1 f_n$, folgt aus der Produktregel

$$f'_{n+1}(x) = f'_1(x) f_n(x) + f_1(x) f'_n(x)$$
$$= 1 \cdot x^n + x\left(n x^{n-1}\right) = (n+1)x^n. \qquad \square$$

(15.10) $f : \mathbb{R}^* \to \mathbb{R}, \; f(x) = \dfrac{1}{x^n}, \, n \in \mathbb{N}$.

Die Quotientenregel liefert sofort

$$f'(x) = \frac{-(n x^{n-1})}{(x^n)^2} = -n x^{-n-1}.$$

Aus (15.9) und (15.10) zusammen folgt, dass

$$\frac{d}{dx}(x^n) = n x^{n-1} \quad \text{für alle } n \in \mathbb{Z} \, .$$

(Falls $n < 0$, muss $x \neq 0$ vorausgesetzt werden.)

(15.11) Für die Funktion $\tan x = \dfrac{\sin x}{\cos x}$ erhalten wir aus der Quotientenregel

$$\tan'(x) = \frac{\sin'(x)\cos(x) - \sin(x)\cos'(x)}{\cos^2(x)}$$
$$= \frac{\cos^2 x + \sin^2 x}{\cos^2 x} = \frac{1}{\cos^2 x}.$$

Satz 15.3 (Ableitung der Umkehrfunktion) *Sei $I \subset \mathbb{R}$ ein nicht-triviales (d. h. ein aus mehr als einem Punkt bestehendes) Intervall, $f: I \to \mathbb{R}$ eine stetige, streng monotone Funktion und $g = f^{-1}: J \to \mathbb{R}$ die Umkehrfunktion, wobei $J = f(I)$.*

Ist f im Punkt $x \in I$ differenzierbar und $f'(x) \neq 0$, so ist g im Punkt $y := f(x)$ differenzierbar und es gilt

$$g'(y) = \frac{1}{f'(x)} = \frac{1}{f'(g(y))} \, .$$

Beweis Sei $\eta_\nu \in J \smallsetminus \{y\}$ irgend eine Folge mit $\lim\limits_{\nu \to \infty} \eta_\nu = y$. Wir setzen $\xi_\nu := g(\eta_\nu)$. Da g stetig ist (Satz 12.1), folgt $\lim\limits_{\nu \to \infty} \xi_\nu = x$. Außerdem ist $\xi_\nu \neq x$ für alle ν, da $g: J \to I$ bijektiv ist. Nun gilt

$$\lim_{\nu \to \infty} \frac{g(\eta_\nu) - g(y)}{\eta_\nu - y} = \lim_{\nu \to \infty} \frac{\xi_\nu - x}{f(\xi_\nu) - f(x)}$$
$$= \lim_{\nu \to \infty} \left(\frac{f(\xi_\nu) - f(x)}{\xi_\nu - x} \right)^{-1} = \frac{1}{f'(x)} \, .$$

Also ist $g'(y) = \frac{1}{f'(x)} = \frac{1}{f'(g(y))}$. $\qquad\qquad\qquad\qquad\qquad\qquad$ $\square$

Beispiele

(15.12) $\log: \mathbb{R}_+^* \to \mathbb{R}$ ist die Umkehrfunktion von $\exp: \mathbb{R} \to \mathbb{R}$. Daher gilt nach dem vorhergehenden Satz

$$\log'(x) = \frac{1}{\exp'(\log x)} = \frac{1}{\exp(\log x)} = \frac{1}{x} \, .$$

Anwendung Aus der Ableitung des Logarithmus lässt sich folgende Darstellung für die Zahl e ableiten:

$$e = \lim_{n \to \infty} \left(1 + \frac{1}{n} \right)^n .$$

Beweis Da $\log'(1) = 1$, folgt

$$\lim_{n \to \infty} n \log\left(1 + \frac{1}{n} \right) = \lim_{n \to \infty} \frac{\log(1 + \frac{1}{n})}{\frac{1}{n}} = 1 \, .$$

Nun ist $(1 + \frac{1}{n})^n = \exp\left(n \log(1 + \frac{1}{n})\right)$, also wegen der Stetigkeit von $\exp$

$$\lim_{n \to \infty} \left(1 + \frac{1}{n} \right)^n = \exp(1) = e \, . \qquad\qquad\qquad \square$$

(15.13) arcsin : $[-1, 1] \to \mathbb{R}$ ist die Umkehrfunktion von sin : $[-\frac{\pi}{2}, \frac{\pi}{2}] \to \mathbb{R}$. Für $x \in \;]-1, 1[$ gilt:

$$\arcsin'(x) = \frac{1}{\sin'(\arcsin x)} = \frac{1}{\cos(\arcsin x)} \,.$$

Sei $y := \arcsin x$. Dann ist $\sin y = x$ und $\cos y = +\sqrt{1 - x^2}$, da $y \in [-\frac{\pi}{2}, \frac{\pi}{2}]$. Also haben wir

$$\frac{d \arcsin x}{dx} = \frac{1}{\sqrt{1 - x^2}} \quad \text{für} \; -1 < x < 1 \,.$$

(15.14) arctan : $\mathbb{R} \to \mathbb{R}$ ist die Umkehrfunktion von tan : $]-\frac{\pi}{2}, \frac{\pi}{2}[\; \to \mathbb{R}$. Also gilt

$$\arctan'(x) = \frac{1}{\tan'(\arctan x)} = \cos^2(\arctan x) \,.$$

Setzen wir $y := \arctan x$, so folgt

$$x^2 = \tan^2 y = \frac{\sin^2 y}{\cos^2 y} = \frac{1 - \cos^2 y}{\cos^2 y} = \frac{1}{\cos^2 y} - 1 \,,$$

also

$$\cos^2 y = \frac{1}{1 + x^2} \,.$$

Deshalb gilt

$$\frac{d \arctan x}{dx} = \frac{1}{1 + x^2} \,.$$

Es ist bemerkenswert, dass die (relativ) komplizierte Funktion arctan einen so einfachen Differentialquotienten besitzt.

Satz 15.4 (Kettenregel) *Seien $f : V \to \mathbb{R}$ und $g : W \to \mathbb{R}$ Funktionen mit $f(V) \subset W$. Die Funktion f sei im Punkt $x \in V$*

differenzierbar und g sei in y := f(x) ∈ W differenzierbar. Dann ist die zusammengesetzte Funktion

$$g \circ f : V \to \mathbb{R}$$

im Punkt x differenzierbar und es gilt

$$(g \circ f)'(x) = g'(f(x)) f'(x).$$

Beweis Wir definieren die Funktion $g^* : W \to \mathbb{R}$ durch

$$g^*(\eta) := \begin{cases} \dfrac{g(\eta) - g(y)}{\eta - y}, & \text{falls } \eta \neq y, \\ g'(y), & \text{falls } \eta = y. \end{cases}$$

Da g in y differenzierbar ist, gilt

$$\lim_{\eta \to y} g^*(\eta) = g^*(y) = g'(y).$$

Außerdem gilt für alle $\eta \in W$

$$g(\eta) - g(y) = g^*(\eta)(\eta - y).$$

Damit erhalten wir

$$\begin{aligned} (g \circ f)'(x) &= \lim_{\xi \to x} \frac{g(f(\xi)) - g(f(x))}{\xi - x} \\ &= \lim_{\xi \to x} \frac{g^*(f(\xi))(f(\xi) - f(x))}{\xi - x} \\ &= \lim_{\xi \to x} g^*(f(\xi)) \lim_{\xi \to x} \frac{f(\xi) - f(x)}{\xi - x} \\ &= g'(f(x)) f'(x). \qquad \square \end{aligned}$$

Beispiele

(15.15) Sei $f : \mathbb{R} \to \mathbb{R}$ differenzierbar und $F : \mathbb{R} \to \mathbb{R}$ definiert durch

$$F(x) := f(ax + b), \quad (a, b \in \mathbb{R}).$$

Dann gilt

$$F'(x) = a f'(ax + b).$$

Anwendung Aus der Formel $\sin'(x) = \cos(x)$, siehe (15.6), lässt sich die Ableitung der Funktion cos bestimmen.

Denn $\cos(x) = \sin(\frac{\pi}{2} - x)$, also

$$\cos'(x) = -\sin'(\tfrac{\pi}{2} - x) = -\cos(\tfrac{\pi}{2} - x) = -\sin(x).$$

(15.16) Sei $a \in \mathbb{R}$ und $f : \mathbb{R}_+^* \to \mathbb{R}$, $f(x) = x^a$.

Da $x^a = \exp(a \log x)$, liefert die Kettenregel

$$\frac{dx^a}{dx} = \exp'(a \log x)\frac{d}{dx}(a \log x)$$
$$= \exp(a \log x)\frac{a}{x} = x^a \cdot \frac{a}{x} = ax^{a-1}. \qquad \square$$

Somit gilt die in (15.9) und (15.10) für ganze Exponenten bewiesene Formel für beliebige reelle Exponenten.

(15.17) Sei $a > 0$ und $g : \mathbb{R} \to \mathbb{R}$, $x \mapsto a^x$.

Da $a^x = \exp(x \log a)$, liefert die Kettenregel

$$\frac{da^x}{dx} = \exp'(x \log a)\frac{d}{dx}(x \log a)$$
$$= \exp(x \log a) \log a = a^x \log a. \qquad \square$$

Folgerung Daraus lässt sich folgende Limes-Darstellung für den Logarithmus ableiten: Für jede reelle Zahl $a > 0$ gilt

$$\log a = \lim_{n \to \infty} n\big(\sqrt[n]{a} - 1\big).$$

Beweis hierfür

$$\lim_{n \to \infty} n\big(\sqrt[n]{a} - 1\big) = \lim_{n \to \infty} \frac{a^{1/n} - a^0}{1/n} = \frac{da^x}{dx}\bigg|_{x=0} = \log a. \quad \square$$

(15.18) Wir zeigen, dass sich die Quotientenregel auch aus der Kettenregel ableiten lässt. Sei nämlich $g : V \to \mathbb{R}$ eine in $x \in V$ differenzierbare Funktion, die nirgends den Wert 0 annimmt. Wir setzen $f : \mathbb{R}^* \to \mathbb{R}$, $f(x) := \dfrac{1}{x}$. Dann gilt

$$\frac{1}{g} = f \circ g.$$

Nach Beispiel (15.4) ist $f'(x) = -\frac{1}{x^2}$, also

$$\left(\frac{1}{g}\right)'(x) = f'(g(x))g'(x) = -\frac{1}{g(x)^2}g'(x) = \frac{-g'(x)}{g(x)^2}.$$

Aus diesem Spezialfall folgt, wie wir bereits gesehen haben, mithilfe der Produktregel die allgemeine Quotientenregel.   □

Ableitungen höherer Ordnung
Die Funktion $f : V \to \mathbb{R}$ sei in V differenzierbar. Falls die Ableitung $f' : V \to \mathbb{R}$ ihrerseits im Punkt $x \in V$ differenzierbar ist, so heißt

$$\frac{d^2 f(x)}{dx^2} := f''(x) := (f')'(x)$$

die *zweite Ableitung* von f in x.

Allgemein definieren wir durch vollständige Induktion: Eine Funktion $f : V \to \mathbb{R}$ heißt k-mal differenzierbar im Punkt $x \in V$, falls ein $\varepsilon > 0$ existiert, so dass

$$f \mid V \cap]x - \varepsilon, x + \varepsilon[\to \mathbb{R}$$

$(k-1)$-mal differenzierbar in $V \cap]x - \varepsilon, x + \varepsilon[$ ist, und die $(k-1)$-te Ableitung von f in x differenzierbar ist. Man verwendet folgende Bezeichnungen:

$$f^{(k)}(x) := \frac{d^k f(x)}{dx^k} := \left(\frac{d}{dx}\right)^k f(x) := \frac{d}{dx}\left(\frac{d^{k-1} f(x)}{dx^{k-1}}\right).$$

Die Funktion $f : V \to \mathbb{R}$ heißt k-mal differenzierbar in V, wenn f in jedem Punkt $x \in V$ k-mal differenzierbar ist. Sie heißt k-mal stetig differenzierbar in V, wenn überdies die k-te Ableitung $f^{(k)} : V \to \mathbb{R}$ in V stetig ist.

Unter der 0-ten Ableitung einer Funktion versteht man die Funktion selbst.

(15.19) *Beispiele.* Sei $n > 0$ eine ganze Zahl. Dann ist die Funktion

$$\mathbb{R} \to \mathbb{R}, \qquad x \mapsto x^n,$$

beliebig oft differenzierbar; es gilt

$$\frac{d}{dx} x^n = nx^{n-1}, \quad \left(\frac{d}{dx}\right)^2 x^n = n(n-1)x^{n-2} \quad \text{und}$$

$$\left(\frac{d}{dx}\right)^k x^n = n(n-1)\cdots(n-k+1)x^{n-k} = k!\binom{n}{k}x^{n-k},$$

wie man durch vollständige Induktion beweist. Insbesondere gilt

$$\left(\frac{d}{dx}\right)^k x^n = 0 \quad \text{für alle } k > n.$$

Ebenso ist die Funktion

$$\mathbb{R}^* \to \mathbb{R}, \qquad x \mapsto \frac{1}{x}$$

beliebig oft differenzierbar mit

$$\left(\frac{d}{dx}\right)^k \frac{1}{x} = (-1)^k \frac{k!}{x^{k+1}} \quad \text{für alle } k \geqslant 0.$$

Aufgaben

15.1 Man berechne die Ableitungen der folgenden Funktionen $f_k : \mathbb{R}_+^* \to \mathbb{R}, \quad k = 0, 1, \ldots, 5.$

$$f_0(x) := x^x, \qquad f_1(x) := x^{(x^x)}, \quad f_2(x) := (x^x)^x,$$
$$f_3(x) := x^{(x^a)}, \quad f_4(x) := x^{(a^x)}, \quad f_5(x) := a^{(x^x)}.$$

Dabei sei a eine positive Konstante.

15.2 Man berechne die Ableitung der Funktionen

$$\sinh: \mathbb{R} \to \mathbb{R},$$
$$\cosh: \mathbb{R} \to \mathbb{R},$$
$$\tanh := \frac{\sinh}{\cosh}: \mathbb{R} \to \mathbb{R}.$$

15.3 Man berechne die Ableitungen der folgenden Funktionen (vgl. Aufgabe 12.2):

$$\text{Arsinh} : \mathbb{R} \to \mathbb{R},$$
$$\text{Arcosh} :]1, \infty[\to \mathbb{R}.$$

15.4 Man beweise: Die Funktion $\tanh: \mathbb{R} \to \mathbb{R}$ ist streng monoton wachsend und bildet $\mathbb{R}$ bijektiv auf $]-1, 1[$ ab. Die Umkehrfunktion

$$\text{Ar} \tanh :]-1, 1[\to \mathbb{R}$$

ist differenzierbar. Man berechne die Ableitung.

15.5 Für $\alpha \in \mathbb{R}$ sei $F_\alpha : \mathbb{R} \to \mathbb{R}$ definiert durch

$$F_\alpha(x) := \begin{cases} x^\alpha & \text{für } x > 0, \\ 0 & \text{für } x = 0, \\ -|x|^\alpha & \text{für } x < 0. \end{cases}$$

Für welche α ist F_α im Nullpunkt stetig, für welche α differenzierbar?

15.6 Die Funktion $f: \mathbb{R} \to \mathbb{R}$ sei wie folgt definiert:

$$f(x) := \begin{cases} x^2 \sin(\frac{1}{x}) & \text{für } x \neq 0, \\ 0 & \text{für } x = 0. \end{cases}$$

Man zeige, dass f in jedem Punkt $x \in \mathbb{R}$ differenzierbar ist und berechne die Ableitung. Ist f' stetig?

15.7 Sei $V \subset \mathbb{R}$ und $a \in V$ ein Häufungspunkt von V. Seien

$$f, g : V \to \mathbb{R}$$

zwei Funktionen mit folgenden Eigenschaften:

i) f ist in a differenzierbar und $f(a) = 0$.
ii) g ist in a stetig (nicht notwendig differenzierbar).

Man beweise: Die Funktion $fg : V \to \mathbb{R}$ ist in a differenzierbar mit

$$(fg)'(a) = f'(a)g(a).$$

15.8 Man beweise: Die Funktion

$$f : \mathbb{R}_+ \to \mathbb{R}, \quad x \mapsto f(x) := \begin{cases} x^x & \text{für } x > 0, \\ 1 & \text{für } x = 0, \end{cases}$$

ist im Nullpunkt stetig, aber nicht differenzierbar.

15.9 Sei $V \subset \mathbb{R}$ ein offenes Intervall und seien $f, g : V \to \mathbb{R}$ zwei in V differenzierbare Funktionen. Die Funktion $F : V \to \mathbb{R}$ sei definiert durch

$$F := \max(f, g).$$

Man zeige: Die Funktion F ist überall in V differenzierbar mit evtl. Ausnahme der Punkte der Menge

$$A := \{x \in V : f(x) = g(x)\}.$$

Für jedes $x \in A$ existieren die einseitigen Ableitungen $F_+'(x)$ und $F_-'(x)$, und zwar gilt

$$F_+'(x) = \max(f'(x), g'(x)), \quad F_-'(x) = \min(f'(x), g'(x)).$$

15.10 Man beweise: Für alle $x \in \mathbb{R}$ gilt

$$e^x = \lim_{n \to \infty} \left(1 + \frac{x}{n}\right)^n.$$

15.11 Es seien $f, g : V \to \mathbb{R}$ in V n-mal differenzierbare Funktionen. Man beweise durch vollständige Induktion nach n die folgenden Beziehungen:

i) $\dfrac{d^n}{dx^n}(f(x)g(x)) = \displaystyle\sum_{k=0}^{n} \binom{n}{k} f^{(n-k)}(x) g^{(k)}(x)$ (Leibniz).

ii) $f(x)\dfrac{d^n g(x)}{dx^n} = \displaystyle\sum_{k=0}^{n} (-1)^k \binom{n}{k} \dfrac{d^{n-k}}{dx^{n-k}}\big(f^{(k)}(x)g(x)\big).$

15.12 Eine Funktion $f \colon \mathbb{R} \to \mathbb{R}$ heißt *gerade*, wenn $f(-x) = f(x)$ für alle $x \in \mathbb{R}$, und *ungerade*, wenn $f(-x) = -f(x)$ für alle $x \in \mathbb{R}$.

i) Man zeige: Die Ableitung einer geraden (ungeraden) Funktion ist ungerade (gerade).

ii) Sei $f \colon \mathbb{R} \to \mathbb{R}$ die Polynomfunktion

$$f(x) = a_0 + a_1 x + \ldots + a_n x^n, \quad (a_k \in \mathbb{R}).$$

Man beweise: f ist genau dann gerade (ungerade), wenn $a_k = 0$ für alle ungeraden (geraden) Indizes k.

Lokale Extrema. Mittelwertsatz. Konvexität **16**

Wir kommen jetzt zu den ersten Anwendungen der Differentiation. Viele Eigenschaften einer Funktion spiegeln sich nämlich in ihrer Ableitung wider. So kann das Auftreten von lokalen Extrema, die Monotonie und die Konvexität mithilfe der Ableitung untersucht werden. Aus Schranken für die Ableitung erhält man Abschätzungen für das Wachstum der Funktion.

Definition Sei $f :]a, b[\to \mathbb{R}$ eine Funktion. Man sagt, f habe in $x \in]a, b[$ ein *lokales Maximum (Minimum)*, wenn ein $\varepsilon > 0$ existiert, so dass

$$f(x) \geqslant f(\xi) \text{ (bzw. } f(x) \leqslant f(\xi)) \quad \text{für alle } \xi \text{ mit } |x - \xi| < \varepsilon.$$

Trifft in der letzten Zeile das Gleichheitszeichen nur für $\xi = x$ zu, so spricht man von einem *strengen* oder *strikten* lokalen Maximum (Minimum).

Extremum ist der gemeinsame Oberbegriff für Maximum und Minimum. Anstelle von lokalem Extremum spricht man auch von *relativem* Extremum.

Satz 16.1 *Die Funktion $f :]a, b[\to \mathbb{R}$ besitze im Punkt $x \in]a, b[$ ein lokales Extremum und sei in x differenzierbar. Dann ist $f'(x) = 0$.*

© Der/die Autor(en), exklusiv lizenziert an Springer Fachmedien Wiesbaden GmbH, ein Teil von Springer Nature 2023
O. Forster, F. Lindemann, *Analysis 1*, Grundkurs Mathematik,
https://doi.org/10.1007/978-3-658-40130-6_16

Beweis f besitze in x ein lokales Maximum. Dann existiert ein $\varepsilon > 0$, so dass $]x - \varepsilon, x + \varepsilon[\subset\,]a, b[$ und

$$f(\xi) \leqslant f(x) \quad \text{für alle} \quad \xi \in\,]x - \varepsilon, x + \varepsilon[.$$

Da f in x differenzierbar ist, gilt

$$\begin{aligned}
f'(x) &= \lim_{\xi \to x} \frac{f(\xi) - f(x)}{\xi - x} \\
&= \underbrace{\lim_{\xi \searrow x} \frac{f(\xi) - f(x)}{\xi - x}}_{\leqslant 0} = \underbrace{\lim_{\xi \nearrow x} \frac{f(\xi) - f(x)}{\xi - x}}_{\geqslant 0}.
\end{aligned}$$

Daraus folgt $f'(x) = 0$.

Für ein lokales Minimum ist der Satz analog zu beweisen. □

Bemerkungen a) $f'(x) = 0$ ist nur eine notwendige, aber nicht hinreichende Bedingung für ein lokales Extremum. Für die Funktion $f(x) = x^3$ gilt z. B. $f'(0) = 0$, sie besitzt aber in 0 kein lokales Extremum.

b) Nach Satz 11.2 nimmt jede in einem *kompakten* Intervall stetige Funktion $f : [a, b] \to \mathbb{R}$ ihr absolutes Maximum und ihr absolutes Minimum an. Liegt ein Extremum jedoch am Rand, so ist dort nicht notwendig $f'(x) = 0$, wie man z. B. an der Funktion

$$f : [0, 1] \to \mathbb{R}, \quad x \mapsto x$$

sieht.

Satz 16.2 (Satz von Rolle) *Sei $a < b$ und $f : [a, b] \to \mathbb{R}$ eine stetige Funktion mit $f(a) = f(b)$. Die Funktion f sei in $]a, b[$ differenzierbar. Dann existiert ein $\xi \in\,]a, b[$ mit $f'(\xi) = 0$.*

Der Satz von Rolle sagt insbesondere, dass zwischen zwei Nullstellen einer differenzierbaren Funktion eine Nullstelle der Ableitung liegt.

Beweis Falls f konstant ist, ist der Satz trivial. Ist f nicht konstant, so gibt es ein $x_0 \in\ ]a, b[$ mit $f(x_0) > f(a)$ oder $f(x_0) < f(a)$. Dann wird das absolute Maximum (bzw. Minimum) der Funktion $f : [a, b] \to \mathbb{R}$ in einem Punkt $\xi \in\ ]a, b[$ angenommen. Nach Satz 16.1 ist $f'(\xi) = 0$.   □

Corollar 16.2a (Mittelwertsatz der Differentialrechnung) *Sei $a < b$ und $f : [a, b] \to \mathbb{R}$ eine stetige Funktion, die in $]a, b[$ differenzierbar ist. Dann existiert ein $\xi \in\ ]a, b[$, so dass*

$$\frac{f(b) - f(a)}{b - a} = f'(\xi).$$

Geometrisch bedeutet der Mittelwertsatz, dass die Steigung der Sekante durch die Punkte $(a, f(a))$ und $(b, f(b))$ gleich der Steigung der Tangente an den Graphen von f an einer gewissen Zwischenstelle $(\xi, f(\xi))$ ist (Abb. 16 A).

Beweis Wir definieren eine Hilfsfunktion $F : [a, b] \to \mathbb{R}$ durch

$$F(x) = f(x) - \frac{f(b) - f(a)}{b - a}(x - a).$$

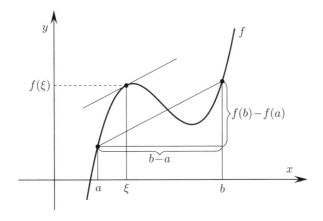

Abb. 16 A   Zum Mittelwertsatz

F ist stetig in $[a, b]$ und differenzierbar in $]a, b[$. Da $F(a) = f(a) = F(b)$, existiert nach dem Satz von Rolle ein $\xi \in]a, b[$ mit $F'(\xi) = 0$. Da

$$F'(\xi) = f'(\xi) - \frac{f(b) - f(a)}{b - a},$$

folgt die Behauptung. $\square$

Corollar 16.2b *Sei* $f : [a, b] \to \mathbb{R}$ *eine stetige, in* $]a, b[$ *differenzierbare Funktion. Für die Ableitung gelte*

$$m \leq f'(\xi) \leq M \quad \text{für alle } \xi \in]a, b[$$

mit gewissen Konstanten $m, M \in \mathbb{R}$. *Dann gilt für alle* $x_1, x_2 \in [a, b]$ *mit* $x_1 \leq x_2$ *die Abschätzung*

$$m(x_2 - x_1) \leq f(x_2) - f(x_1) \leq M(x_2 - x_1).$$

Dies ist eine unmittelbare Folgerung aus dem Mittelwertsatz. $\square$

Corollar 16.2c *Sei* $f : [a, b] \to \mathbb{R}$ *stetig und in* $]a, b[$ *differenzierbar mit* $f'(x) = 0$ *für alle* $x \in]a, b[$. *Dann ist* f *konstant.*

Dies ist der Fall $m = M = 0$ von Corollar 16.2b. $\square$

Als Anwendung geben wir nun eine Charakterisierung der Exponentialfunktion durch ihre Differentialgleichung.

Satz 16.3 *Sei* $c \in \mathbb{R}$ *eine Konstante und* $f : \mathbb{R} \to \mathbb{R}$ *eine differenzierbare Funktion mit*

$$f'(x) = cf(x) \quad \text{für alle } x \in \mathbb{R}.$$

Sei $A := f(0)$. *Dann gilt*

$$f(x) = Ae^{cx} \quad \text{für alle } x \in \mathbb{R}.$$

Beweis   Wir betrachten die Funktion $F(x) := f(x)e^{-cx}$. Nach der Produktregel für die Ableitung ist

$$F'(x) = f'(x)e^{-cx} - cf(x)e^{-cx} = \big(f'(x) - cf(x)\big)e^{-cx} = 0$$

für alle $x \in \mathbb{R}$, also F nach Corollar 16.2c konstant. Da $F(0) = f(0) = A$, ist $F(x) = A$ für alle $x \in \mathbb{R}$, woraus folgt

$$f(x) = Ae^{cx} \quad \text{für alle } x \in \mathbb{R} . \qquad \square$$

(16.1)   Speziell erhält man aus Satz 16.3:

Die Funktion $\exp : \mathbb{R} \to \mathbb{R}$ ist die eindeutig bestimmte differenzierbare Funktion $f : \mathbb{R} \to \mathbb{R}$ mit $f' = f$ und $f(0) = 1$.

Aus der Differentialgleichung $f' = f$ lässt sich auch einfach die Funktionalgleichung der Exponentialfunktion ableiten: Sei $a \in \mathbb{R}$ eine beliebige Konstante und $f_a : \mathbb{R} \to \mathbb{R}$ definiert durch

$$f_a(x) := \exp(a + x).$$

Dann gilt $f_a'(x) = f_a(x)$. Aus Satz 16.3 folgt deshalb $f_a(x) = f_a(0)\exp(x)$, d. h.

$$\exp(a + x) = \exp(a)\exp(x).$$

Dies ist aber die Funktionalgleichung der Exponentialfunktion.

Die Funktionen Sinus und Cosinus reproduzieren sich bei zweimaligem Differenzieren bis aufs Vorzeichen. Der folgende Satz sagt, dass dies charakteristisch für diese Funktionen ist.

Satz 16.4 *Sei $f : \mathbb{R} \to \mathbb{R}$ eine zweimal differenzierbare Funktion mit*

$$f''(x) = -f(x) \quad \text{für alle } x \in \mathbb{R}.$$

Dann folgt

$$f(x) = A\cos x + B\sin x \quad \text{mit} \quad A := f(0),\ B := f'(0).$$

Beweis Wir betrachten die Funktion

$$g(x) := f(x) - f(0) \cos x - f'(0) \sin x.$$

Für diese Funktion gilt dann ebenso $g'' = -g$, sowie $g(0) = g'(0) = 0$. Sei nun $S(x) := g(x)^2 + g'(x)^2$. Dann ist

$$S'(x) = 2g(x)g'(x) + 2g'(x)g''(x)$$
$$= 2g(x)g'(x) - 2g'(x)g(x) = 0,$$

also S konstant. Da $S(0) = 0$, ist S identisch null, also $g(x) = 0$ für alle $x \in \mathbb{R}$.   □

(16.2) Aus Satz 16.4 können wir, ähnlich wie in (16.1), die Additions-Theoreme der Funktionen Sinus und Cosinus herleiten. Dazu betrachten wir für konstantes $a \in \mathbb{R}$ die Funktionen $g_1, g_2 : \mathbb{R} \to \mathbb{R}$

$$g_1(x) := \sin(a + x), \qquad g_2(x) := \cos(a + x).$$

Es gilt $g_k'' = -g_k$. Aus Satz 16.4 folgt deshalb

$$g_k(x) = g_k(0) \cos x + g_k'(0) \sin x,$$

d. h.

$$\sin(a + x) = \sin a \, \cos x + \cos a \, \sin x,$$
$$\cos(a + x) = \cos a \, \cos x - \sin a \, \sin x.$$

Dies ist ein bemerkenswert kurzer Beweis der Additions-Theoreme von Sinus und Cosinus.

Monotonie

Der folgende Satz liefert eine Charakterisierung der Monotonie einer Funktion durch ihre Ableitung.

Satz 16.5 *Sei* $f : [a, b] \to \mathbb{R}$ *stetig und in* $]a, b[$ *differenzierbar.*

a) *Wenn für alle* $x \in\ ]a, b[$ *gilt* $f'(x) \geqslant 0$ *(bzw.* $f'(x) > 0$, $f'(x) \leqslant 0$, $f'(x) < 0$), *so ist* f *in* $[a, b]$ *monoton wachsend (bzw. streng monoton wachsend, monoton fallend, streng monoton fallend).*

b) *Ist* f *monoton wachsend (bzw. monoton fallend), so folgt* $f'(x) \geqslant 0$ *(bzw.* $f'(x) \leqslant 0$) *für alle* $x \in\ ]a, b[$.

Beweis a) Wir behandeln nur den Fall, dass $f'(x) > 0$ für alle $x \in\ ]a, b[$ (die übrigen Fälle gehen analog).

Angenommen, f sei nicht streng monoton wachsend. Dann gibt es $x_1, x_2 \in [a, b]$ mit $x_1 < x_2$ und $f(x_1) \geqslant f(x_2)$. Daher existiert nach dem Mittelwertsatz ein $\xi \in\ ]x_1, x_2[$ mit

$$f'(\xi) = \frac{f(x_2) - f(x_1)}{x_2 - x_1} \leqslant 0\,.$$

Dies ist ein Widerspruch zur Voraussetzung $f'(\xi) > 0$. Also ist f doch streng monoton wachsend.

b) Sei f monoton wachsend. Dann sind für alle $x, \xi \in\ ]a, b[$, $x \neq \xi$, die Differenzenquotienten nicht-negativ:

$$\frac{f(\xi) - f(x)}{\xi - x} \geqslant 0\,.$$

Daraus folgt durch Grenzübergang $f'(x) \geqslant 0$.   □

Bemerkung Ist f *streng* monoton wachsend, so folgt nicht notwendig $f'(x) > 0$ für alle $x \in\ ]a, b[$, wie das Beispiel der streng monotonen Funktion $f(x) = x^3$ zeigt, deren Ableitung im Nullpunkt verschwindet.

Satz 16.6   *Sei* $f :]a, b[\to \mathbb{R}$ *eine differenzierbare Funktion. Im Punkt* $x \in]a, b[$ *sei* f *zweimal differenzierbar und es gelte*

$$f'(x) = 0 \text{ und } f''(x) > 0 \text{ (bzw. } f''(x) < 0).$$

Dann besitzt f *in* x *ein strenges lokales Minimum (bzw. Maximum).*

Bemerkung   Satz 16.6 gibt nur eine hinreichende, aber nicht notwendige Bedingung für ein strenges Extremum. Die Funktion $f(x) = x^4$ besitzt z. B. für $x = 0$ ein strenges lokales Minimum. Es gilt jedoch $f''(0) = 0$.

Beweis   Sei $f''(x) > 0$. (Der Fall $f''(x) < 0$ ist analog zu beweisen.) Da

$$f''(x) = \lim_{\xi \to x} \frac{f'(\xi) - f'(x)}{\xi - x} > 0 \,,$$

existiert ein $\varepsilon > 0$, so dass

$$\frac{f'(\xi) - f'(x)}{\xi - x} > 0 \quad \text{für alle } \xi \text{ mit } 0 < |\xi - x| < \varepsilon \,.$$

Da $f'(x) = 0$, folgt daraus

$$f'(\xi) < 0 \quad \text{für } x - \varepsilon < \xi < x \,,$$
$$f'(\xi) > 0 \quad \text{für } x < \xi < x + \varepsilon \,.$$

Nach Satz 16.5 ist deshalb f im Intervall $[x - \varepsilon, x]$ streng monoton fallend und in $[x, x + \varepsilon]$ streng monoton wachsend. f besitzt also in x ein strenges Minimum. $\square$

Konvexität

Zum besseren Verständnis der folgenden Definition erinnern wir an eine elementare Tatsache aus der analytischen Geometrie:
Sind $P_1 = \begin{pmatrix} x_1 \\ y_1 \end{pmatrix}$ und $P_2 = \begin{pmatrix} x_2 \\ y_2 \end{pmatrix}$ zwei Punkte in der Ebene $\mathbb{R}^2$, so wird die Strecke zwischen P_1 und P_2 parametrisiert durch

$$P(\lambda) := \lambda P_1 + (1 - \lambda) P_2 = \begin{pmatrix} \lambda x_1 + (1 - \lambda)x_2 \\ \lambda y_1 + (1 - \lambda)y_2 \end{pmatrix}, \quad 0 \leqslant \lambda \leqslant 1.$$

Läuft λ von 0 bis 1, so durchläuft $P(\lambda)$ die Strecke von P_2 nach P_1 und $P(\frac{1}{2})$ ist der Mittelpunkt der Strecke.

Definition (konvexe Funktion) Sei $D \subset \mathbb{R}$ ein (endliches oder unendliches) Intervall. Eine Funktion $f : D \to \mathbb{R}$ heißt *konvex*, wenn für alle $x_1, x_2 \in D$ und alle λ mit $0 < \lambda < 1$ gilt

$$f\big(\lambda x_1 + (1 - \lambda)x_2\big) \leqslant \lambda f(x_1) + (1 - \lambda) f(x_2).$$

Die Funktion f heißt *konkav*, wenn $-f$ konvex ist.

Die angegebene Konvexitäts-Bedingung bedeutet (für $x_1 < x_2$), dass der Graph von f im Intervall $[x_1, x_2]$ unterhalb der Sekante durch $(x_1, f(x_1))$ und $(x_2, f(x_2))$ liegt (Abb. 16 B).

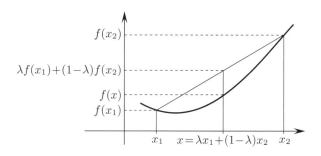

Abb. 16 B Zur Konvexität

Satz 16.7 *Sei $D \subset \mathbb{R}$ ein offenes Intervall und $f : D \to \mathbb{R}$ eine zweimal differenzierbare Funktion. f ist genau dann konvex, wenn $f''(x) \geq 0$ für alle $x \in D$.*

Beweis a) Sei zunächst vorausgesetzt, dass $f''(x) \geq 0$ für alle $x \in D$. Dann ist die Ableitung $f' : D \to \mathbb{R}$ nach Satz 16.5 monoton wachsend. Seien $x_1, x_2 \in D$, $0 < \lambda < 1$ und $x := \lambda x_1 + (1-\lambda)x_2$. Wir können annehmen, dass $x_1 < x_2$. Dann gilt $x_1 < x < x_2$. Nach dem Mittelwertsatz existieren $\xi_1 \in {]}x_1, x{[}$ und $\xi_2 \in {]}x, x_2{[}$ mit

$$\frac{f(x) - f(x_1)}{x - x_1} = f'(\xi_1) \leq f'(\xi_2) = \frac{f(x_2) - f(x)}{x_2 - x}.$$

Da $x - x_1 = (1 - \lambda)(x_2 - x_1)$ und $x_2 - x = \lambda(x_2 - x_1)$, folgt daraus

$$\frac{f(x) - f(x_1)}{1 - \lambda} \leq \frac{f(x_2) - f(x)}{\lambda}$$

und weiter

$$f(x) \leq \lambda f(x_1) + (1 - \lambda) f(x_2).$$

Die Funktion f ist also konvex.

b) Sei $f : D \to \mathbb{R}$ konvex. Angenommen, es gelte nicht $f''(x) \geq 0$ für alle $x \in D$. Dann gibt es ein $x_0 \in D$ mit $f''(x_0) < 0$. Sei $c := f'(x_0)$ und

$$\varphi(x) := f(x) - c(x - x_0) \quad \text{für } x \in D.$$

Dann ist $\varphi : D \to \mathbb{R}$ eine zweimal differenzierbare Funktion mit $\varphi'(x_0) = 0$ und $\varphi''(x_0) = f''(x_0) < 0$. Nach Satz 16.6 besitzt φ in x_0 ein strenges lokales Maximum. Es gibt also ein $h > 0$, so dass $[x_0 - h, x_0 + h] \subset D$ und

$$\varphi(x_0 - h) < \varphi(x_0), \quad \varphi(x_0 + h) < \varphi(x_0).$$

Daraus folgt

$$f(x_0) = \varphi(x_0) > \tfrac{1}{2}(\varphi(x_0 - h) + \varphi(x_0 + h))$$
$$= \tfrac{1}{2}(f(x_0 - h) + f(x_0 + h)).$$

Setzt man $x_1 := x_0 - h$, $x_2 := x_0 + h$ und $\lambda := \frac{1}{2}$, so ist $x_0 = \lambda x_1 + (1 - \lambda)x_2$, also

$$f(\lambda x_1 + (1 - \lambda)x_2) > \lambda f(x_1) + (1 - \lambda)f(x_2).$$

Dies steht aber im Widerspruch zur Konvexität von f. □

Eine einfache Anwendung ist der folgende

Hilfssatz 16.8 *Seien $p, q \in\,]1, \infty[$ mit $\dfrac{1}{p} + \dfrac{1}{q} = 1$. Dann gilt für alle $x, y \in \mathbb{R}_+$ die Ungleichung*

$$x^{1/p} y^{1/q} \leqslant \frac{x}{p} + \frac{y}{q}.$$

Beweis Es genügt offenbar, den Hilfssatz für $x, y \in \mathbb{R}_+^*$ zu beweisen. Da für den Logarithmus $\log\colon \mathbb{R}_+^* \to \mathbb{R}$ gilt $\log''(x) = -\frac{1}{x^2} < 0$, ist die Funktion $\log$ konkav, also

$$\log\left(\frac{1}{p}x + \frac{1}{q}y\right) \geqslant \frac{1}{p}\log x + \frac{1}{q}\log y.$$

(Hier spielt $1/p$ die Rolle von λ und $1/q = 1 - \lambda$.)

Nimmt man von beiden Seiten die Exponentialfunktion, so ergibt sich die Behauptung. □

(16.3) p-Norm. Sei p eine reelle Zahl $\geqslant 1$. Dann definiert man für Vektoren $x = (x_1, \dots, x_n) \in \mathbb{C}^n$ eine Norm $\|x\|_p \in \mathbb{R}_+$ durch

$$\|x\|_p := \left(\sum_{\nu=1}^{n} |x_\nu|^p\right)^{1/p}.$$

Dies ist eine Verallgemeinerung der gewöhnlichen euklidischen Norm, die man für $p = 2$ erhält. Trivial sind folgende beiden Eigenschaften der p-Norm:

(i) $\|x\|_p = 0 \iff x = 0$ und
(ii) $\|\lambda x\|_p = |\lambda| \cdot \|x\|_p$ für alle $\lambda \in \mathbb{C}$.

Zum Beweis der Dreiecksungleichung benötigen wir noch eine andere Ungleichung.

Satz 16.9 (Höldersche Ungleichung) *Seien $p, q \in\,]1, \infty[$ mit $\frac{1}{p} + \frac{1}{q} = 1$. Dann gilt für jedes Paar von Vektoren $x = (x_1, \ldots, x_n) \in \mathbb{C}^n$, $y = (y_1, \ldots, y_n) \in \mathbb{C}^n$*

$$\sum_{\nu=1}^{n} |x_\nu y_\nu| \leq \|x\|_p \|y\|_q\,.$$

Beweis Wir können annehmen, dass $\|x\|_p \neq 0$ und $\|y\|_q \neq 0$, da sonst der Satz trivial ist. Wir setzen

$$\xi_\nu := \frac{|x_\nu|^p}{\|x\|_p^p}\,, \quad \eta_\nu := \frac{|y_\nu|^q}{\|y\|_q^q}\,.$$

Dann ist $\sum_{\nu=1}^{n} \xi_\nu = 1$ und $\sum_{\nu=1}^{n} \eta_\nu = 1$. Der Hilfssatz ergibt angewendet auf ξ_ν und η_ν

$$\frac{|x_\nu y_\nu|}{\|x\|_p \|y\|_q} = \xi_\nu^{1/p} \eta_\nu^{1/q} \leq \frac{\xi_\nu}{p} + \frac{\eta_\nu}{q}\,.$$

Durch Summation über ν erhält man

$$\frac{1}{\|x\|_p \|y\|_q} \sum_{\nu=1}^{n} |x_\nu y_\nu| \leq \frac{1}{p} + \frac{1}{q} = 1\,,$$

also die Behauptung. □

Bemerkung Für $p = q = 2$ erhält man aus der Hölderschen Ungleichung die *Cauchy-Schwarz'sche Ungleichung*

$$|\langle x, y \rangle| \leq \|x\|_2 \|y\|_2 \quad \text{für } x, y \in \mathbb{C}^n.$$

Dabei ist

$$\langle x, y \rangle := \sum_{\nu=1}^{n} \overline{x}_\nu y_\nu$$

das kanonische Skalarprodukt im $\mathbb{C}^n$.

Satz 16.10 (Minkowskische Ungleichung)   *Sei* $p \in [1, \infty[$. *Dann gilt für alle* $x, y \in \mathbb{C}^n$

$$\|x + y\|_p \leq \|x\|_p + \|y\|_p .$$

Beweis   Für $p = 1$ folgt der Satz direkt aus der Dreiecksungleichung für komplexe Zahlen. Sei nun $p > 1$ und q definiert durch $\dfrac{1}{p} + \dfrac{1}{q} = 1$. Es sei $z \in \mathbb{C}^n$ der Vektor mit den Komponenten

$$z_\nu := |x_\nu + y_\nu|^{p-1} , \quad \nu = 1, \ldots, n.$$

Dann ist $z_\nu^q = |x_\nu + y_\nu|^{q(p-1)} = |x_\nu + y_\nu|^p$, also

$$\|z\|_q = \|x + y\|_p^{p/q} .$$

Nach der Hölderschen Ungleichung gilt

$$\sum_\nu |x_\nu + y_\nu| \cdot |z_\nu| \leq \sum_\nu |x_\nu z_\nu| + \sum_\nu |y_\nu z_\nu|$$
$$\leq \left(\|x\|_p + \|y\|_p \right) \|z\|_q ,$$

also nach Definition von z

$$\|x + y\|_p^p \leq \left(\|x\|_p + \|y\|_p \right) \|x + y\|_p^{p/q}.$$

Da $p - \dfrac{p}{q} = 1$, folgt daraus die Behauptung. $\square$

Die Regeln von de l'Hospital

Als weitere Anwendung des Mittelwertsatzes leiten wir jetzt einige Formeln her, mit denen man manchmal bequem Grenzwerte berechnen kann.

Lemma 16.11

a) *Sei* $f : \,]0, a[\,\to \mathbb{R}$ *eine differenzierbare Funktion mit*

$$\lim_{x \searrow 0} f(x) = 0 \quad und \quad \lim_{x \searrow 0} f'(x) =: c \in \mathbb{R}.$$

Dann folgt $\lim\limits_{x \searrow 0} \dfrac{f(x)}{x} = c.$

b) *Sei* $f : \,]a, \infty[\,\to \mathbb{R}$ *eine differenzierbare Funktion mit*

$$\lim_{x \to \infty} f'(x) =: c \in \mathbb{R}.$$

Dann folgt $\lim\limits_{x \to \infty} \dfrac{f(x)}{x} = c.$

Beweis Wir beweisen nur Teil b). Der (einfachere) Beweis von Teil a) sei dem Leser überlassen.

Wir behandeln zunächst den Spezialfall $c = 0$.

Wegen $\lim_{x \to \infty} f'(x) = 0$ gibt es zu vorgegebenem $\varepsilon > 0$ ein $x_0 > \max(a, 0)$ mit $|f'(x)| \leq \varepsilon/2$ für $x \geq x_0$. Mit dem Corollar 16.2b folgt daraus

$$|f(x) - f(x_0)| \leq \frac{\varepsilon}{2} (x - x_0) \quad \text{für alle } x \geq x_0.$$

Für alle $x \geq \max(x_0, 2|f(x_0)|/\varepsilon)$ gilt dann

$$\left| \frac{f(x)}{x} \right| \leq \frac{|f(x) - f(x_0)|}{x} + \frac{|f(x_0)|}{x} \leq \frac{\varepsilon}{2} + \frac{\varepsilon}{2} = \varepsilon,$$

woraus die Behauptung folgt.

Der allgemeine Fall wird durch Betrachtung der Funktion $g(x) := f(x) - cx$ auf den gerade betrachteten Spezialfall zurückgeführt. □

Ein *Beispiel* für das Lemma ist die uns schon aus (12.5) bekannte Tatsache, dass

$$\lim_{x \to \infty} \frac{\log x}{x} = 0.$$

Dies folgt mit dem Lemma 16.11 daraus, dass $\lim\limits_{x \to \infty} \log'(x) = \lim\limits_{x \to \infty} (1/x) = 0.$

Satz 16.12 (Regeln von de l'Hospital) *Seien $f, g\colon I \to \mathbb{R}$ zwei differenzierbare Funktionen auf dem Intervall $I =]a, b[$, $(-\infty \le a < b \le \infty)$. Es gelte $g'(x) \neq 0$ für alle $x \in I$ und es existiere der Limes*

$$\lim_{x \nearrow b} \frac{f'(x)}{g'(x)} =: c \in \mathbb{R}.$$

Dann folgt:

1) *Falls* $\displaystyle\lim_{x \nearrow b} g(x) = \lim_{x \nearrow b} f(x) = 0$, *ist $g(x) \neq 0$ für alle $x \in I$ und*

$$\lim_{x \nearrow b} \frac{f(x)}{g(x)} = c.$$

2) *Falls* $\displaystyle\lim_{x \nearrow b} g(x) = \pm\infty$, *ist $g(x) \neq 0$ für $x \ge x_0$, $(x_0 \in I)$ und es gilt ebenfalls*

$$\lim_{x \nearrow b} \frac{f(x)}{g(x)} = c.$$

Analoge Aussagen gelten für den Grenzübergang $x \searrow a$.

Beweis Wir beweisen die Regel 2 durch Zurückführung auf Teil b) von Lemma 16.11. (Regel 1 wird analog mithilfe von Teil a) des Lemmas bewiesen.)

Wir stellen zunächst fest, dass die Abbildung $g\colon I \to \mathbb{R}$ injektiv ist, denn gäbe es zwei Punkte $x_1 \neq x_2$ in I mit $g(x_1) = g(x_2)$, so erhielte man mit dem Satz von Rolle eine Nullstelle von g', was im Widerspruch zur Voraussetzung steht. Es folgt, dass g streng monoton ist und g' das Vorzeichen nicht wechselt. Wir nehmen an, dass g streng monoton wächst (andernfalls gehe man zu $-g$ über). Das Bild von I unter der Abbildung g ist dann das Intervall $J =]A, \infty[$ mit $A = \lim_{x \searrow a} g(x)$. Wir bezeichnen mit $\psi := g^{-1}\colon J \to I$ die Umkehrabbildung und mit F die zusammengesetzte Abbildung

$$F := f \circ \psi\colon J \to \mathbb{R}.$$

Für die Ableitung von F gilt nach der Kettenregel und dem Satz über die Ableitung der Umkehrfunktion

$$F'(y) = f'(\psi(y))\psi'(y) = \frac{f'(\psi(y))}{g'(\psi(y))}.$$

und aus der Voraussetzung folgt

$$\lim_{y \to \infty} F'(y) = \lim_{x \nearrow b} \frac{f'(x)}{g'(x)} = c.$$

Aus dem Lemma folgt deshalb $\lim\limits_{y \to \infty} \dfrac{F(y)}{y} = c$. Sei nun $x_n \in I$ eine beliebige Folge mit $\lim x_n = b$. Wir setzen $y_n := g(x_n)$. Dann folgt $\lim y_n = \infty$ und es ist

$$\lim_{n \to \infty} \frac{f(x_n)}{g(x_n)} = \lim_{n \to \infty} \frac{f(\psi(y_n))}{y_n} = \lim_{n \to \infty} \frac{F(y_n)}{y_n} = c. \qquad \square$$

Beispiele

(16.4)   Sei $\alpha > 0$. Nach (12.5) gilt $\lim\limits_{x \to \infty} (\log x / x^\alpha) = 0$.

Dies lässt sich auch mit der 2. Regel von de l'Hospital beweisen: Sei $f(x) := \log x$ und $g(x) = x^\alpha$. Die Voraussetzung $\lim\limits_{x \to \infty} g(x) = \infty$ ist erfüllt. Nun ist $f'(x) = 1/x$ und $g'(x) = \alpha x^{\alpha-1}$, also

$$\lim_{x \to \infty} \frac{f'(x)}{g'(x)} = \lim_{x \to \infty} \frac{1}{\alpha x^\alpha} = 0.$$

Daraus folgt

$$\lim_{x \to \infty} \frac{\log x}{x^\alpha} = \lim_{x \to \infty} \frac{f'(x)}{g'(x)} = 0.$$

(16.5)   Manchmal kommt man erst nach Umformungen und mehrmaliger Anwendung der Regeln von de l'Hospital zum Ziel. Sei etwa der Grenzwert

$$\lim_{\substack{x \to 0 \\ x \neq 0}} \left(\frac{1}{\sin x} - \frac{1}{x} \right)$$

zu untersuchen. Es ist

$$\frac{1}{\sin x} - \frac{1}{x} = \frac{x - \sin x}{x \sin x} = \frac{f(x)}{g(x)}$$

mit $f(x) = x - \sin x$ und $g(x) = x \sin x$. Da

$$\lim_{x \to 0} f(x) = f(0) = 0 \quad \text{und} \quad \lim_{x \to 0} g(x) = g(0) = 0,$$

ist also zu untersuchen, ob der Limes

$$\lim_{x \to 0} \frac{f'(x)}{g'(x)} = \lim_{x \to 0} \frac{1 - \cos x}{\sin x + x \cos x}$$

existiert. Wegen $\lim_{x \to 0} f'(x) = f'(0) = 0$ und $\lim_{x \to 0} g'(x) = g'(0) = 0$ kann man erneut Hospital anwenden. Man berechnet

$$f''(x) = \sin x, \qquad g''(x) = 2 \cos x - x \sin x.$$

Da $\lim_{x \to 0} f''(x) = f''(0) = 0$ und $\lim_{x \to 0} g''(x) = g''(0) = 2$, ergibt sich insgesamt

$$\lim_{x \to 0} \frac{f(x)}{g(x)} = \lim_{x \to 0} \frac{f'(x)}{g'(x)} = \lim_{x \to 0} \frac{f''(x)}{g''(x)} = \frac{f''(0)}{g''(0)} = \frac{0}{2} = 0.$$

Also haben wir bewiesen

$$\lim_{\substack{x \to 0 \\ x \neq 0}} \left(\frac{1}{\sin x} - \frac{1}{x} \right) = 0,$$

was bedeutet, dass $\frac{1}{\sin x}$ und $\frac{1}{x}$ für $x \searrow 0$ bzw. $x \nearrow 0$ derart gleichartig gegen $+\infty$ bzw. $-\infty$ gehen, dass ihre Differenz gegen 0 konvergiert.

Aufgaben

16.1 Man untersuche die Funktion $f \colon \mathbb{R} \to \mathbb{R}$,

$$f(x) := x^3 + ax^2 + bx,$$

auf lokale Extrema in Abhängigkeit von den Parametern $a, b \in \mathbb{R}$.

16.2 Man beweise, dass die Funktion

$$f : \mathbb{R}_+ \to \mathbb{R}, \quad f(x) := x^n e^{-x}, \quad (n > 0),$$

genau ein relatives und absolutes Maximum an der Stelle $x = n$ besitzt.

16.3 Man konstruiere eine zweimal stetig differenzierbare Funktion $f : \,]-1, 1[\to \mathbb{R}$ mit folgenden Eigenschaften:

i) f hat in 0 ein striktes lokales Maximum.
ii) Es gibt kein $\varepsilon > 0$, so dass f im Intervall $[0, \varepsilon]$ monoton fallend ist.
iii) Es gibt kein $\varepsilon > 0$, so dass f im Intervall $[-\varepsilon, 0]$ monoton wachsend ist.

16.4 Das *Legendresche Polynom* n-ter Ordnung $P_n : \mathbb{R} \to \mathbb{R}$ ist definiert durch

$$P_n(x) := \frac{1}{2^n n!} \cdot \frac{d^n}{dx^n} \big[(x^2 - 1)^n\big].$$

Man beweise:

a) P_n hat genau n paarweise verschiedene Nullstellen im Intervall $]-1, 1[$.
b) P_n genügt der Differentialgleichung

$$(1 - x^2) P_n''(x) - 2x P_n'(x) + n(n + 1) P_n(x) = 0$$

(Legendresche Differentialgleichung).

Hinweis. Zum Beweis könnten die Formeln aus Aufgabe 15.11 nützlich sein.

16.5 Man beweise, dass jede in einem offenen Intervall $D \subset \mathbb{R}$ konvexe Funktion $f : D \to \mathbb{R}$ stetig ist.

16.6 Für $x = (x_1, \ldots, x_n) \in \mathbb{C}^n$ sei

$$\|x\|_\infty := \max(|x_1|, \ldots, |x_n|).$$

Man beweise $\|x\|_\infty = \lim_{p \to \infty} \|x\|_p$.

16.7 Sei $f : I \to \mathbb{R}$ eine im Intervall $I \subset \mathbb{R}$ (nicht notwendig stetig) differenzierbare Funktion. Man zeige: Für die Funktion $f' : I \to \mathbb{R}$ gilt der Zwischenwertsatz, d. h. sind $x_1, x_2 \in I$ und $c \in \mathbb{R}$ mit $f'(x_1) < c < f'(x_2)$, so gibt es eine Stelle $x_0 \in I$ mit $f'(x_0) = c$.

16.8 Sei $I \subset \mathbb{R}$ ein offenes Intervall, $x_0 \in I$ ein Punkt und $f : I \to \mathbb{R}$ eine stetige Funktion, die in $I \smallsetminus \{x_0\}$ differenzierbar sei. Es existiere der Limes

$$\lim_{\substack{x \to x_0 \\ x \neq x_0}} f'(x) =: c \in \mathbb{R}.$$

Man beweise, dass f in x_0 differenzierbar ist mit $f'(x_0) = c$.

16.9 Sei $a \in \mathbb{R}$ und $\varepsilon > 0$. Die Funktion

$$f : \,]a - \varepsilon, a + \varepsilon[\,\to \mathbb{R}$$

sei zweimal differenzierbar. Man zeige

$$f''(a) = \lim_{h \to 0} \frac{f(a + h) - 2f(a) + f(a - h)}{h^2}.$$

16.10

a) Man beweise den *verallgemeinerten Mittelwertsatz*:
   Sei $a < b$ und seien $f, g : [a, b] \to \mathbb{R}$ zwei stetige Funktionen, die in $]a, b[$ differenzierbar sind. Dann existiert ein $\xi \in \,]a, b[$, so dass

$$(f(b) - f(a))g'(\xi) = (g(b) - g(a))f'(\xi).$$

b) Mithilfe des verallgemeinerten Mittelwertsatzes gebe man einen anderen Beweis der Hospitalschen Regeln (Satz 16.12).

16.11 Man verallgemeinere die Hospitalschen Regeln (Satz 16.12) auf den Fall, dass in der Voraussetzung statt $\lim\limits_{x \nearrow b} \frac{f'(x)}{g'(x)} = c \in \mathbb{R}$ uneigentliche Konvergenz $\lim\limits_{x \nearrow b} \frac{f'(x)}{g'(x)} = \infty$ vorliegt. Es folgt dann (in beiden Regeln)

$$\lim\limits_{x \nearrow b} \frac{f(x)}{g(x)} = \infty.$$

16.12 Man zeige, dass folgende Limites existieren und berechne sie:

a) $\lim\limits_{x \to 0} x \cot x$,

b) $\lim\limits_{x \to 0} \left(\cot x - \frac{1}{x} \right)$,

c) $\lim\limits_{x \to 0} \left(\frac{1}{\sin^2 x} - \frac{1}{x^2} \right)$,

d) $\lim\limits_{x \to \infty} \left(\sqrt{x + \sqrt{x}} - \sqrt{x} \right)$.

16.13 Gegeben sei die Funktion $F_a(x) := (2 - a^{1/x})^x$, $(x \in \mathbb{R}_+^*)$, wobei $0 < a < 1$ ein Parameter sei. Man untersuche, ob die Grenzwerte

$$\lim\limits_{x \searrow 0} F_a(x) \quad \text{und} \quad \lim\limits_{x \to \infty} F_a(x)$$

existieren und berechne sie gegebenenfalls.

Hinweis. Man betrachte die Funktion $\log F_a(x)$.

Numerische Lösung von Gleichungen

17

Wir beschäftigen uns jetzt mit der Lösung von Gleichungen $f(x) = 0$, wobei f eine auf einem Intervall vorgegebene Funktion ist. Nicht immer kann man die Lösungen, wie dies etwa bei quadratischen Polynomen der Fall ist, durch einen expliziten Ausdruck angeben. Es sind Näherungsmethoden notwendig, bei denen die Lösungen als Grenzwerte von Folgen dargestellt werden, deren einzelne Glieder berechnet werden können. Für die Brauchbarkeit eines Näherungsverfahrens ist es wichtig, Fehlerabschätzungen zu haben, damit man weiß, wann man bei vorgegebener Fehlerschranke das Verfahren abbrechen darf.

Ein Fixpunktsatz

Sei $f : [a, b] \to \mathbb{R}$ eine stetige Funktion auf dem Intervall $[a, b] \subset \mathbb{R}$. Ein *Fixpunkt* von f ist ein Element $\xi \in [a, b]$, das durch f auf sich selbst abgebildet wird, d. h. $f(\xi) = \xi$. Zur Auffindung eines Fixpunkts bietet sich folgendes Näherungsverfahren an. Mit einem Näherungswert x_0 werde rekursiv durch

$$x_n := f(x_{n-1}), \quad n \geqslant 1,$$

eine Folge (x_n) definiert. Falls diese Folge wohldefiniert ist (d. h. jedes x_n wieder im Definitionsbereich von f liegt) und gegen ein

© Der/die Autor(en), exklusiv lizenziert an Springer Fachmedien Wiesbaden GmbH, ein Teil von Springer Nature 2023
O. Forster, F. Lindemann, *Analysis 1*, Grundkurs Mathematik,
https://doi.org/10.1007/978-3-658-40130-6_17

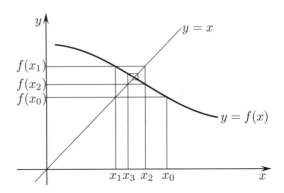

Abb. 17 A Zum Fixpunktsatz

$\xi \in [a, b]$ konvergiert, so ist ξ ein Fixpunkt, denn aus der Stetigkeit von f folgt

$$\xi = \lim_{n \to \infty} x_n = \lim_{n \to \infty} f(x_{n-1}) = f(\xi).$$

Einen wichtigen Fall, in dem das Verfahren konvergiert, enthält der folgende Satz. Abb. 17 A veranschaulicht das Iterationsverfahren am Graphen von f.

Satz 17.1 *Sei $D \subset \mathbb{R}$ ein abgeschlossenes Intervall und f : $D \to \mathbb{R}$ eine differenzierbare Funktion mit $f(D) \subset D$. Es gebe eine Konstante q mit $0 \leqslant q < 1$, so dass $|f'(x)| \leqslant q$ für alle $x \in D$. Sei $x_0 \in D$ beliebig und*

$$x_n := f(x_{n-1}) \quad \text{für } n \geqslant 1.$$

Dann konvergiert die Folge (x_n) gegen die eindeutige Lösung $\xi \in D$ der Gleichung $f(\xi) = \xi$. Es gilt die Fehlerabschätzung

$$|\xi - x_n| \leqslant \frac{q}{1-q} |x_n - x_{n-1}| \leqslant \frac{q^n}{1-q} |x_1 - x_0|.$$

Bemerkung Wie die Fehlerabschätzung zeigt, kann man aus der Differenz zweier aufeinanderfolgender Näherungswerte auf die

Genauigkeit der Näherung schließen. Z.B. für $q \leqslant \frac{1}{2}$ ist der Fehler der n-ten Näherung nicht größer als der Unterschied zwischen der $(n-1)$-ten und der n-ten Näherung.

Das Verfahren konvergiert umso schneller, je kleiner q ist. Dies kann man manchmal durch geeignete Umformungen erreichen. Es sei etwa eine Gleichung $F(x) = 0$ zu lösen, wo F eine stetig differenzierbare Funktion ist. Für einen Näherungswert x_* der Lösung sei $F'(x_*) =: c \neq 0$. Setzt man

$$f(x) := x - \frac{1}{c} \cdot F(x),$$

so ist die Gleichung $F(\xi) = 0$ äquivalent mit $f(\xi) = \xi$. Es gilt $f'(x_*) = 0$, also ist $|f'(x)|$ klein, falls x hinreichend nahe bei x_* liegt.

Beweis von Satz 17.1 a) Aus dem Mittelwertsatz erhält man

$$|f(x) - f(y)| \leqslant q|x - y| \quad \text{für alle } x, y \in D.$$

Daraus folgt insbesondere

$$|x_{n+1} - x_n| = |f(x_n) - f(x_{n-1})| \leqslant q|x_n - x_{n-1}|$$

und durch Induktion über n

$$|x_{n+1} - x_n| \leqslant q^n|x_1 - x_0| \quad \text{für alle } n \in \mathbb{N}.$$

Da

$$x_{n+1} = x_0 + \sum_{k=0}^{n}(x_{k+1} - x_k),$$

und die Reihe $\sum_{k=0}^{\infty}(x_{k+1} - x_k)$ nach dem Majorantenkriterium konvergiert, existiert

$$\xi := \lim_{n \to \infty} x_n.$$

Weil D ein abgeschlossenes Intervall ist, liegt ξ in D und genügt nach dem eingangs Bemerkten der Gleichung $\xi = f(\xi)$.

b) Zur Eindeutigkeit. Ist $\eta \in D$ eine weitere Lösung der Gleichung $\eta = f(\eta)$, so gilt

$$|\xi - \eta| = |f(\xi) - f(\eta)| \leqslant q|\xi - \eta| \,,$$

woraus wegen $q < 1$ folgt $|\xi - \eta| = 0$, also $\xi = \eta$.

c) Fehlerabschätzung. Für alle $n \geqslant 1$ und $k \geqslant 1$ gilt

$$|x_{n+k} - x_{n+k-1}| \leqslant q^k |x_n - x_{n-1}| \,.$$

Da $\xi - x_n = \sum_{k=1}^{\infty} (x_{n+k} - x_{n+k-1})$, folgt daraus

$$|\xi - x_n| \leqslant \sum_{k=1}^{\infty} q^k |x_n - x_{n-1}|$$

$$= \frac{q}{1-q} |x_n - x_{n-1}| \leqslant \frac{q^n}{1-q} |x_1 - x_0| \,. \qquad \square$$

(17.1) Als *Beispiel* wollen wir das Maximum der Funktion

$$F : \mathbb{R}_+^* \to \mathbb{R}, \qquad x \mapsto F(x) := \frac{1}{x^5 (e^{1/x} - 1)},$$

bestimmen, vgl. Abb. 17 B. Die Funktion F hängt eng mit der *Planckschen Strahlungsfunktion*

$$J(\lambda) = \frac{c^2 h}{\lambda^5 \left(\exp\left(\frac{ch}{\lambda kT}\right) - 1\right)}$$

zusammen, welche die Strahlungsintensität eines schwarzen Körpers bei der absoluten Temperatur T in Abhängigkeit von der Wellenlänge λ angibt; dabei ist c die Lichtgeschwindigkeit, h die Plancksche und k die Boltzmannsche Konstante. Setzt man $x = \frac{kT}{ch}\lambda$, so ist

$$J(\lambda) = \frac{k^5 T^5}{c^3 h^4} F(x) \,.$$

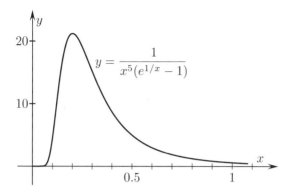

Abb. 17 B   Die Plancksche Strahlungsfunktion

Für $x > 0$ ist

$$F'(x) = -\frac{5x^4\left(e^{1/x} - 1\right) - x^3 e^{1/x}}{x^{10}\left(e^{1/x} - 1\right)^2},$$

also $F'(x) = 0$ genau dann, wenn

$$5x\left(e^{1/x} - 1\right) - e^{1/x} = 0.$$

Substituiert man $t := 1/x$, so ist dies äquivalent mit

$$5\left(1 - e^{-t}\right) = t.$$

Mit $f(t) := 5(1 - e^{-t})$ hat man also die Gleichung $f(t) = t$ zu lösen. Wir zeigen zunächst, dass die Gleichung in $\mathbb{R}_+^*$ genau eine Lösung t^* besitzt, die im Intervall $[4, 5]$ liegt. Es ist $f'(t) = 5e^{-t}$, also $f'(t) > 1$ für $t < \log 5$. Im Intervall $[0, \log 5]$ ist also die Funktion $f(t) - t$ streng monoton wachsend. Wegen $f(0) = 0$ gilt $f(t) > t$ für alle $t \in {]0, \log 5]}$. Für $t > \log 5$ gilt $f'(t) < 1$, also ist die Funktion $f(t) - t$ im Intervall $[\log 5, \infty[$ streng monoton fallend, hat also dort höchstens eine Nullstelle. Wegen

$$f(4) = 4.90\ldots > 4,$$
$$f(5) = 4.96\ldots < 5$$

gibt es nach dem Zwischenwertsatz tatsächlich eine Nullstelle t^* von $f(t) - t$ im Intervall $[4, 5]$. Es ist

$$q := \sup_{t \in [4,5]} |f'(t)| = f'(4) = 5e^{-4} = 0.09157\ldots,$$

$$\frac{q}{1-q} = 0.1008\ldots,$$

also konvergiert die Folge $t_0 := 5$, $t_{n+1} := f(t_n)$, gegen t^* und man hat die Fehlerabschätzung

$$|t^* - t_n| \leqslant 0.101 |t_n - t_{n-1}|\,.$$

Man braucht also nur solange zu rechnen, bis die Differenz aufeinander folgender Glieder eine vorgegebene Fehlerschranke ε unterschreitet. Für $\varepsilon = 10^{-6}$ ergibt eine Rechnung mit 8 Nachkommastellen

n	t_n
0	5.0
1	4.96631026
2	4.96515593
3	4.96511569
4	4.96511428
5	4.96511423

Nach 5 Schritten haben wir schon die gewünschte Genauigkeit erreicht; es ist $t^* = 4.965\,114\ldots$. Für das ursprüngliche Problem bedeutet das, dass die Gleichung $F'(x) = 0$ in $\mathbb{R}_+^*$ genau eine Lösung hat und zwar

$$x^* = \frac{1}{t^*} = 0.201\,405\,2 \pm 10^{-7}.$$

Da $\lim_{x \searrow 0} F(x) = 0$ und $\lim_{x \to \infty} F(x) = 0$, hat die Funktion F an der Stelle x^* ihr einziges Maximum. Die maximale Strahlungsintensität eines schwarzen Körpers der Temperatur T liegt also bei der Wellenlänge

$$\lambda_{\max} = 0.2014\,\frac{ch}{kT}\,.$$

Das Newtonsche Verfahren

Das Newtonsche Verfahren zur Lösung der Gleichung $f(x) = 0$ besteht darin, bei einem Näherungswert x_0 den Graphen von f durch die Tangente zu ersetzen und deren Schnittpunkt mit der x-Achse als neuen Näherungswert x_1 zu benützen und dann das Verfahren zu iterieren, vgl. Abb. 17 C.

Formelmäßig ausgedrückt bedeutet das

$$x_{n+1} := x_n - \frac{f(x_n)}{f'(x_n)}, \quad (n \in \mathbb{N}).$$

Sei f in dem abgeschlossenen Intervall $D \subset \mathbb{R}$ definiert und stetig differenzierbar mit $f'(x) \neq 0$ für alle $x \in D$. Falls die durch die obige Iterationsvorschrift gebildete Folge (x_n) wohldefiniert ist und gegen ein $\xi \in D$ konvergiert, so folgt aus Stetigkeitsgründen

$$\xi = \xi - \frac{f(\xi)}{f'(\xi)}, \quad \text{also} \quad f(\xi) = 0.$$

Im Allgemeinen braucht das Verfahren jedoch nicht zu konvergieren (Abb. 17 D).

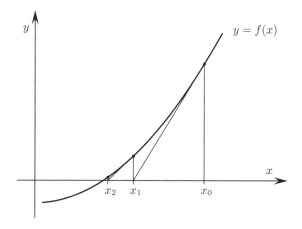

Abb. 17 C Newton-Verfahren

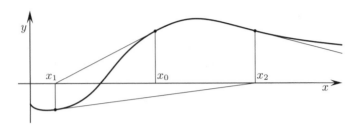

Abb. 17 D Newton-Verfahren, hier nicht erfolgreich

Einen wichtigen Fall, in dem Konvergenz auftritt, enthält der folgende Satz.

Satz 17.2 *Es sei* $f : [a, b] \to \mathbb{R}$ *eine zweimal differenzierbare konvexe Funktion mit* $f(a) < 0$ *und* $f(b) > 0$. *Dann gilt:*

a) *Es gibt genau ein* $\xi \in \,]a, b[$ *mit* $f(\xi) = 0$.

b) *Ist* $x_0 \in \,]a, b]$ *ein beliebiger Punkt mit* $f(x_0) \geq 0$, *so ist die Folge*

$$x_{n+1} := x_n - \frac{f(x_n)}{f'(x_n)}, \quad (n \in \mathbb{N}),$$

wohldefiniert und konvergiert monoton fallend gegen ξ.

c) *Gilt* $f'(\xi) \geq C > 0$ *und* $f''(x) \leq K$ *für alle* $x \in \,]\xi, b[$, *so hat man für jedes* $n \geq 1$ *die Abschätzungen*

$$|x_{n+1} - x_n| \leq |\xi - x_n| \leq \frac{K}{2C}|x_n - x_{n-1}|^2.$$

Bemerkungen 1) Analoge Aussagen gelten natürlich auch, falls f konkav ist oder $f(a) > 0$ und $f(b) < 0$ gilt.

2) Die Fehlerabschätzung sagt, dass beim Newtonschen Verfahren sogenannte *quadratische Konvergenz* vorliegt. Ist etwa $\frac{K}{2C}$ größenordnungsmäßig gleich 1 und stimmen x_{n-1} und x_n auf k Dezimalen überein, so ist der Näherungswert x_n auf $2k$ Dezimalstellen genau und bei jedem weiteren Iterationsschritt verdoppelt sich die Zahl der gültigen Stellen.

Beweis von Satz 17.2 a) Da $f''(x) \geqslant 0$ für alle $x \in]a, b[$, ist die Funktion f' im ganzen Intervall $[a, b]$ monoton wachsend. Nach Satz 11.2 existiert ein $q \in [a, b]$ mit

$$f(q) = \inf\{f(x) : x \in [a, b]\} < 0.$$

Falls $q \neq a$, gilt $f'(q) = 0$, also $f'(x) \leqslant 0$ für $x \leqslant q$. Die Funktion f ist also im Intervall $[a, q]$ monoton fallend und kann dort keine Nullstelle haben.

In jedem Fall liegen alle Nullstellen von $f : [a, b] \to \mathbb{R}$ im Intervall $]q, b[$ und nach dem Zwischenwertsatz gibt es dort mindestens eine Nullstelle. Angenommen, es gäbe zwei Nullstellen $\xi_1 < \xi_2$. Nach dem Mittelwertsatz existiert ein $t \in]q, \xi_1[$ mit

$$f'(t) = \frac{f(\xi_1) - f(q)}{\xi_1 - q} = \frac{-f(q)}{\xi_1 - q} > 0,$$

also gilt auch $f'(x) > 0$ für alle $x \geqslant \xi_1$. Die Funktion f ist also im Intervall $[\xi_1, b]$ streng monoton wachsend und kann keine zweite Nullstelle $\xi_2 > \xi_1$ besitzen.

b) Sei $x_0 \in [a, b]$ mit $f(x_0) \geqslant 0$. Dann ist notwendig $x_0 \geqslant \xi$. Wir beweisen durch Induktion, dass für die durch

$$x_{n+1} := x_n - \frac{f(x_n)}{f'(x_n)}$$

definierte Folge gilt $f(x_n) \geqslant 0$ und $\xi \leqslant x_n \leqslant x_{n-1}$ für alle n.

Induktionsschritt $n \to n + 1$. Aus $x_n \geqslant \xi$ folgt $f'(x_n) \geqslant f'(\xi) > 0$, also $\frac{f(x_n)}{f'(x_n)} \geqslant 0$ und daher $x_{n+1} \leqslant x_n$. Als nächstes zeigen wir $f(x_{n+1}) \geqslant 0$.

Dazu betrachten wir die Hilfsfunktion

$$\varphi(x) := f(x) - f(x_n) - f'(x_n)(x - x_n).$$

Wegen der Monotonie von f' gilt

$$\varphi'(x) = f'(x) - f'(x_n) \leqslant 0 \quad \text{für } x \leqslant x_n.$$

Da $\varphi(x_n) = 0$, ist $\varphi(x) \geqslant 0$ für $x \leqslant x_n$, also insbesondere

$$0 \leqslant \varphi(x_{n+1}) = f(x_{n+1}) - f(x_n) - f'(x_n)(x_{n+1} - x_n)$$
$$= f(x_{n+1}).$$

Wegen $f(x_{n+1}) \geqslant 0$ muss aber $x_{n+1} \geqslant \xi$ gelten, da man sonst einen Widerspruch zum Zwischenwertsatz erhielte.

Wir haben damit bewiesen, dass die Folge (x_n) monoton fällt und durch ξ nach unten beschränkt ist. Also existiert $\lim x_n =: x^*$. Nach dem eingangs Bemerkten gilt dann $f(x^*) = 0$ und wegen der Eindeutigkeit der Nullstelle ist $x^* = \xi$.

c) Da f' monoton wächst und $f'(\xi) \geqslant C$, gilt $f'(x) \geqslant C$ für alle $x \geqslant \xi$. Daraus folgt $f(x) \geqslant C(x - \xi)$ für alle $x \geqslant \xi$, insbesondere

$$|\xi - x_n| \leqslant \frac{f(x_n)}{C}.$$

Um $f(x_n)$ abzuschätzen, betrachten wir die Hilfsfunktion

$$\psi(x) := f(x) - f(x_{n-1}) - f'(x_{n-1})(x - x_{n-1}) - \frac{K}{2}(x - x_{n-1})^2.$$

Differentiation ergibt

$$\psi'(x) = f'(x) - f'(x_{n-1}) - K(x - x_{n-1}),$$
$$\psi''(x) = f''(x) - K \leqslant 0 \quad \text{für alle } x \in \,]\xi, b[\,.$$

Die Funktion ψ' ist also im Intervall $[\xi, b]$ monoton fallend. Da $\psi'(x_{n-1}) = 0$, folgt $\psi'(x) \geqslant 0$ für $x \in [\xi, x_{n-1}]$. Da auch $\psi(x_{n-1}) = 0$, folgt weiter $\psi(x) \leqslant 0$ für $x \in [\xi, x_{n-1}]$, insbesondere $\psi(x_n) \leqslant 0$, d. h.

$$f(x_n) \leqslant \frac{K}{2}(x_n - x_{n-1})^2, \quad \text{also}$$
$$|\xi - x_n| \leqslant \frac{f(x_n)}{C} \leqslant \frac{K}{2C}(x_n - x_{n-1})^2.$$

Damit ist Satz 17.2 vollständig bewiesen. $\square$

Beispiele

(17.2)   Sei k eine natürliche Zahl $\geqslant 2$ und $a \in \mathbb{R}_+^*$. Wir betrachten die Funktion

$$f: \mathbb{R}_+ \to \mathbb{R}, \quad f(x) := x^k - a.$$

Es ist $f'(x) = k x^{k-1}$ und $f''(x) = k(k-1)x^{k-2} \geqslant 0$ für $x \geqslant 0$, also f konvex. Das Newtonsche Verfahren zur Nullstellenberechnung ist daher anwendbar. Es gilt

$$x - \frac{f(x)}{f'(x)} = x - \frac{x^k - a}{k x^{k-1}} = \frac{1}{k}\left((k-1)x + \frac{a}{x^{k-1}}\right).$$

Für beliebiges x_0 mit $x_0^k > a$ konvergiert deshalb die Folge

$$x_{n+1} := \frac{1}{k}\left((k-1)x_n + \frac{a}{x_n^{k-1}}\right), \quad (n \in \mathbb{N}),$$

gegen $\sqrt[k]{a}$. (Falls $x_0^k < a$, ist $x_1^k > a$ und das Verfahren konvergiert dann ebenfalls.) Wir haben somit das in Kap. 6.2 beschriebene Verfahren zur Wurzelberechnung als Spezialfall des Newton-Verfahrens wiedergefunden. Siehe dazu auch Aufgabe 17.4.

(17.3)   Wir wollen die Gleichung $\sin x = \frac{1}{2}$ im Intervall $0 \leqslant x \leqslant 1$ lösen. Es handelt sich also um die Nullstellen-Bestimmung der Funktion

$$f : [0, 1] \to \mathbb{R}, \quad f(x) := \sin x - \frac{1}{2}.$$

Wir wissen aus Satz 14.8 b), dass die Lösung den Wert $x = \pi/6$ hat. Dies ist daher eine Möglichkeit zur Berechnung von π.

Für die Funktion f gilt

$$f'(x) = \cos x > 0 \quad \text{und} \quad f''(x) = -\sin x < 0$$

Abb. 17 E Lösung der
Gleichung $\sin(x) = \frac{1}{2}$

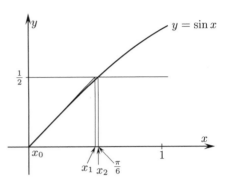

für alle $x \in [0, 1]$. Die Funktion ist also streng monoton wachsend
und konkav. Da

$$f(0) = -\frac{1}{2} < 0 \quad \text{und} \quad f(1) > f(\pi/4) = \frac{1}{2}(\sqrt{2} - 1) > 0,$$

lässt sich das Newtonsche Verfahren anwenden und die durch

$$x_0 := 0,$$

$$x_{n+1} := x_n - \frac{f(x_n)}{f'(x_n)} = x_n + \frac{\frac{1}{2} - \sin(x_n)}{\cos(x_n)}$$

rekursiv definierte Folge konvergiert monoton wachsend gegen
die Lösung $\xi = \pi/6$ der Gleichung $f(\xi) = 0$, siehe Abb. 17 E.

Zur Fehlerabschätzung. Analog zu Satz 17.2 c) erhalten wir
wegen

$$f'(\xi) > \cos(1) =: C > \frac{1}{2},$$

$$|f''(x)| = \sin(x) \leqslant K := \frac{1}{2} \quad \text{für alle } x \in [0, \xi],$$

dass

$$|x_{n+1} - x_n| \leqslant |\xi - x_n| \leqslant \frac{K}{2C}|x_n - x_{n-1}|^2 \leqslant \frac{1}{2}|x_n - x_{n-1}|^2,$$

also quadratische Konvergenz.

Wir rechnen mit 22 Nachkommastellen (Da $\xi < 0.55$ und $\frac{0.55^{20}}{20!} < 3 \cdot 10^{-24}$, brauchen wir dazu die Reihen von Sinus und Cosinus nur bis einschließlich den Gliedern der Ordnung 19 bzw. 18.)

n	x_n
0	0.0
1	0.5
2	0.52344 44738 18484 04790 14
3	0.52359 87687 27057 94589 82
4	0.52359 87755 98298 85944 76
5	0.52359 87755 98298 87307 71
6	0.52359 87755 98298 87307 71

Man sieht, dass (wegen der quadratischen Konvergenz) schon nach dem 5-ten Iterationsschritt die gewünschte Genauigkeit erreicht ist. Damit erhalten wir $\pi = 6 \cdot x_5 \pm 10^{-21}$ auf 20 Nachkommastellen genau:

$$\pi = 3.14159\,26535\,89793\,23846\ldots.$$

Bemerkung Wir werden in (22.6) eine weitere, bequemere Methode zur Berechnung von π mit großer Genauigkeit kennen lernen, die sog. *Machinsche Formel*.

Aufgaben

17.1 Sei $k > 0$ eine natürliche Zahl. Man zeige, dass die Gleichung $x = \tan x$ im Intervall $(k - \frac{1}{2})\pi < x < (k + \frac{1}{2})\pi$ genau eine Lösung ξ besitzt und dass die Folge

$$x_0 := \left(k + \tfrac{1}{2}\right)\pi$$
$$x_{n+1} := k\pi + \arctan x_n\,, \quad (n \in \mathbb{N}),$$

gegen ξ konvergiert. Man berechne ξ mit einer Genauigkeit von 10^{-6} für die Fälle $k = 1, 2, 3$.

17.2 Man zeige, dass die Gleichung

$$\log(1 - x) = -2x \qquad (\star)$$

im Intervall $0 < x < 1$ genau eine Lösung x_* besitzt und berechne sie mit einer Genauigkeit von 10^{-6}.

Hinweis. Die Gleichung $(\star)$ ist äquivalent mit der Fixpunkt-gleichung

$$x = 1 - e^{-2x}.$$

17.3 Man berechne alle reellen Nullstellen des Polynoms $f(x) = x^5 - x - \frac{1}{5}$ mit einer Genauigkeit von 10^{-6}.

17.4 a) Nach Beispiel (17.2) wird das Newtonsche Verfahren zur Berechnung der 3. Wurzel von $a \in \mathbb{R}_+^*$ durch die Iterationsvorschrift $x_{n+1} = \frac{1}{3}(2x_n + a/x_n^2)$ mit beliebigem Anfangswert $x_0 > 0$ gegeben.

Man zeige, dass auch die durch

$$x_{n+1} = \frac{1}{2}\left(x_n + \frac{a}{x_n^2}\right)$$

rekursiv definierte Folge gegen $\sqrt[3]{a}$ konvergiert und vergleiche die Konvergenzgeschwindigkeit beider Verfahren.

b) Man untersuche das Konvergenzverhalten der durch

$$x_{n+1} = \frac{1}{2}\left(x_n + \frac{a}{x_n^3}\right) \quad \text{bzw.} \quad x_{n+1} = \frac{1}{2}\left(x_n + \frac{a}{x_n^4}\right)$$

rekursiv definierten Folgen.

17.5 Man leite ein weitere hinreichende Bedingung für die Konvergenz des Newton-Verfahrens zur Lösung von $f(x) = 0$ her, indem man auf die Funktion

$$F(x) := x - \frac{f(x)}{f'(x)}$$

den Satz 17.1 anwende.

17.6 Sei $a > 0$ vorgegeben. Die Folge $(a_n)_{n \in \mathbb{N}}$ werde rekursiv definiert durch

$$a_0 := a \quad \text{und} \quad a_{n+1} := a^{a_n} \quad \text{für alle } n \geqslant 0.$$

a) Man zeige: Die Folge $(a_n)_{n \in \mathbb{N}}$ konvergiert für $1 \leqslant a \leqslant e^{1/e}$ und divergiert für $a > e^{1/e}$.
   Hinweis. Ein möglicher Grenzwert ist Fixpunkt der Abbildung $x \mapsto a^x$.

b) Man bestimme den (exakten) Wert von $\lim_{n \to \infty} a_n$ für $a = e^{1/e}$ und eine numerische Näherung (mit einer Genauigkeit von 10^{-6}) von $\lim_{n \to \infty} a_n$ für $a = 6/5$.

c) Wie ist das Konvergenzverhalten der Folge für einen Anfangswert $a \in \,]0, 1[$?

Das Riemannsche Integral 18

Die Integration ist neben der Differentiation die wichtigste Anwendung des Grenzwertbegriffs in der Analysis. Wir definieren das Integral zunächst für Treppenfunktionen, wobei noch keine Grenzwertbetrachtungen nötig sind und der elementargeometrische Flächeninhalt von Rechtecken zugrundeliegt. Das Integral allgemeinerer Funktionen wird dann durch Approximation mittels Treppenfunktionen definiert.

Treppenfunktionen

Für $a, b \in \mathbb{R}$, $a < b$, bezeichne $\mathcal{T}[a, b]$ die Menge aller Treppenfunktionen $\varphi : [a, b] \to \mathbb{R}$. Wie in (10.9) definiert, heißt eine Funktion $\varphi : [a, b] \to \mathbb{R}$ Treppenfunktion, falls es eine Unterteilung

$$a = x_0 < x_1 < \ldots < x_n = b$$

des Intervalls $[a, b]$ gibt, so dass φ auf jedem offenen Teilintervall $]x_{k-1}, x_k[$ konstant ist. Die Werte von φ in den Teilpunkten sind beliebig.

Wir zeigen nun, dass $\mathcal{T}[a, b]$ ein Untervektorraum des Vektorraums aller reellen Funktionen $f : [a, b] \to \mathbb{R}$ ist. Dazu sind folgende Eigenschaften nachzuweisen:

1) $0 \in \mathcal{T}[a, b]$,
2) $\varphi, \psi \in \mathcal{T}[a, b] \;\Rightarrow\; \varphi + \psi \in \mathcal{T}[a, b]$,
3) $\varphi \in \mathcal{T}[a, b], \lambda \in \mathbb{R} \;\Rightarrow\; \lambda\varphi \in \mathcal{T}[a, b]$.

© Der/die Autor(en), exklusiv lizenziert an Springer Fachmedien Wiesbaden GmbH, ein Teil von Springer Nature 2023
O. Forster, F. Lindemann, *Analysis 1*, Grundkurs Mathematik,
https://doi.org/10.1007/978-3-658-40130-6_18

Die Eigenschaften 1) und 3) sind trivial. Es genügt daher, die Aussage 2) zu beweisen. Die Treppenfunktion φ sei definiert bzgl. der Unterteilung

$$Z : a = x_0 < x_1 < \ldots < x_n = b$$

und ψ bzgl. der Unterteilung

$$Z' : a = x_0' < x_1' < \ldots < x_m' = b\,.$$

Nun sei $a = t_0 < t_1 < \ldots < t_k = b$ diejenige Unterteilung von $[a,b]$, die alle Teilpunkte von Z und Z' enthält, d. h.

$$\{t_0, t_1, \ldots, t_k\} = \{x_0, x_1, \ldots, x_n\} \cup \{x_0', x_1', \ldots, x_m'\}\,.$$

Dann sind φ und ψ konstant auf jedem Teilintervall $]t_{j-1}, t_j[$, also ist auch $\varphi + \psi$ auf $]t_{j-1}, t_j[$ konstant. Deshalb gilt $\varphi + \psi \in \mathcal{T}[a,b]$.

Definition (Integral für Treppenfunktionen)   Sei $\varphi \in \mathcal{T}[a,b]$ definiert bzgl. der Unterteilung

$$a = x_0 < x_1 < \ldots < x_n = b$$

und sei $\varphi \mid]x_{k-1}, x_k[= c_k$ für $k = 1, \ldots, n$. Dann setzt man

$$\int\limits_a^b \varphi(x)\, dx := \sum_{k=1}^n c_k (x_k - x_{k-1})\,.$$

Geometrische Deutung   Falls $\varphi(x) \geqslant 0$ für alle $x \in [a,b]$, kann man $\int_a^b \varphi(x)\, dx$ als die zwischen der x-Achse und dem Graphen von φ liegende Fläche deuten (schraffierte Fläche in Abb. 18 A). Falls φ auf einigen Teilintervallen negativ ist, sind die entsprechenden Flächen negativ in Ansatz zu bringen (Abb. 18 B).

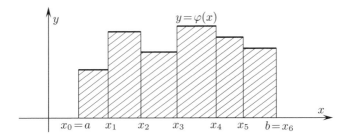

Abb. 18 A Integral einer Treppenfunktion

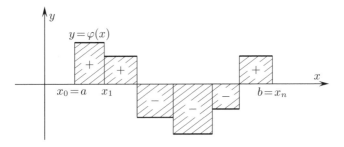

Abb. 18 B Treppenfunktion mit wechselndem Vorzeichen

Bemerkung Damit das Integral $\int_a^b \varphi(x)\,dx$ einer Treppenfunktion wohldefiniert ist, muss man streng genommen noch zeigen, dass die Definition unabhängig von der Unterteilung ist. Es seien

$$Z : a = x_0 < x_1 < \ldots < x_n = b\,,$$
$$Z' : a = t_0 < t_1 < \ldots < t_m = b$$

zwei Unterteilungen, auf deren offenen Teilintervallen φ konstant ist, und zwar sei

$$\varphi \mid \,]x_{i-1}, x_i[\, = c_i\,, \qquad \varphi \mid \,]t_{j-1}, t_j[\, = c_j'\,.$$

Wir setzen zur Abkürzung

$$\int_Z \varphi := \sum_{i=1}^{n} c_i\,(x_i - x_{i-1})\,, \qquad \int_{Z'} \varphi := \sum_{j=1}^{m} c_j'\,(t_j - t_{j-1})\,.$$

Es ist zu zeigen, dass $\int_Z \varphi = \int_{Z'} \varphi$.

1. Fall. Jeder Teilpunkt von Z ist auch Teilpunkt von Z', etwa $x_i = t_{k_i}$. Dann gilt

$$x_{i-1} = t_{k_{i-1}} < t_{k_{i-1}+1} < \ldots < t_{k_i} = x_i , \quad (1 \leqslant i \leqslant n),$$

und $c'_j = c_i$ für $k_{i-1} < j \leqslant k_i$. Daraus folgt

$$\int_{Z'} \varphi = \sum_{i=1}^{n} \sum_{j=k_{i-1}+1}^{k_i} c_i(t_j - t_{j-1}) = \sum_{i=1}^{n} c_i(x_i - x_{i-1}) = \int_Z \varphi.$$

2. Fall. Seien Z und Z' beliebig und sei Z^* die Unterteilung, die alle Teilpunkte von Z und Z' umfasst. Dann gilt nach dem 1. Fall

$$\int_Z \varphi = \int_{Z^*} \varphi = \int_{Z'} \varphi . \qquad \square$$

Satz 18.1 (Linearität und Monotonie) *Seien $\varphi, \psi \in \mathcal{T}[a,b]$ und $\lambda \in \mathbb{R}$. Dann gilt:*

a) $\int_a^b (\varphi + \psi)(x)\,dx = \int_a^b \varphi(x)\,dx + \int_a^b \psi(x)\,dx$.

b) $\int_a^b (\lambda\varphi)(x)\,dx = \lambda \int_a^b \varphi(x)\,dx$.

c) $\varphi \leqslant \psi \implies \int_a^b \varphi(x)\,dx \leqslant \int_a^b \psi(x)\,dx$.

Dabei wird für Funktionen $\varphi, \psi : [a,b] \to \mathbb{R}$ definiert:

$$\varphi \leqslant \psi \quad :\Longleftrightarrow \quad \varphi(x) \leqslant \psi(x) \quad \text{für alle } x \in [a,b] .$$

Bemerkung Man drückt den Inhalt von Satz 18.1 auch so aus: Das Integral ist ein *lineares, monotones Funktional* auf dem Vektorraum $\mathcal{T}[a,b]$.

Beweis Nach dem oben Bemerkten können φ und ψ bzgl. derselben Unterteilung des Intervalls $[a, b]$ definiert werden. Die Aussagen des Satzes sind dann trivial. □

Definition (Oberintegral, Unterintegral) Sei $f: [a, b] \to \mathbb{R}$ eine beliebige beschränkte Funktion. Dann setzt man

$$\int_a^{b*} f(x)\, dx := \inf\left\{\int_a^b \varphi(x)\, dx : \varphi \in \mathcal{T}[a, b],\ \varphi \geq f\right\},$$

$$\int_{a*}^b f(x)\, dx := \sup\left\{\int_a^b \varphi(x)\, dx : \varphi \in \mathcal{T}[a, b],\ \varphi \leq f\right\}.$$

Beispiele

(18.1) Für jede Treppenfunktion $\varphi \in \mathcal{T}[a, b]$ gilt

$$\int_a^{b*} \varphi(x)\, dx = \int_{a*}^b \varphi(x)\, dx = \int_a^b \varphi(x)\, dx.$$

(18.2) Sei $f: [0, 1] \to \mathbb{R}$ die schon in (10.10) betrachtete Dirichletsche Funktion

$$f(x) := \begin{cases} 1, & \text{falls } x \text{ rational,} \\ 0, & \text{falls } x \text{ irrational.} \end{cases}$$

Dann gilt $\int_0^{1*} f(x)\, dx = 1$ und $\int_{0*}^1 f(x)\, dx = 0$.

Bemerkung Es gilt stets $\int_{a*}^b f(x)\, dx \leq \int_a^{b*} f(x)\, dx$.

Definition   Eine beschränkte Funktion $f\colon [a,b] \to \mathbb{R}$ heißt *Riemann-integrierbar*, wenn

$$\int_a^{b*} f(x)\, dx = \int_{a*}^b f(x)\, dx\,.$$

In diesem Fall setzt man

$$\int_a^b f(x)\, dx := \int_a^{b*} f(x)\, dx\,.$$

Bemerkung   Diese Definition des Integrals für Riemann-integrierbare Funktionen $f\colon [a,b] \to \mathbb{R}$ ergibt sich zwangsläufig, wenn man das Integral so erklären will, dass es für Treppenfunktionen mit dem schon definierten Integral übereinstimmt und dass aus $f \leqslant g$ folgt $\int f \leqslant \int g$. (Hier sei $\int f$ eine Abkürzung für $\int_a^b f(x)\, dx$, usw.) Denn für jede Treppenfunktion $\varphi \geqslant f$ gilt dann $\int f \leqslant \int \varphi$, also $\int f \leqslant \int^* f$. Ebenso folgt $\int f \geqslant \int_* f$. Falls also Ober- und Unterintegral von f übereinstimmen, muss der gemeinsame Wert notwendig das Integral von f sein.

(18.3)   *Beispiele.* Nach (18.1) ist jede Treppenfunktion Riemann-integrierbar. Die in (18.2) definierte Funktion ist nicht Riemann-integrierbar.

Schreibweise   Anstelle der Integrationsvariablen x können auch andere Buchstaben verwendet werden (sofern sie nicht mit anderen Bezeichnungen kollidieren):

$$\int_a^b f(x)\, dx = \int_a^b f(t)\, dt = \int_a^b f(\xi)\, d\xi = \dots\,.$$

Satz 18.2 (Einschließung zwischen Treppenfunktionen) *Eine Funktion $f : [a, b] \to \mathbb{R}$ ist genau dann Riemann-integrierbar, wenn zu jedem $\varepsilon > 0$ Treppenfunktionen $\varphi, \psi \in \mathcal{T}[a, b]$ existieren mit*

$$\varphi \leq f \leq \psi$$

und

$$\int\limits_a^b \psi(x)\, dx - \int\limits_a^b \varphi(x)\, dx \leq \varepsilon.$$

Dies folgt unmittelbar aus der Definition von inf und sup.

Im Folgenden schreiben wir statt Riemann-integrierbar kurz integrierbar.

Satz 18.3 *Jede stetige Funktion $f : [a, b] \to \mathbb{R}$ ist integrierbar.*

Beweis Sei $\varepsilon > 0$ vorgegeben und $\varepsilon' := \frac{\varepsilon}{2(b-a)}$. Nach Satz 11.5 existiert eine Treprenfunktion $\varphi_0 \in \mathcal{T}[a, b]$ mit

$$|f(x) - \varphi_0(x)| \leq \varepsilon' \quad \text{für alle} \ x \in [a, b].$$

Wir setzen $\psi := \varphi_0 + \varepsilon'$ und $\varphi := \varphi_0 - \varepsilon'$. Dann gilt

$$\psi(x) - \varphi(x) \leq 2\varepsilon' = \frac{\varepsilon}{b - a} \quad \text{für alle } x \in [a, b].$$

Es folgt

$$\int\limits_a^b \psi(x)dx - \int\limits_a^b \varphi(x)dx = \int\limits_a^b (\psi(x) - \varphi(x))dx \leq \int\limits_a^b \frac{\varepsilon}{b-a}dx = \varepsilon.$$

Daher ist f nach Satz 18.2 integrierbar. □

Satz 18.4 *Jede monotone Funktion* $f : [a, b] \to \mathbb{R}$ *ist integrierbar.*

Beweis Sei f monoton wachsend (für monoton fallende Funktionen ist der Satz analog zu beweisen). Durch die Punkte

$$x_\nu := a + \nu \cdot \frac{b - a}{n}, \quad (\nu = 0, 1, \ldots, n)$$

erhält man eine äquidistante Unterteilung von $[a, b]$. Bezüglich dieser Unterteilung definieren wir Treppenfunktionen $\varphi, \psi \in \mathcal{T}[a, b]$ wie folgt:

$$\varphi(x) := f(x_{\nu-1}) \quad \text{für } x_{\nu-1} \leqslant x < x_\nu,$$
$$\psi(x) := f(x_\nu) \quad \text{für } x_{\nu-1} \leqslant x < x_\nu$$

sowie $\varphi(b) = \psi(b) = f(b)$. Da f monoton wächst, gilt

$$\varphi \leqslant f \leqslant \psi$$

und

$$\int_a^b \psi(x)\, dx - \int_a^b \varphi(x)\, dx$$

$$= \sum_{\nu=1}^n f(x_\nu)(x_\nu - x_{\nu-1}) - \sum_{\nu=1}^n f(x_{\nu-1})(x_\nu - x_{\nu-1})$$

$$= \frac{b - a}{n} \sum_{\nu=1}^n (f(x_\nu) - f(x_{\nu-1})) = \frac{b - a}{n}(f(x_n) - f(x_0)) \leqslant \varepsilon,$$

falls n genügend groß ist. Also ist f nach Satz 18.2 integrierbar. $\qquad \square$

Satz 18.5 (Linearität und Monotonie)   *Seien $f, g\colon [a, b] \to \mathbb{R}$ integrierbare Funktionen und $\lambda \in \mathbb{R}$. Dann sind auch die Funktionen $f + g$ und λf integrierbar und es gilt:*

a) $\int\limits_a^b (f + g)(x)\, dx = \int\limits_a^b f(x)\, dx + \int\limits_a^b g(x)\, dx$.

b) $\int\limits_a^b (\lambda f)(x)\, dx = \lambda \int\limits_a^b f(x)\, dx$.

c) $f \leqslant g \implies \int\limits_a^b f(x)\, dx \leqslant \int\limits_a^b g(x)\, dx$.

Beweis   Wir verwenden das Kriterium von Satz 18.2.

a) Sei $\varepsilon > 0$ vorgegeben. Dann gibt es nach Voraussetzung Treppenfunktionen $\varphi_1, \psi_1, \varphi_2, \psi_2 \in \mathcal{T}[a, b]$ mit

$$\varphi_1 \leqslant f \leqslant \psi_1, \qquad \varphi_2 \leqslant g \leqslant \psi_2$$

sowie

$$\int\limits_a^b \psi_1(x)\, dx - \int\limits_a^b \varphi_1(x)\, dx \leqslant \frac{\varepsilon}{2} \quad \text{und}$$

$$\int\limits_a^b \psi_2(x)\, dx - \int\limits_a^b \varphi_2(x)\, dx \leqslant \frac{\varepsilon}{2}.$$

Addition ergibt

$$\varphi_1 + \varphi_2 \leqslant f + g \leqslant \psi_1 + \psi_2$$

und

$$\int\limits_a^b (\psi_1(x) + \psi_2(x))\, dx - \int\limits_a^b (\varphi_1(x) + \varphi_2(x))\, dx \leqslant \varepsilon.$$

Daraus folgt, dass $f + g$ integrierbar ist und die angegebene Formel gilt.

b) Da die Aussage für $\lambda = 0$ und $\lambda = -1$ trivial ist, genügt es, sie für $\lambda > 0$ zu beweisen. Zu vorgegebenem $\varepsilon > 0$ gibt es Treppenfunktionen φ, ψ mit $\varphi \leqslant f \leqslant \psi$ und

$$\int\limits_a^b \psi(x)\, dx - \int\limits_a^b \varphi(x)\, dx \leqslant \frac{\varepsilon}{\lambda}$$

Daraus folgt $\lambda\varphi \leqslant \lambda f \leqslant \lambda\psi$ und

$$\int\limits_a^b (\lambda\psi)(x)\, dx - \int\limits_a^b (\lambda\varphi)(x)\, dx \leqslant \varepsilon.$$

Daraus folgt die Behauptung b).

Die Aussage c) ist trivial.   □

Definition Für eine Funktion $f \colon D \to \mathbb{R}$ definieren wir die Funktionen $f_+, f_- \colon D \to \mathbb{R}$ wie folgt:

$$f_+(x) := \begin{cases} f(x), & \text{falls } f(x) > 0, \\ 0 & \text{sonst.} \end{cases}$$

$$f_-(x) := \begin{cases} -f(x), & \text{falls } f(x) < 0, \\ 0 & \text{sonst.} \end{cases}$$

Offenbar gilt $f = f_+ - f_-$ und $|f| = f_+ + f_-$.

Satz 18.6 *Seien $f, g \colon [a, b] \to \mathbb{R}$ integrierbare Funktionen. Dann gilt:*

a) *Die Funktionen f_+, f_- und $|f|$ sind integrierbar und es gilt*

$$\left| \int_a^b f(x)\,dx \right| \leqslant \int_a^b |f(x)|\,dx.$$

b) *Für jedes $p \in [1, \infty[$ ist die Funktion $|f|^p$ integrierbar.*

c) *Die Funktion $fg \colon [a, b] \to \mathbb{R}$ ist integrierbar.*

Beweis a) Nach Voraussetzung gibt es zu $\varepsilon > 0$ Treppenfunktionen $\varphi, \psi \in \mathcal{T}[a,b]$ mit $\varphi \leqslant f \leqslant \psi$ und

$$\int_a^b (\psi - \varphi)(x)\, dx \leqslant \varepsilon.$$

Dann sind auch φ_+ und ψ_+ Treppenfunktionen mit $\varphi_+ \leqslant f_+ \leqslant \psi_+$ und

$$\int_a^b (\psi_+ - \varphi_+)(x)\, dx \leqslant \int_a^b (\psi - \varphi)(x)\, dx \leqslant \varepsilon\,;$$

also ist f_+ integrierbar. Die Integrierbarkeit von f_- beweist man analog. Nach Satz 18.5 ist daher auch $|f|$ integrierbar. Die Integral-Abschätzung folgt aus Satz 18.5 c), da $f \leqslant |f|$ und $-f \leqslant |f|$.

b) Es genügt, die Integrierbarkeit von $|f|^p$ für den Fall $0 \leqslant f \leqslant 1$ zu beweisen. Zu $\varepsilon > 0$ gibt es Treppenfunktionen $\varphi, \psi \in \mathcal{T}[a,b]$ mit

$$0 \leqslant \varphi \leqslant f \leqslant \psi \leqslant 1$$

und

$$\int_a^b (\psi - \varphi)\, dx \leqslant \frac{\varepsilon}{p}.$$

Dann sind auch φ^p und ψ^p Treppenfunktionen mit $\varphi^p \leqslant f^p \leqslant \psi^p$ und wegen $\frac{d}{dx}(x^p) = p x^{p-1}$ folgt aus dem Mittelwertsatz der Differentialrechnung

$$\psi^p - \varphi^p \leqslant p(\psi - \varphi).$$

Deshalb ist

$$\int_a^b (\psi^p - \varphi^p)(x)\, dx \leqslant p \int_a^b (\psi - \varphi)(x)\, dx \leqslant \varepsilon\,,$$

also f^p integrierbar.

c) Die Behauptung folgt aus Teil b), denn

$$fg = \tfrac{1}{4}\big[(f + g)^2 - (f - g)^2\big]. \qquad \square$$

Satz 18.7 (Mittelwertsatz der Integralrechnung) *Sei φ : $[a, b] \to \mathbb{R}_+$ eine nicht-negative integrierbare Funktion. Dann gibt es zu jeder stetigen Funktion $f : [a, b] \to \mathbb{R}$ ein $\xi \in [a, b]$, so dass*

$$\int\limits_a^b f(x)\varphi(x)\,dx = f(\xi)\int\limits_a^b \varphi(x)\,dx\,.$$

Im Spezialfall $\varphi = 1$ hat man

$$\int\limits_a^b f(x)\,dx = f(\xi)(b - a) \quad \text{für ein } \xi \in [a, b]\,.$$

Bemerkung Im Fall $\varphi = 1$ bedeutet der Mittelwertsatz z. B. für eine positive Funktion f, dass die Fläche unter dem Graphen von f gleich der Fläche des Rechtecks mit den Seitenlängen $b - a$ und $f(\xi)$ ist, vgl. Abb. 18 C. Für eine beliebige integrierbare Funktion $f : [a, b] \to \mathbb{R}$ nennt man

$$M(f) := \frac{1}{b - a}\int\limits_a^b f(x)dx$$

den *Mittelwert* von f über dem Intervall $[a, b]$. Allgemeiner heißt

$$M_\varphi(f) := \frac{1}{\int_a^b \varphi(x)dx}\int\limits_a^b f(x)\varphi(x)dx$$

der (bzgl. φ) *gewichtete Mittelwert* von f (falls $\int_a^b \varphi(x)dx \neq 0$).

Für eine stetige Funktion $f : [a, b] \to \mathbb{R}$ ist also der Mittelwert gleich dem Wert von f an einer gewissen Zwischenstelle $\xi \in [a, b]$.

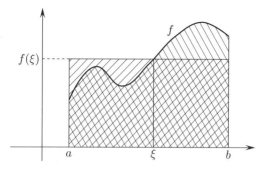

Abb. 18 C   Zum Mittelwertsatz der Integralrechnung

Beweis von Satz 18.7   Nach Satz 18.6 ist die Funktion $f\varphi$ wieder integrierbar. Wir setzen

$$m := \inf\{f(x) : x \in [a, b]\},$$
$$M := \sup\{f(x) : x \in [a, b]\}.$$

Dann gilt $m\varphi \leqslant f\varphi \leqslant M\varphi$, also nach Satz 18.5

$$m \int_a^b \varphi(x)\,dx \leqslant \int_a^b f(x)\varphi(x)\,dx \leqslant M \int_a^b \varphi(x)\,dx.$$

Daher existiert ein $\mu \in [m, M]$ mit

$$\int_a^b f(x)\varphi(x)\,dx = \mu \int_a^b \varphi(x)\,dx.$$

Nach dem Zwischenwertsatz (Corollar 11.1a) existiert ein $\xi \in [a, b]$ mit $f(\xi) = \mu$. Daraus folgt die Behauptung.   □

Riemannsche Summen

Sei $f : [a, b] \to \mathbb{R}$ eine Funktion,

$$a = x_0 < x_1 < \ldots < x_n = b$$

eine Unterteilung von $[a, b]$ und ξ_k ein beliebiger Punkt („Stütz-stelle") aus dem Intervall $[x_{k-1}, x_k]$. Das Symbol

$$\mathcal{Z} := \big((x_k)_{0 \leqslant k \leqslant n}, (\xi_k)_{1 \leqslant k \leqslant n}\big)$$

bezeichne die Zusammenfassung der Teilpunkte und der Stütz-stellen. Dann heißt

$$S(\mathcal{Z}, f) := \sum_{k=1}^{n} f(\xi_k)(x_k - x_{k-1})$$

Riemannsche Summe der Funktion f bzgl. $\mathcal{Z}$. Die Riemannsche Summe ist nichts anderes als das Integral einer Treppenfunkti-on, die die Funktion f an den Stellen ξ_k „interpoliert", siehe Abb. 18 D.

Die *Feinheit* (oder *Maschenweite*) von $\mathcal{Z}$ ist definiert als

$$\mu(\mathcal{Z}) := \max_{1 \leqslant k \leqslant n} (x_k - x_{k-1}).$$

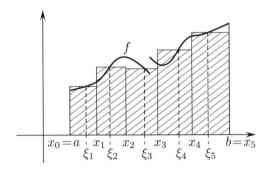

Abb. 18 D   Riemannsche Summe

Der nächste Satz sagt, dass die Riemannschen Summen einer integrierbaren Funktion gegen das Integral konvergieren, wenn die Feinheit der Unterteilungen gegen Null konvergiert.

Satz 18.8 *Sei $f : [a, b] \to \mathbb{R}$ eine Riemann-integrierbare Funktion. Dann existiert zu jedem $\varepsilon > 0$ ein $\delta > 0$, so dass für jede Wahl Z von Teilpunkten und Stützstellen der Feinheit $\mu(Z) \leq \delta$ gilt*

$$\left| \int_a^b f(x)\, dx - S(Z, f) \right| \leq \varepsilon.$$

Man kann dies auch so schreiben:

$$\lim_{\mu(Z) \to 0} S(Z, f) = \int_a^b f(x)\, dx.$$

Beweis Sind φ, ψ Treppenfunktionen mit $\varphi \leq f \leq \psi$, so gilt offenbar für alle Zerlegungen Z

$$S(Z, \varphi) \leq S(Z, f) \leq S(Z, \psi).$$

Daraus folgt, dass es genügt, den Satz für den Fall zu beweisen, dass f eine Treppenfunktion ist. Sei f bzgl. der Unterteilung

$$a = t_0 < t_1 < \ldots < t_m = b$$

definiert. Da f beschränkt ist, existiert

$$M := \sup\{|f(x)| : x \in [a, b]\} \in \mathbb{R}_+.$$

Sei $Z := \big((x_k)_{0 \leq k \leq n}, (\xi_k)_{1 \leq k \leq n}\big)$ irgend eine Unterteilung mit Stützstellen des Intervalls $[a, b]$ und $F \in \mathcal{T}[a, b]$ die durch $F(a) = f(a)$ und

$$F(x) = f(\xi_k) \quad \text{für } x_{k-1} < x \leq x_k \quad (1 \leq k \leq n)$$

definierte Treppenfunktion. Dann gilt

$$S(\mathcal{Z}, f) = \int_a^b F(x)\, dx, \qquad \text{also}$$

$$\left| \int_a^b f(x)\, dx - S(\mathcal{Z}, f) \right| \le \int_a^b |f(x) - F(x)|\, dx.$$

Die Funktionen f und F stimmen auf allen Teilintervallen $]x_{k-1}, x_k[$ überein, für die $[x_{k-1}, x_k]$ keinen Teilpunkt t_j enthält. Daraus folgt, dass $|f(x) - F(x)|$ auf höchstens $2m$ Teilintervallen $]x_{k-1}, x_k[$ der Gesamtlänge $2m\mu(\mathcal{Z})$ von 0 verschieden sein kann. In jedem Fall gilt aber $|f(x) - F(x)| \le 2M$, also ist

$$\int_a^b |f(x) - F(x)|\, dx \le 4mM\mu(\mathcal{Z}).$$

Da dies für $\mu(\mathcal{Z}) \to 0$ gegen 0 konvergiert, folgt die Behauptung des Satzes. $\square$

Beispiele

(18.4)   Wir berechnen das Integral $\displaystyle\int_0^a x\, dx$ $(a > 0)$ mittels Riemannscher Summen. Für eine ganze Zahl $n \ge 1$ erhält man durch

$$x_k := \frac{ka}{n}, \quad k = 0, 1, \ldots, n,$$

eine äquidistante Unterteilung von $[0, a]$ der Feinheit $\frac{a}{n}$. Als Stützstellen wählen wir $\xi_k = x_k$. Die zugehörige Riemannsche Summe ist dann

$$S_n = \sum_{k=1}^n \frac{ka}{n} \cdot \frac{a}{n} = \frac{a^2}{n^2} \sum_{k=1}^n k$$

$$= \frac{a^2}{n^2} \cdot \frac{n(n+1)}{2} = \frac{a^2}{2}\left(1 + \frac{1}{n}\right).$$

Abb. 18 E Dreiecks-
Fläche

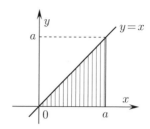

Also folgt

$$\int\limits_0^a x\,dx = \lim_{n\to\infty} S_n = \frac{a^2}{2},$$

was die Fläche eines Dreiecks mit Grundlinie a und Höhe a darstellt, vgl. Abb. 18 E.

Für das nächste Beispiel zu Satz 18.8 benötigen wir den folgenden Hilfssatz.

Hilfssatz 18.9 *Sei $t \in \mathbb{R}$ kein ganzzahliges Vielfaches von 2π.
Dann gilt für jede natürliche Zahl n*

$$\frac12 + \sum_{k=1}^n \cos kt = \frac{\sin\big(n + \frac12\big)t}{2\sin\frac12 t}.$$

Beweis Es gilt $\cos kt = \frac12\big(e^{ikt} + e^{-ikt}\big)$, also

$$\frac12 + \sum_{k=1}^n \cos kt = \frac12 \sum_{k=-n}^n e^{ikt}.$$

Nun ist nach der Summenformel für die geometrische Reihe

$$\sum_{k=-n}^n e^{ikt} = e^{-int} \sum_{k=0}^{2n} e^{ikt} = e^{-int}\,\frac{1 - e^{(2n+1)it}}{1 - e^{it}}$$

$$= \frac{e^{i(n+1/2)t} - e^{-i(n+1/2)t}}{e^{it/2} - e^{-it/2}} = \frac{\sin\big(n + \frac12\big)t}{\sin\frac12 t}.$$

Daraus folgt die Behauptung. $\square$

(18.5) Berechnung des Integrals $\int\limits_0^a \cos x\, dx$ $(a > 0)$ mittels Riemannscher Summen. Wie im Beispiel (18.4) erhalten wir für eine natürliche Zahl $n \geq 1$ durch

$$x_k := \frac{ka}{n}, \quad k = 0, 1, \ldots, n,$$

eine äquidistante Unterteilung von $[0, a]$ der Feinheit $\frac{a}{n}$. Als Stützstellen wählen wir $\xi_k = x_k$. Die zugehörige Riemannsche Summe ist dann

$$S_n = \sum_{k=1}^n \frac{a}{n} \cos \frac{ka}{n} = \frac{a}{n}\left(\frac{\sin(n + \frac{1}{2})\frac{a}{n}}{2 \sin \frac{a}{2n}} - \frac{1}{2} \right)$$

$$= \frac{\frac{a}{2n}}{\sin \frac{a}{2n}} \cdot \sin\left(a + \frac{a}{2n}\right) - \frac{a}{2n}.$$

Da $\lim\limits_{n \to \infty} \dfrac{\sin \frac{a}{2n}}{\frac{a}{2n}} = 1$ (nach Corollar 14.5a), folgt

$$\int\limits_0^a \cos x\, dx = \lim_{n \to \infty} S_n = \sin a.$$

(18.6) Mithilfe von Satz 18.8 lassen sich die Minkowskische und die Höldersche Ungleichung aus Kap. 16.9 (Sätze 16.9 und 16.10) auf Integrale verallgemeinern. Sei

$$f : [a, b] \to \mathbb{R}$$

eine integrierbare Funktion und $p \geq 1$ eine reelle Zahl. Dann definiert man

$$\|f\|_p := \left(\int\limits_a^b |f(x)|^p dx \right)^{1/p}.$$

Für integrierbare Funktionen $f, g : [a, b] \to \mathbb{R}$ gilt dann

a) $\|f + g\|_p \leqslant \|f\|_p + \|g\|_p$ für alle $p \geqslant 1$.

b) $\displaystyle\int_a^b |f(x)g(x)|\, dx \leqslant \|f\|_p \|g\|_q$ für alle $p, q > 1$ mit $\frac{1}{p} + \frac{1}{q} = 1$.

Satz 18.10 *Sei $a < b < c$ und $f : [a, c] \to \mathbb{R}$ eine Funktion. f ist genau dann integrierbar, wenn sowohl $f \mid [a, b]$ als auch $f \mid [b, c]$ integrierbar sind und es gilt dann*

$$\int_a^c f(x)\, dx = \int_a^b f(x)\, dx + \int_b^c f(x)\, dx\,.$$

Der einfache Beweis sei der Leserin überlassen.

Definition Man setzt

$$\int_a^a f(x)\, dx := 0\,,$$

$$\int_a^b f(x)\, dx := -\int_b^a f(x)\, dx\,, \quad \text{falls } b < a\,.$$

Bemerkung Die Formel von Satz 18.10 gilt nun für beliebige gegenseitige Lage von a, b, c, falls f in $[\min(a, b, c), \max(a, b, c)]$ integrierbar ist.

Aufgaben

18.1 Man berechne das Integral $\int_0^a x^k dx$ ($k \in \mathbb{N}$, $a \in \mathbb{R}_+^*$) mittels Riemannscher Summen. Dabei benutze man eine äquidistante Teilung des Intervalls $[0, a]$ und das Ergebnis von Aufgabe 1.3.

18.2 Man berechne das Integral $\int_0^a e^x \, dx$ mittels Riemannscher Summen ($a > 0$).

18.3 Sei $a > 1$. Man beweise mittels Riemannscher Summen

$$\int_1^a \frac{dx}{x} = \log a.$$

Anleitung. Man wähle folgende Unterteilung:

$$1 = x_0 < x_1 < \cdots < x_n = a, \quad \text{wobei} \quad x_k := a^{k/n}.$$

Als Stützstellen wähle man $\xi_k := x_{k-1}$.

18.4 Man beweise

$$\lim_{N \to \infty} \sum_{n=1}^N \frac{1}{N+n} = \int_1^2 \frac{dx}{x} = \log 2.$$

Bemerkung Zusammen mit Aufgabe 1.5 folgt daraus für die Summe der alternierenden harmonische Reihe

$$\sum_{n=1}^\infty \frac{(-1)^{n-1}}{n} = \log 2.$$

18.5 Seien $f, g \colon [a, b] \to \mathbb{R}$ beschränkte Funktionen. Man zeige:

a) $\int_a^{b*} (f + g)(x) \, dx \leqslant \int_a^{b*} f(x) \, dx + \int_a^{b*} g(x) \, dx$
(Subadditivität).

b) $\int_a^{b*} (\lambda f)(x) \, dx = \lambda \int_a^{b*} f(x) \, dx$ für alle $\lambda \in \mathbb{R}_+$.

Man gebe ein Beispiel an, für das in a) das Gleichheitszeichen nicht gilt.

18.6 Sei $f \colon [a, b] \to \mathbb{R}$ eine beschränkte Funktion, die nur endlich viele Unstetigkeitsstellen hat. Man zeige, dass f Riemannintegrierbar ist.

Integration und Differentiation

19

Während wir im vorigen Kapitel das Integral in Anlehnung an seine anschauliche Bedeutung als Flächeninhalt definiert haben, zeigen wir hier, dass die Integration die Umkehrung der Differentiation ist, was in vielen Fällen die Möglichkeit zur Berechnung des Integrals liefert.

Vereinbarung In diesem Kapitel sei $I \subset \mathbb{R}$ stets ein aus mindestens zwei Punkten bestehendes offenes, halboffenes oder abgeschlossenes endliches oder unendliches Intervall.

Unbestimmtes Integral, Stammfunktionen

Während wir bisher Funktionen immer über ein festes abgeschlossenes Intervall integriert haben, betrachten wir jetzt die eine Integrationsgrenze als variabel und erhalten so eine neue Funktion, das „unbestimmte Integral".

Satz 19.1 *Sei $f : I \to \mathbb{R}$ eine stetige Funktion und $a \in I$. Für $x \in I$ sei*

$$F(x) := \int_a^x f(t)\,dt .$$

© Der/die Autor(en), exklusiv lizenziert an Springer Fachmedien Wiesbaden GmbH, ein Teil von Springer Nature 2023
O. Forster, F. Lindemann, *Analysis 1*, Grundkurs Mathematik, https://doi.org/10.1007/978-3-658-40130-6_19

Dann ist die Funktion $F \colon I \to \mathbb{R}$ differenzierbar und es gilt

$$F' = f.$$

Beweis Für $h \neq 0$ ist

$$\frac{F(x+h) - F(x)}{h} = \frac{1}{h} \Big(\int\limits_a^{x+h} f(t)\, dt - \int\limits_a^x f(t)\, dt \Big)$$

$$= \frac{1}{h} \int\limits_x^{x+h} f(t)\, dt.$$

Nach dem Mittelwertsatz der Integralrechnung (Satz 18.7) existiert ein $\xi_h \in [x, x+h]$ (bzw. $\xi_h \in [x+h, x]$, falls $h < 0$) mit

$$\int\limits_x^{x+h} f(t)\, dt = h f(\xi_h)\,.$$

Da $\lim_{h \to 0} \xi_h = x$ und f stetig ist, folgt

$$F'(x) = \lim_{h \to 0} \frac{1}{h} \int\limits_x^{x+h} f(t)\, dt = \lim_{h \to 0} \frac{1}{h}(h f(\xi_h)) = f(x)\,. \qquad \square$$

Definition Eine differenzierbare Funktion $F \colon I \to \mathbb{R}$ heißt *Stammfunktion* (oder *primitive Funktion*) einer Funktion $f \colon I \to \mathbb{R}$, falls $F' = f$.

Bemerkung Satz 19.1 bedeutet, dass das unbestimmte Integral eine Stammfunktion des Integranden ist.

Satz 19.2 *Sei $F \colon I \to \mathbb{R}$ eine Stammfunktion von $f \colon I \to \mathbb{R}$. Eine weitere Funktion $G \colon I \to \mathbb{R}$ ist genau dann Stammfunktion von f, wenn $F - G$ eine Konstante ist.*

Beweis a) Sei $F - G = c$ mit der Konstanten $c \in \mathbb{R}$. Dann ist $G' = (F - c)' = F' = f$.

b) Sei G Stammfunktion von f, also $G' = f = F'$. Dann gilt $(F - G)' = 0$, daher ist $F - G$ konstant (Corollar 16.2c).

Satz 19.3 (Fundamentalsatz der Differential- und Integralrechnung) *Sei $f : I \to \mathbb{R}$ eine stetige Funktion und F eine Stammfunktion von f. Dann gilt für alle $a, b \in I$*

$$\int_a^b f(x)\,dx = F(b) - F(a)\,.$$

Beweis Für $x \in I$ sei

$$F_0(x) := \int_a^x f(t)\,dt\,.$$

Ist nun F eine beliebige Stammfunktion von f, so gibt es nach Satz 19.2 ein $c \in \mathbb{R}$ mit $F - F_0 = c$. Deshalb ist

$$F(b) - F(a) = F_0(b) - F_0(a) = F_0(b) = \int_a^b f(t)\,dt\,. \quad \square$$

Bezeichnung Man setzt

$$F(x)\Big|_a^b := F(b) - F(a)\,.$$

Die Formel von Satz 19.3 schreibt sich dann als

$$\int_a^b f(x)\,dx = F(x)\Big|_a^b\,.$$

Hierfür schreibt man abkürzend

$$\int f(x)\,dx = F(x)\,.$$

Diese Schreibweise ist jedoch insofern problematisch, als F nur bis auf eine Konstante eindeutig bestimmt ist.

Beispiele

Aufgrund von Satz 19.3 erhält man aus jeder Differentiations-formel eine Formel über Integration. Wir stellen einige Beispiele zusammen.

(19.1) Sei $s \in \mathbb{R}$, $s \neq -1$. Dann gilt

$$\int_a^b x^s dx = \frac{x^{s+1}}{s+1}\bigg|_a^b .$$

Dabei ist das Integrationsintervall folgenden Einschränkungen unterworfen: Für $s \in \mathbb{N}$ sind $a, b \in \mathbb{R}$ beliebig; ist s eine ganze Zahl ≤ -2, so darf 0 nicht im Integrationsintervall liegen; ist s nicht ganz, so ist $[a, b] \subset \mathbb{R}_+^*$ vorauszusetzen (bzw. $[b, a] \subset \mathbb{R}_+^*$, falls $b < a$).

(19.2) Für $a, b > 0$ gilt

$$\int_a^b \frac{dx}{x} = \log x \bigg|_a^b .$$

Für $a, b < 0$ gilt

$$\int_a^b \frac{dx}{x} = \log(-x)\bigg|_a^b , \quad \text{da} \quad \frac{d}{dx}\log(-x) = \frac{1}{x} \quad \text{für } x < 0 .$$

Man kann die beiden Fälle so zusammenfassen:

$$\int \frac{dx}{x} = \log|x| \quad \text{für } x \neq 0 .$$

Dabei soll $x \neq 0$ bedeuten: Der Punkt 0 liegt nicht im Integrationsintervall.

(19.3) $\displaystyle\int \sin x \, dx = -\cos x .$

(19.4) $\displaystyle\int \cos x \, dx = \sin x$.

Damit haben wir auf mühelose Weise das in (18.5) mittels Riemannscher Summen berechnete Integral wiedererhalten.

(19.5) $\displaystyle\int \exp x \, dx = \exp x$.

(19.6) $\displaystyle\int \frac{dx}{\sqrt{1-x^2}} = \arcsin x$ $\quad$ für $|x| < 1$.

(19.7) $\displaystyle\int \frac{dx}{1+x^2} = \arctan x$.

(19.8) $\displaystyle\int \frac{dx}{\cos^2 x} = \tan x$.

Dabei muss im Integrationsintervall $\cos x \neq 0$ sein.

Die Substitutionsregel

Ein wichtiges Hilfsmittel zur Auswertung von Integralen besteht darin, eine Transformation (Substitution) der Integrationsvariablen durchzuführen. Durch geschickte Wahl der Substitution kann man oft das Integral vereinfachen und zugänglicher machen.

Satz 19.4 (Substitutionsregel) *Sei $f : I \to \mathbb{R}$ eine stetige Funktion und $\varphi : [a, b] \to \mathbb{R}$ eine stetig differenzierbare Funktion mit $\varphi([a, b]) \subset I$. Dann gilt*

$$\int_a^b f(\varphi(t))\varphi'(t) \, dt = \int_{\varphi(a)}^{\varphi(b)} f(x) \, dx \, .$$

Beweis Sei $F : I \to \mathbb{R}$ eine Stammfunktion von f. Für die Funktion $F \circ \varphi : [a, b] \to \mathbb{R}$ gilt nach der Kettenregel

$$(F \circ \varphi)'(t) = F'(\varphi(t))\varphi'(t) = f(\varphi(t))\varphi'(t) \, .$$

Daraus folgt nach Satz 19.3

$$\int\limits_a^b f(\varphi(t))\varphi'(t)\,dt = (F \circ \varphi)(t)\Big|_a^b$$

$$= F(\varphi(b)) - F(\varphi(a)) = \int\limits_{\varphi(a)}^{\varphi(b)} f(x)\,dx\,.$$

Bezeichnung   Unter Verwendung der symbolischen Schreibweise

$$d\varphi(t) := \varphi'(t)dt$$

lautet die Substitutionsregel

$$\int\limits_a^b f(\varphi(t))\,d\varphi(t) = \int\limits_{\varphi(a)}^{\varphi(b)} f(x)\,dx\,.$$

In dieser Form ist sie besonders einfach zu merken, denn man hat einfach x durch $\varphi(t)$ zu ersetzen. Läuft t von a nach b, so läuft $x = \varphi(t)$ von $\varphi(a)$ nach $\varphi(b)$.

Beispiele

(19.9) $\int\limits_a^b f(t+c)\,dt = \int\limits_{a+c}^{b+c} f(x)\,dx$ [Subst. $\varphi(t) = t + c$]

(19.10) Für $c \neq 0$ gilt $\int\limits_a^b f(ct)\,dt = \frac{1}{c}\int\limits_{ac}^{bc} f(x)\,dx$ [$\varphi(t) = ct$].

(19.11) $\int\limits_a^b t f(t^2)\,dt = \frac{1}{2}\int\limits_{a^2}^{b^2} f(x)\,dx$ [$\varphi(t) = t^2$].

(19.12) Sei $\varphi : [a, b] \to \mathbb{R}$ eine stetig differenzierbare Funktion mit $\varphi(t) \neq 0$ für alle $t \in [a, b]$. Dann gilt nach (19.2)

$$\int_a^b \frac{\varphi'(t)}{\varphi(t)}\, dt \;=\; \log |\varphi(t)|\Big|_a^b, \quad \left(f(x) = \frac{1}{x}, \; x = \varphi(t) \right).$$

(19.13) Sei $[a, b] \subset \left]-\frac{\pi}{2}, \frac{\pi}{2}\right[$. Dann gilt nach (19.12)

$$\int_a^b \tan t\, dt = \int_a^b \frac{\sin t}{\cos t}\, dt \;=\; -\log \cos t \Big|_a^b.$$

(19.14) Zur Berechnung von $\displaystyle\int_a^b \frac{dx}{1 - x^2}$, wobei $-1, 1 \notin [a, b]$, verwendet man die sog. *Partialbruchzerlegung*:

Da $1 - x^2 = (1 - x)(1 + x)$, versucht man $\alpha, \beta \in \mathbb{R}$ so zu bestimmen, dass

$$\frac{1}{1 - x^2} = \frac{\alpha}{1 - x} + \frac{\beta}{1 + x},$$

d. h.

$$\frac{1}{1 - x^2} = \frac{(\alpha + \beta) + (\alpha - \beta)x}{1 - x^2}.$$

Man erhält $\alpha = \beta = \frac{1}{2}$. Damit folgt

$$\int_a^b \frac{dx}{1 - x^2} = \tfrac{1}{2}\left(\int_a^b \frac{dx}{1 - x} + \int_a^b \frac{dx}{1 + x} \right)$$

$$= \tfrac{1}{2}\left(\int_a^b \frac{dx}{1 + x} - \int_a^b \frac{dx}{x - 1} \right)$$

$$= \tfrac{1}{2}(\log |x + 1| - \log |x - 1|)\Big|_a^b = \tfrac{1}{2} \log \left| \frac{x + 1}{x - 1} \right| \Big|_a^b.$$

(19.15) Sei $-1 \leq a < b \leq 1$. Durch die Substitution $x = \sin t$ erhält man mit $u := \arcsin a$, $v := \arcsin b$

$$\int\limits_a^b \sqrt{1 - x^2}\, dx = \int\limits_u^v \sqrt{1 - \sin^2 t}\, d\sin t = \int\limits_u^v \cos^2 t\, dt\,.$$

Wegen $\cos^2 t = \frac{1}{2}(\cos 2t + 1)$ folgt weiter

$$\int\limits_a^b \sqrt{1 - x^2}\, dx = \frac{1}{2} \int\limits_u^v (\cos 2t + 1)\, dt = \frac{1}{4} \sin 2t \Big|_u^v + \frac{1}{2} t \Big|_u^v\,.$$

Da $\sin 2t = 2 \sin t \cos t = 2 \sin t \sqrt{1 - \sin^2 t}$, gilt

$$\sin 2t \Big|_u^v = 2x \sqrt{1 - x^2} \Big|_a^b\,.$$

Also erhält man insgesamt

$$\int\limits_a^b \sqrt{1 - x^2}\, dx = \frac{1}{2}\left(\arcsin x + x \sqrt{1 - x^2}\right) \Big|_a^b\,.$$

Insbesondere für $a = -1$ und $b = 1$ ergibt sich

$$\int\limits_{-1}^1 \sqrt{1 - x^2}\, dx = \frac{1}{2} \arcsin x \Big|_{-1}^{+1} = \frac{\pi}{2}\,,$$

was die Fläche des Halbkreises vom Radius 1 darstellt (siehe Abb. 19 A).

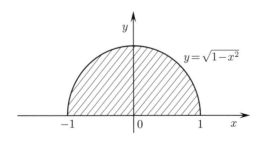

Abb. 19 A Fläche Halbkreis

(19.16) Zur Berechnung von $\int \dfrac{dx}{\sqrt{1+x^2}}$ verwenden wir die Substitution $x = \sinh t = \frac{1}{2}(e^t - e^{-t})$. Da

$$d \sinh t = \cosh t \, dt \, ,$$

$$\cosh^2 t - \sinh^2 t = 1 \qquad \text{(Aufgabe 10.1)},$$

$$\text{Arsinh}\, x = \log\!\left(x + \sqrt{1+x^2}\right) \quad \text{(Aufgabe 12.2)},$$

folgt mit $u := \text{Arsinh}\, a$, $v := \text{Arsinh}\, b$

$$\int_a^b \frac{dx}{\sqrt{1+x^2}} = \int_u^v \frac{d \sinh t}{\sqrt{1+\sinh^2 t}} = \int_u^v \frac{\cosh t}{\cosh t} dt = t \Big|_u^v$$

$$= \log\!\left(x + \sqrt{1+x^2}\right)\Big|_a^b .$$

(19.17) Berechnung von $\int_a^b \dfrac{dx}{\sqrt{x^2-1}}$, $(a, b > 1)$.

Wir substituieren $x = \cosh t = \frac{1}{2}(e^t + e^{-t})$. Da

$$d \cosh t = \sinh t \, dt$$

$$\text{Arcosh}\, x = \log\!\left(x + \sqrt{x^2-1}\right)$$

(Aufgabe 12.2), folgt mit $u := \text{Arcosh}\, a$, $v := \text{Arcosh}\, b$

$$\int_a^b \frac{dx}{\sqrt{x^2-1}} = \int_u^v \frac{\sinh t}{\sinh t} dt = t \Big|_u^v = \log\!\left(x + \sqrt{x^2-1}\right)\Big|_a^b .$$

Partielle Integration

Neben der Substitutionsregel ist die partielle Integration ein weiteres nützliches Hilfsmittel zur Auswertung von Integralen.

Satz 19.5 (Partielle Integration)   *Seien $f, g : [a, b] \to \mathbb{R}$ zwei stetig differenzierbare Funktionen. Dann gilt*

$$\int_a^b f(x)g'(x)\, dx = f(x)g(x)\Big|_a^b - \int_a^b g(x)f'(x)\, dx\,.$$

Eine Kurzschreibweise für diese Formel ist

$$\int f\, dg = fg - \int g\, df\,.$$

Beweis   Für $F := fg$ gilt nach der Produktregel

$$F'(x) = f'(x)g(x) + f(x)g'(x)\,,$$

also nach Satz 19.3

$$\int_a^b f'(x)g(x)dx + \int_a^b f(x)g'(x)\, dx = F(x)\Big|_a^b = f(x)g(x)\Big|_a^b\,,$$

woraus die Behauptung folgt.   □

Beispiele

(19.18)   Seien $a, b > 0$. Zur Berechnung von $\int_a^b \log x\, dx$ setzen wir $f(x) = \log x$, $g(x) = x$.

$$\int_a^b \log x\, dx = x \log x\Big|_a^b - \int_a^b x\, d\log x = x \log x\Big|_a^b - \int_a^b dx$$

$$= x\left(\log x - 1\right)\Big|_a^b\,.$$

(19.19) Berechnung von $\int \arctan x \, dx$.

$$\int \arctan x \, dx = x \arctan x - \int x \, d \arctan x .$$

Da $\dfrac{d}{dx} \arctan x = \dfrac{1}{1+x^2}$, folgt

$$\int x \, d \arctan x = \int \frac{x}{1+x^2} dx = \quad \text{[Substitution } t = x^2\text{]}$$

$$= \tfrac{1}{2} \int \frac{dt}{1+t} = \tfrac{1}{2} \log(1+t) = \tfrac{1}{2} \log(1+x^2)$$

Also gilt

$$\int \arctan x \, dx = x \arctan x - \tfrac{1}{2} \log\big(1+x^2\big) .$$

(19.20) Berechnung von $\int \arcsin x \, dx$, $(-1 < x < 1)$.

$$\int \arcsin x \, dx = x \arcsin x - \int x \, d \arcsin x .$$

Nun ist

$$\int x \, d \arcsin x = \int \frac{x}{\sqrt{1-x^2}} dx = \quad \begin{bmatrix} t = 1 - x^2, \\ dt = -2x \, dx \end{bmatrix}$$

$$= -\tfrac{1}{2} \int \frac{dt}{\sqrt{t}} = -\sqrt{t} = -\sqrt{1-x^2},$$

also

$$\int \arcsin x \, dx = x \arcsin x + \sqrt{1-x^2}.$$

Eine zweite Methode zur Berechnung von $\int x \, d \arcsin x$ liefert die Substitution $t = \arcsin x$:

$$\int x \, d \arcsin x = \int \sin t \, dt = -\cos t$$

$$= -\sqrt{1 - \sin^2 t} = -\sqrt{1-x^2}.$$

(Es ist $\cos t \geqslant 0$, da $-\tfrac{\pi}{2} \leqslant t \leqslant \tfrac{\pi}{2}$.)

(19.21) Sei $t \neq 0$ ein reeller Parameter. Durch zweimalige Anwendung der partiellen Integration berechnet man

$$\int e^{tx} \sin x \, dx = \frac{1}{t} e^{tx} \sin x - \frac{1}{t} \int e^{tx} \cos x \, dx$$

$$= \frac{1}{t} e^{tx} \sin x - \frac{1}{t^2} e^{tx} \cos x - \frac{1}{t^2} \int e^{tx} \sin x \, dx.$$

Diese Gleichung kann man nach $\int e^{tx} \sin x \, dx$ auflösen und erhält

$$\int e^{tx} \sin x \, dx = \frac{e^{tx}}{1 + t^2} (t \sin x - \cos x).$$

(19.22) Mithilfe der partiellen Integration kann man manchmal für Integrale, die von einem ganzzahligen Parameter abhängen, Rekursionsformeln herleiten. Als Beispiel betrachten wir für $m \geq 1$ das Integral

$$I_m := \int \frac{dx}{(1 + x^2)^m}.$$

Partielle Integration ergibt

$$I_m = \frac{x}{(1 + x^2)^m} - \int x \, d\left(\frac{1}{(1 + x^2)^m}\right)$$

$$= \frac{x}{(1 + x^2)^m} + 2m \int \frac{x^2}{(1 + x^2)^{m+1}} dx$$

$$= \frac{x}{(1 + x^2)^m} + 2m \underbrace{\int \frac{dx}{(1 + x^2)^m}}_{= I_m} - 2m \underbrace{\int \frac{dx}{(1 + x^2)^{m+1}}}_{= I_{m+1}}.$$

Dies bedeutet

$$2m I_{m+1} = (2m - 1) I_m + \frac{x}{(1 + x^2)^m}.$$

Da $I_1 = \arctan x$, kann man daraus I_m für alle $m \geq 1$ berechnen. Speziell für $m = 1$ erhält man aus der obigen Formel

$$\int \frac{dx}{(1 + x^2)^2} = \frac{1}{2}\left(\arctan x + \frac{x}{1 + x^2}\right),$$

was man auch direkt durch Differenzieren der rechten Seite bestätigen kann.

(19.23) Als weiteres Beispiel für eine Rekursionsformel behandeln wir die Integrale

$$I_m := \int \sin^m x \, dx.$$

Partielle Integration liefert für $m \geqslant 2$

$$
\begin{aligned}
I_m &= -\int \sin^{m-1} x \, d \cos x \\
&= -\cos x \sin^{m-1} x + (m-1) \int \cos^2 x \sin^{m-2} x \, dx \\
&= -\cos x \sin^{m-1} x + (m-1) \int (1 - \sin^2 x) \sin^{m-2} x \, dx \\
&= -\cos x \sin^{m-1} x + (m-1) I_{m-2} - (m-1) I_m \, .
\end{aligned}
$$

Diese Gleichung kann man nach I_m auflösen und erhält

$$I_m = -\frac{1}{m} \cos x \sin^{m-1} x + \frac{m-1}{m} I_{m-2} \, .$$

Da

$$I_0 = \int \sin^0 x \, dx = x \, , \quad I_1 = \int \sin x \, dx = -\cos x \, ,$$

kann man damit rekursiv I_m für alle natürlichen Zahlen m berechnen.

(19.24) Wir wollen das vorangehende Beispiel für das bestimmte Integral

$$A_m := \int_0^{\pi/2} \sin^m x \, dx$$

ausführen. Es ist $A_0 = \frac{\pi}{2}$, $A_1 = 1$ und

$$A_m = \frac{m-1}{m} A_{m-2} \quad \text{für } m \geq 2.$$

Man erhält

$$A_{2n} = \frac{(2n-1)(2n-3) \cdot \ldots \cdot 3 \cdot 1}{2n \cdot (2n-2) \cdot \ldots \cdot 4 \cdot 2} \cdot \frac{\pi}{2},$$

$$A_{2n+1} = \frac{2n \cdot (2n-2) \cdot \ldots \cdot 4 \cdot 2}{(2n+1) \cdot (2n-1) \cdot \ldots \cdot 5 \cdot 3}.$$

Folgerung (Wallis'sches Produkt) $\frac{\pi}{2}$ kann durch das folgende unendliche Produkt dargestellt werden:

$$\frac{\pi}{2} = \prod_{n=1}^{\infty} \frac{4n^2}{4n^2 - 1}.$$

Beweis   Wegen $\sin^{2n+2} x \leq \sin^{2n+1} x \leq \sin^{2n} x$ für $x \in \left[0, \frac{\pi}{2}\right]$ gilt

$$A_{2n+2} \leq A_{2n+1} \leq A_{2n}.$$

Da $\lim\limits_{n \to \infty} \dfrac{A_{2n+2}}{A_{2n}} = \lim\limits_{n \to \infty} \dfrac{2n+1}{2n+2} = 1$, gilt auch $\lim\limits_{n \to \infty} \dfrac{A_{2n+1}}{A_{2n}} = 1$.
Nun ist

$$\frac{A_{2n+1}}{A_{2n}} = \frac{2n \cdot 2n \cdot \ldots \cdot 4 \cdot 2 \cdot 2}{(2n+1)(2n-1) \cdot \ldots \cdot 3 \cdot 3 \cdot 1} \cdot \frac{2}{\pi} = \prod_{k=1}^{n} \frac{4k^2}{4k^2 - 1} \cdot \frac{2}{\pi}.$$

Grenzübergang $n \to \infty$ liefert die Behauptung.   □

Bemerkung   Das Wallis'sche Produkt ist für die praktische Berechnung von π nicht besonders gut geeignet, da es langsam konvergiert. Z.B. ist

$$\prod_{n=1}^{100} \frac{4n^2}{4n^2 - 1} = 1.56689\ldots, \quad \prod_{n=1}^{1000} \frac{4n^2}{4n^2 - 1} = 1.57040\ldots,$$

verglichen mit dem exakten Wert von $\frac{\pi}{2} = 1.5707963\ldots$. Die Formel wird uns aber gute Dienste leisten bei der Untersuchung der Gamma-Funktion und beim Beweis der Stirlingschen Formel (Satz 20.6).

Als weitere Anwendung der partiellen Integration beweisen wir:

Satz 19.6 (Riemannsches Lemma) *Sei $f\colon [a,b] \to \mathbb{R}$ eine stetig differenzierbare Funktion. Für $k \in \mathbb{R}$ sei*

$$F(k) := \int_a^b f(x) \sin kx\, dx\,.$$

Dann gilt $\lim\limits_{|k|\to\infty} F(k) = 0$.

Beweis Für $k \neq 0$ ergibt sich durch partielle Integration

$$F(k) = -f(x)\frac{\cos kx}{k}\bigg|_a^b + \frac{1}{k}\int_a^b f'(x)\cos kx\, dx\,.$$

Da f und f' auf $[a,b]$ stetig sind, gibt es eine Konstante $M \geq 0$, so dass

$$|f(x)| \leq M \quad \text{und} \quad |f'(x)| \leq M \quad \text{für alle } x \in [a,b]\,.$$

Damit ergibt sich die Abschätzung

$$|F(k)| \leq \frac{2M}{|k|} + \frac{M(b-a)}{|k|}\,,$$

woraus die Behauptung folgt. □

Bemerkung Das Riemannsche Lemma gilt auch unter der schwächeren Voraussetzung, dass f nur Riemann-integrierbar ist, siehe Aufgabe 19.10.

(19.25) Als Beispiel für Satz 19.6 beweisen wir die Formel

$$\sum_{k=1}^{\infty} \frac{\sin kx}{k} = \frac{\pi - x}{2} \quad \text{für } 0 < x < 2\pi \, .$$

Beweis Da $\int\limits_{\pi}^{x} \cos kt \, dt = \dfrac{\sin kx}{k}$ und

$$\sum_{k=1}^{n} \cos kt = \frac{\sin\left(n + \frac{1}{2}\right)t}{2 \sin \frac{1}{2}t} - \frac{1}{2} \quad \text{(Hilfssatz 18.9)},$$

folgt

$$\sum_{k=1}^{n} \frac{\sin kx}{k} = \int\limits_{\pi}^{x} \frac{\sin\left(n + \frac{1}{2}\right)t}{2 \sin \frac{1}{2}t} \, dt - \frac{1}{2}(x - \pi) \, .$$

Nach Satz 19.6 gilt für

$$F_n(x) := \int\limits_{\pi}^{x} \frac{1}{2 \sin \frac{1}{2}t} \sin\left(n + \frac{1}{2}\right)t \, dt \, , \quad (0 < x < 2\pi) \, ,$$

dass $\lim\limits_{n \to \infty} F_n(x) = 0$. Daraus folgt die Behauptung. □

Spezialfall Setzt man in der bewiesenen Formel $x = \pi/2$, so erhält man die Leibniz'sche Reihe

$$\frac{\pi}{4} = \sum_{k=0}^{\infty} \frac{(-1)^k}{2k + 1} = 1 - \frac{1}{3} + \frac{1}{5} - \frac{1}{7} + \frac{1}{9} - \frac{1}{11} \pm \ldots$$

Satz 19.7 (Trapez-Regel) *Sei $f : [0, 1] \to \mathbb{R}$ eine zweimal stetig differenzierbare Funktion. Dann ist*

$$\int\limits_{0}^{1} f(x) \, dx = \frac{1}{2}(f(0) + f(1)) - R,$$

wobei für das Restglied gilt

$$R = \tfrac{1}{2}\int\limits_0^1 x(1-x)f''(x)\,dx = \tfrac{1}{12}f''(\xi)$$

für ein $\xi \in [0,1]$.

Beweis Sei $\varphi(x) := \tfrac{1}{2}x(1-x)$. Es gilt $\varphi'(x) = \tfrac{1}{2} - x$ und $\varphi''(x) = -1$. Durch zweimalige partielle Integration erhält man

$$R = \int\limits_0^1 \varphi(x)f''(x)\,dx = \varphi(x)f'(x)\Big|_0^1 - \int\limits_0^1 \varphi'(x)f'(x)\,dx$$

$$= -\varphi'(x)f(x)\Big|_0^1 + \int\limits_0^1 \varphi''(x)f(x)\,dx$$

$$= \tfrac{1}{2}(f(0) + f(1)) - \int\limits_0^1 f(x)\,dx.$$

Andrerseits kann man wegen $\varphi(x) \geq 0$ für alle $x \in [0,1]$, auf das Integral für R den Mittelwertsatz anwenden und erhält ein $\xi \in [0,1]$ mit

$$R = \int\limits_0^1 \varphi(x)f''(x)\,dx = f''(\xi)\int\limits_0^1 \varphi(x)\,dx = \tfrac{1}{12}f''(\xi). \qquad \square$$

Bemerkung Der Name Trapez-Regel kommt daher, dass der Ausdruck $\tfrac{1}{2}(f(0) + f(1))$ bei positivem f die Fläche des Trapezes mit den Ecken $(0,0)$, $(1,0)$, $(0,f(0))$ und $(1,f(1))$ darstellt (Abb. 19 B). Man sieht an der Figur auch, warum das Korrekturglied $-\tfrac{1}{12}f''(\xi)$ mit einem Minuszeichen versehen ist, denn für eine konvexe Funktion (für die $f'' \geq 0$ ist) ist die Fläche des Trapezes größer-gleich dem Integral.

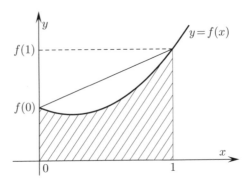

Abb. 19 B Zur Trapez-Regel

Corollar 19.7a *Es sei* $f : [a, b] \to \mathbb{R}$ *eine zweimal stetig differenzierbare Funktion und*

$$K := \sup\{|f''(x)| : x \in [a, b]\}.$$

Sei $n \geq 1$ *eine natürliche Zahl und* $h := \frac{b-a}{n}$. *Dann gilt*

$$\int\limits_a^b f(x)\, dx = \left(\tfrac{1}{2} f(a) + \sum_{\nu=1}^{n-1} f(a + \nu h) + \tfrac{1}{2} f(b) \right) h + R$$

mit $|R| \leq \frac{K}{12} (b - a) h^2$.

Bemerkung Lässt man also die Anzahl n der Teilpunkte gegen unendlich gehen, geht der Fehler gegen null, und zwar wird wegen des Gliedes h^2 in der Fehlerabschätzung eine Verdopplung der Anzahl der Teilpunkte zu einer etwa vierfachen Genauigkeit führen. Man kann das Corollar als eine quantitative Präzisierung des Satzes 18.8 über Riemannsche Summen für den Fall zweimal stetig differenzierbarer Funktionen ansehen.

   Ist die zu integrierende Funktion 4-mal stetig differenzierbar, so gibt es mit der Simpsonschen Regel (siehe Aufgabe 19.14) eine Näherungsformel für das Integral, bei der das Restglied sogar mit h^4 gegen Null geht.

Beweis Durch Variablentransformation erhält man aus Satz 19.7

$$\int\limits_{a+(v-1)h}^{a+vh} f(x)\, dx$$

$$= \frac{h}{2}\big(f(a + (v - 1)h) + f(a + vh)\big) - \frac{h^3}{12} f''(\xi)$$

mit $\xi \in [a + (v - 1)h, a + vh]$. Summation über v ergibt die Behauptung.

Aufgaben

19.1 Seien $a, b \in \mathbb{R}_+^*$. Man berechne den Flächeninhalt der Ellipse

$$E := \left\{(x, y) \in \mathbb{R}^2 : \frac{x^2}{a^2} + \frac{y^2}{b^2} \leq 1\right\}.$$

19.2 Für $n, m \in \mathbb{N}$ berechne man die Integrale

$$\int\limits_0^{2\pi} \sin(nx) \sin(mx)\, dx\,, \quad \int\limits_0^{2\pi} \cos(nx) \cos(mx)\, dx\,,$$

$$\int\limits_0^{2\pi} \sin(nx) \cos(mx)\, dx\,.$$

19.3 Man berechne das Integral

$$\int \sqrt{1 + x^2}\, dx.$$

19.4 Man bestimme eine Rekursionsformel für die Integrale

$$I_m := \int \frac{dx}{\sqrt{1 + x^2}^m}\,, \quad m \in \mathbb{N}\,.$$

19.5

a) Man bestimme eine Rekursionsformel für die Integrale

$$I_m(u) := \int\limits_0^u \tan^m(x)\,dx, \qquad |u| < \frac{\pi}{2}.$$

b) Man zeige für $k \geq 1$ die Formeln

$$\int\limits_0^{\pi/4} \tan^{2k}(x)\,dx = (-1)^k\left(\frac{\pi}{4} - \left(1 - \frac{1}{3} + \frac{1}{5} - + \ldots + \frac{(-1)^{k-1}}{2k-1}\right)\right),$$

$$\int\limits_0^{\pi/4} \tan^{2k+1}(x)\,dx = \frac{(-1)^k}{2}\left(\log 2 - \left(1 - \frac{1}{2} + \frac{1}{3} - + \ldots + \frac{(-1)^{k-1}}{k}\right)\right).$$

c) Mittels b) beweise man

$$\sum_{k=1}^{\infty} \frac{(-1)^{k-1}}{2k-1} = \frac{\pi}{4} \qquad \text{und} \qquad \sum_{k=1}^{\infty} \frac{(-1)^{k-1}}{k} = \log 2.$$

19.6   Man berechne das Integral

$$\int \frac{dx}{ax^2 + bx + c}$$

in Abhängigkeit von $a, b, c \in \mathbb{R}, a \neq 0$.

19.7   Man berechne das Integral $\displaystyle\int \frac{dx}{1 + x^4}$.

Anleitung. Man benutze

$$1 + x^4 = \left(1 + \sqrt{2}x + x^2\right)\left(1 - \sqrt{2}x + x^2\right)$$

und stelle eine Partialbruchzerlegung

$$\frac{1}{1 + x^4} = \frac{ax + b}{1 + \sqrt{2}x + x^2} + \frac{cx + d}{1 - \sqrt{2}x + x^2}$$

her.

19.8 Man berechne die Integrale

$$\int x \sin x \, dx, \quad \int x^2 \cos x \, dx, \quad \int x^3 e^x \, dx.$$

19.9 Für $m \in \mathbb{Z}$ berechne man das Integral

$$\int x^m \log x \, dx \quad (x > 0).$$

19.10 Man zeige: Das Riemannsche Lemma (Satz 19.6)

$$\lim_{k \to \infty} \int_a^b f(x) \sin kx \, dx = 0$$

gilt auch unter der schwächeren Voraussetzung, dass $f : [a, b] \to \mathbb{R}$ nur Riemann-integrierbar ist.

Anleitung. Man behandle zunächst den Fall, dass f eine Treppenfunktion ist und führe den allgemeinen Fall durch Approximation darauf zurück.

19.11 Es seien P_n die Legendre-Polynome

$$P_n(x) = \frac{1}{2^n n!} \left(\frac{d}{dx} \right)^n \left(x^2 - 1 \right)^n,$$

vgl. Aufgabe 16.4. Man beweise mittels partieller Integration

i) $\displaystyle\int_{-1}^1 P_n(x) P_m(x) \, dx = 0 \quad$ für $n \neq m$.

ii) $\displaystyle\int_{-1}^1 P_n(x)^2 \, dx = \frac{2}{2n + 1}$.

19.12 Es sei N eine vorgegebene natürliche Zahl. Man beweise:

a) Jedes Polynom f vom Grad $\leq N$ lässt sich als Linearkombination der Legendre-Polynome P_k, $k = 0, 1, \ldots, N$, darstellen:

$$f(x) = \sum_{k=0}^{N} c_k P_k(x) \quad \text{mit } c_k = \frac{2k+1}{2} \int_{-1}^{1} f(x) P_k(x) dx.$$

b) Für jedes Polynom g vom Grad $< N$ gilt

$$\int_{-1}^{1} g(x) P_N(x) dx = 0.$$

c) Seien $x_1, x_2, \ldots, x_N$ die Nullstellen des Polynoms P_N (diese sind nach Aufgabe 16.4 paarweise verschieden) und sei f ein Polynom vom Grad $\leq 2N - 1$ mit

$$f(x_k) = 0 \quad \text{für } k = 1, 2, \ldots, N.$$

Dann gilt

$$\int_{-1}^{1} f(x) dx = 0.$$

d) Für $n = 1, 2, \ldots, N$ sei

$$\gamma_n := \int_{-1}^{1} L_n(x) dx, \quad \text{wobei} \quad L_n(x) := \prod_{\substack{k=1 \\ k \neq n}}^{N} \frac{x - x_k}{x_n - x_k}.$$

Dann gilt für jedes Polynom f vom Grad $\leq 2N - 1$

$$\int_{-1}^{1} f(x) dx = \sum_{k=1}^{N} \gamma_k f(x_k)$$

(Gauß'sche Quadratur-Formel).

e) Man berechne die x_k und γ_k für die Fälle $N = 1, 2, 3$.

19.13

a) Sei $f : [-\frac{1}{2}, \frac{1}{2}] \to \mathbb{R}$ eine zweimal stetig differenzierbare Funktion. Man zeige: Es gibt ein $\xi \in [-\frac{1}{2}, \frac{1}{2}]$, so dass

$$\int\limits_{-1/2}^{1/2} f(x)\,dx = f(0) + \frac{1}{2} \int\limits_{-1/2}^{1/2} (|x| - \tfrac{1}{2})^2 f''(x)\,dx$$

$$= f(0) + \tfrac{1}{24} f''(\xi).$$

b) Sei $f : [a, b] \to \mathbb{R}$ eine zweimal stetig differenzierbare Funktion und

$$K_2 := \sup\{|f''(x)| : x \in [a, b]\}.$$

Weiter sei $n > 0$ eine natürliche Zahl und $h := (b - a)/n$. Man zeige

$$\int\limits_{a}^{b} f(x)dx = h \sum_{v=0}^{n-1} f\big(a + (v + \tfrac{1}{2})h\big) + R$$

mit $|R| \le \dfrac{K_2}{24}(b - a)h^2$.

Bemerkung Man beachte, dass die Fehlerabschätzung im Vergleich zur Trapezregel (Corollar 19.7a) um den Faktor $1/2$ verbessert ist.

Die obige Näherungsformel für das Integral nennt man die *Tangentenregel*. Man zeige dazu, dass der Ausdruck $hf(a + (v + \tfrac{1}{2})h)$ (für positives f) gleich der Fläche eines Trapezes ist, das begrenzt wird von der x-Achse, den beiden senkrechten Geraden $x = a + vh$ und $x = a + (v + 1)h$ sowie der Tangente an den Graphen von f an der Stelle $x = a + (v + \tfrac{1}{2})h$, siehe Abb. 19 C.

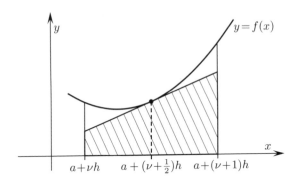

Abb. 19 C Zur Tangentenregel

19.14 Sei $\psi : \mathbb{R} \to \mathbb{R}$ die wie folgt definierte Funktion:

$$\psi(x) := \frac{1}{18}(|x| - 1)^3 + \frac{1}{24}(|x| - 1)^4.$$

a) Man zeige für jede 4-mal stetig differenzierbare Funktion f : $[-1, 1] \to \mathbb{R}$

$$\int\limits_{-1}^{1} f(x)\, dx = \frac{1}{3}\big(f(-1) + 4f(0) + f(1)\big) + R$$

(*Keplersche Fassregel*), wobei

$$R = \int\limits_{-1}^{1} f^{(4)}(x)\psi(x)\, dx = -\frac{1}{90} f^{(4)}(\xi) \quad \text{für ein } \xi \in [-1, 1].$$

b) Sei $f : [a, b] \to \mathbb{R}$ eine 4-mal stetig differenzierbare Funktion und

$$K_4 := \sup\{|f^{(4)}(x)| : x \in [a, b]\}.$$

Weiter sei $n > 0$ eine natürliche Zahl und

$$h := \frac{b - a}{2n}, \quad x_\nu := a + \nu h, \quad y_\nu := f(x_\nu).$$

Man beweise die *Simpsonsche Regel*

$$\int_a^b f(x)\, dx$$

$$= \frac{h}{3}(y_0 + 4y_1 + 2y_2 + 4y_3 + \ldots + 2y_{2n-2} + 4y_{2n-1} + y_{2n}) + R$$

$$= \frac{h}{3}\left(f(x_0) + 4\sum_{\nu=0}^{n-1} f(x_{2\nu+1}) + 2\sum_{\nu=1}^{n-1} f(x_{2\nu}) + f(x_{2n}) \right) + R$$

mit $|R| \leq \dfrac{K_4}{180}(b-a)h^4$.

Uneigentliche Integrale. Die Gamma-Funktion

20

Der bisher behandelte Integralbegriff ist für manche Anwendungen zu eng. So konnten wir bisher nur über endliche Intervalle integrieren und die Riemann-integrierbaren Funktionen waren notwendig beschränkt. Ist das Integrationsintervall unendlich oder die zu integrierende Funktion nicht beschränkt, so kommt man zu den uneigentlichen Integralen, die unter gewissen Bedingungen als Grenzwerte Riemannscher Integrale definiert werden können. Als Anwendung behandeln wir die Gamma-Funktion, die durch ein uneigentliches Integral definiert ist und die die Fakultät interpoliert.

Uneigentliche Integrale

Wir betrachten drei Fälle.

Fall 1 Eine Integrationsgrenze ist unendlich.

Definition Sei $f : [a, \infty[\to \mathbb{R}$ eine Funktion, die über jedem Intervall $[a, R]$, $a < R < \infty$, Riemann-integrierbar ist. Falls der Grenzwert

$$\lim_{R \to \infty} \int_a^R f(x)\, dx$$

existiert, heißt das Integral $\int\limits_{a}^{\infty} f(x)\,dx$ konvergent und man setzt

$$\int\limits_{a}^{\infty} f(x)\,dx := \lim_{R\to\infty} \int\limits_{a}^{R} f(x)\,dx\,.$$

Analog definiert man das Integral $\int\limits_{-\infty}^{a} f(x)\,dx$ für eine Funktion

$$f : \,]-\infty, a] \to \mathbb{R}.$$

(20.1) *Beispiel.* Das Integral $\int\limits_{1}^{\infty} \dfrac{dx}{x^s}$ konvergiert für $s > 1$. Es

gilt nämlich

$$\int\limits_{1}^{R} \frac{dx}{x^s} = \frac{1}{1-s} \cdot \frac{1}{x^{s-1}}\bigg|_{1}^{R} = \frac{1}{s-1}\left(1 - \frac{1}{R^{s-1}}\right).$$

Da $\lim\limits_{R\to\infty} \frac{1}{R^{s-1}} = 0$, folgt

$$\int\limits_{1}^{\infty} \frac{dx}{x^s} = \frac{1}{s-1} \quad \text{für } s > 1\,.$$

Andererseits zeigt man: $\int\limits_{1}^{\infty} \dfrac{dx}{x^s}$ konvergiert nicht für $s \leqslant 1$.

Z. B. für $s = 1$ ist $\int\limits_{1}^{R} \dfrac{dx}{x} = \log R$, was für $R \to \infty$ gegen ∞

strebt.

Fall 2 Der Integrand ist an einer Integrationsgrenze nicht definiert.

Definition Sei $f :]a, b] \to \mathbb{R}$ eine Funktion, die über jedem Teilintervall $[a + \varepsilon, b]$, $0 < \varepsilon < b - a$, Riemann-integrierbar ist. Falls der Grenzwert

$$\lim_{\varepsilon \searrow 0} \int_{a+\varepsilon}^{b} f(x)\, dx$$

existiert, heißt das Integral $\int_{a}^{b} f(x)\, dx$ konvergent und man setzt

$$\int_{a}^{b} f(x)\, dx := \lim_{\varepsilon \searrow 0} \int_{a+\varepsilon}^{b} f(x)\, dx \,.$$

(20.2) *Beispiel.* Das Integral $\int_{0}^{1} \dfrac{dx}{x^s}$ konvergiert für $s < 1$. Es gilt nämlich

$$\int_{\varepsilon}^{1} \frac{dx}{x^s} = \frac{1}{1-s} \cdot \frac{1}{x^{s-1}} \bigg|_{\varepsilon}^{1} = \frac{1}{1-s} \left(1 - \varepsilon^{1-s} \right).$$

Da $\lim_{\varepsilon \searrow 0} \varepsilon^{1-s} = 0$, folgt

$$\int_{0}^{1} \frac{dx}{x^s} = \frac{1}{1-s} \quad \text{für } s < 1 \,.$$

Andererseits zeigt man

$$\int_{0}^{1} \frac{dx}{x^s} \quad \text{konvergiert nicht für } s \geq 1 \,.$$

Fall 3   Beide Integrationsgrenzen sind kritisch.

Definition   Sei $f:]a, b[\to \mathbb{R}$, $a \in \mathbb{R} \cup \{-\infty\}$, $b \in \mathbb{R} \cup \{\infty\}$, eine Funktion, die über jedem kompakten Teilintervall $[\alpha, \beta] \subset]a, b[$ Riemann-integrierbar ist und sei $c \in]a, b[$ beliebig. Falls die beiden uneigentlichen Integrale

$$\int\limits_a^c f(x)\, dx = \lim_{\alpha \searrow a} \int\limits_\alpha^c f(x)\, dx$$

und

$$\int\limits_c^b f(x)\, dx = \lim_{\beta \nearrow b} \int\limits_c^\beta f(x)\, dx$$

konvergieren, heißt das Integral $\int\limits_a^b f(x)\, dx$ konvergent und man setzt

$$\int\limits_a^b f(x)\, dx = \int\limits_a^c f(x)\, dx + \int\limits_c^b f(x)\, dx \, .$$

Bemerkung   Diese Definition ist unabhängig von der Auswahl von $c \in]a, b[$.

Beispiele

(20.3)   Nach (20.1) und (20.2) divergiert das Integral $\int\limits_0^\infty \dfrac{dx}{x^s}$ für jedes $s \in \mathbb{R}$.

(20.4) Das Integral $\displaystyle\int_{-1}^{1} \frac{dx}{\sqrt{1-x^2}}$ konvergiert:

$$\int_{-1}^{1} \frac{dx}{\sqrt{1-x^2}} = \lim_{\varepsilon\searrow 0}\int_{-1+\varepsilon}^{0} \frac{dx}{\sqrt{1-x^2}} + \lim_{\varepsilon\searrow 0}\int_{0}^{1-\varepsilon} \frac{dx}{\sqrt{1-x^2}}$$

$$= -\lim_{\varepsilon\searrow 0}\arcsin(-1+\varepsilon) + \lim_{\varepsilon\searrow 0}\arcsin(1-\varepsilon)$$

$$= -\left(-\frac{\pi}{2}\right) + \frac{\pi}{2} = \pi\,.$$

(20.5) Das Integral $\displaystyle\int_{-\infty}^{\infty} \frac{dx}{1+x^2}$ konvergiert ebenfalls:

$$\int_{-\infty}^{\infty} \frac{dx}{1+x^2} = \lim_{R\to\infty}\int_{-R}^{0} \frac{dx}{1+x^2} + \lim_{R\to\infty}\int_{0}^{R} \frac{dx}{1+x^2}$$

$$= -\lim_{R\to\infty}\arctan(-R) + \lim_{R\to\infty}\arctan(R)$$

$$= -\left(-\frac{\pi}{2}\right) + \frac{\pi}{2} = \pi\,.$$

(20.6) Wir behandeln jetzt noch ein nicht-triviales Beispiel eines uneigentlichen Integrals und beweisen die Dirichletsche Formel

$$\int_{0}^{\infty} \frac{\sin x}{x}\,dx = \frac{\pi}{2}\,.$$

Die Integrationsgrenze 0 ist nicht kritisch, da sich der Intergrand $\frac{\sin x}{x}$ durch 1 stetig in die Stelle $x = 0$ fortsetzen lässt (Corollar 14.5a). Um die Konvergenz des Integrals an der oberen Grenze ∞ zu untersuchen, betrachten wir das unbestimmte Integral

$$\mathrm{Si}(x) := \int_{0}^{x} \frac{\sin t}{t}\,dt, \quad 0 \leqslant x < \infty.$$

Diese Funktion heißt *Integral-Sinus* (oder Sinus integralis) und lässt sich nicht wie im vorigen Beispiel (20.5) durch elementare Funktionen ausdrücken. Da $\frac{\sin x}{x}$ im Intervall $n\pi < x < (n+1)\pi$ für gerades n positiv und für ungerades n negativ ist, hat $\mathrm{Si}(x)$ an den Stellen $x = n\pi$ lokale Maxima bzw. Minima, je nachdem n ungerade oder gerade ist. Setzt man

$$a_n := \left| \int_{n\pi}^{(n+1)\pi} \frac{\sin x}{x} \, dx \right|,$$

so ist die Folge (a_n) monoton fallend mit Limes 0 und es gilt

$$\mathrm{Si}(n\pi) = \sum_{k=0}^{n-1} (-1)^k a_k.$$

Die Existenz von

$$\int_0^\infty \frac{\sin x}{x} \, dx = \lim_{R \to \infty} \mathrm{Si}(R) = \lim_{n \to \infty} \mathrm{Si}(n\pi)$$

folgt nun aus dem Leibniz'schen Konvergenz-Kriterium für alternierende Reihen.

Abb. 20 A zeigt den Graphen des Integral-Sinus (die x- und y-Achse haben verschiedenen Maßstab!).

Wir kommen jetzt zur Berechnung des Limes. Wir gehen in drei Schritten vor.

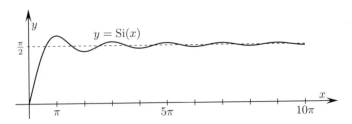

Abb. 20 A Die Funktion Sinus integralis

i) Zunächst folgt für jede positive reelle Zahl λ durch einfache Variablen-Substitution

$$\mathrm{Si}(\lambda\pi/2) = \int_0^{\pi/2} \frac{\sin\lambda x}{x}\, dx.$$

ii) Sei $g : [0, \pi/2] \to \mathbb{R}$ die wie folgt definierte Funktion

$$g(x) := \frac{1}{x} - \frac{1}{\sin x} \quad \text{für } x \neq 0, \quad g(0) := 0.$$

Nach (16.5) ist g im Nullpunkt stetig. Aus dem Riemannschen Lemma (Satz 19.6) folgt

$$\lim_{\lambda\to\infty} \int_0^{\pi/2} \sin(\lambda x)\, g(x)\, dx = 0,$$

also

$$\lim_{\lambda\to\infty} \int_0^{\pi/2} \frac{\sin\lambda x}{x}\, dx = \lim_{\lambda\to\infty} \int_0^{\pi/2} \frac{\sin\lambda x}{\sin x}\, dx.$$

iii) Für jede positive ganze Zahl n gilt

$$\frac{\sin(2n+1)x}{\sin x} = 1 + 2\sum_{k=1}^{n} \cos 2kx,$$

vgl. den Hilfssatz 18.9. Daraus folgt

$$\int_0^{\pi/2} \frac{\sin(2n+1)x}{\sin x}\, dx = \int_0^{\pi/2} 1 \cdot dx = \frac{\pi}{2}.$$

Zusammenfassend ergibt sich

$$\int\limits_0^\infty \frac{\sin x}{x}\, dx = \lim_{n\to\infty} \int\limits_0^{\pi/2} \frac{\sin(2n+1)x}{x}\, dx$$

$$= \lim_{n\to\infty} \int\limits_0^{\pi/2} \frac{\sin(2n+1)x}{\sin x}\, dx = \frac{\pi}{2}. \qquad \square$$

Integral-Vergleichskriterium für Reihen

Mithilfe der uneigentlichen Integrale kann man manchmal einfach entscheiden, ob eine unendliche Reihe konvergiert oder divergiert.

Satz 20.1   *Sei* $f : [1, \infty[\to \mathbb{R}_+$ *eine monoton fallende Funktion.*
Dann gilt:

$$\sum_{n=1}^\infty f(n) \text{ konvergiert} \quad \Longleftrightarrow \quad \int\limits_1^\infty f(x)\, dx \text{ konvergiert.}$$

Beweis   Wir definieren Treppenfunktionen $\varphi, \psi : [1, \infty[\to \mathbb{R}$
durch

$$\left.\begin{array}{l} \psi(x) := f(n) \\ \varphi(x) := f(n+1) \end{array}\right\} \quad \text{für } n \leqslant x < n+1.$$

Da f monoton fallend ist, gilt $\varphi \leqslant f \leqslant \psi$, siehe Abb. 20 B.
  Integration über das Intervall $[1, N]$ ergibt

$$\sum_{n=2}^N f(n) = \int_1^N \varphi(x)\, dx \leqslant \int_1^N f(x)\, dx \leqslant \int_1^N \psi(x)\, dx = \sum_{n=1}^{N-1} f(n)\,.$$

Falls $\int_1^\infty f(x)\, dx$ konvergiert, ist deshalb die Reihe $\sum_{n=1}^\infty f(n)$
beschränkt, also konvergent. Falls umgekehrt $\sum_{n=1}^\infty f(n)$ als konvergent vorausgesetzt wird, so folgt, dass $\int_1^R f(x)\, dx$ für $R \to \infty$
monoton wachsend und beschränkt ist, also konvergiert. $\square$

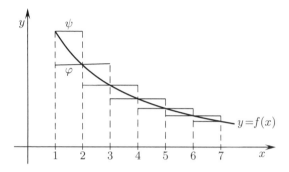

Abb. 20 B Zum Integral-Vergleichskriterium

(20.7) *Beispiel.* Aus (20.1) folgt:

Die Reihe $\sum\limits_{n=1}^{\infty} \dfrac{1}{n^s}$ konvergiert für $s > 1$ und divergiert für $s \leqslant 1$.

(Diese Reihe hatten wir schon in (7.2) behandelt.)

Bemerkung Betrachtet man die Summe der Reihe als Funktion von s, so erhält man die *Riemannsche Zetafunktion*

$$\zeta(s) := \sum_{n=1}^{\infty} \frac{1}{n^s}, \quad (s > 1).$$

(Die wahre Bedeutung dieser Funktion wird erst in der sogenannten Funktionentheorie sichtbar, wo diese Funktion ins Komplexe fortgesetzt wird.)

(20.8) **Euler-Mascheronische Konstante.** Insbesondere erhält man aus dem vorigen Beispiel für $s = 1$ wieder die Divergenz der harmonischen Reihe $\sum\limits_{n=1}^{\infty} \frac{1}{n}$. Mit dem Integral-Vergleichskriterium kann man auch eine Aussage über das Wachstum der Partialsummen machen. Da $\int_1^N \frac{dx}{x} = \log N$, wächst $\sum_{n=1}^{N} \frac{1}{n}$ ungefähr so schnell (langsam) wie $\log N$ gegen ∞. Genauer gilt:

Es gibt eine Konstante $\gamma \in [0, 1]$, so dass

$$\gamma = \lim_{N \to \infty} \left(\sum_{n=1}^{N} \frac{1}{n} - \log N \right).$$

Beweis   Mit dem Integral-Vergleichskriterium ergibt sich für $N > 1$

$$\sum_{n=2}^{N} \frac{1}{n} \leqslant \int_{1}^{N} \frac{dx}{x} = \log N \leqslant \sum_{n=1}^{N-1} \frac{1}{n}.$$

Daraus folgt

$$\frac{1}{N} \leqslant \gamma_N := \sum_{n=1}^{N} \frac{1}{n} - \log N \leqslant 1.$$

Die Differenz zweier aufeinander folgender Glieder der Folge (γ_N) ist

$$\gamma_{N-1} - \gamma_N = \int_{N-1}^{N} \frac{dx}{x} - \frac{1}{N} = \int_{N-1}^{N} \left(\frac{1}{x} - \frac{1}{N} \right) dx > 0.$$

Die Folge der γ_N ist also monoton fallend und durch 0 nach unten beschränkt. Also existiert der Limes

$$\gamma = \lim_{N \to \infty} \gamma_N = \lim_{N \to \infty} \left(\sum_{n=1}^{N} \frac{1}{n} - \log N \right). \qquad \square$$

Bemerkung   Diese Beziehung lässt sich auch wie folgt schreiben:

$$\sum_{n=1}^{N} \frac{1}{n} = \log N + \gamma + o(1) \quad \text{für } N \to \infty.$$

Die Zahl γ heißt die Euler-Mascheronische Konstante; ihr numerischer Wert ist auf 40 Dezimalstellen genau (s. dazu Aufgabe 23.9)

$$\gamma = 0.57721\,56649\,01532\,86060\,65120\,90082\,40243\,10421\,\ldots\,.$$

Es ist unbekannt, ob γ rational, irrational oder (vermutlich) sogar transzendent ist.

(20.9) *Alternierende harmonische Reihe.* Mithilfe der Euler-Mascheronischen Konstante lässt sich die Summe der alternierenden harmonischen Reihe $\sum_1^\infty (-1)^{n-1} \frac{1}{n}$ wie folgt bestimmen: Es ist

$$\sum_{n=1}^{2N} (-1)^{n-1} \frac{1}{n} = \sum_{n=1}^{2N} \frac{1}{n} - 2 \sum_{n=1}^{N} \frac{1}{2n} = \sum_{n=1}^{2N} \frac{1}{n} - \sum_{n=1}^{N} \frac{1}{n}$$

$$= \log(2N) + \gamma + o(1) - (\log N + \gamma + o(1))$$

$$= \log 2 + o(1),$$

also $\quad \displaystyle\sum_{n=1}^{\infty} \frac{(-1)^{n-1}}{n} = \log 2.$

Die Gamma-Funktion

Definition (Eulersche Integraldarstellung der Gamma-Funktion) Für $x > 0$ setzt man

$$\Gamma(x) := \int_0^\infty t^{x-1} e^{-t} \, dt \, .$$

Bemerkung Dass dieses uneigentliche Integral konvergiert, folgt nach (20.1) und (20.2) daraus, dass

a) $t^{x-1} e^{-t} \leq \dfrac{1}{t^{1-x}}$ für alle $t > 0$,

b) $t^{x-1} e^{-t} \leq \dfrac{1}{t^2}$ für $t \geq t_0$,

   da $\lim\limits_{t \to \infty} t^{x+1} e^{-t} = 0$, vgl. (12.2).

Satz 20.2 (Funktionalgleichung) *Es gilt* $\Gamma(n+1) = n!$ *für alle* $n \in \mathbb{N}$ *und*

$$x\Gamma(x) = \Gamma(x+1) \quad \text{für alle } x \in \mathbb{R}_+^* \, .$$

Beweis   Partielle Integration liefert

$$\int_{\varepsilon}^{R} t^x e^{-t} dt = -t^x e^{-t} \Big|_{t=\varepsilon}^{t=R} + x \int_{\varepsilon}^{R} t^{x-1} e^{-t} dt \, .$$

Durch Grenzübergang $\varepsilon \searrow 0$ und $R \to \infty$ erhält man $\Gamma(x+1) = x\Gamma(x)$. Da

$$\Gamma(1) = \lim_{R \to \infty} \int_{0}^{R} e^{-t} dt = \lim_{R \to \infty} \left(1 - e^{-R}\right) = 1 \, ,$$

folgt aus dieser Funktionalgleichung

$$\Gamma(n+1) = n\Gamma(n) = n(n-1)\Gamma(n-1)$$
$$= n(n-1) \cdot \ldots \cdot 1 \cdot \Gamma(1) = n! \qquad \square$$

Bemerkung   Die Funktion $\Gamma : \mathbb{R}_+^* \to \mathbb{R}$ interpoliert also die Fakultät, die nur für natürliche Zahlen definiert ist. (Dass die Gamma-Funktion so definiert ist, dass nicht $\Gamma(n)$, sondern $\Gamma(n+1)$ gleich $n!$ ist, hat historische Gründe.) Durch diese Eigenschaft und die Funktionalgleichung ist die Gammafunktion aber noch nicht eindeutig bestimmt. Wir brauchen noch eine weitere Eigenschaft, die logarithmische Konvexität, um die Gammafunktion zu charakterisieren.

Definition   Sei $I \subset \mathbb{R}$ ein Intervall. Eine positive Funktion $F : I \to \mathbb{R}_+^*$ heißt *logarithmisch konvex*, wenn die Funktion $\log F : I \to \mathbb{R}$ konvex ist.

Übersetzt man die Konvexitätsbedingung für die Funktion $\log F$ mithilfe der Exponentialfunktion auf die Funktion F, so erhält man: F ist genau dann logarithmisch konvex, wenn für alle $x, y \in I$ und $0 < \lambda < 1$ gilt

$$F(\lambda x + (1-\lambda)y) \leqslant F(x)^\lambda F(y)^{1-\lambda} \, .$$

Satz 20.3 *Die Funktion $\Gamma : \mathbb{R}_+^* \to \mathbb{R}$ ist logarithmisch konvex.*

Beweis Aus der Integraldarstellung folgt unmittelbar $\Gamma(x) > 0$ für alle $x > 0$.

Seien nun $x, y \in \mathbb{R}_+^*$ und $0 < \lambda < 1$. Wir setzen $p := \frac{1}{\lambda}$ und $q := \frac{1}{1-\lambda}$. Dann gilt $\dfrac{1}{p} + \dfrac{1}{q} = 1$. Wir wenden nun auf die Funktionen

$$f(t) := t^{(x-1)/p} e^{-t/p}, \quad g(t) := t^{(y-1)/q} e^{-t/q}$$

die Höldersche Ungleichung (18.6) an:

$$\int_{\varepsilon}^{R} f(t) g(t) \, dt \leqslant \left(\int_{\varepsilon}^{R} f(t)^p \, dt \right)^{1/p} \left(\int_{\varepsilon}^{R} g(t)^q \, dt \right)^{1/q}.$$

Nun ist

$$f(t) g(t) = t^{\frac{x}{p} + \frac{y}{q} - 1} e^{-t},$$
$$f(t)^p = t^{x-1} e^{-t}, \quad g(t)^q = t^{y-1} e^{-t}.$$

Damit ergibt die Höldersche Ungleichung nach Grenzübergang $\varepsilon \searrow 0$ und $R \to \infty$

$$\Gamma\left(\frac{x}{p} + \frac{y}{q} \right) \leqslant \Gamma(x)^{1/p} \Gamma(y)^{1/q}.$$

Dies zeigt, dass Γ logarithmisch konvex ist.

Bemerkung Da jede auf einem offenen Intervall konvexe Funktion stetig ist (vgl. Aufgabe 16.5), ergibt sich aus Satz 20.3 insbesondere, dass $\log \Gamma$, und damit auch die Gamma-Funktion $\Gamma = \exp \circ \log \Gamma$ auf ganz $\mathbb{R}_+^*$ stetig ist.

Satz 20.4 (H. Bohr/J. Mollerup) *Sei $F : \mathbb{R}_+^* \to \mathbb{R}_+^*$ eine Funktion mit folgenden Eigenschaften:*

a) $F(1) = 1$,
b) $F(x + 1) = x F(x)$ *für alle* $x \in \mathbb{R}_+^*$,
c) F *ist logarithmisch konvex.*

Dann gilt $F(x) = \Gamma(x)$ für alle $x \in \mathbb{R}_+^*$.

Beweis Da die Gamma-Funktion die Eigenschaften a) bis c) hat, genügt es zu zeigen, dass eine Funktion F mit a) bis c) eindeutig bestimmt ist.

Aus der Funktionalgleichung b) folgt

$$F(x + n) = F(x)x(x + 1) \cdot \ldots \cdot (x + n - 1)$$

für alle $x > 0$ und alle natürlichen Zahlen $n \geqslant 1$. Insbesondere folgt daraus $F(n + 1) = n!$ für alle $n \in \mathbb{N}$. Es genügt daher zu beweisen, dass $F(x)$ für $0 < x < 1$ eindeutig bestimmt ist. Wegen

$$n + x = (1 - x)n + x(n + 1)$$

folgt aus der logarithmischen Konvexität

$$F(n + x) \leqslant F(n)^{1-x} F(n + 1)^x$$
$$= F(n)^{1-x} F(n)^x n^x = (n - 1)! \, n^x \, .$$

Aus $n + 1 = x(n + x) + (1 - x)(n + 1 + x)$ folgt ebenso

$$n! = F(n + 1) \leqslant F(n + x)^x F(n + 1 + x)^{1-x}$$
$$= F(n + x)(n + x)^{1-x}.$$

Kombiniert man beide Ungleichungen, erhält man

$$n!(n + x)^{x-1} \leqslant F(n + x) \leqslant (n - 1)! \, n^x$$

und weiter

$$a_n(x) := \frac{n!(n + x)^{x-1}}{x(x + 1) \cdot \ldots \cdot (x + n - 1)} \leqslant F(x)$$
$$\leqslant \frac{(n - 1)! \, n^x}{x(x + 1) \cdot \ldots \cdot (x + n - 1)} =: b_n(x) \, .$$

Da $\frac{b_n(x)}{a_n(x)} = \frac{(n+x)n^x}{n(n+x)^x}$ für $n \to \infty$ gegen 1 konvergiert, folgt

$$F(x) = \lim_{n\to\infty} \frac{(n - 1)! \, n^x}{x(x + 1) \cdot \ldots \cdot (x + n - 1)},$$

F ist also eindeutig bestimmt. $\square$

Satz 20.5 (Gauß'sche Limesdarstellung der Gamma-Funktion)
Für alle $x > 0$ gilt

$$\Gamma(x) = \lim_{n \to \infty} \frac{n! \, n^x}{x(x+1) \cdot \ldots \cdot (x+n)} \, .$$

Beweis Da $\lim_{n \to \infty} \frac{n}{x+n} = 1$, folgt die behauptete Gleichung für $0 < x < 1$ aus der im vorangehenden Beweis hergeleiteten Beziehung

$$\Gamma(x) = \lim_{n \to \infty} \frac{(n-1)! \, n^x}{x(x+1) \cdot \ldots \cdot (x+n-1)}.$$

Sie ist außerdem trivialerweise für $x = 1$ richtig. Es genügt also zu zeigen: Gilt die Formel für ein x, so auch für $y := x + 1$. Nun ist

$$\Gamma(y) = \Gamma(x+1) = x\Gamma(x) = \lim_{n \to \infty} \frac{n! \, n^x}{(x+1) \cdot \ldots \cdot (x+n)}$$

$$= \lim_{n \to \infty} \frac{n! \, n^{y-1}}{y(y+1) \cdot \ldots \cdot (y+n-1)}$$

$$= \lim_{n \to \infty} \frac{n! \, n^y}{y(y+1) \cdot \ldots \cdot (y+n-1)(y+n)} \, .$$

Damit ist Satz 20.5 bewiesen.   □

Corollar 20.5a (Weierstraß'sche Produktdarstellung der Gamma-Funktion) *Für alle $x > 0$ gilt*

$$\frac{1}{\Gamma(x)} = x e^{\gamma x} \prod_{n=1}^{\infty} \left(1 + \frac{x}{n}\right) e^{-x/n},$$

wobei γ die Euler-Mascheronische Konstante ist.

Beweis   Aus Satz 20.5 folgt

$$\frac{1}{\Gamma(x)} = x \lim_{N \to \infty} \frac{(x+1) \cdot \ldots \cdot (x+N)}{N!} N^{-x}$$

$$= x \lim_{N \to \infty} \left(1 + \frac{x}{1}\right) \cdot \ldots \cdot \left(1 + \frac{x}{N}\right) \exp(-x \log N)$$

$$= x \lim_{N \to \infty} \left(\prod_{n=1}^{N} \left(1 + \frac{x}{n}\right) e^{-x/n}\right) \exp\left(\sum_{n=1}^{N} \frac{x}{n} - x \log N\right).$$

Da $\lim_{N \to \infty} \left(\sum_{n=1}^{N} \frac{x}{n} - x \log N\right) = x\gamma$, vgl. (20.8), konvergiert auch das unendliche Produkt und man erhält

$$\frac{1}{\Gamma(x)} = x e^{\gamma x} \prod_{n=1}^{\infty} \left(1 + \frac{x}{n}\right) e^{-x/n}. \qquad \square$$

(20.10)   Wir zeigen als Anwendung von Satz 20.5, dass

$$\Gamma(\tfrac{1}{2}) = \sqrt{\pi}.$$

Beweis   Wir schreiben die Formel aus Satz 20.5 für $\Gamma(\tfrac{1}{2})$ auf zwei Weisen:

$$\Gamma(\tfrac{1}{2}) = \lim_{n \to \infty} \frac{n! \sqrt{n}}{\frac{1}{2}(1 + \frac{1}{2})(2 + \frac{1}{2}) \cdot \ldots \cdot (n + \frac{1}{2})},$$

$$\Gamma(\tfrac{1}{2}) = \lim_{n \to \infty} \frac{n! \sqrt{n}}{(1 - \frac{1}{2})(2 - \frac{1}{2}) \cdot \ldots \cdot (n - \frac{1}{2})(n + \frac{1}{2})}.$$

Multiplikation ergibt

$$\Gamma(\tfrac{1}{2})^2 = \lim_{n \to \infty} \frac{2n}{n + \frac{1}{2}} \cdot \frac{(n!)^2}{(1 - \frac{1}{4})(4 - \frac{1}{4}) \cdot \ldots \cdot (n^2 - \frac{1}{4})}$$

$$= 2 \lim_{n \to \infty} \prod_{k=1}^{n} \frac{k^2}{k^2 - \frac{1}{4}} = \pi,$$

wobei das Wallis'sche Produkt (19.24) benutzt wurde. Also ist $\Gamma(\tfrac{1}{2}) = \sqrt{\pi}$.

Daraus kann man die Werte $\Gamma(n + \frac{1}{2})$ mithilfe der Funktionalgleichung der Gamma-Funktion für alle natürlichen Zahlen n berechnen. Es ergibt sich

$$\Gamma(\tfrac{1}{2} + n) = \Big(\prod_{k=1}^{n} \frac{2k-1}{2}\Big) \cdot \sqrt{\pi},$$

wie der Leser leicht durch vollständige Induktion zeigen kann.

Für $x \searrow 0$ strebt $\Gamma(x)$ gegen unendlich, da

$$\lim_{x \searrow 0} x\Gamma(x) = \lim_{x \searrow 0} \Gamma(x+1) = \Gamma(1) = 1.$$

Dies bedeutet, dass der Quotient der Funktionen $\Gamma(x)$ und $1/x$ für $x \searrow 0$ gegen 1 konvergiert. Man sagt dazu auch, dass sich $\Gamma(x)$ für $x \searrow 0$ asymptotisch wie die Funktion $x \mapsto 1/x$ verhält. In Abb. 20 C ist der Graph der Gamma-Funktion dargestellt.

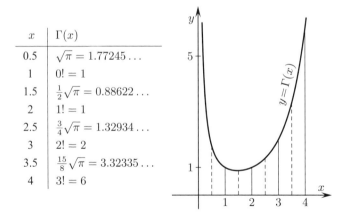

x	$\Gamma(x)$
0.5	$\sqrt{\pi} = 1.77245\ldots$
1	$0! = 1$
1.5	$\frac{1}{2}\sqrt{\pi} = 0.88622\ldots$
2	$1! = 1$
2.5	$\frac{3}{4}\sqrt{\pi} = 1.32934\ldots$
3	$2! = 2$
3.5	$\frac{15}{8}\sqrt{\pi} = 3.32335\ldots$
4	$3! = 6$

Abb. 20 C Die Gamma-Funktion

(20.11) Mithilfe des Wertes von $\Gamma(\frac{1}{2})$ können wir das folgende uneigentliche Integral berechnen:

$$\int\limits_{-\infty}^{\infty} e^{-x^2}\,dx = \sqrt{\pi}\,.$$

Beweis Die Substitution $x = t^{1/2}$, $dx = \frac{1}{2}t^{-1/2}dt$ liefert

$$\int\limits_{\varepsilon}^{R} e^{-x^2}\,dx = \frac{1}{2}\int\limits_{\varepsilon^2}^{R^2} t^{-1/2}e^{-t}\,dt\,,$$

also ergibt sich durch Grenzübergang $\varepsilon \searrow 0$, $R \to \infty$

$$\int\limits_{0}^{\infty} e^{-x^2}\,dx = \frac{1}{2}\int\limits_{0}^{\infty} t^{-1/2}e^{-t}\,dt = \frac{1}{2}\Gamma\left(\tfrac{1}{2}\right) = \frac{1}{2}\sqrt{\pi}.\qquad\square$$

Stirlingsche Formel

Wir leiten jetzt noch eine (u. a. in der Wahrscheinlichkeitstheorie und Statistik) nützliche Formel für das asymptotische Verhalten von $n!$ für große n her.

Man nennt zwei Folgen $(a_n)_{n\in\mathbb{N}}$ und $(b_n)_{n\in\mathbb{N}}$ nichtverschwindender Zahlen *asymptotisch gleich*, in Zeichen $a_n \sim b_n$, falls

$$\lim_{n\to\infty} \frac{a_n}{b_n} = 1\,.$$

Man beachte, dass nicht vorausgesetzt wird, dass die beiden Folgen (a_n) und (b_n) konvergieren und dass auch im Allgemeinen die Folge der Differenzen $(a_n - b_n)$ nicht konvergiert.

Satz 20.6 (Stirling) *Die Fakultät hat das asymptotische Verhalten*

$$n! \sim \sqrt{2\pi n}\left(\frac{n}{e}\right)^n.$$

Beweis Wir bezeichnen mit $\varphi : \mathbb{R} \to \mathbb{R}$ die wie folgt definierte Funktion:

$$\varphi(x) := \tfrac{1}{2} x (1 - x) \quad \text{für } 0 \leqslant x < 1,$$
$$\varphi(x + n) := \varphi(x) \qquad \text{für alle } n \in \mathbb{Z} \text{ und } 0 \leqslant x < 1.$$

Aus der Trapez-Regel (Satz 19.7) erhalten wir wegen $\log''(x) = -1/x^2$ die Beziehung

$$\int\limits_{k}^{k+1} \log x \, dx = \tfrac{1}{2} (\log(k) + \log(k + 1)) + \int\limits_{k}^{k+1} \frac{\varphi(x)}{x^2} \, dx.$$

Summation über $k = 1, \ldots, n - 1$ ergibt

$$\int\limits_{1}^{n} \log x \, dx = \sum_{k=1}^{n} \log k - \tfrac{1}{2} \log n + \int\limits_{1}^{n} \frac{\varphi(x)}{x^2} \, dx.$$

Da $\int_1^n \log x \, dx = n \log n - n + 1$, folgt daraus

$$\sum_{k=1}^{n} \log k = \left(n + \tfrac{1}{2}\right) \log n - n + a_n \,,$$

wobei

$$a_n := 1 - \int\limits_{1}^{n} \frac{\varphi(x)}{x^2} \, dx.$$

Nehmen wir von beiden Seiten die Exponentialfunktion, so erhalten wir mit $c_n := e^{a_n}$

$$n! = n^{n+1/2} e^{-n} c_n \,, \qquad \text{also} \qquad c_n = \frac{n!}{\sqrt{n}} \frac{e^n}{n^n} \,.$$

Da φ beschränkt ist und $\int_1^\infty x^{-2} dx < \infty$, existiert der Grenzwert

$$a := \lim_{n \to \infty} a_n = 1 - \int\limits_{1}^{\infty} \frac{\varphi(x)}{x^2} \, dx,$$

also auch der Grenzwert $c := \lim_{n \to \infty} c_n = e^a$. Es ist

$$\frac{c_n^2}{c_{2n}} = \frac{(n!)^2 \sqrt{2n}(2n)^{2n}}{n^{2n+1}(2n)!} = \sqrt{2}\,\frac{2^{2n}(n!)^2}{\sqrt{n}(2n)!}$$

und $\lim_{n \to \infty} \frac{c_n^2}{c_{2n}} = \frac{c^2}{c} = c$. Um c zu berechnen, benützen wir das Wallis'sche Produkt (19.24)

$$\pi = 2 \prod_{k=1}^{\infty} \frac{4k^2}{4k^2 - 1} = 2 \lim_{n \to \infty} \frac{2 \cdot 2 \cdot 4 \cdot 4 \cdot \ldots \cdot 2n \cdot 2n}{1 \cdot 3 \cdot 3 \cdot 5 \cdot \ldots \cdot (2n-1)(2n+1)}.$$

Es gilt

$$\left(2 \prod_{k=1}^{n} \frac{4k^2}{4k^2 - 1}\right)^{1/2} = \sqrt{2} \cdot \frac{2 \cdot 4 \cdot \ldots \cdot 2n}{3 \cdot 5 \cdot \ldots \cdot (2n-1)\sqrt{2n+1}}$$

$$= \frac{1}{\sqrt{n + \frac{1}{2}}} \cdot \frac{2^2 \cdot 4^2 \cdot \ldots \cdot (2n)^2}{2 \cdot 3 \cdot 4 \cdot 5 \cdot \ldots \cdot (2n-1) \cdot 2n}$$

$$= \frac{1}{\sqrt{1 + \frac{1}{2n}}} \cdot \frac{2^{2n}(n!)^2}{\sqrt{n}(2n)!},$$

also

$$\sqrt{\pi} = \lim_{n \to \infty} \frac{2^{2n}(n!)^2}{\sqrt{n}(2n)!}.$$

Daraus folgt $c = \sqrt{2\pi}$, d. h.

$$\lim_{n \to \infty} \frac{n!}{\sqrt{2\pi n} \cdot n^n e^{-n}} = 1. \qquad \square$$

Satz 20.7 (Fehlerabschätzung) *Die Fakultät von n liegt zwischen den Schranken*

$$\sqrt{2\pi n}\left(\frac{n}{e}\right)^n < n! \leq \sqrt{2\pi n}\left(\frac{n}{e}\right)^n e^{1/12n}.$$

Beweis Mit den Bezeichnungen des Beweises von Satz 20.6 gilt
für $n \geqslant 1$

$$n! = \sqrt{2\pi n}\left(\frac{n}{e}\right)^n e^{a_n - a} \quad \text{mit} \quad a_n - a = \int\limits_{n}^{\infty} \frac{\varphi(x)}{x^2} \, dx,$$

wobei $\varphi(x) = \frac{1}{2}z(1-z)$ für $z = x - \lfloor x \rfloor$.
Wir müssen also zeigen

$$0 < \int\limits_{n}^{\infty} \frac{\varphi(x)}{x^2} \leqslant \frac{1}{12n}.$$

Da $\varphi(x) \geqslant 0$, ist die erste Ungleichung klar. Um das Integral nach
oben abzuschätzen, benützen wir folgenden Hilfssatz.

Hilfssatz 20.8 *Sei* $f : [0, 1] \to \mathbb{R}$ *eine zweimal differenzierbare
konvexe Funktion. Dann gilt*

$$\int\limits_{0}^{1} \frac{1}{2}x(1-x)f(x)\,dx \leqslant \frac{1}{12} \int\limits_{0}^{1} f(x)\,dx.$$

Beweis Um die Symmetrie der Funktion $\frac{1}{2}x(1-x)$ um den
Punkt $\frac{1}{2}$ besser ausnützen zu können, machen wir die Substitution
$t = x - \frac{1}{2}$ und setzen $g(t) := f(t + \frac{1}{2})$. Dann ist g ebenfalls
konvex und es ist zu zeigen

$$\int\limits_{-1/2}^{1/2} (\tfrac{1}{8} - \tfrac{1}{2}t^2)g(t)\,dt \leqslant \frac{1}{12} \int\limits_{-1/2}^{1/2} g(t)\,dt.$$

Da $\frac{1}{8} - \frac{1}{12} = \frac{1}{24}$, ist dies gleichbedeutend mit

$$\int\limits_{-1/2}^{1/2} (\tfrac{1}{24} - \tfrac{1}{2}t^2)g(t)\,dt \leqslant 0.$$

Dies zeigen wir mit partieller Integration. Für die Funktion

$$\psi(t) := \tfrac{1}{24}t - \tfrac{1}{6}t^3$$

gilt $\psi'(t) = \tfrac{1}{24} - \tfrac{1}{2}t^2$ und $\psi(-\tfrac{1}{2}) = \psi(\tfrac{1}{2}) = 0$, also

$$\int_{-1/2}^{1/2} (\tfrac{1}{24} - \tfrac{1}{2}t^2)g(t)\,dt = - \int_{-1/2}^{1/2} \psi(t)g'(t)\,dt.$$

Ausnutzung der Antisymmetrie $\psi(-t) = -\psi(t)$ liefert weiter

$$\int_{-1/2}^{1/2} \psi(t)g'(t)\,dt = \int_{0}^{1/2} \psi(t)\big(g'(t) - g'(-t)\big)\,dt.$$

Da g konvex ist, ist g' monoton steigend, also $g'(t) - g'(-t) \geq 0$ für $t \in [0, \tfrac{1}{2}]$. Da außerdem $\psi(t) \geq 0$ für $t \in [0, \tfrac{1}{2}]$, ist das letzte Integral nicht-negativ. Daraus folgt die Behauptung des Hilfssatzes.

Nun können wir den Beweis von Satz 20.7 zu Ende führen. Da die Funktion $x \mapsto 1/x^2$ konvex ist, erhalten wir mit dem Hilfssatz

$$\int_{n}^{\infty} \frac{\varphi(x)}{x^2}\,dx \leq \frac{1}{12} \int_{n}^{\infty} \frac{dx}{x^2} = \frac{1}{12n}. \qquad \Box$$

Die Fehlerabschätzung aus Satz 20.7 sagt, dass der Näherungswert $\sqrt{2\pi n}\left(\tfrac{n}{e}\right)^n$ für $n!$ zwar zu klein ist, aber der relative Fehler ist höchstens gleich $e^{1/12n} - 1$. Etwa für $n = 10$ ist der Fehler weniger als ein Prozent, für $n = 100$ weniger als ein Promille. Beispielsweise gilt mit einer Genauigkeit von 1 Promille

$$100! \approx 0.9325 \cdot 10^{158}.$$

Der exakte Wert von 100! ist übrigens gleich

$$100! = \quad 93\,326\,215\,443\,944\,152\,681\,699\,238\,856\,266$$
$$700\,490\,715\,968\,264\,381\,621\,468\,592\,963\,895$$
$$217\,599\,993\,229\,915\,608\,941\,463\,976\,156\,518$$
$$286\,253\,697\,920\,827\,223\,758\,251\,185\,210\,916$$
$$864\,000\,000\,000\,000\,000\,000\,000\,000,$$

wobei der Leserin als Übung empfohlen sei, ohne Computer-Hilfe die Anzahl der Nullen, auf die 100! endet, zu bestimmen.

Aufgaben

20.1   Man untersuche das Konvergenzverhalten der Reihen

$$\sum_{n=2}^{\infty} \frac{1}{n(\log n)^{\alpha}} \qquad (\alpha \geq 0).$$

20.2   Für eine ganze Zahl $n \geq 1$ sei

$$\lambda(n) := \frac{1}{n} - \log\left(1 + \frac{1}{n}\right).$$

Man zeige:

a) $0 < \lambda(n) \leq \dfrac{1}{2n^2}.$

b) Für die Euler-Mascheronische Konstante γ gilt

$$\gamma = \sum_{n=1}^{\infty} \lambda(n).$$

20.3   Man beweise für $n \to \infty$

$$\sum_{k=1}^{n} \frac{1}{2k-1} = 1 + \frac{1}{3} + \frac{1}{5} + \cdots + \frac{1}{2n-1}$$
$$= \tfrac{1}{2} \log n + (\tfrac{1}{2}\gamma + \log 2) + o(1).$$

Dabei ist γ die Euler-Mascheronische Konstante.

20.4 Man zeige, dass folgende Umordnung der alternierenden harmonischen Reihe gegen $\frac{3}{2} \log 2$ konvergiert.

$$1 + \frac{1}{3} - \frac{1}{2} + \frac{1}{5} + \frac{1}{7} - \frac{1}{4} + \frac{1}{9} + \frac{1}{11} - \frac{1}{6} + \frac{1}{13} + \frac{1}{15} - \frac{1}{8} + \ldots$$

$$= \sum_{k=1}^{\infty} \left(\frac{1}{4k-3} + \frac{1}{4k-1} - \frac{1}{2k} \right) = \frac{3}{2} \log 2.$$

20.5 Man zeige: Es gibt eine Konstante $\beta \in [0,1]$, so dass

$$\sum_{k=2}^{n} \frac{1}{k \log k} = \log \log n + \beta + o(1) \quad \text{für } n \to \infty.$$

20.6 Für welche $\alpha \in \mathbb{R}$ konvergieren die folgenden uneigentlichen Integrale:

i) $\displaystyle \int_0^{\infty} \frac{\sin x}{x^{\alpha}} \, dx,$

ii) $\displaystyle \int_0^{\infty} \sin(x^{\alpha}) \, dx,$

iii) $\displaystyle \int_0^{\infty} \frac{\cos x}{x^{\alpha}} \, dx,$

iv) $\displaystyle \int_0^{\infty} \cos(x^{\alpha}) \, dx.$

20.7 Man beweise die asymptotische Beziehung

$$\frac{1}{2^{2n}} \binom{2n}{n} \sim \frac{1}{\sqrt{\pi n}}.$$

Bemerkung Die Zahl $\frac{1}{2^{2n}} \binom{2n}{n}$ kann interpretiert werden als die Wahrscheinlichkeit dafür, dass beim $2n$-maligen unabhängigen Werfen einer Münze genau n-mal das Ergebnis ‚Zahl' auftritt.

20.8 Der Definitionsbereich der Gamma-Funktion kann wie folgt von $\mathbb{R}_+^*$ auf $D := \{t \in \mathbb{R} : -t \notin \mathbb{N}\}$ erweitert werden: Für negatives nicht-ganzes x wähle man eine natürliche Zahl n, so dass $x + n + 1 > 0$ und setze

$$\Gamma(x) := \frac{\Gamma(x+n+1)}{x(x+1) \cdot \cdots \cdot (x+n)}.$$

Man zeige, dass diese Definition unabhängig von der Wahl von n ist und damit die Gauß'sche Limesdarstellung (Satz 20.5) sowie die Weierstraß'sche Produktdarstellung der Gamma-Funktion (Corollar 20.5a) für alle $x \in D$ gilt.

20.9 Man beweise für $x > 0$ die Formel

$$\Gamma\left(\frac{x}{2}\right)\Gamma\left(\frac{x+1}{2}\right) = 2^{1-x}\sqrt{\pi}\,\Gamma(x).$$

Anleitung. Man zeige, dass die Funktion $F(x) := 2^x \Gamma(\frac{x}{2})\Gamma(\frac{x+1}{2})$ der Funktionalgleichung $xF(x) = F(x+1)$ genügt und logarithmisch konvex ist.

20.10 Die Eulersche Beta-Funktion ist für $x, y \in \mathbb{R}_+^*$ definiert durch

$$B(x,y) := \int_0^1 t^{x-1}(1-t)^{y-1}dt.$$

a) Man zeige, dass dieses uneigentliche Integral konvergiert.
b) Man beweise: Für festes $y > 0$ ist die Funktion $x \mapsto B(x, y)$ auf $\mathbb{R}_+^*$ logarithmisch konvex und genügt der Funktionalgleichung

$$xB(x,y) = (x+y)B(x+1,y).$$

c) Man beweise die Formel

$$B(x,y) = \frac{\Gamma(x)\Gamma(y)}{\Gamma(x+y)} \quad \text{für alle } x, y > 0.$$

Anleitung. Betrachte (für festes y) die Funktion

$$x \mapsto B(x,y)\Gamma(x+y)/\Gamma(y).$$

20.11 Man beweise:

a) Für alle $\alpha \in \mathbb{R}$ mit $0 < \alpha < 1$ gilt

$$\int\limits_0^\infty \frac{x^{\alpha-1}}{1+x}\, dx = B(\alpha, 1-\alpha).$$

Bemerkung In Corollar 21.7a wird bewiesen, dass

$$B(\alpha, 1-\alpha) = \frac{\pi}{\sin \pi \alpha}.$$

b) Für jede natürliche Zahl $n \geqslant 2$ gilt

$$\int\limits_0^\infty \frac{dx}{1+x^n} = \frac{1}{n}\, B\!\left(\frac{1}{n}, 1 - \frac{1}{n}\right).$$

20.12 Seien α und β positive reelle Konstanten. Man zeige, dass das folgende uneigentliche Integral existiert und den angegebenen Wert hat.

$$\int\limits_0^1 t^{\alpha-1} |\log t|^{\beta-1}\, dt = \frac{\Gamma(\beta)}{\alpha^\beta}.$$

Hinweis. Substitution $x = \log t$.

Gleichmäßige Konvergenz von Funktionenfolgen

Der Begriff der Konvergenz einer Folge von Funktionen (f_n) gegen eine Funktion f, die alle denselben Definitionsbereich D haben, kann einfach auf den Konvergenzbegriff für Zahlenfolgen zurückgeführt werden: Man verlangt, dass an jeder Stelle $x \in D$ die Zahlenfolge $f_n(x)$, für $n \to \infty$ gegen $f(x)$ konvergiert. Wenn man Aussagen über die Funktion f aufgrund der Eigenschaften der Funktionen f_n beweisen will, reicht jedoch meistens diese so genannte punktweise Konvergenz nicht aus. Man braucht zusätzlich, dass die Konvergenz gleichmäßig ist, das heißt grob gesprochen, dass die Konvergenz der Folge $(f_n(x))$ gegen $f(x)$ für alle $x \in D$ gleich schnell ist. Beispielsweise gilt bei gleichmäßiger Konvergenz, dass die Grenzfunktion f wieder stetig ist, falls alle f_n stetig sind. Die gleichmäßige Konvergenz spielt auch bei der Frage eine Rolle, wann Differentiation und Integration von Funktionen mit der Limesbildung vertauschbar sind. Besonders wichtige Beispiele für gleichmäßig konvergente Funktionenfolgen liefern die Partialsummen von Potenzreihen.

Definition   Sei K eine Menge und seien $f_n \colon K \to \mathbb{C}$, $n \in \mathbb{N}$, Funktionen.

a) Die Folge (f_n) konvergiert *punktweise* gegen eine Funktion $f \colon K \to \mathbb{C}$, falls für jedes $x \in K$ die Folge $(f_n(x))$ gegen $f(x)$ konvergiert, d. h. wenn gilt:

© Der/die Autor(en), exklusiv lizenziert an Springer Fachmedien Wiesbaden GmbH, ein Teil von Springer Nature 2023
O. Forster, F. Lindemann, *Analysis 1*, Grundkurs Mathematik,
https://doi.org/10.1007/978-3-658-40130-6_21

Zu jedem $x \in K$ und $\varepsilon > 0$ existiert ein $N = N(x, \varepsilon)$,

so dass $|f_n(x) - f(x)| < \varepsilon$ für alle $n \geqslant N$.

b) Die Folge (f_n) konvergiert *gleichmäßig* gegen eine Funktion $f: K \to \mathbb{C}$, falls gilt:

Zu jedem $\varepsilon > 0$ existiert ein $N = N(\varepsilon)$, so dass

$|f_n(x) - f(x)| < \varepsilon$ für alle $x \in K$ und alle $n \geqslant N$.

Der Unterschied ist also der, dass im Fall gleichmäßiger Konvergenz N nur von ε, nicht aber von x abhängt. Konvergiert eine Funktionenfolge gleichmäßig, so auch punktweise. Die Umkehrung gilt jedoch nicht, wie folgendes Beispiel zeigt:

(21.1)   Für $n \geqslant 2$ sei $f_n : [0,1] \to \mathbb{R}$ definiert durch

$$f_n(x) := \max\left(n - n^2|x - \tfrac{1}{n}|, 0\right)$$

(Abb. 21 A).

Wir zeigen, dass die Folge (f_n) punktweise gegen 0 konvergiert.

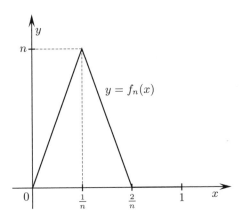

Abb. 21 A Gegenbeispiel zur gleichmäßigen Konvergenz

1. Für $x = 0$ ist $f_n(x) = 0$ für alle n.
2. Zu jedem $x \in {]0, 1]}$ existiert ein $N \geq 2$, so dass

$$\frac{2}{n} \leqslant x \quad \text{für alle } n \geq N .$$

Damit gilt $f_n(x) = 0$ für alle $n \geq N$, d. h. $\lim_{n \to \infty} f_n(x) = 0$.

Die Folge (f_n) konvergiert jedoch nicht gleichmäßig gegen 0, denn für *kein* $n \geq 2$ gilt

$$|f_n(x) - 0| < 1 \quad \text{für alle } x \in [0, 1] .$$

Stetigkeit und gleichmäßige Konvergenz

Satz 21.1 *Sei $K \subset \mathbb{C}$ und $f_n \colon K \to \mathbb{C}$, $n \in \mathbb{N}$, eine Folge stetiger Funktionen, die gleichmäßig gegen die Funktion $f \colon K \to \mathbb{C}$ konvergiere. Dann ist auch f stetig.*

Anders ausgedrückt: Der Limes einer gleichmäßig konvergenten Folge stetiger Funktionen ist wieder stetig.

Beweis Sei $x \in K$. Es ist zu zeigen, dass es zu jedem $\varepsilon > 0$ ein $\delta > 0$ gibt, so dass

$$|f(x) - f(x')| < \varepsilon \quad \text{für alle } x' \in K \text{ mit } |x - x'| < \delta .$$

Da die Folge (f_ν) gleichmäßig gegen f konvergiert, existiert ein $n \in \mathbb{N}$, so dass

$$|f_n(\xi) - f(\xi)| < \frac{\varepsilon}{3} \quad \text{für alle } \xi \in K .$$

Da f_n im Punkt x stetig ist, existiert ein $\delta > 0$, so dass

$$|f_n(x) - f_n(x')| < \frac{\varepsilon}{3} \quad \text{für alle } x' \in K \text{ mit } |x - x'| < \delta .$$

Daher gilt für alle $x' \in K$ mit $|x - x'| < \delta$

$$
\begin{aligned}
&|f(x) - f(x')| \\
&\leqslant |f(x) - f_n(x)| + |f_n(x) - f_n(x')| + |f_n(x') - f(x')| \\
&< \varepsilon/3 + \varepsilon/3 + \varepsilon/3 = \varepsilon . \qquad \square
\end{aligned}
$$

Bemerkung Konvergiert eine Folge stetiger Funktionen nur punktweise, so braucht die Grenzfunktion nicht stetig zu sein. Dazu betrachten wir folgendes Beispiel.

(21.2) *Sägezahnfunktion.* Sei $\sigma\colon \mathbb{R} \to \mathbb{R}$ wie folgt definiert (Abb. 21 B):

$$\sigma(0) := 0,$$

$$\sigma(x) := \frac{\pi - x}{2} \quad \text{für } x \in \,]0, 2\pi[\quad \text{und}$$

$$\sigma(x) = \sigma(x + 2\pi) \quad \text{für alle } x.$$

Nach Beispiel (19.25) gilt

$$\sigma(x) = \sum_{k=1}^{\infty} \frac{\sin kx}{k} \quad \text{für alle } x \in \mathbb{R}.$$

Wir hatten in (19.25) diese Beziehung für $0 < x < 2\pi$ bewiesen; für $x = 0$ gilt sie trivialerweise und für $2n\pi \leqslant x < 2(n + 1)\pi$ folgt sie daraus, dass $\sin k(x + 2n\pi) = \sin kx$.

Die Partialsummen der Reihe sind stetig auf ganz $\mathbb{R}$, der Limes jedoch unstetig an den Stellen $x = 2n\pi$, $(n \in \mathbb{Z})$. Also kann die Reihe auf $\mathbb{R}$ nicht gleichmäßig konvergieren. Wir wollen jedoch zeigen, dass die Reihe für jedes $\delta \in \,]0, \pi[$ im Intervall $[\delta, 2\pi - \delta]$ gleichmäßig konvergiert. Dazu setzen wir

$$s_n(x) := \sum_{k=1}^{n} \sin kx = \operatorname{Im}\left(\sum_{k=1}^{n} e^{ikx} \right).$$

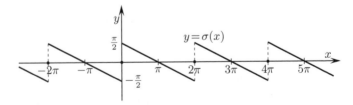

Abb. 21 B Sägezahnfunktion

Für $\delta \leqslant x \leqslant 2\pi - \delta$ gilt

$$|s_n(x)| \leqslant \left| \sum_{k=1}^{n} e^{ikx} \right| = \left| \frac{e^{inx} - 1}{e^{ix} - 1} \right|$$

$$\leqslant \frac{2}{|e^{ix/2} - e^{-ix/2}|} = \frac{1}{\sin \frac{x}{2}} \leqslant \frac{1}{\sin \frac{\delta}{2}}.$$

Es folgt für $m \geqslant n > 0$

$$\left| \sum_{k=n}^{m} \frac{\sin kx}{k} \right| = \left| \sum_{k=n}^{m} \frac{s_k(x) - s_{k-1}(x)}{k} \right|$$

$$= \left| \sum_{k=n}^{m} s_k(x) \left(\frac{1}{k} - \frac{1}{k+1} \right) + \frac{s_m(x)}{m+1} - \frac{s_{n-1}(x)}{n} \right|$$

$$\leqslant \frac{1}{\sin \frac{\delta}{2}} \left(\frac{1}{n} - \frac{1}{m+1} + \frac{1}{m+1} + \frac{1}{n} \right) = \frac{2}{n \sin \frac{\delta}{2}},$$

also auch

$$\left| \sum_{k=n}^{\infty} \frac{\sin kx}{k} \right| \leqslant \frac{2}{n \sin \frac{\delta}{2}} \quad \text{für alle } x \in [\delta, 2\pi - \delta].$$

Daraus folgt die behauptete gleichmäßige Konvergenz. Gemäß Satz 21.1 ist die Summe der Reihe im Intervall $[\delta, 2\pi - \delta]$ stetig. Aber natürlich kann der Limes einer Folge stetiger Funktionen auch stetig sein, wenn die Konvergenz nicht gleichmäßig, sondern nur punktweise ist, siehe Beispiel (21.1).

Definition (Supremumsnorm)   Sei K eine Menge und $f \colon K \to \mathbb{C}$ eine Funktion. Dann setzt man

$$\|f\|_K := \sup\{|f(x)| : x \in K\}.$$

Bemerkung   Es gilt $\|f\|_K \in \mathbb{R}_+ \cup \{\infty\}$. Die Funktion f ist genau dann beschränkt, wenn $\|f\|_K < \infty$, d. h. $\|f\|_K \in \mathbb{R}_+$. Sind Missverständnisse ausgeschlossen, schreibt man oft kurz $\|f\|$ statt $\|f\|_K$.

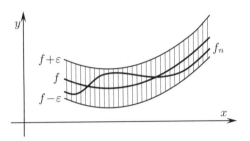

Abb. 21 C Zur gleichmäßigen Konvergenz

Mithilfe der Supremumsnorm lässt sich die Definition der gleichmäßigen Konvergenz so umformen: Eine Folge $f_n\colon K \to \mathbb{C}$, ($n \in \mathbb{N}$), von Funktionen konvergiert genau dann gleichmäßig auf K gegen $f\colon K \to \mathbb{C}$, wenn

$$\lim_{n\to\infty} \| f_n - f \|_K = 0.$$

Denn die Bedingung $\| f_n - f \|_K \leqslant \varepsilon$ ist gleichbedeutend mit $|f_n(x) - f(x)| \leqslant \varepsilon$ für alle $x \in K$. Die Bedingung $\| f_n - f \|_K \leqslant \varepsilon$ bedeutet im Fall reeller Funktionen, dass der Graph von f_n ganz im „ε-Streifen" zwischen $f - \varepsilon$ und $f + \varepsilon$ liegt (Abb. 21 C).

Satz 21.2 (Konvergenzkriterium von Weierstraß) *Seien $f_n\colon K \to \mathbb{C}$, $n \in \mathbb{N}$, Funktionen. Es gelte*

$$\sum_{n=0}^{\infty} \| f_n \|_K < \infty.$$

Dann konvergiert die Reihe $\sum_{n=0}^{\infty} f_n$ absolut und gleichmäßig auf K gegen eine Funktion $F\colon K \to \mathbb{C}$.

Beweis a) Wir zeigen zunächst, dass $\sum f_n$ punktweise gegen eine gewisse Funktion $F\colon K \to \mathbb{C}$ konvergiert.

Sei $x \in K$. Da $|f_n(x)| \leqslant \| f_n \|_K$, konvergiert (nach dem Majoranten-Kriterium) die Reihe $\sum f_n(x)$ absolut. Wir setzen

$$F(x) := \sum_{n=0}^{\infty} f_n(x).$$

Damit ist eine Funktion $F\colon K \to \mathbb{C}$ definiert.

b) Sei $F_n := \sum_{k=0}^{n} f_k$. Wir beweisen jetzt, dass die Folge (F_n) gleichmäßig gegen F konvergiert.

Sei $\varepsilon > 0$ vorgegeben. Aus der Konvergenz von $\sum \| f_n \|_K$ folgt, dass es ein N gibt, so dass

$$\sum_{k=n+1}^{\infty} \| f_k \|_K < \varepsilon \quad \text{für alle } n \geq N \,.$$

Dann gilt für $n \geq N$ und alle $x \in K$

$$|F_n(x) - F(x)| = \Big| \sum_{k=n+1}^{\infty} f_k(x) \Big|$$

$$\leqslant \sum_{k=n+1}^{\infty} |f_k(x)| \leqslant \sum_{k=n+1}^{\infty} \| f_k \|_K < \varepsilon \,. \qquad \square$$

(21.3) *Beispiel.* Die Reihe $\displaystyle\sum_{n=1}^{\infty} \frac{\cos nx}{n^2}$ konvergiert gleichmäßig auf $\mathbb{R}$, denn für

$$f_n(x) := \frac{\cos nx}{n^2} \quad \text{gilt} \quad \| f_n \|_{\mathbb{R}} = \frac{1}{n^2} \text{ und } \sum_{n=1}^{\infty} \frac{1}{n^2} < \infty \,.$$

Potenzreihen

Besonders gute Konvergenz-Eigenschaften haben die Potenzreihen.

Satz 21.3 *Sei $(c_n)_{n \in \mathbb{N}}$ eine Folge komplexer Zahlen und $a \in \mathbb{C}$. Die Potenzreihe*

$$f(z) = \sum_{n=0}^{\infty} c_n (z-a)^n$$

Abb. 21 D Zur Konvergenz von Potenzreihen

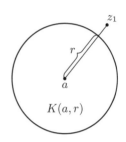

konvergiere für ein $z_1 \in \mathbb{C}$, $z_1 \neq a$. Sei r eine reelle Zahl mit $0 < r < |z_1 - a|$ und

$$K(a, r) := \{z \in \mathbb{C} : |z - a| \leqslant r\}$$

(Abb. 21 D).

Dann konvergiert die Potenzreihe absolut und gleichmäßig auf $K(a, r)$. Die formal differenzierte Potenzreihe

$$g(z) = \sum_{n=1}^{\infty} n c_n (z - a)^{n-1}$$

konvergiert ebenfalls absolut und gleichmäßig auf $K(a, r)$.

Beweis a) Sei $f_n(z) := c_n (z - a)^n$, also $f = \sum_{n=0}^{\infty} f_n$. Da $\sum_{n=0}^{\infty} f_n(z_1)$ nach Voraussetzung konvergiert, existiert ein $M \in \mathbb{R}_+$, so dass $|f_n(z_1)| \leqslant M$ für alle $n \in \mathbb{N}$. Für alle $z \in K(a, r)$ gilt dann

$$|f_n(z)| = |c_n(z - a)^n| = |c_n(z_1 - a)^n| \cdot \left| \frac{z - a}{z_1 - a} \right|^n \leqslant M\theta^n \,,$$

wobei

$$\theta := \frac{r}{|z_1 - a|} \in \,]0, 1[\,.$$

Es gilt also $\| f_n \|_{K(a,r)} \leqslant M\theta^n$. Da $\sum_{n=0}^{\infty} M\theta^n$ konvergiert (geometrische Reihe), konvergiert $\sum_{n=0}^{\infty} f_n$ nach Satz 21.2 absolut und gleichmäßig auf $K(a, r)$.

b) Sei $g_n(z) := n c_n (z-a)^{n-1}$, also $g = \sum g_n$. Da

$$|g_n(z_1)| = n \cdot \frac{|f_n(z_1)|}{|z_1 - a|},$$

folgt wie in a)

$$\|g_n\|_{K(a,r)} \leqslant n M_1 \theta^{n-1} \quad \text{mit} \quad M_1 := \frac{M}{|z_1 - a|}.$$

Nach dem Quotienten-Kriterium konvergiert $\sum_{n=1}^{\infty} n M_1 \theta^{n-1}$, also folgt aus Satz 21.2 die Behauptung. $\qquad\square$

Definition (Konvergenzradius) Sei $f(z) = \sum_{n=0}^{\infty} c_n (z-a)^n$ eine Potenzreihe. Dann heißt

$$R := \sup\{|z - a| : \sum_{n=0}^{\infty} c_n (z-a)^n \text{ konvergiert}\}$$

Konvergenzradius der Potenzreihe.

Bemerkung Es gilt $R \in \mathbb{R}_+ \cup \{\infty\}$. Nach Satz 21.3 konvergiert für jedes $r \in [0, R[$ die Potenzreihe gleichmäßig auf $K(a, r)$. Die Potenzreihe konvergiert sogar in der offenen Kreisscheibe

$$B(a, R) := \{z \in \mathbb{C} : |z - a| < R\},$$

da $B(a, R) = \bigcup_{r<R} K(a, r)$. In $B(a, R)$ ist die Konvergenz i.Allg. jedoch nicht gleichmäßig. Aus Satz 21.1 folgt: Der Limes einer Potenzreihe stellt eine im Innern des Konvergenzkreises stetige Funktion dar.

Corollar 21.3a (Identitätssatz für Potenzreihen) *Seien*

$$f(z) = \sum_{n=0}^{\infty} c_n (z-a)^n \quad \text{und} \quad g(z) = \sum_{n=0}^{\infty} \gamma_n (z-a)^n$$

zwei Potenzreihen mit komplexen Koeffizienten, die beide (mindestens) im Kreis $B(a, r)$, $r > 0$, konvergieren. Es gebe eine Folge von Punkten $z_\nu \in B(a, r) \smallsetminus \{a\}$, $\nu \in \mathbb{N}$, mit

$$f(z_\nu) = g(z_\nu) \quad \textit{für alle } \nu \in \mathbb{N} \quad \textit{und} \quad \lim_{\nu \to \infty} z_\nu = a.$$

Dann sind f und g identisch, d. h. $c_n = \gamma_n$ für alle $n \in \mathbb{N}$.

Beweis O. B. d. A. können wir annehmen, dass g identisch null ist (andernfalls betrachte man die Differenz $f - g$). Es gilt dann $f(z_\nu) = 0$ für alle ν und wir müssen zeigen, dass alle Koeffizienten c_n verschwinden. Angenommen, dies sei nicht der Fall. Sei $m \geq 0$ der kleinste Index mit $c_m \neq 0$. Wir betrachten die Potenzreihe

$$F(z) := \frac{f(z)}{(z-a)^m} = \sum_{k=0}^{\infty} c_{m+k}(z-a)^k.$$

F konvergiert ebenfalls in $B(a, r)$ und stellt dort eine stetige Funktion dar. Nach Voraussetzung gilt $F(z_\nu) = 0$ für alle ν und aus der Stetigkeit folgt

$$0 = \lim_{\nu \to \infty} F(z_\nu) = F(a) = c_m, \quad \text{Widerspruch!}$$

Also sind doch alle Koeffizienten $c_n = 0$ und der Identitätssatz ist bewiesen. □

Bemerkung Ist $f(x) = \sum c_n(x-a)^n$ eine reelle Potenzreihe, die für ein reelles $x_1 \neq a$ konvergiert, so folgt aus Satz 21.3, dass die Potenzreihe automatisch auch in einem Kreis in der komplexen Ebene konvergiert. Reelle Funktionen, die durch Potenzreihen dargestellt werden, können so „ins Komplexe" fortgesetzt werden. Die systematische Untersuchung der durch Potenzreihen darstellbaren Funktionen ist Gegenstand der so genannten Funktionentheorie [FB], [FL].

Integration und Limesbildung

Wir betrachten jetzt die folgende Situation: Gegeben sei eine Folge (f_n) auf einem Intervall I definierter Funktionen, die gegen eine Funktion f konvergiert. Die Integrale der Funktionen f_n über das Intervall seien bekannt. Was kann man dann über das Integral der Grenzfunktion f schließen? Bei gleichmäßiger Konvergenz hat man folgende Aussage:

Satz 21.4 *Sei $f_n : [a, b] \to \mathbb{R}$, $n \in \mathbb{N}$, eine Folge stetiger Funktionen. Die Folge konvergiere auf dem Intervall $[a, b]$ gleichmäßig gegen die Funktion $f : [a, b] \to \mathbb{R}$. Dann gilt*

$$\int_a^b f(x)\,dx = \lim_{n \to \infty} \int_a^b f_n(x)\,dx\,.$$

Bemerkung Dieser Satz sagt also, dass man bei gleichmäßiger Konvergenz Integration und Limesbildung „vertauschen" darf.

Beweis Nach Satz 21.1 ist f wieder stetig, also integrierbar. Es gilt

$$\left| \int_a^b f(x)\,dx - \int_a^b f_n(x)\,dx \right| \leq \int_a^b |f(x) - f_n(x)|\,dx$$

$$\leq (b - a)\|f - f_n\|\,.$$

Dies konvergiert für $n \to \infty$ gegen null. $\qquad\qquad\square$

Beispiele

(21.4) Satz 21.4 gilt nicht für punktweise Konvergenz, wie die in (21.1) definierten Funktionen $f_n : [0, 1] \to \mathbb{R}$ zeigen. Es ist nämlich

$$\int_0^1 f_n(x)\,dx = 1 \quad \text{für alle } n \geq 2\,,$$

aber

$$\int_0^1 (\lim f_n(x))\,dx = \int_0^1 0\,dx = 0\,.$$

(21.5) Nach Satz 21.3 konvergiert die Exponentialreihe gleichmäßig auf jedem Intervall $[a, b]$. Also gilt

$$\int_a^b \exp(x)\, dx = \int_a^b \left(\sum_{n=0}^\infty \frac{x^n}{n!} \right) dx = \sum_{n=0}^\infty \int_a^b \frac{x^n}{n!}\, dx$$

$$= \sum_{n=0}^\infty \frac{x^{n+1}}{(n+1)!} \Big|_a^b = \sum_{n=1}^\infty \frac{x^n}{n!} \Big|_a^b = \exp(x) \Big|_a^b.$$

Dies Resultat ist uns natürlich schon aus (19.5) bekannt.

(21.6) Als weiteres Beispiel leiten wir die Potenzreihen-Entwicklung der Funktion Integral-Sinus ab, vgl. Beispiel (20.6):

$$\mathrm{Si}(x) = \int_0^x \frac{\sin t}{t}\, dt.$$

Aus der Potenzreihen-Entwicklung der Funktion sin erhält man

$$\frac{\sin t}{t} = \sum_{k=0}^\infty (-1)^k \frac{t^{2k}}{(2k+1)!}.$$

Diese Reihe konvergiert auf ganz $\mathbb{R}$, also gleichmäßig auf jedem kompakten Intervall $[0, x]$, $(x \geqslant 0)$. Deshalb darf man gliedweise integrieren und erhält

$$\mathrm{Si}(x) = \sum_{k=0}^\infty \frac{(-1)^k x^{2k+1}}{(2k+1)(2k+1)!}$$

$$= x - \frac{x^3}{18} + \frac{x^5}{600} - \frac{x^7}{35\,280} \pm \cdots$$

Auch diese Reihe konvergiert auf ganz $\mathbb{R}$. Z.B. ergibt sich für das erste lokale Maximum von Si an der Stelle $x = \pi$ bei Berücksichtigung aller Terme bis x^{15}

$$\mathrm{Si}(\pi) = 1.8519370\cdots = 1.1789797 \cdots \cdot \frac{\pi}{2}.$$

Für große Argumente x ist die Reihe zur numerischen Rechnung weniger geeignet.

(21.7)   Will man Satz 21.4 auf uneigentliche Integrale anwenden, sind zusätzliche Überlegungen notwendig (vgl. das Gegenbeispiel in Aufgabe 21.1). Wir beweisen hier als Beispiel die Formel

$$\int_0^\infty \frac{x^{s-1}}{e^x - 1} dx = \Gamma(s)\zeta(s) \quad \text{für } s > 1 \,.$$

Beweis   Dass das uneigentliche Integral $\int_0^\infty \frac{x^{s-1}}{e^x-1} dx$ für $s > 1$ konvergiert, beweist man ähnlich wie bei der Gamma-Funktion durch folgende zwei Abschätzungen:

(i) Da $\lim\limits_{x \to 0} \frac{e^x - 1}{x} = 1$, gilt

$$\frac{x^{s-1}}{e^x - 1} \leq 2x^{s-2} \quad \text{für } 0 < x \leq x_0, \ (x_0 > 0 \text{ geeignet}).$$

(ii) Da e^x für $x \to \infty$ schneller als jede Potenz von x gegen ∞ strebt, folgt

$$\frac{x^{s-1}}{e^x - 1} \leq \frac{1}{x^2} \quad \text{für } x \geq x_1.$$

Sei nun $0 < \delta < R < \infty$. Dann gilt im Intervall $[\delta, R]$

$$\frac{x^{s-1}}{e^x - 1} = x^{s-1} e^{-x} \frac{1}{1 - e^{-x}}$$

$$= x^{s-1} e^{-x} \sum_{n=0}^\infty e^{-nx} = \sum_{n=1}^\infty x^{s-1} e^{-nx} \,,$$

wobei wegen $|e^{-x}| \leq e^{-\delta} < 1$ gleichmäßige Konvergenz vorliegt. Wir setzen zur Abkürzung

$$F(x) := \frac{x^{s-1}}{e^x - 1} \quad \text{und} \quad f_n(x) := x^{s-1} e^{-nx}.$$

Alle diese Funktionen sind positiv für $x \in \mathbb{R}_+^*$. Aus Satz 21.4 folgt

$$\int_\delta^R F(x) dx = \sum_{n=1}^\infty \int_\delta^R f_n(x) dx. \tag{$\star$}$$

Aus $(\star)$ folgt für jedes $N \geqslant 1$

$$\sum_{n=1}^{N} \int_{\delta}^{R} f_n(x)dx \leqslant \int_{0}^{\infty} F(x)dx,$$

also auch (durch Grenzübergang $\delta \to 0$, $R \to \infty$)

$$\sum_{n=1}^{N} \int_{0}^{\infty} f_n(x)dx \leqslant \int_{0}^{\infty} F(x)dx,$$

und weiter ($N \to \infty$)

$$\sum_{n=1}^{\infty} \int_{0}^{\infty} f_n(x)dx \leqslant \int_{0}^{\infty} F(x)dx.$$

Andrerseits ist nach $(*)$

$$\int_{\delta}^{R} F(x)dx \leqslant \sum_{n=1}^{\infty} \int_{0}^{\infty} f_n(x)dx,$$

also auch

$$\int_{0}^{\infty} F(x)dx \leqslant \sum_{n=1}^{\infty} \int_{0}^{\infty} f_n(x)dx.$$

Insgesamt hat man damit die Gleichung

$$\int_{0}^{\infty} F(x)dx = \sum_{n=1}^{\infty} \int_{0}^{\infty} f_n(x)dx.$$

Wir müssen also nur noch die Integrale $\int_0^\infty f_n(x)dx$ ausrechnen. Mit der Substitution $t = nx$ erhält man

$$\int_{\delta}^{R} f_n(x)dx = \int_{\delta}^{R} x^{s-1}e^{-nx}dx = \frac{1}{n^s} \int_{n\delta}^{nR} t^{s-1}e^{-t} dt$$

und nach Grenzübergang $\delta \to 0$, $R \to \infty$

$$\int\limits_0^\infty f_n(x)\,dx = \frac{1}{n^s} \int\limits_0^\infty t^{s-1} e^{-t}\,dt = \frac{1}{n^s}\,\Gamma(s).$$

Da $\sum\limits_{n=1}^\infty \dfrac{1}{n^s} = \zeta(s)$, folgt damit die behauptete Gleichung

$$\int\limits_0^\infty \frac{x^{s-1}}{e^x - 1}\,dx = \zeta(s)\Gamma(s). \qquad \square$$

Insbesondere folgt aus der bewiesenen Formel

$$\int\limits_0^\infty \frac{dx}{x^5(e^{1/x} - 1)} = \int\limits_0^\infty \frac{t^3}{e^t - 1}\,dt = \Gamma(4)\zeta(4) = \frac{\pi^4}{15},$$

da $\zeta(4) = \sum_{n=1}^\infty \frac{1}{n^4} = \frac{\pi^4}{90}$, wie wir in Satz 22.12 zeigen werden. Dieses Integral ist in der theoretischen Physik von Bedeutung, vgl. (17.1).

Differentiation und Limesbildung

Wir wollen uns jetzt mit der zu Satz 21.4 analogen Fragestellung über die Vertauschbarkeit von Differentiation und Limesbildung beschäftigen. Es stellt sich heraus, dass hier die Situation komplizierter ist. Die gleichmäßige Konvergenz der Funktionenfolge reicht nicht aus, vielmehr braucht man die gleichmäßige Konvergenz der Folge der Ableitungen.

Satz 21.5 *Seien $f_n : [a, b] \to \mathbb{R}$ stetig differenzierbare Funktionen ($n \in \mathbb{N}$), die punktweise gegen die Funktion $f : [a, b] \to \mathbb{R}$ konvergieren. Die Folge der Ableitungen $f_n' : [a, b] \to \mathbb{R}$ konvergiere gleichmäßig. Dann ist f differenzierbar und es gilt*

$$f'(x) = \lim_{n \to \infty} f_n'(x) \quad \text{für alle } x \in [a, b].$$

Beweis   Sei $f^* = \lim f_n'$. Nach Satz 21.1 ist f^* eine auf $[a, b]$ stetige Funktion. Für alle $x \in [a, b]$ gilt

$$f_n(x) = f_n(a) + \int_a^x f_n'(t)\, dt \, .$$

Nach Satz 21.4 konvergiert $\int_a^x f_n'(t)\, dt$ für $n \to \infty$ gegen $\int_a^x f^*(t)\, dt$, also erhält man

$$f(x) = f(a) + \int_a^x f^*(t)\, dt \, .$$

Differentiation ergibt $f'(x) = f^*(x)$, (Satz 19.1). $\square$

Beispiele

(21.8)   Selbst wenn (f_n) gleichmäßig gegen eine differenzierbare Funktion f konvergiert, gilt i.Allg. nicht $\lim_{n \to \infty} f_n' = f'$, wie folgendes Beispiel zeigt:

$$f_n : [0, 2\pi] \to \mathbb{R} \, , \quad f_n(x) := \frac{1}{n} \sin nx \, , \quad (n \geq 1).$$

Da $\|f_n\| = \frac{1}{n}$, konvergiert die Folge (f_n) gleichmäßig gegen 0. Die Folge der Ableitungen $f_n'(x) = \cos nx$ konvergiert jedoch nicht gegen 0.

(21.9)   Als Anwendung von Satz 21.5 berechnen wir die Summe der Reihe

$$F(x) := \sum_{n=1}^{\infty} \frac{\cos nx}{n^2} \, ,$$

die nach (21.3) gleichmäßig konvergiert. Die Reihe der Ableitungen

$$-\sum_{n=1}^{\infty} \frac{\sin nx}{n}$$

konvergiert nach (21.2) für jedes $\delta > 0$ auf dem Intervall $[\delta, 2\pi - \delta]$ gleichmäßig gegen $\frac{x-\pi}{2}$. Deshalb gilt für alle $x \in \,]0, 2\pi[$

$$F'(x) = \frac{x - \pi}{2}, \quad \text{d. h.} \quad F(x) = \left(\frac{x - \pi}{2}\right)^2 + c$$

mit einer Konstanten $c \in \mathbb{R}$. Da F stetig ist, gilt diese Beziehung im ganzen Intervall $[0, 2\pi]$. Um die Konstante zu bestimmen, berechnen wir das Integral

$$\int_0^{2\pi} F(x)\,dx = \int_0^{2\pi} \left(\frac{x-\pi}{2}\right)^2 dx + \int_0^{2\pi} c\,dx = \frac{\pi^3}{6} + 2\pi c\,.$$

Da $\int_0^{2\pi} \cos nx\,dx = 0$ für alle $n \geq 1$, gilt andererseits nach Satz 21.4

$$\int_0^{2\pi} F(x)\,dx = \sum_{n=1}^{\infty} \int_0^{2\pi} \frac{\cos nx}{n^2}\,dx = 0\,,$$

also folgt $c = -\frac{\pi^2}{12}$. Damit ist bewiesen

$$\sum_{n=1}^{\infty} \frac{\cos nx}{n^2} = \left(\frac{x-\pi}{2}\right)^2 - \frac{\pi^2}{12} \quad \text{für } 0 \leqslant x \leqslant 2\pi\,.$$

Insbesondere für $x = 0$ erhält man die schon in (7.2) behauptete Formel

$$\sum_{n=1}^{\infty} \frac{1}{n^2} = \frac{\pi^2}{6}\,.$$

Satz 21.6 (Ableitung von Potenzreihen) *Sei*

$$f(x) = \sum_{n=0}^{\infty} c_n (x - a)^n$$

eine Potenzreihe mit dem Konvergenzradius $r > 0$, ($c_n, a \in \mathbb{R}$). Dann gilt für alle $x \in \,]a - r, a + r[$

$$f'(x) = \sum_{n=1}^{\infty} n c_n (x - a)^{n-1}\,.$$

Beweis Dies folgt umittelbar durch Anwendung von Satz 21.5 auf Satz 21.3.   □

Kurz gesagt bedeutet Satz 21.6: Eine Potenzreihe darf gliedweise differenziert werden.

(21.10) Für $|x| < 1$ gilt

$$\sum_{n=1}^{\infty} n x^n = x \sum_{n=1}^{\infty} n x^{n-1} = x \frac{d}{dx} \sum_{n=0}^{\infty} x^n$$
$$= x \frac{d}{dx} \left(\frac{1}{1-x} \right) = \frac{x}{(1-x)^2} .$$

Ein Spezialfall davon ist die Formel

$$\sum_{n=1}^{\infty} \frac{n}{2^n} = \frac{1}{2} + \frac{2}{4} + \frac{3}{8} + \frac{4}{16} + \frac{5}{32} + \frac{6}{64} + \frac{7}{128} + \cdots = 2.$$

Corollar 21.6a *Die Potenzreihe*

$$f(x) = \sum_{n=0}^{\infty} c_n (x - a)^n$$

konvergiere im Intervall $I :=]a - r, a + r[$, $(r > 0)$. *Dann ist* $f : I \to \mathbb{R}$ *beliebig oft differenzierbar und es gilt*

$$c_n = \frac{1}{n!} f^{(n)}(a) \quad \text{für alle } n \in \mathbb{N} .$$

Beweis Wiederholte Anwendung von Satz 21.6 ergibt

$$f^{(k)}(x) = \sum_{n=k}^{\infty} n(n-1) \cdot \ldots \cdot (n-k+1) c_n (x-a)^{n-k} .$$

Insbesondere folgt daraus

$$f^{(k)}(a) = k! \, c_k , \quad \text{d.h.} \quad c_k = \frac{1}{k!} f^{(k)}(a) . \qquad \square$$

(21.11) Als ein Beispiel zeigen wir, dass die wie folgt definierte Funktion $f :]-\pi, \pi[\to \mathbb{R}$ unendlich oft differenzierbar ist:

$$f(x) := \frac{1}{\sin^2 x} - \frac{1}{x^2} \quad \text{für } 0 < |x| < \pi, \quad f(0) := \frac{1}{3}.$$

Beweis Sei $\varphi : \mathbb{R} \to \mathbb{R}$ die Funktion

$$\varphi(x) := \frac{\sin x}{x} \quad \text{für } x \neq 0, \quad \varphi(0) := 1.$$

Aus der Potenzreihen-Entwicklung des Sinus folgt

$$\varphi(x) = \sum_{k=0}^{\infty} (-1)^k \frac{x^{2k}}{(2k+1)!} = 1 - \frac{x^2}{6} + \frac{x^4}{120} \pm \dots.$$

Die Funktion φ ist also auf ganz $\mathbb{R}$ beliebig oft differenzierbar und im Intervall $]-\pi, \pi[$ ungleich 0. Nun lässt sich die Funktion f für $0 < |x| < \pi$ schreiben als

$$f(x) = \frac{1 - \varphi(x)^2}{x^2 \varphi(x)^2} = \frac{1 - \varphi(x)}{x^2} \cdot \frac{1 + \varphi(x)}{\varphi(x)^2} = \psi(x) \frac{1 + \varphi(x)}{\varphi(x)^2} \tag{$\diamond$}$$

mit

$$\psi(x) = \frac{1 - \varphi(x)}{x^2} = \sum_{k=0}^{\infty} (-1)^k \frac{x^{2k}}{(2k+3)!} = \frac{1}{6} - \frac{x^2}{120} \pm \dots.$$

Auch die Funktion ψ ist auf ganz $\mathbb{R}$ beliebig oft differenzierbar. Wegen $\psi(0) = \frac{1}{6}$ und $\varphi(0) = 1$ gilt die Darstellung ($\diamond$) auch für $x = 0$. Daraus folgt die Behauptung.

(21.12) Wir untersuchen jetzt die auf $\mathbb{R} \setminus \mathbb{Z}$ definierte Funktion

$$F(x) := \sum_{n \in \mathbb{Z}} \frac{1}{(x-n)^2}.$$

(Eine Summe $\sum\limits_{n \in \mathbb{Z}} c_n$ ist als $\sum\limits_{n=0}^{\infty} c_n + \sum\limits_{n=1}^{\infty} c_{-n}$ zu verstehen.)

Zur Konvergenz. Sei $R > 0$ beliebig vorgegeben. Dann gilt für alle $x \in [-R, R]$ und alle $|n| \geq 2R$

$$|x - n| \geq \frac{|n|}{2}, \quad \text{also} \quad \frac{1}{(x - n)^2} \leq \frac{4}{n^2}.$$

Da $\sum_{n=1}^{\infty} \frac{1}{n^2} < \infty$, folgt mit dem Weierstraß'schen Konvergenzkriterium (Satz 21.2), dass die Reihe $\sum_{|n| \geq 2R} \frac{1}{(x-n)^2}$ auf dem Intervall $[-R, R]$ absolut und gleichmäßig konvergiert. Es folgt, dass die Reihe $\sum_{n \in \mathbb{Z}} \frac{1}{(x-n)^2}$ auf jedem kompakten Intervall $[a, b] \subset \mathbb{R}$, in dem keine ganze Zahl liegt, absolut und gleichmäßig konvergiert, also F eine in $\mathbb{R} \smallsetminus \mathbb{Z}$ stetige Funktion darstellt.

Behauptung Für alle $x \in \mathbb{R} \smallsetminus \mathbb{Z}$ gilt

$$\sum_{n \in \mathbb{Z}} \frac{1}{(x - n)^2} = \left(\frac{\pi}{\sin \pi x} \right)^2. \tag{S}$$

Beweis a) Wir zeigen zunächst, dass die linke Seite die Periode 1 hat, d. h. $F(x) = F(x + 1)$ für alle $x \in \mathbb{R} \smallsetminus \mathbb{Z}$:

$$F(x + 1) = \sum_{n \in \mathbb{Z}} \frac{1}{(x + 1 - n)^2}$$

$$= \sum_{n \in \mathbb{Z}} \frac{1}{(x - (n - 1))^2} = \sum_{n \in \mathbb{Z}} \frac{1}{(x - n)^2} = F(x),$$

denn durchläuft n alle ganzen Zahlen, so auch $n - 1$.

Die rechte Seite hat natürlich auch die Periode 1, denn

$$\sin(\pi(x + 1)) = -\sin(\pi x).$$

b) Wir zeigen jetzt, dass sich die Differenz aus linker und rechter Seite stetig in alle Punkte $n \in \mathbb{Z}$ fortsetzen lässt. Wegen der Periodizität brauchen wir das nur an der Stelle 0 zu zeigen. Nach Beispiel (21.11) lässt sich $\frac{1}{\sin^2 x} - \frac{1}{x^2}$ stetig nach 0 fortsetzen (mit dem Wert $1/3$). Ersetzt man hierin die Variable x durch πx und multipliziert mit π^2, erhält man, dass sich

$$\left(\frac{\pi}{\sin \pi x}\right)^2 - \frac{1}{x^2}$$

stetig in den Nullpunkt fortsetzen lässt (mit dem Wert $\pi^2/3$). Daraus folgt aber die Behauptung, denn

$$F(x) = \frac{1}{x^2} + \sum_{|n| \geqslant 1} \frac{1}{(x-n)^2},$$

und die letzte Summe ist stetig im Nullpunkt.

c) Wir leiten jetzt für die linke Seite von (S) folgende Funktionalgleichung her: Für alle $x \in \mathbb{R}$, so dass $2x$ keine ganze Zahl ist, gilt

$$4F(2x) = F(x) + F(x + \tfrac{1}{2}).$$

Dies sieht man so:

$$4F(2x) = \sum_{n \in \mathbb{Z}} \frac{4}{(2x-n)^2} = \sum_{n \in \mathbb{Z}} \frac{1}{(x - \frac{n}{2})^2}$$

$$= \sum_{n \in \mathbb{Z}} \frac{1}{(x-n)^2} + \sum_{n \in \mathbb{Z}} \frac{1}{(x + \frac{1}{2} - n)^2}$$

$$= F(x) + F(x + \tfrac{1}{2}).$$

d) Die rechte Seite $G(x) := (\pi/\sin \pi x)^2$ erfüllt die zu c) analoge Funktionalgleichung. Wir benützen dazu die Formel $\sin 2\alpha = 2 \sin \alpha \cos \alpha$.

$$G(x) + G(x + \tfrac{1}{2}) = \frac{\pi^2}{\sin^2 \pi x} + \frac{\pi^2}{\cos^2 \pi x}$$

$$= \frac{\pi^2(\cos^2 \pi x + \sin^2 \pi x)}{\sin^2 \pi x \cos^2 \pi x} = \frac{4\pi^2}{\sin^2 2\pi x} = 4G(2x).$$

e) Nach b) kann die Funktion $H(x) := F(x) - G(x)$ stetig auf ganz $\mathbb{R}$ fortgesetzt werden und genügt nach c) und d) der Funktionalgleichung

$$4H(2x) = H(x) + H(x + \tfrac{1}{2}) \quad \text{für alle } x \in \mathbb{R}.$$

Sei $M := \sup\{|H(x)| : 0 \leq x \leq 1\}$. Dieses Supremum wird in einem gewissen Punkt $a \in [0, 1]$ angenommen. Mit $b := a/2$ folgt aus der Funktionalgleichung

$$4M = |4H(2b)| \leq |H(b)| + |H(b + \tfrac{1}{2})| \leq 2M.$$

Diese Ungleichung kann aber nur bestehen, wenn $M = 0$, also $H(x) = 0$ für alle $x \in [0, 1]$. Wegen der Periodizität ist H auf ganz $\mathbb{R}$ identisch 0, d.h. $F = G$. Damit haben wir die Formel

$$\sum_{n \in \mathbb{Z}} \frac{1}{(x - n)^2} = \left(\frac{\pi}{\sin \pi x} \right)^2 \quad \text{für alle } x \in \mathbb{R} \setminus \mathbb{Z}$$

bewiesen. □

Aus ihr können wir nun weitere interessante Formeln von Euler ableiten:

Satz 21.7 (Euler)
a) (Partialbruch-Zerlegung des Cotangens)
Für alle $x \in \mathbb{R} \setminus \mathbb{Z}$ gilt

$$\pi \cot \pi x = \frac{1}{x} + \sum_{n=1}^{\infty} \frac{2x}{x^2 - n^2} = \frac{1}{x} + \sum_{n=1}^{\infty} \left(\frac{1}{x - n} + \frac{1}{x + n} \right).$$

Die Reihe konvergiert gleichmäßig auf jedem kompakten Intervall, das keinen Punkt aus $\mathbb{Z}$ enthält.
b) (Sinus-Produkt)
Für alle $x \in \mathbb{R}$ gilt

$$\sin \pi x = \pi x \prod_{n=1}^{\infty} \left(1 - \frac{x^2}{n^2} \right).$$

Das unendliche Produkt konvergiert gleichmäßig auf jedem kompakten Intervall von $\mathbb{R}$.

Beweis a) Sei $R > 0$ beliebig vorgegeben. Für $|x| \leqslant R$ und $n \geqslant 2R$ gilt dann

$$\left| \frac{2x}{x^2 - n^2} \right| < \frac{4R}{n^2},$$

woraus sich die gleichmäßige Konvergenz von $\sum_{n \geqslant 2R} \frac{2x}{x^2 - n^2}$ auf dem Intervall $[-R, R]$ ergibt. Daraus folgt die Behauptung über die Konvergenz der Partialbruch-Reihe des Cotangens.

Wir setzen

$$g_N(x) := \frac{1}{x} + \sum_{n=1}^{N} \frac{2x}{x^2 - n^2} \qquad \text{und}$$

$$g(x) := \lim_{N \to \infty} g_N(x) = \frac{1}{x} + \sum_{n=1}^{\infty} \frac{2x}{x^2 - n^2}.$$

Da $\dfrac{2x}{x^2 - n^2} = \dfrac{1}{x - n} + \dfrac{1}{x + n}$, gilt

$$g_N(x) = \sum_{n=-N}^{N} \frac{1}{x - n}.$$

Differenzieren ergibt für $x \in \mathbb{R} \smallsetminus \mathbb{Z}$

$$g_N'(x) = \sum_{n=-N}^{N} \frac{-1}{(x - n)^2}.$$

Dies konvergiert für $N \to \infty$ auf jedem kompakten Intervall $I \subset \mathbb{R} \smallsetminus \mathbb{Z}$ gleichmäßig gegen $\sum_{-\infty}^{\infty} \frac{-1}{(x-n)^2}$, also folgt aus Satz 21.5 und Beispiel (21.12)

$$g'(x) = -\left(\frac{\pi}{\sin \pi x} \right)^2 \qquad \text{für alle } x \in \mathbb{R} \smallsetminus \mathbb{Z}.$$

Andrerseits gilt ebenfalls

$$\frac{d}{dx}(\pi \cot \pi x) = \frac{d}{dx}\left(\frac{\pi \cos \pi x}{\sin \pi x}\right) = -\left(\frac{\pi}{\sin \pi x}\right)^2.$$

Daraus folgt auf dem Intervall $0 < x < 1$

$$\pi \cot \pi x = g(x) + \text{const.} \qquad (\sharp)$$

Wir zeigen jetzt, dass die Konstante gleich 0 ist und die Gleichung für alle $x \in \mathbb{R} \smallsetminus \mathbb{Z}$ gilt. Es ist

$$g_N(x+1) = \sum_{n=-N}^{N} \frac{1}{x+1-n} = g_N(x) - \frac{1}{x+N+1} + \frac{1}{x-N}.$$

Daraus folgt

$$g(x) = \lim_{N\to\infty} g_N(x) = \lim_{N\to\infty} g_N(x+1) = g(x+1),$$

d. h. g ist (ebenso wie die Funktion $x \mapsto \cot \pi x$) periodisch mit der Periode 1. Außerdem ist g eine ungerade Funktion, d. h. $g(-x) = -g(x)$. Also ist

$$g(\tfrac{1}{2}) = -g(-\tfrac{1}{2}) = -g(-\tfrac{1}{2}+1) = -g(\tfrac{1}{2}) \quad \Longrightarrow \quad g(\tfrac{1}{2}) = 0.$$

Da auch $\pi \cot \frac{\pi}{2} = 0$, gilt $(\sharp)$ mit const $= 0$ und wegen der Periodizität folgt $\pi \cot \pi x = g(x)$ für alle $x \in \mathbb{R} \smallsetminus \mathbb{Z}$. Damit ist a) bewiesen.

b) Wir zeigen zunächst die Konvergenz des unendlichen Produkts. Für $M \geqslant N \geqslant 1$ sei

$$G_{NM}(x) := \prod_{n=N}^{M}\left(1 - \frac{x^2}{n^2}\right).$$

Sei $R > 0$ beliebig vorgegeben. Dann gilt für alle $x \in [-R, R]$ und $M \geqslant N \geqslant 2R$

$$\log G_{NM}(x) = \sum_{n=N}^{M} \log\left(1 - \frac{x^2}{n^2}\right).$$

Da $|x/n|^2 \leqslant R^2/n^2 \leqslant \frac{1}{4}$ und $|\log(1-u)| \leqslant 2|u|$ für $|u| \leqslant 1/2$ (siehe Aufgabe 12.6), folgt

$$\left|\log\left(1 - \frac{x^2}{n^2}\right)\right| \leqslant \frac{2R^2}{n^2},$$

also konvergiert die Reihe $\sum_N^\infty \log(1 - \frac{x^2}{n^2})$ nach dem Weierstraßschen Majoranten-Kriterium (Satz 21.2) gleichmäßig auf dem Intervall $[-R, R]$. Durch Anwendung der Exponentialfunktion folgt daraus die gleichmäßige Konvergenz des unendlichen Produkts $\prod_{n=N}^\infty (1 - x^2/n^2)$, also auch des gesamten Produkts $\prod_{n=1}^\infty$. Siehe dazu Aufgabe 21.5.

Wir zeigen jetzt die Gleichung

$$\frac{\sin \pi x}{\pi x} = \prod_{n=1}^\infty \left(1 - \frac{x^2}{n^2}\right) \quad \text{für } |x| < 1, \tag{P}$$

wobei die linke Seite für $x = 0$ als 1 definiert wird (dadurch entsteht eine beliebig oft differenzierbare Funktion, wie die Potenzreihen-Darstellung zeigt, vgl. (21.11)).

Zum Beweis von (P) benutzen wir die logarithmische Ableitung

$$\frac{d}{dx} \log f(x) = \frac{f'(x)}{f(x)}.$$

Anwendung dieses Operators auf die linke Seite der Gleichung ergibt

$$\frac{d}{dx} \log \frac{\sin \pi x}{\pi x} = \pi \cot \pi x - \frac{1}{x} \quad \text{für } x \neq 0.$$

Für $x = 0$ ist der Wert der logarithmischen Ableitung der linken Seite gleich 0.

Anwendung auf einen Faktor der rechten Seite ergibt

$$\frac{d}{dx} \log\left(1 - \frac{x^2}{n^2}\right) = \frac{-2x/n^2}{1 - x^2/n^2} = \frac{2x}{x^2 - n^2},$$

also

$$\frac{d}{dx} \log \prod_{n=1}^{\infty}\left(1 - \frac{x^2}{n^2}\right) = \frac{d}{dx} \sum_{n=1}^{\infty} \log\left(1 - \frac{x^2}{n^2}\right) = \sum_{n=1}^{\infty} \frac{2x}{x^2 - n^2}.$$

Die Vertauschung von Differentiation und unendlicher Summe ist nach Satz 21.5 erlaubt.

Unter Verwendung von Teil a) erhält man daher für $|x| < 1$

$$\frac{d}{dx} \log(\text{Linke Seite}) = \frac{d}{dx} \log(\text{Rechte Seite}).$$

Daraus folgt, dass die linke Seite bis auf einen konstanten Faktor $\neq 0$ gleich der rechten Seite ist. Der Faktor muss aber gleich 1 sein, da für $x = 0$ beide Seiten den Wert 1 haben. Damit ist die Gleichung (P) bewiesen. Diese Gleichung gilt trivialerweise auch für $x = \pm 1$. Um die Produktformel des Sinus für alle $x \in \mathbb{R}$ zu zeigen, genügt es daher zu beweisen, dass die Funktion

$$G(x) := \lim_{N \to \infty} G_N(x), \quad \text{mit } G_N(x) := x \prod_{n=1}^{N}\left(1 - \frac{x^2}{n^2}\right),$$

die Periode 2 hat. Es gilt

$$G_N(x) = x \prod_{n=1}^{N} \frac{(n-x)(n+x)}{n^2} = \frac{(-1)^N}{N!^2} \prod_{n=-N}^{N} (x - n),$$

also

$$G_N(x+1) = \frac{(-1)^N}{N!^2} \prod_{n=-N-1}^{N-1} (x - n) = G_N(x) \frac{x + N + 1}{x - N}.$$

Da $\lim_{N \to \infty} \frac{x+N+1}{x-N} = -1$, folgt $G(x+1) = -G(x)$, also

$$G(x+2) = G(x).$$

Damit ist Satz 21.7 vollständig bewiesen.　　　　$\square$

Wir geben zwei Anwendungen von Satz 21.7.

(21.13) Wir setzen in der Partialbruch-Zerlegung des Cotangens $x = \frac{1}{4}$. Da $\cot(\pi/4) = 1$, folgt

$$\pi = 4 + \sum_{n=1}^{\infty}\left(\frac{1}{\frac{1}{4} - n} + \frac{1}{\frac{1}{4} + n}\right),$$

also

$$\frac{\pi}{4} = 1 + \sum_{n=1}^{\infty}\left(-\frac{1}{4n - 1} + \frac{1}{4n + 1}\right) = \sum_{k=0}^{\infty}\frac{(-1)^k}{2k + 1}.$$

Damit haben wir die in (7.4) angegebene Formel für die Summe der Leibniz'schen Reihe bewiesen, vgl. auch (19.25). Ein weiterer Beweis wird in (22.6) mittels der Arcus-Tangens-Reihe gegeben.

(21.14) Setzt man im Sinus-Produkt $x = \frac{1}{2}$, erhält man

$$1 = \frac{\pi}{2}\prod_{n=1}^{\infty}\left(1 - \frac{1}{4n^2}\right) \quad \Longrightarrow \quad \frac{\pi}{2} = \prod_{n=1}^{\infty}\frac{4n^2}{4n^2 - 1}.$$

Es ergibt sich also ein neuer Beweis für das Wallis'sche Produkt, siehe (19.24).

Corollar 21.7a *Für alle $x \in \mathbb{R}$ mit $0 < x < 1$ gilt*

$$\frac{\sin \pi x}{\pi} = \frac{1}{\Gamma(x)\Gamma(1 - x)}.$$

Bemerkung Die Einschränkung $0 < x < 1$ ist deshalb gemacht worden, damit beide Argumente der Gamma-Funktion im Nenner der rechten Seite positiv sind. Erweitert man jedoch den Definitions-Bereich der Gamma-Funktion gemäß Aufgabe 20.8 auf ganz $\mathbb{R}$ mit Ausnahme der ganzen Zahlen $\leqslant 0$, so gilt die Formel für alle $x \in \mathbb{R} \smallsetminus \mathbb{Z}$.

Beweis   Wir verwenden die Gauß'sche Limesdarstellung der Gamma-Funktion (Satz 20.5):

$$\frac{1}{\Gamma(x)} = \lim_{n\to\infty} \frac{x(x+1)\cdots(x+n)}{n!\,n^x}$$

$$= x \lim_{n\to\infty} n^{-x} \prod_{k=1}^{n}\left(1 + \frac{x}{k}\right) \quad \text{und}$$

$$\frac{1}{\Gamma(1-x)} = \lim_{n\to\infty} \frac{(1-x)(2-x)\cdots(n-x)(n+1-x)}{n!\,n^{1-x}}$$

$$= \lim_{n\to\infty} n^x \,\frac{n+1-x}{n} \prod_{k=1}^{n}\left(1 - \frac{x}{k}\right).$$

Multiplikation ergibt

$$\frac{1}{\Gamma(x)\Gamma(1-x)} = x \lim_{n\to\infty} \frac{n+1-x}{n} \prod_{k=1}^{n}\left(1 - \frac{x^2}{k^2}\right)$$

$$= x \prod_{k=1}^{\infty}\left(1 - \frac{x^2}{k^2}\right).$$

Nach Satz 21.7 ist letzteres gleich $\dfrac{\sin \pi x}{\pi}$. $\square$

(21.15)   Setzt man in der Formel des Corollars $x = \frac{1}{2}$, ergibt sich

$$\Gamma(\tfrac{1}{2})^2 = \pi, \quad \text{d. h.} \quad \Gamma(\tfrac{1}{2}) = \sqrt{\pi},$$

was uns schon aus aus (20.10) bekannt ist.

Aufgaben

21.1   Für $n \geq 1$ sei

$$f_n : \mathbb{R}_+ \to \mathbb{R}, \quad f_n(x) := \frac{x}{n^2} e^{-x/n}.$$

Man zeige, dass die Folge (f_n) auf $\mathbb{R}_+$ gleichmäßig gegen 0 konvergiert, aber

$$\lim_{n\to\infty} \int_0^{\infty} f_n(x)\,dx = 1.$$

21.2 Auf dem kompakten Intervall $[a,b] \subset \mathbb{R}$ seien $f_n : [a,b] \to \mathbb{R}$, $n \in \mathbb{N}$, Riemann-integrierbare Funktionen, die gleichmäßig gegen die Funktion $f : [a,b] \to \mathbb{R}$ konvergieren. Man zeige: Die Funktion f ist ebenfalls auf $[a,b]$ Riemann-integrierbar.

21.3 Sei $I =]a,b[\subset \mathbb{R}$ ein (eigentliches oder uneigentliches) Intervall ($a \in \mathbb{R} \cup \{-\infty\}$, $b \in \mathbb{R} \cup \{\infty\}$) und seien $f_n : I \to \mathbb{R}$, ($n \in \mathbb{N}$), stetige Funktionen, die auf jedem kompakten Teilintervall $[\alpha, \beta] \subset I$ gleichmäßig gegen die Funktion $f : I \to \mathbb{R}$ konvergieren. Es gebe eine nicht-negative Funktion $G : I \to \mathbb{R}$, die über I uneigentlich Riemann-integrierbar ist, so dass

$$|f_n(x)| \leqslant G(x) \quad \text{für alle } x \in I \text{ und } n \in \mathbb{N}.$$

Man zeige (Satz von der majorisierten Konvergenz):

Alle Funktionen f_n und f sind über I uneigentlich Riemann-integrierbar und es gilt

$$\int_a^b f(x)\,dx = \lim_{n \to \infty} \int_a^b f_n(x)\,dx.$$

21.4 Man beweise die Formel $\displaystyle \int_0^1 \frac{dx}{x^x} = \sum_{k=1}^{\infty} \frac{1}{k^k}$.

Anleitung. Man entwickle $x^{-x} = e^{-x \log x}$ in eine Reihe und verwende Aufgabe 20.12.

21.5 Seien $[a,b]$ und $[A,B]$ kompakte Intervalle in $\mathbb{R}$ und sei

$$f_n : [a,b] \longrightarrow [A,B] \subset \mathbb{R}, \quad n \in \mathbb{N},$$

eine Folge stetiger Funktionen, die gleichmäßig gegen eine Funktion $F : [a,b] \to \mathbb{R}$ konvergiert. Weiter sei $\varphi : [A,B] \to \mathbb{R}$ eine stetige Funktion. Man zeige: Die Folge der Funktionen

$$g_n := \varphi \circ f_n : [a,b] \to \mathbb{R}, \quad n \in \mathbb{N},$$

konvergiert gleichmäßig gegen die Funktion $G := \varphi \circ F$.

21.6 Für $|x| < 1$ berechne man die Summen der Reihen

$$\sum_{n=1}^{\infty} n^2 x^n, \quad \sum_{n=1}^{\infty} n^3 x^n \quad \text{und} \quad \sum_{n=1}^{\infty} \frac{x^n}{n}.$$

21.7 Man berechne die Summen der Reihen

$$\sum_{n=1}^{\infty} \frac{\sin nx}{n^3} \quad \text{und} \quad \sum_{n=1}^{\infty} \frac{\cos nx}{n^4}, \quad (x \in \mathbb{R}).$$

21.8 Sei $f(z) = \sum_{n=0}^{\infty} c_n (z-a)^n$ eine Potenzreihe mit komplexen Koeffizienten c_n. Sei R der Konvergenzradius dieser Reihe. Man zeige

$$R = \left(\limsup_{n \to \infty} \sqrt[n]{|c_n|} \right)^{-1} \quad \text{(Hadamardsche Formel)}.$$

Dabei werde vereinbart $0^{-1} = \infty$ und $\infty^{-1} = 0$.

21.9 Man zeige, dass die Reihe

$$F(x) := \sum_{n=0}^{\infty} e^{-n^2 x}$$

für alle $x > 0$ konvergiert und eine beliebig oft differenzierbare Funktion $F : \mathbb{R}_+^* \to \mathbb{R}$ darstellt. Außerdem beweise man, dass für alle $k \geq 1$ gilt

$$\lim_{x \to \infty} F^{(k)}(x) = 0.$$

21.10 Sei $(a_n)_{n \geq 1}$ eine Folge reeller Zahlen. Die Reihe

$$f(x) = \sum_{n=1}^{\infty} \frac{a_n}{n^x}$$

konvergiere für ein $x_0 \in \mathbb{R}$. Man zeige: Die Reihe konvergiert gleichmäßig auf dem Intervall $[x_0, \infty[$.

21.11 Man beweise: Für alle $x \in \mathbb{R} \setminus \mathbb{Z}$ gilt

$$\frac{\pi}{\sin \pi x} = \frac{1}{x} + \sum_{n=1}^{\infty} (-1)^n \frac{2x}{x^2 - n^2} = \sum_{n \in \mathbb{Z}} \frac{(-1)^n}{x - n}.$$

Anleitung. Man benutze die Formel (vgl. Aufg. 14.8)

$$\frac{1}{\sin x} = \cot(x/2) - \cot(x)$$

und die Partialbruchdarstellung des Cotangens.

21.12 Man beweise:

a) Die Produktdarstellung für $1/\Gamma(x)$ (Corollar 20.5a)

$$\frac{1}{\Gamma(x)} = x e^{\gamma x} \prod_{n=1}^{\infty} \left(1 + \frac{x}{n}\right) e^{-x/n},$$

(γ ist die Euler-Mascheronische Konstante), konvergiert auf jedem Intervall $[\varepsilon, R]$, $0 < \varepsilon < R < \infty$, gleichmäßig.

b) Auf $\mathbb{R}_+^*$ gilt

$$-\log \Gamma(x) = \gamma x + \log x + \sum_{n=1}^{\infty} \left\{ \log\left(1 + \frac{x}{n}\right) - \frac{x}{n} \right\},$$

wobei die unendliche Reihe auf jedem Intervall $[\varepsilon, R]$, $0 < \varepsilon < R < \infty$, gleichmäßig konvergiert.

c) Die Gamma-Funktion ist auf $\mathbb{R}_+^*$ differenzierbar und es gilt

$$-\frac{\Gamma'(x)}{\Gamma(x)} = \gamma + \frac{1}{x} + \sum_{n=1}^{\infty} \left(\frac{1}{x+n} - \frac{1}{n} \right),$$

wobei die unendliche Reihe auf jedem Intervall $[\varepsilon, R]$, $0 < \varepsilon < R < \infty$, gleichmäßig konvergiert.

d) $\displaystyle \lim_{x \searrow 0} \left(\Gamma(x) - \frac{1}{x} \right) = \Gamma'(1) = -\gamma.$

Taylor-Reihen

Wir haben schon die Darstellung verschiedener Funktionen, wie Exponentialfunktion, Sinus und Cosinus, durch Potenzreihen kennengelernt. In diesem Kapitel beschäftigen wir uns systematisch mit der Entwicklung von Funktionen in Potenzreihen.

Als Erstes beweisen wir die Taylorsche Formel, die eine Approximation einer differenzierbaren Funktion durch ein Polynom mit einer Integraldarstellung des Fehlerterms gibt.

Hier und im ganzen Kapitel sei $I \subset \mathbb{R}$ ein aus mehr als einem Punkt bestehendes Intervall.

Satz 22.1 (Taylorsche Formel) *Sei $f \colon I \to \mathbb{R}$ eine $(n+1)$-mal stetig differenzierbare Funktion und $a \in I$. Dann gilt für alle $x \in I$*

$$f(x) = f(a) + \frac{f'(a)}{1!}(x-a) + \frac{f''(a)}{2!}(x-a)^2$$
$$+ \ldots + \frac{f^{(n)}(a)}{n!}(x-a)^n + R_{n+1}(x),$$

wobei

$$R_{n+1}(x) = \frac{1}{n!} \int_a^x (x-t)^n f^{(n+1)}(t)\, dt.$$

O. Forster, F. Lindemann, *Analysis 1*, Grundkurs Mathematik,
https://doi.org/10.1007/978-3-658-40130-6_22

Beweis durch Induktion nach n.

Induktionsanfang. Für $n = 0$ ist die zu beweisende Formel

$$f(x) = f(a) + \int\limits_a^x f'(t)\, dt$$

nichts anderes als der Fundamentalsatz der Differential- und Integralrechnung.

Induktionsschritt $n - 1 \to n$. Nach Induktionsvoraussetzung ist

$$R_n(x) = \frac{1}{(n-1)!} \int\limits_a^x (x-t)^{n-1} f^{(n)}(t)\, dt$$

$$= -\int\limits_a^x f^{(n)}(t) \frac{d}{dt}\left(\frac{(x-t)^n}{n!}\right) dt = [\text{part. Integr.}]$$

$$= -f^{(n)}(t) \frac{(x-t)^n}{n!}\bigg|_{t=a}^{t=x} + \int\limits_a^x \frac{(x-t)^n}{n!}\, df^{(n)}(t)$$

$$= \frac{f^{(n)}(a)}{n!}(x-a)^n + \frac{1}{n!}\int\limits_a^x (x-t)^n f^{(n+1)}(t)\, dt\,.$$

Daraus folgt die Behauptung.   □

Corollar 22.1a *Sei $f: I \to \mathbb{R}$ eine $(n+1)$-mal differenzierbare Funktion mit $f^{(n+1)}(x) = 0$ für alle $x \in I$. Dann ist f ein Polynom vom Grad $\leq n$.*   □

Satz 22.2 (Lagrangesche Form des Restglieds) *Sei $f: I \to \mathbb{R}$ eine $(n+1)$-mal stetig differenzierbare Funktion und $a, x \in I$. Dann existiert ein ξ zwischen a und x, so dass*

$$f(x) = \sum_{k=0}^n \frac{f^{(k)}(a)}{k!}(x-a)^k + \frac{f^{(n+1)}(\xi)}{(n+1)!}(x-a)^{n+1}.$$

Beweis Nach dem Mittelwertsatz der Integralrechnung (Satz 18.7) existiert ein $\xi \in [a, x]$ (bzw. $\xi \in [x, a]$, falls $x < a$), so dass gilt

$$R_{n+1}(x) = \frac{1}{n!} \int_a^x (x - t)^n f^{(n+1)}(t) \, dt$$

$$= f^{(n+1)}(\xi) \int_a^x \frac{(x - t)^n}{n!} \, dt$$

$$= -f^{(n+1)}(\xi) \frac{(x - t)^{n+1}}{(n + 1)!} \Big|_a^x$$

$$= \frac{f^{(n+1)}(\xi)}{(n + 1)!} (x - a)^{n+1}. \qquad \square$$

Corollar 22.2a *Sei* $f \colon I \to \mathbb{R}$ *eine n-mal stetig differenzierbare Funktion und* $a \in I$. *Dann gilt für alle* $x \in I$

$$f(x) = \sum_{k=0}^n \frac{f^{(k)}(a)}{k!} (x - a)^k + \varphi(x)(x - a)^n,$$

wobei φ *eine Funktion mit* $\lim_{x \to a} \varphi(x) = 0$ *ist.*

Beweis Wir verwenden die Lagrangesche Form des Restglieds n-ter Ordnung

$$f(x) - \sum_{k=0}^{n-1} \frac{f^{(k)}(a)}{k!} (x - a)^k = \frac{f^{(n)}(\xi)}{n!} (x - a)^n$$

$$= \frac{f^{(n)}(a)}{n!} (x - a)^n + \frac{f^{(n)}(\xi) - f^{(n)}(a)}{n!} (x - a)^n.$$

Wir setzen $\varphi(x) := \dfrac{f^{(n)}(\xi) - f^{(n)}(a)}{n!}$, ($\xi$ hängt von x ab!).

Da ξ zwischen x und a liegt, folgt aus der Stetigkeit von $f^{(n)}$:

$$\lim_{x \to a} \varphi(x) = \lim_{\xi \to a} \frac{f^{(n)}(\xi) - f^{(n)}(a)}{n!} = 0.$$

Daraus folgt die Behauptung. $\qquad \square$

Bemerkung Unter Verwendung des Landau-Symbols o lässt sich die Aussage des Corollars auch schreiben als

$$f(x) = \sum_{k=0}^{n} \frac{f^{(k)}(a)}{k!}(x-a)^k + o(|x-a|^n) \quad \text{für } x \to a.$$

Das bedeutet, dass sich eine Funktion f, die in einer Umgebung eines Punktes a n-mal stetig differenzierbar ist, bis auf einen Fehler der Ordnung $o(|x-a|^n)$ durch das *Taylor-Polynom* n-ter Ordnung

$$T_n[f,a](x) := \sum_{k=0}^{n} \frac{f^{(k)}(a)}{k!}(x-a)^k$$

approximieren lässt. Ist f sogar $(n+1)$-mal stetig differenzierbar, so folgt aus Satz 22.2 die schärfere Fehlerabschätzung

$$f(x) = T_n[f,a](x) + O(|x-a|^{n+1}) \quad \text{für } x \to a.$$

(22.1) Als Beispiel betrachten wir die Funktion

$$f:]{-1}, 1[\to \mathbb{R}, \quad f(x) = \sqrt{1+x}$$

und den Entwicklungspunkt $a = 0$. Da

$$f(0) = 1, \quad f'(0) = \frac{1}{2\sqrt{1+x}}\bigg|_{x=0} = \tfrac{1}{2},$$

ergibt das Corollar

$$f(x) = \sqrt{1+x} = 1 + \frac{x}{2} + \varphi(x)x \quad \text{mit } \lim_{x\to 0} \varphi(x) = 0.$$

Daraus erhält man z. B. für alle $n > 1$:

$$\sqrt{n+\sqrt{n}} = \sqrt{n}\sqrt{1+\frac{1}{\sqrt{n}}}$$

$$= \sqrt{n}\left(1 + \frac{1}{2\sqrt{n}} + \varphi\left(\frac{1}{\sqrt{n}}\right)\frac{1}{\sqrt{n}}\right)$$

$$= \sqrt{n} + \tfrac{1}{2} + \varphi\left(\frac{1}{\sqrt{n}}\right).$$

Da $\lim\limits_{n \to \infty} \varphi(1/\sqrt{n}) = 0$, folgt daraus

$$\lim_{n \to \infty} \left(\sqrt{n + \sqrt{n}} - \sqrt{n} \right) = \tfrac{1}{2},$$

(vgl. Aufgabe 6.7).

Definition Sei $f : I \to \mathbb{R}$ eine beliebig oft differenzierbare Funktion und $a \in I$. Dann heißt

$$T[f, a](x) := \sum_{k=0}^{\infty} \frac{f^{(k)}(a)}{k!} (x - a)^k$$

die *Taylor-Reihe* von f mit Entwicklungspunkt a.

Bemerkungen

a) Der Konvergenzradius der Taylor-Reihe ist nicht notwendig > 0.

b) Falls die Taylor-Reihe von f konvergiert, konvergiert sie nicht notwendig gegen f.

c) Die Taylor-Reihe konvergiert genau für diejenigen $x \in I$ gegen $f(x)$, für die das Restglied aus Satz 1 gegen 0 konvergiert.

(22.2) Wir geben ein Beispiel zu b). Sei $f : \mathbb{R} \to \mathbb{R}$ die Funktion (siehe Abb. 22 A)

$$f(x) := \begin{cases} e^{-1/x^2}, & \text{falls } x \neq 0, \\ 0, & \text{falls } x = 0. \end{cases}$$

Dies ist eine Funktion, deren Graph sich in der Nähe des Nullpunkts sehr stark an die x-Achse anschmiegt (z. B. gilt $0 < f(x) < 10^{-10}$ für $0 < |x| \leqslant 0.2$). Wir wollen zeigen, dass f beliebig oft differenzierbar ist und $f^{(n)}(0) = 0$ für alle $n \in \mathbb{N}$. Die Taylor-Reihe von f um den Nullpunkt ist also identisch 0, obwohl f selbst nur im Nullpunkt den Wert 0 annimmt.

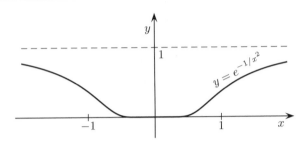

Abb. 22 A Gegenbeispiel zur Taylor-Entwicklung

Dazu beweisen wir durch vollständige Induktion nach n, dass es Polynome p_n gibt, so dass

$$f^{(n)}(x) = \begin{cases} p_n\left(\dfrac{1}{x}\right)e^{-1/x^2}, & \text{falls } x \neq 0, \\ 0, & \text{falls } x = 0. \end{cases}$$

Der Induktionsanfang $n = 0$ ist klar.

Induktionsschritt $n \to n+1$.

a) Für $x \neq 0$ gilt

$$f^{(n+1)}(x) = \frac{d}{dx}f^{(n)}(x) = \frac{d}{dx}\left(p_n\left(\frac{1}{x}\right)e^{-1/x^2}\right)$$
$$= \left(-p_n'\left(\frac{1}{x}\right)\frac{1}{x^2} + 2p_n\left(\frac{1}{x}\right)\frac{1}{x^3}\right)e^{-1/x^2}.$$

Man wähle $p_{n+1}(t) := -p_n'(t)t^2 + 2p_n(t)t^3$.

b) Für $x = 0$ gilt

$$f^{(n+1)}(0) = \lim_{x \to 0}\frac{f^{(n)}(x) - f^{(n)}(0)}{x} = \lim_{x \to 0}\frac{p_n\left(\frac{1}{x}\right)e^{-1/x^2}}{x}$$
$$= \lim_{R \to \pm\infty} Rp_n(R)e^{-R^2} = 0 \quad \text{[nach (12.2)]}. \qquad \square$$

Aus Corollar 21.6a folgt unmittelbar

Satz 22.3 *Sei $a \in \mathbb{R}$ und*

$$f(x) = \sum_{n=0}^{\infty} c_n (x-a)^n$$

eine Potenzreihe mit einem positiven Konvergenzradius $r \in \,]0, \infty]$. Dann ist die Taylor-Reihe der Funktion $f : \,]a - r, a + r[\, \rightarrow \mathbb{R}$ mit Entwicklungs-Punkt a gleich dieser Potenzreihe (und konvergiert somit gegen f). □

Beispiele

(22.3) Die Taylor-Reihe der Exponentialfunktion mit Entwicklungspunkt 0 ist

$$\exp(x) = \sum_{n=0}^{\infty} \frac{x^n}{n!}.$$

Sie konvergiert, wie wir bereits wissen, für alle $x \in \mathbb{R}$. Für einen beliebigen Entwicklungspunkt $a \in \mathbb{R}$ erhält man aus der Funktionalgleichung

$$\exp(x) = \exp(a) \exp(x-a) = \sum_{n=0}^{\infty} \frac{\exp(a)}{n!} (x-a)^n.$$

(22.4) Die Taylor-Reihen von Sinus und Cosinus,

$$\sin x = \sum_{k=0}^{\infty} (-1)^k \frac{x^{2k+1}}{(2k+1)!},$$

$$\cos x = \sum_{k=0}^{\infty} (-1)^k \frac{x^{2k}}{(2k)!},$$

konvergieren ebenfalls für alle $x \in \mathbb{R}$.

Die Lagrangesche Form des Restglieds ergibt für den Sinus

$$\sin x = \sum_{k=0}^{n} (-1)^k \frac{x^{2k+1}}{(2k+1)!} + R_{2n+3}(x)$$

mit

$$R_{2n+3}(x) = \frac{\sin^{(2n+3)}(\xi)}{(2n+3)!} x^{2n+3} = \frac{(-1)^{n+1} \cos \xi}{(2n+3)!} x^{2n+3}.$$

Dabei ist ξ eine Stelle zwischen 0 und x. Also gilt

$$|R_{2n+3}(x)| \leq \frac{|x|^{2n+3}}{(2n+3)!} \quad \text{für alle } x \in \mathbb{R}.$$

In Satz 14.5 konnte diese Abschätzung nur für $|x| \leq 2n + 4$ bewiesen werden. Ebenso beweist man für den Cosinus

$$\cos x = \sum_{k=0}^{n} (-1)^k \frac{x^{2k}}{(2k)!} + R_{2n+2}(x)$$

mit

$$R_{2n+2}(x) = \frac{(-1)^{n+1} \cos \xi}{(2n+2)!} \cdot x^{2n+2},$$

also

$$|R_{2n+2}(x)| \leq \frac{|x|^{2n+2}}{(2n+2)!} \quad \text{für alle } x \in \mathbb{R}.$$

Logarithmus und Arcus-Tangens

Wir bestimmen jetzt die Taylor-Reihen der Funktionen Logarithmus und Arcus-Tangens. Diese können beide durch Integration der Reihen ihrer Ableitungen gewonnen werden. Als spezielle Werte ergeben sich Formeln für die alternierende harmonische Reihe und die Leibniz'sche Reihe.

Satz 22.4 (Logarithmus-Reihe) *Für* $-1 < x \leqslant +1$ *gilt*

$$\log(1 + x) = x - \frac{x^2}{2} + \frac{x^3}{3} \mp \ldots = \sum_{n=1}^{\infty} \frac{(-1)^{n-1}}{n} x^n.$$

Corollar 22.4a *Für beliebiges* $a > 0$ *und* $0 < x \leqslant 2a$ *gilt*

$$\log x = \log a + \sum_{n=1}^{\infty} \frac{(-1)^{n-1}}{n a^n} (x - a)^n.$$

Dies folgt aus der Funktionalgleichung, denn

$$\log x = \log(a + (x - a))$$
$$= \log\!\left(a\!\left(1 + \tfrac{x-a}{a}\right)\right) = \log a + \log\!\left(1 + \tfrac{x-a}{a}\right). \qquad \square$$

In Abb. 22 B sind die ersten drei Partialsummen der Taylor-Reihe des Logarithmus mit Entwicklungspunkt $a = 1$ dargestellt.

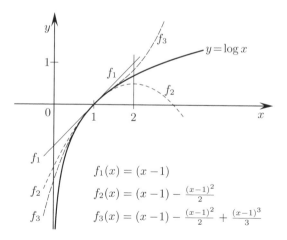

$$f_1(x) = (x - 1)$$
$$f_2(x) = (x - 1) - \frac{(x-1)^2}{2}$$
$$f_3(x) = (x - 1) - \frac{(x-1)^2}{2} + \frac{(x-1)^3}{3}$$

Abb. 22 B Taylor-Approximation des Logarithmus

Beweis von Satz 22.4 Nach (15.12) ist $\dfrac{d}{dx} \log(1+x) = \dfrac{1}{1+x}$.

Daher gilt für $|x| < 1$

$$\log(1+x) = \int_0^x \frac{dt}{1+t} = \int_0^x \Big(\sum_{n=0}^\infty (-1)^n t^n \Big) dt.$$

Nach Satz 21.3 konvergiert $\sum_{n=0}^\infty (-1)^n t^n$ gleichmäßig auf dem Intervall $[-|x|, |x|]$. Nach Satz 21.4 kann man daher Integration und Summation vertauschen; also ist

$$\log(1+x) = \sum_{n=0}^\infty (-1)^n \int_0^x t^n \, dt$$

$$= \sum_{n=0}^\infty (-1)^n \frac{x^{n+1}}{n+1} = \sum_{n=1}^\infty \frac{(-1)^{n-1}}{n} x^n.$$

Damit ist der Satz für $|x| < 1$ bewiesen. Um den noch fehlenden Fall $x = 1$ zu erledigen, beweisen wir zunächst ein allgemeines Resultat.

Satz 22.5 (Abelscher Grenzwertsatz) *Sei $\sum_{n=0}^\infty c_n$ eine konvergente Reihe reeller oder komplexer Zahlen. Dann konvergiert die Potenzreihe*

$$f(x) := \sum_{n=0}^\infty c_n x^n$$

gleichmäßig auf dem Intervall $[0, 1]$, stellt also dort eine stetige Funktion dar.

Bemerkung Es gilt dann $\lim_{x \nearrow 1} \sum_{n=0}^\infty c_n x^n = \sum_{n=0}^\infty c_n$. Dies erklärt den Namen „Grenzwertsatz".

Beweis Nach Satz 21.3 konvergiert die Reihe für alle x mit $|x| < 1$, also nach Voraussetzung auch für alle $x \in [0, 1]$. Es ist also nur zu beweisen, dass der Reihenrest

$$R_k(x) := \sum_{n=k}^{\infty} c_n x^n$$

für $k \to \infty$ auf $[0, 1]$ gleichmäßig gegen 0 konvergiert. Wir setzen

$$s_n := \sum_{k=n+1}^{\infty} c_k \quad \text{für } n \geqslant -1.$$

Es ist $s_n - s_{n-1} = -c_n$ für alle $n \in \mathbb{N}$, und $\lim_{n \to \infty} s_n = 0$. Da die Folge der s_n beschränkt ist, konvergiert nach dem Majoranten-Kriterium die Reihe $\sum_{n=0}^{\infty} s_n x^n$ für $|x| < 1$. Nun ist

$$\sum_{n=k}^{\ell} c_n x^n = -\sum_{n=k}^{\ell} s_n x^n + \sum_{n=k}^{\ell} s_{n-1} x^n$$

$$= -s_\ell x^\ell - \sum_{n=k}^{\ell-1} s_n x^n + s_{k-1} x^k + \sum_{n=k}^{\ell-1} s_n x^{n+1}$$

$$= -s_\ell x^\ell + s_{k-1} x^k - \sum_{n=k}^{\ell-1} s_n (1-x) x^n.$$

Der Grenzübergang $\ell \to \infty$ liefert für alle $x \in [0, 1]$

$$R_k(x) = s_{k-1} x^k - \sum_{n=k}^{\infty} s_n (1-x) x^n.$$

(Für $x = 1$ ist die letzte Summe gleich 0.) Sei $\varepsilon > 0$ beliebig vorgegeben und $N \in \mathbb{N}$ so groß, dass $|s_n| < \varepsilon/2$ für alle $n \geqslant N$. Dann gilt für alle $k > N$ und alle $x \in [0, 1]$

$$|R_k(x)| < \frac{\varepsilon}{2} + \frac{\varepsilon}{2} \underbrace{\sum_{n=k}^{\infty} (1-x) x^n}_{\leqslant 1} \leqslant \frac{\varepsilon}{2} + \frac{\varepsilon}{2} = \varepsilon.$$

Damit ist der Abelsche Grenzwertsatz bewiesen. $\qquad \square$

Nun zur Vervollständigung des *Beweises* von Satz 22.4!

Da $\sum_{n=1}^{\infty} \frac{(-1)^{n-1}}{n}$ konvergiert, stellt nach dem Abelschen Grenzwertsatz

$$f(x) := \sum_{n=1}^{\infty} \frac{(-1)^{n-1}}{n} x^n$$

eine in $[0, 1]$ stetige Funktion dar. Die Funktion $\log(1 + x)$ ist ebenfalls in $[0, 1]$ stetig. Da $f(x) = \log(1 + x)$ für alle $x \in [0, 1[$, gilt die Gleichung auch für $x = 1$. $\qquad \Box$

(22.5) Mit Satz 22.4 haben wir insbesondere die in schon in (7.3) angegebene Formel

$$\log 2 = 1 - \tfrac{1}{2} + \tfrac{1}{3} - \tfrac{1}{4} \pm \ldots$$

bewiesen. Diese Formel ist natürlich für die praktische Berechnung von $\log 2$ ganz ungeeignet. Will man damit $\log 2$ mit einer Genauigkeit von 10^{-k} berechnen, so muss man die ersten 10^k Glieder berücksichtigen. Zu einer besser konvergenten Reihe kommt man durch folgende Umformung: Für $|x| < 1$ gilt

$$\log(1 + x) = x - \frac{x^2}{2} + \frac{x^3}{3} - \frac{x^4}{4} \pm \ldots,$$

$$\log(1 - x) = -x - \frac{x^2}{2} - \frac{x^3}{3} - \frac{x^4}{4} - \ldots.$$

Subtraktion ergibt

$$\log \frac{1 + x}{1 - x} = 2\left(x + \frac{x^3}{3} + \frac{x^5}{5} + \ldots \right) = 2 \sum_{k=0}^{\infty} \frac{x^{2k+1}}{2k + 1}.$$

Dabei ist $\frac{1+x}{1-x} = y$, falls $x = \frac{y-1}{y+1}$. Für $x = \frac{1}{3}$ erhält man deshalb

$$\log 2 = 2\left(\frac{1}{3} + \frac{1}{3 \cdot 3^3} + \frac{1}{5 \cdot 3^5} + \frac{1}{7 \cdot 3^7} + \ldots \right).$$

Für eine Genauigkeit von 10^{-n} braucht man hier nur etwas mehr als n Glieder zu berücksichtigen; bricht man die Reihe mit dem Term $\frac{2}{(2k+1)3^{2k+1}}$ ab, so hat man für den Fehler die Abschätzung

$$|R| \leq \frac{2}{(2k+3)3^{2k+3}} \sum_{m=0}^{\infty} \frac{1}{9^m} < \frac{1}{2k+3} \cdot \frac{1}{9^{k+1}}.$$

Z.B. erhält man mit $k = 31$ den $\log 2$ auf 30 Dezimalstellen genau:

$$\log 2 = 0.69314\,71805\,59945\,30941\,72321\,21458\ldots$$

Zur Berechnung der Logarithmen anderer Argumente kann man die Funktionalgleichung heranziehen. Jede reelle Zahl $x > 0$ lässt sich schreiben als

$$x = 2^n \cdot y \qquad \text{mit } n \in \mathbb{Z} \text{ und } 1 \leq y < 2.$$

Dann ist

$$\log x = n \log 2 + \log y = n \log 2 + \log \frac{1+z}{1-z},$$

wobei $z = \frac{y-1}{y+1}$, also insbesondere $|z| < \frac{1}{3}$.

Satz 22.6 (Arcus-Tangens-Reihe)   *Für $|x| \leq 1$ gilt*

$$\arctan x = x - \frac{x^3}{3} + \frac{x^5}{5} - \frac{x^7}{7} \pm \ldots = \sum_{n=0}^{\infty} (-1)^n \frac{x^{2n+1}}{2n+1}.$$

Bemerkung   Man beachte, dass diese Potenzreihe bis auf die Vorzeichen bei den Potenzen x^{4k+3} mit der Reihe für die Funktion $\frac{1}{2} \log \frac{1+x}{1-x}$ übereinstimmt. Dass dies kein reiner Zufall ist, darauf weist schon Aufgabe 14.7 hin. Der Zusammenhang wird klar in der Funktionentheorie, wo diese Funktionen auch für komplexe Argumente definiert werden. Dann gilt in der Tat die Formel $\arctan z = \frac{1}{2i} \log \frac{1+iz}{1-iz}$.

Beweis von Satz 22.6 Sei $|x| < 1$. Dann gilt nach (15.14)

$$\arctan x = \int\limits_0^x \frac{dt}{1 + t^2} = \int\limits_0^x \left(\sum_{n=0}^{\infty} (-1)^n t^{2n} \right) dt$$

$$= \sum_{n=0}^{\infty} (-1)^n \int\limits_0^x t^{2n} dt = \sum_{n=0}^{\infty} (-1)^n \frac{x^{2n+1}}{2n+1}.$$

Dabei wurde Satz 21.4 verwendet. Der Fall $|x| = 1$ wird analog zur Logarithmus-Reihe mithilfe des Abelschen Grenzwertsatzes bewiesen.   □

(22.6) Da $\tan \frac{\pi}{4} = 1$, also $\arctan 1 = \frac{\pi}{4}$, ergibt sich für $x = 1$ die schon in (7.4) angegebene Summe für die Leibniz'sche Reihe

$$\frac{\pi}{4} = 1 - \frac{1}{3} + \frac{1}{5} - \frac{1}{7} + \frac{1}{9} - \frac{1}{11} \pm \dots .$$

Wie bei der alternierenden harmonischen Reihe für $\log 2$ ist dies zwar eine interessante Formel, aber zur praktischen Berechnung von π ungeeignet. Eine effizientere Methode der Berechnung von π mittels des Arcus-Tangens liefert die

Machinsche Formel:

$$\frac{\pi}{4} = 4 \arctan \frac{1}{5} - \arctan \frac{1}{239}.$$

Beweis Aus dem Additionstheorem für den Tangens

$$\tan(x + y) = \frac{\tan x + \tan y}{1 - \tan x \tan y} \quad \text{[siehe (14.1), Teil c)],}$$

folgt die Funktionalgleichung des Arcus-Tangens

$$\arctan x + \arctan y = \arctan \frac{x + y}{1 - xy}$$

für $|\arctan x + \arctan y| < \pi/2$, (Aufgabe 14.9). Ein Spezialfall davon ist die Verdoppelungsformel

$$2 \arctan x = \arctan \frac{2x}{1 - x^2} \quad \text{für } |x| < 1.$$

Daraus ergibt sich

$$2 \arctan \tfrac{1}{5} = \arctan \tfrac{5}{12} \quad \text{und} \quad 4 \arctan \tfrac{1}{5} = \arctan \tfrac{120}{119}$$

und weiter

$$\arctan 1 + \arctan \tfrac{1}{239} = \arctan \frac{1 + 1/239}{1 - 1/239} = \arctan \tfrac{120}{119},$$

zusammenfassend also

$$\frac{\pi}{4} = \arctan 1 = 4 \arctan \frac{1}{5} - \arctan \frac{1}{239}.$$

Damit ist die Machinsche Formel bewiesen. $\qquad\qquad\square$

Mit der Arcus-Tangens-Reihe erhält man daraus

$$\pi = 16 \sum_{n=0}^{\infty} \frac{(-1)^n}{(2n+1)} \cdot \frac{1}{5^{2n+1}} - 4 \sum_{n=0}^{\infty} \frac{(-1)^n}{(2n+1)} \cdot \frac{1}{239^{2n+1}}.$$

Für eine Approximation von π verwenden wir von der ersten Reihe die Glieder bis $n = N$ und von der zweiten Reihe bis $n = M$. Der dabei entstehende Fehler ist für $\arctan \frac{1}{5}$ dem Betrage nach höchstens gleich dem ersten nicht berücksichtigten Glied, also $|R_1| \leqslant \frac{1}{2N+3} \cdot \frac{1}{5^{2N+3}}$ und analog für $\arctan \frac{1}{239}$. Insgesamt ergibt sich für die Approximation von π die Fehlerabschätzung

$$|R| \leqslant \frac{16}{(2N+3) \cdot 5^{2N+3}} + \frac{4}{(2M+3) \cdot 239^{2M+3}}.$$

Man wird N und M am besten so wählen, dass beide Summanden etwa gleich groß sind. Um π auf 40 Dezimalstellen genau zu berechnen, setze man $N = 28$ und $M = 7$. Dann wird

$$|R| \leqslant 1.57 \cdot 10^{-42} + 8.69 \cdot 10^{-42} < 1.03 \cdot 10^{-41}.$$

Es ergibt sich

$$\pi = 3.14159\,26535\,89793\,23846\,26433\,83279\,50288\,41971\ldots$$

(Eine Fülle von weiteren Algorithmen zur Berechnung von π mit hoher Genauigkeit wird in dem Buch [AH] beschrieben, siehe auch [BB].)

Binomische Reihe

Eine sehr interessante Reihe, die als Spezialfälle sowohl den binomischen Lehrsatz als auch die geometrische Reihe enthält, ist die binomische Reihe. Sie ergibt sich als Taylor-Reihe der allgemeinen Potenz $x \mapsto x^\alpha$ mit Entwicklungspunkt 1.

Satz 22.7 (Binomische Reihe) *Sei $\alpha \in \mathbb{R}$. Dann gilt für $|x| < 1$*

$$(1 + x)^\alpha = \sum_{n=0}^{\infty} \binom{\alpha}{n} x^n.$$

Dabei sind die *verallgemeinerten Binomialkoeffizienten* $\binom{\alpha}{n}$ definiert durch

$$\binom{\alpha}{n} = \prod_{k=1}^{n} \frac{\alpha - k + 1}{k}.$$

Bemerkung Für $\alpha \in \mathbb{N}$ bricht die Reihe ab (denn in diesem Fall ist $\binom{\alpha}{n} = 0$ für $n > \alpha$), und die Formel folgt aus dem binomischen Lehrsatz (Satz 1.7).

Beweis a) Berechnung der Taylor-Reihe von $f(x) = (1 + x)^\alpha$ mit Entwicklungspunkt 0:

$$f^{(k)}(x) = \alpha(\alpha - 1) \cdot \ldots \cdot (\alpha - k + 1)(1 + x)^{\alpha - k}$$
$$= k! \binom{\alpha}{k} (1 + x)^{\alpha - k}.$$

Da also $\frac{f^{(k)}(0)}{k!} = \binom{\alpha}{k}$, lautet die Taylor-Reihe von f

$$T[f,0](x) = \sum_{k=0}^{\infty} \binom{\alpha}{k} x^k.$$

b) Wir zeigen, dass die Taylor-Reihe für $|x| < 1$ konvergiert. Dazu verwenden wir das Quotienten-Kriterium. Wir dürfen annehmen, dass $\alpha \notin \mathbb{N}$ und $x \neq 0$. Sei $a_n := \binom{\alpha}{n} x^n$. Dann gilt

$$\left| \frac{a_{n+1}}{a_n} \right| = \left| \frac{\binom{\alpha}{n+1} x^{n+1}}{\binom{\alpha}{n} x^n} \right| = |x| \cdot \left| \frac{\alpha - n}{n+1} \right|.$$

Da $\lim_{n \to \infty} \left| \frac{a_{n+1}}{a_n} \right| = |x| \lim_{n \to \infty} \left| \frac{\alpha - n}{n+1} \right| = |x| < 1$, existiert zu θ mit $|x| < \theta < 1$ ein n_0, so dass

$$\left| \frac{a_{n+1}}{a_n} \right| \leq \theta \quad \text{für alle } n \geq n_0 .$$

Also konvergiert die Taylor-Reihe für $|x| < 1$.

c) Wir beweisen jetzt, dass die Taylor-Reihe gegen f konvergiert. Es ist zu zeigen, dass das Restglied für $|x| < 1$ gegen 0 konvergiert. Es stellt sich heraus, dass man mit der Lagrangeschen Form des Restgliedes nicht weiterkommt. Wir verwenden deshalb die Integral-Darstellung. (Ein kürzerer Weg zum Beweis ist in Aufgabe 22.4 beschrieben. Es soll aber hier wenigstens ein Beispiel für die Anwendung der Integral-Form des Restglieds vorgeführt werden.)

$$R_{n+1}(x) = \frac{1}{n!} \int_0^x (x-t)^n f^{(n+1)}(t) \, dt$$

$$= (n+1) \binom{\alpha}{n+1} \int_0^x (x-t)^n (1+t)^{\alpha-n-1} \, dt$$

1. Fall: $0 \leq x < 1$.
Wir setzen $C := \max(1, (1+x)^\alpha)$. Dann gilt für $0 \leq t \leq x$

$$0 \leq (1+t)^{\alpha-n-1} \leq (1+t)^\alpha \leq C ,$$

also

$$|R_{n+1}(x)| \leq (n+1)\left|\binom{\alpha}{n+1}\right| \int_0^x (x-t)^n (1+t)^{\alpha-n-1}\, dt$$

$$\leq (n+1)\left|\binom{\alpha}{n+1}\right| C \int_0^x (x-t)^n\, dt = C \left|\binom{\alpha}{n+1}\right| x^{n+1}.$$

Weil nach b) die Reihe $\sum_{k=0}^\infty \binom{\alpha}{k} x^k$ für $|x| < 1$ konvergiert, folgt

$$\lim_{k\to\infty} \left|\binom{\alpha}{k}\right| x^k = 0, \quad \text{daher} \quad \lim_{n\to\infty} R_{n+1}(x) = 0.$$

2. Fall: $-1 < x < 0$. Hier gilt

$$|R_{n+1}(x)| = (n+1)\left|\binom{\alpha}{n+1} \int_0^{|x|} (x+t)^n (1-t)^{\alpha-n-1}\, dt\right|$$

$$= \left|\alpha\binom{\alpha-1}{n}\right| \int_0^{|x|} (|x|-t)^n (1-t)^{\alpha-n-1}\, dt$$

$$\leq \left|\alpha\binom{\alpha-1}{n}\right| \int_0^{|x|} (|x|-t|x|)^n (1-t)^{\alpha-n-1}\, dt$$

$$= \left|\alpha\binom{\alpha-1}{n}\right| |x|^n \int_0^{|x|} (1-t)^{\alpha-1}\, dt$$

$$\leq C \left|\binom{\alpha-1}{n} x^n\right| \quad \text{mit } C := |\alpha| \int_0^{|x|} (1-t)^{\alpha-1}\, dt.$$

Da nach b) die Reihe $\sum_{n=0}^\infty \binom{\alpha-1}{n} x^n$ für $|x| < 1$ konvergiert, folgt

$$\lim_{n\to\infty} R_{n+1}(x) = 0. \qquad \square$$

Beispiele

(22.7) Da $\binom{-1}{n} = (-1)^n$, ergibt sich für $\alpha = -1$ aus der binomischen Reihe

$$\frac{1}{1+x} = \sum_{n=0}^\infty (-1)^n x^n \quad \text{für } |x| < 1.$$

Die geometrische Reihe ist also ein Spezialfall der binomischen Reihe.

(22.8) Für $\alpha = \frac{1}{2}$ lauten die ersten Binomialkoeffizienten

$$\binom{\frac{1}{2}}{0} = 1, \quad \binom{\frac{1}{2}}{1} = \frac{1}{2}, \quad \binom{\frac{1}{2}}{2} = \frac{\frac{1}{2}(-\frac{1}{2})}{1 \cdot 2} = -\frac{1}{8},$$

$$\binom{\frac{1}{2}}{3} = \frac{\frac{1}{2}(-\frac{1}{2})(-\frac{3}{2})}{1 \cdot 2 \cdot 3} = \frac{1}{16}, \quad \binom{\frac{1}{2}}{4} = \binom{\frac{1}{2}}{3}\frac{-\frac{5}{2}}{4} = -\frac{5}{128}.$$

Also gilt für $|x| < 1$:

$$\sqrt{1+x} = 1 + \frac{1}{2}x - \frac{1}{8}x^2 + \frac{1}{16}x^3 - \frac{5}{128}x^4 + O(x^5).$$

Man kann dies zur näherungsweisen Berechnung von Wurzeln benützen; z. B. ist

$$\sqrt{10} = \sqrt{9 \cdot \frac{10}{9}} = 3\sqrt{1 + \frac{1}{9}} = 3\left(1 + \frac{1}{2 \cdot 9} - \frac{1}{8 \cdot 9^2} + \ldots\right)$$

$$= 3 + \frac{1}{6} - \frac{1}{8 \cdot 27} + \ldots = 3.162\ldots.$$

(22.9) Für $\alpha = -\frac{1}{2}$ ist

$$\binom{-\frac{1}{2}}{0} = 1, \quad \binom{-\frac{1}{2}}{1} = -\frac{1}{2}, \quad \binom{-\frac{1}{2}}{2} = \frac{3}{8}, \quad \binom{-\frac{1}{2}}{3} = -\frac{5}{16}.$$

Daher gilt für $|x| < 1$:

$$\frac{1}{\sqrt{1+x}} = 1 - \frac{1}{2}x + \frac{3}{8}x^2 - \frac{5}{16}x^3 + O(x^4).$$

Anwendung (Kinetische Energie eines relativistischen Teilchens)

Nach A. Einstein beträgt die Gesamtenergie eines Teilchens der Masse m

$$E = mc^2.$$

Dabei ist c die Lichtgeschwindigkeit. Die Masse ist jedoch von der Geschwindigkeit v des Teilchens abhängig; es gilt

$$m = \frac{m_0}{\sqrt{1 - (v/c)^2}}.$$

Hier ist m_0 die Ruhemasse des Teilchens; die Ruhenergie ist demnach $E_0 = m_0 c^2$. Die kinetische Energie ist definiert als

$$E_{\text{kin}} = E - E_0.$$

Da $v < c$, kann man zur Berechnung die binomische Reihe verwenden:

$$E_{\text{kin}} = mc^2 - m_0 c^2 = m_0 c^2 \left(\frac{1}{\sqrt{1 - (v/c)^2}} - 1 \right)$$

$$= m_0 c^2 \left(\tfrac{1}{2} (\tfrac{v}{c})^2 + \tfrac{3}{8} (\tfrac{v}{c})^4 + \ldots \right)$$

$$= \tfrac{1}{2} m_0 v^2 + \tfrac{3}{8} m_0 v^2 (\tfrac{v}{c})^2 + \text{Glieder höherer Ordnung.}$$

Der Term $\tfrac{1}{2} m_0 v^2$ repräsentiert die kinetische Energie im klassischen Fall ($v \ll c$), der Term $\tfrac{3}{8} m_0 v^2 (\tfrac{v}{c})^2$ ist das Glied niedrigster Ordnung der Abweichung zwischen dem relativistischen und nicht-relativistischen Fall.

Wir wollen noch untersuchen, in welchen Fällen die binomische Reihe am Rande des Konvergenzintervalls konvergiert.

Satz 22.8 (Binomische Reihe, Konvergenz am Rande)
a) *Für $\alpha \geq 0$ konvergiert die binomische Reihe*

$$(1 + x)^\alpha = \sum_{n=0}^{\infty} \binom{\alpha}{n} x^n$$

absolut und gleichmäßig im Intervall $[-1, +1]$.
b) *Für $-1 < \alpha < 0$ konvergiert die binomische Reihe für $x = +1$ und divergiert für $x = -1$.*
c) *Für $\alpha \leq -1$ divergiert die binomische Reihe sowohl für $x = +1$ als auch für $x = -1$.*

Beweis Wir verwenden folgenden Hilfssatz über das asymptotische Verhalten der Binomialkoeffizienten.

Hilfssatz 22.8a *Sei $\alpha \in \mathbb{R} \smallsetminus \mathbb{N}$. Dann gibt es eine positive reelle Konstante $c(\alpha)$, so dass folgende asymptotische Beziehung besteht:*

$$\left| \binom{\alpha}{n} \right| \sim \frac{c(\alpha)}{n^{1+\alpha}} \quad \textit{für } n \to \infty \, .$$

Wir stellen den Beweis des Hilfssatzes vorläufig zurück und zeigen, wie man daraus den Satz 22.8 ableiten kann.

a) Wir können annehmen, dass $\alpha \notin \mathbb{N}$, da für $\alpha \in \mathbb{N}$ die binomische Reihe abbricht. Aus dem Hilfssatz folgt, dass es eine Konstante $K > 0$ gibt mit

$$\left| \binom{\alpha}{n} \right| \leq \frac{K}{n^{1+\alpha}} \quad \text{für alle } n \geq 1 \, .$$

Da die Reihe $\sum \frac{1}{n^{1+\alpha}}$ für $\alpha > 0$ konvergiert, folgt die Behauptung.

b) Für $-1 < \alpha < 0$ gilt $\binom{\alpha}{n} = (-1)^n \left| \binom{\alpha}{n} \right|$ und

$$\left| \binom{\alpha}{n+1} \right| = \left| \frac{\alpha-n}{n+1} \right| \cdot \left| \binom{\alpha}{n} \right| < \left| \binom{\alpha}{n} \right| .$$

Die Konvergenz der binomischen Reihe für $x = 1$ folgt nun aus dem Leibniz'schen Konvergenzkriterium für alternierende Reihen, die Divergenz an der Stelle $x = -1$ daraus, dass $\sum \frac{1}{n^{1+\alpha}}$ für $\alpha < 0$ divergiert.

c) Aus dem Hilfssatz folgt, dass $\binom{\alpha}{n}$ für $n \to \infty$ nicht gegen 0 konvergiert, falls $\alpha \leq -1$. Deshalb divergieren in diesem Fall die Reihen

$$\sum_{n=0}^{\infty} \binom{\alpha}{n} \quad \text{und} \quad \sum_{n=0}^{\infty} \binom{\alpha}{n} (-1)^n .$$

Damit sind alle Aussagen des Satzes 22.8 bewiesen. $\qquad\square$

Es bleibt noch der *Beweis* von Hilfssatz 22.8a nachzuholen:

a) Sei zunächst $\alpha < 0$. Wir setzen $x := -\alpha$. Es ist

$$\left| \binom{-x}{n} \right| n^{1-x} = \left| \frac{-x(-x-1) \cdot \ldots \cdot (-x-n+1)}{n!} \right| n^{1-x}$$

$$= \underbrace{\frac{x(x+1) \cdot \ldots \cdot (x+n)}{n! \, n^x}}_{=: \, a_n} \cdot \underbrace{\frac{n}{n+x}}_{=: \, b_n}.$$

Da $\lim\limits_{n \to \infty} b_n = 1$ und $\lim\limits_{n \to \infty} a_n = 1/\Gamma(x)$ (Gauß'sche Limesdarstellung der Gammafunktion, Satz 20.5), folgt

$$\lim_{n \to \infty} \left| \binom{-x}{n} \right| n^{1-x} = \frac{1}{\Gamma(x)}.$$

Die Behauptung des Hilfssatzes gilt also mit der Konstanten $c(\alpha) = \frac{1}{\Gamma(-\alpha)}$.

b) Um den Hilfssatz auch im Fall $\alpha > 0$ zu beweisen, genügt es offenbar zu zeigen: Gilt die Behauptung für ein $\alpha \in \mathbb{R} \smallsetminus \mathbb{N}$, so auch für $\alpha' := \alpha + 1$. Wir dürfen annehmen, dass $\alpha + 1 > 0$. Nach Voraussetzung gilt also

$$\left| \binom{\alpha}{n} \right| \sim \frac{c(\alpha)}{n^{1+\alpha}} \quad \text{für } n \to \infty.$$

Da

$$\binom{\alpha + 1}{n} = \binom{\alpha}{n} \cdot \frac{\alpha + 1}{\alpha - n - 1}$$

folgt

$$\left| \binom{\alpha + 1}{n} \right| n^{1+(\alpha+1)} = \left| \binom{\alpha}{n} \right| \underbrace{\left| \frac{n}{\alpha - n - 1} \right|}_{\sim 1} \cdot (\alpha + 1) \cdot n^{1+\alpha},$$

also

$$\lim_{n \to \infty} \left| \binom{\alpha + 1}{n} \right| n^{1+(\alpha+1)} = (\alpha + 1) \lim_{n \to \infty} \left| \binom{\alpha}{n} \right| n^{1+\alpha}$$

$$= (\alpha + 1) \cdot c(\alpha) =: c(\alpha + 1),$$

d. h.

$$\left| \binom{\alpha + 1}{n} \right| \sim \frac{c(\alpha + 1)}{n^{1+(\alpha+1)}}. \qquad \square$$

(22.10) Satz 22.8 hat folgende interessante Anwendung:
Für $|x| \leqslant 1$ gilt auch $|x^2 - 1| \leqslant 1$. Also haben wir die im Intervall $[-1, 1]$ gleichmäßig konvergente Entwicklung

$$|x| = \sqrt{x^2} = \sqrt{1 + (x^2 - 1)} = \sum_{n=0}^{\infty} \binom{\frac{1}{2}}{n}(x^2 - 1)^n.$$

Die Funktion abs kann also in $[-1, 1]$ gleichmäßig durch Polynome approximiert werden. Wir wollen uns das etwas genauer anschauen. Wir bezeichnen die Partialsummen mit

$$F_{2n}(x) := \sum_{k=0}^{n} \binom{\frac{1}{2}}{k}(x^2 - 1)^k.$$

F_{2n} sind Polynome vom Grad $2n$, die für $n \to \infty$ auf dem Intervall $[-1, 1]$ gleichmäßig gegen die Funktion $x \mapsto |x|$ konvergieren. Die Konvergenz ist jedoch in der Nähe des Nullpunkts sehr langsam, siehe Abb. 22 C.

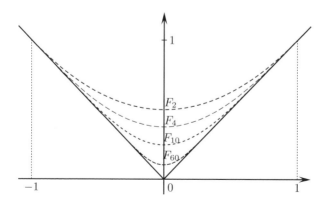

Abb. 22 C Approximation von abs(x)

Die ersten Polynome lauten ausgeschrieben:

$F_2(x) = \frac{1}{2}(1 + x^2)$,

$F_4(x) = \frac{1}{8}(3 + 6x^2 - x^4)$,

$F_6(x) = \frac{1}{16}(5 + 15x^2 - 5x^4 + x^6)$,

$F_8(x) = \frac{1}{128}(35 + 140x^2 - 70x^4 + 28x^6 - 5x^8)$,

$F_{10}(x) = \frac{1}{256}(63 + 315x^2 - 210x^4 + 126x^6 - 45x^8 + 7x^{10})$.

Man beachte folgenden Unterschied zu den Taylor-Reihen: Während bei der Folge der Partialsummen der Taylor-Reihen immer nur Terme höherer Ordnung hinzukommen, ändern sich hier bei jedem Schritt die Koeffizienten aller auftretenden Potenzen x^{2k}.

Als Folgerung der Approximation der Funktion abs durch Polynome können wir nun den Weierstraß'schen Approximationssatz herleiten.

Satz 22.9 (Weierstraß'scher Approximationssatz) *Jede auf einem kompakten Intervall $[a, b] \subset \mathbb{R}$ stetige Funktion $f : [a, b] \to \mathbb{R}$ lässt sich gleichmäßig durch Polynome approximieren, d. h. zu jedem $\varepsilon > 0$ existiert ein Polynom P mit $\| f - P \| < \varepsilon$, wobei $\| \ \|$ die Supremumsnorm auf $[a, b]$ bezeichnet.*

Beweis (nach H. Lebesgue)   Nach Satz 11.5 gibt es eine stückweise lineare stetige Funktion $\varphi \in \mathrm{PL}[a, b]$ mit $\| f - \varphi \| < \varepsilon/2$. Die Funktion φ lässt sich nach Aufgabe 10.3 schreiben als

$$\varphi(x) = \alpha + \beta x + \sum_{k=1}^{r} c_k |x - t_k|$$

mit $t_k \in \,]a, b[$ und Konstanten $\alpha, \beta, c_k \in \mathbb{R}$. Aus (22.10) folgt, dass es zu jeder Funktion $\varphi_k(x) := c_k |x - t_k|$ ein Polynom P_k gibt mit $\| \varphi_k - P_k \| < \varepsilon/(2r)$. Für das Polynom

$$P(x) := \alpha + \beta x + \sum_{k=1}^{r} P_k(x)$$

gilt dann $\| f - P \| < \varepsilon$. $\square$

Produkte und Quotienten von Potenzreihen

In diesem Abschnitt beweisen wir, dass Produkte und Quotienten (falls der Nenner ungleich null) von Funktionen, die sich durch Potenzreihen darstellen lassen, sich wieder in eine Potenzreihe entwickeln lassen. Unter anderem gelangen wir so zur Taylor-Reihe der Funktion Tangens.

Satz 22.10   *Seien $f(z) = \sum\limits_{n=0}^{\infty} a_n z^n$ und $g(z) = \sum\limits_{n=0}^{\infty} b_n z^n$ Potenzreihen mit komplexen Koeffizienten und positiven Konvergenzradien r_1 bzw. r_2. Dann wird das Produkt fg im Kreis $\{z \in \mathbb{C} : |z| < \min(r_1, r_2)\}$, dargestellt durch die Potenzreihe*

$$f(z)g(z) = \sum_{n=0}^{\infty} c_n z^n \quad mit \quad c_n := \sum_{k=0}^{n} a_k b_{n-k}.$$

Beweis   Dies folgt unmittelbar aus dem Satz über das Cauchy-Produkt von unendlichen Reihen.   □

(22.11)   Als *Beispiel* betrachten wir für $\alpha, \beta \in \mathbb{R}$ die binomischen Reihen

$$f(x) = (1 + x)^{\alpha} = \sum_{n=0}^{\infty} \binom{\alpha}{n} x^n \qquad \text{und}$$

$$g(x) = (1 + x)^{\beta} = \sum_{n=0}^{\infty} \binom{\beta}{n} x^n$$

Ihr Cauchy-Produkt $f(x)g(x) = \sum_0^{\infty} c_n x^n$ hat die Koeffizienten

$$c_n = \sum_{k=0}^{n} \binom{\alpha}{k} \binom{\beta}{n-k}.$$

Andrerseits gilt $f(x)g(x) = (1+x)^{\alpha+\beta} = \sum_0^{\infty} \binom{\alpha+\beta}{n} x^n$. Aus dem Identitätssatz (Corollar 21.3a) folgt die Formel

$$\binom{\alpha + \beta}{n} = \sum_{k=0}^{n} \binom{\alpha}{k} \binom{\beta}{n-k},$$

vgl. Aufgabe 1.10.

Da ein Quotient f/g sich als $f \cdot (1/g)$ schreiben lässt, genügt es, statt allgemeiner Quotienten von Potenzreihen nur das Reziproke einer Potenzreihe zu untersuchen.

Satz 22.11 *Sei* $f(z) = \sum\limits_{n=0}^{\infty} a_n z^n$ *eine Potenzreihe mit komplexen Koeffizienten und Konvergenzradius* $0 < r \leqslant \infty$. *Es gelte* $f(0) = a_0 \neq 0$. *Dann gibt es ein* ρ *mit* $0 < \rho \leqslant r$, *so dass* $f(z) \neq 0$ *für alle* $z \in \mathbb{C}$ *mit* $|z| < \rho$ *und sich* $1/f$ *im Kreis* $\{z \in \mathbb{C} : |z| < \rho\}$ *in eine Potenzreihe*

$$\frac{1}{f(z)} = \sum_{n=0}^{\infty} b_n z^n$$

entwickeln lässt.

Beweis Es genügt zu zeigen: Es gibt eine Potenzreihe $g(z) = \sum_{n=0}^{\infty} b_n z^n$ mit einem positiven Konvergenzradius $\rho \leqslant r$, so dass

$$f(z)g(z) = 1 \quad \text{für alle } |z| < \rho.$$

Ohne uns zunächst um die Konvergenz zu kümmern, untersuchen wir zuerst, welche Bedingungen die Koeffizienten b_n erfüllen müssen, damit $fg = 1$. Dazu muss das Cauchy-Produkt der Potenzreihen f und g gleich der trivialen Potenzreihe 1 sein. Dies bedeutet

$$a_0 b_0 = 1,$$
$$a_0 b_1 + a_1 b_0 = 0,$$
$$a_0 b_2 + a_1 b_1 + a_2 b_0 = 0,$$
$$\vdots$$
$$a_0 b_n + a_1 b_{n-1} + \cdots + a_n b_0 = 0,$$
$$\vdots$$

Daraus kann man, ausgehend von $b_0 := 1/a_0$, rekursiv alle b_n berechnen gemäß

$$b_n := -\frac{1}{a_0} \sum_{k=0}^{n-1} a_{n-k} b_k \quad \text{für } n \geq 1.$$

Es bleibt nur noch zu zeigen, dass die damit eindeutig bestimmte Potenzreihe einen positiven Konvergenzradius hat. Dies beweisen wir jetzt.

O. B. d. A. sei $a_0 = 1$ (andernfalls multipliziere man f mit der Konstanten $1/a_0$ und g mit a_0). Da die Reihe

$$f_1(z) := \sum_{n=1}^{\infty} a_n z^n$$

für $|z| < r$ absolut konvergiert und $f_1(0) = 0$, gibt es ein $0 < \rho < r$ mit

$$\sum_{n=1}^{\infty} |a_n| \rho^n \leq 1.$$

Behauptung. Es gilt $|b_n| \rho^n \leq 1$ für alle $n \geq 0$.

Wir zeigen die Behauptung durch vollständige Induktion. Der Induktionsanfang $n = 0$ ist trivial, da $b_0 = 1$.

Induktionsschritt. Sei schon bekannt, dass $|b_k| \rho^k \leq 1$ für alle $k < n$. Aus der Definition von b_n folgt

$$|b_n| \rho^n \leq \sum_{k=0}^{n-1} |a_{n-k}| \rho^{n-k} |b_k| \rho^k$$

$$\leq \sum_{k=0}^{n-1} |a_{n-k}| \rho^{n-k} \leq \sum_{m=1}^{\infty} |a_m| \rho^m \leq 1.$$

Damit ist die Behauptung bewiesen. Es folgt, dass die Potenzreihe $g(z) = \sum_0^{\infty} b_n z^n$ einen Konvergenzradius $\geq \rho$ hat. $\qquad\square$

Bernoulli-Zahlen

(22.12) Als Beispiel für Satz 22.11 betrachten wir die Funktion
$f(z) := (e^z - 1)/z$, $f(0) := 1$. Aus der Exponentialreihe erhält
man die Potenzreihen-Entwicklung

$$f(z) = \frac{e^z - 1}{z} = \sum_{n=0}^{\infty} \frac{z^n}{(n+1)!}$$

mit Konvergenzradius ∞. Nach Satz 22.11 lässt sich $1/f(z)$ in
einer gewissen Kreisscheibe $\{|z| < \rho\}$, $\rho > 0$, in eine Potenzrei-
he entwickeln. Die Koeffizienten dieser Potenzreihe sind bis auf
einen Faktor $1/n!$ die sog. Bernoulli-Zahlen B_n. Es gilt also nach
Definition

$$\frac{z}{e^z - 1} = \sum_{n=0}^{\infty} \frac{B_n}{n!} z^n.$$

Die B_n können berechnet werden durch Betrachtung des Cauchy-
Produkts

$$\left(\sum_{k=0}^{\infty} \frac{B_k}{k!} z^k \right) \left(\sum_{\ell=0}^{\infty} \frac{1}{(\ell+1)!} z^\ell \right) = 1.$$

Dies führt auf die Gleichungen $B_0 = 1$ und

$$\sum_{k+\ell=n} \frac{B_k}{k!(\ell+1)!} = 0 \quad \text{für } n \geq 1.$$

Nach Multiplikation mit $(n+1)!$ ist letzteres äquivalent zu

$$\sum_{k=0}^{n} \binom{n+1}{k} B_k = 0, \quad (n \geq 1).$$

Die ersten dieser Gleichungen lauten ausgeschrieben

$$B_0 + 2B_1 = 0 \implies B_1 = -\tfrac{1}{2},$$
$$B_0 + 3B_1 + 3B_2 = 0 \implies B_2 = \tfrac{1}{6},$$
$$B_0 + 4B_1 + 6B_2 + 4B_3 = 0 \implies B_3 = 0,$$
$$B_0 + 5B_1 + 10B_2 + 10B_3 + 5B_4 = 0 \implies B_4 = -\tfrac{1}{30}.$$

So fortfahrend kann man der Reihe nach alle Bernoulli-Zahlen, die sämtlich rational sind, berechnen. Wir geben eine Liste der nicht-verschwindenden B_n mit $n \leqslant 18$.

n	0	1	2	4	6	8	10	12	14	16	18
B_n	1	$-\tfrac{1}{2}$	$\tfrac{1}{6}$	$-\tfrac{1}{30}$	$\tfrac{1}{42}$	$-\tfrac{1}{30}$	$\tfrac{5}{66}$	$-\tfrac{691}{2730}$	$\tfrac{7}{6}$	$-\tfrac{3617}{510}$	$\tfrac{43\,867}{798}$

Die Bernoulli-Zahlen haben interessante zahlentheoretische Eigenschaften. Sei $B_n = a_n/b_n$ mit teilerfremden ganzen Zahlen a_n, b_n. Beispielsweise liest man aus der Tabelle Folgendes ab: Ist $2k + 1 = p$ eine Primzahl, so ist p ein Teiler von b_{2k}, (in Zeichen $p \mid b_{2k}$):

$$3 \mid b_2 = 6, \qquad 5 \mid b_4 = 30, \qquad 7 \mid b_6 = 42, \quad 11 \mid b_{10} = 66,$$
$$13 \mid b_{12} = 2730, \;\; 17 \mid b_{16} = 510, \;\; 19 \mid b_{18} = 798.$$

Dies ist tatsächlich allgemein wahr. Genauer gilt folgender Satz von v. Staudt: Der Nenner b_{2k} ist gleich dem Produkt aller Primzahlen p, so dass $p - 1$ ein Teiler von $2k$ ist. Siehe dazu [HWr], Chap. VII.

Außer B_1 verschwinden alle Bernoulli-Zahlen mit ungeradem Index. Dies kann man so beweisen:

$$\frac{z}{e^z - 1} + \frac{z}{2} = \frac{z}{2} \cdot \frac{e^z + 1}{e^z - 1} = \frac{z}{2} \cdot \frac{e^{z/2} + e^{-z/2}}{e^{z/2} - e^{-z/2}}.$$

Das ist eine gerade Funktion, d. h. invariant gegenüber der Substitution $z \mapsto -z$. Daher müssen in der Potenzreihen-Entwicklung alle Glieder ungerader Ordnung verschwinden:

$$\frac{z}{e^z - 1} + \frac{z}{2} = \frac{z}{2} \cdot \frac{e^{z/2} + e^{-z/2}}{e^{z/2} - e^{-z/2}} = \sum_{k=0}^{\infty} \frac{B_{2k}}{(2k)!} z^{2k}.$$

Daraus ergibt sich $B_1 = -\tfrac{1}{2}$ und $B_{2k+1} = 0$ für $k \geqslant 1$. $\qquad \square$

(22.13) *Bernoullizahlen und die Funktion Cotangens.* Setzt man in der letzten Formel von (22.12) $z = 2ix$, so erhält man

$$\sum_{k=0}^{\infty}(-1)^k \frac{2^{2k} B_{2k}}{(2k)!} x^{2k} = ix\, \frac{e^{ix} + e^{-ix}}{e^{ix} - e^{-ix}} = x\, \frac{\cos x}{\sin x} = x \cot x.$$

Diese Gleichung gilt für $|x| < \rho/2$, wobei ρ den Konvergenzradius der Reihe $\sum_0^{\infty}(B_n/n!)z^n$ bezeichnet. (Wir werden anschließend zeigen, dass $\rho = 2\pi$.)

Substituiert man darin x durch πx und dividiert die Gleichung durch x, ergibt sich für $0 < |x| < \rho/2\pi$

$$\pi \cot \pi x = \frac{1}{x} + \sum_{k=1}^{\infty}(-1)^k \frac{(2\pi)^{2k} B_{2k}}{(2k)!} x^{2k-1}.$$

Andrerseits gilt nach Satz 21.7 für $x \in \mathbb{R} \smallsetminus \mathbb{Z}$

$$\pi \cot \pi x = \frac{1}{x} + \sum_{n=1}^{\infty}\left(\frac{1}{x - n} + \frac{1}{x + n} \right).$$

Durch Vergleich erhält man für $|x| < \rho/2\pi$

$$f(x) := \sum_{k=1}^{\infty}(-1)^k \frac{(2\pi)^{2k} B_{2k}}{(2k)!} x^{2k-1} = \sum_{n=1}^{\infty}\left(\frac{1}{x - n} + \frac{1}{x + n} \right).$$

(Für $x = 0$ gilt die Gleichung trivialerweise.) Nach Satz 21.5 kann man die rechte Seite gliedweise differenzieren und erhält

$$f^{(2k-1)}(x) = -(2k-1)! \sum_{n=1}^{\infty}\left(\frac{1}{(x-n)^{2k}} + \frac{1}{(x+n)^{2k}} \right),$$

also insbesondere

$$\frac{f^{(2k-1)}(0)}{(2k-1)!} = -2 \sum_{n=1}^{\infty} \frac{1}{n^{2k}} = -2\zeta(2k).$$

Aus der Potenzreihen-Entwicklung von f liest man ab (Corollar 21.6a):

$$\frac{f^{(2k-1)}(0)}{(2k-1)!} = (-1)^k \frac{(2\pi)^{2k} B_{2k}}{(2k)!}.$$

Fasst man die beiden Gleichungen zusammen, erhält man

Satz 22.12 (Euler)   *Für die Werte der Zetafunktion* $\zeta(s) = \sum\limits_{n=1}^{\infty} \frac{1}{n^s}$
an den positiven geraden Zahlen gilt:

$$\zeta(2k) = (-1)^{k-1} \frac{2^{2k-1} B_{2k}}{(2k)!} \pi^{2k} \quad \text{für alle } k \geqslant 1,$$

insbesondere

$$\zeta(2) = \frac{\pi^2}{6}, \qquad \zeta(4) = \frac{\pi^4}{90}, \qquad \zeta(6) = \frac{\pi^6}{945},$$

$$\zeta(8) = \frac{\pi^8}{9450}, \quad \zeta(10) = \frac{\pi^{10}}{9355}.$$

Corollar 22.12a

i)   *Für alle* $k \geqslant 1$ *ist* $(-1)^{k-1} B_{2k} > 0$.

ii) *Es gilt* $\lim\limits_{k \to \infty} \sqrt[2k]{\frac{|B_{2k}|}{(2k)!}} = \frac{1}{2\pi}$.

iii) *Die Potenzreihe*

$$\frac{z}{e^z - 1} = \sum_{n=0}^{\infty} \frac{B_n}{n!} z^n = 1 - \frac{z}{2} + \sum_{k=1}^{\infty} \frac{B_{2k}}{(2k)!} z^{2k}$$

hat den Konvergenzradius 2π.

Beweis   i) folgt daraus, dass $\zeta(2k) > 0$.

ii) Es gilt $\dfrac{|B_{2k}|}{(2k)!} = \dfrac{2\zeta(2k)}{(2\pi)^{2k}}$, also $\sqrt[2k]{\dfrac{|B_{2k}|}{(2k)!}} = \dfrac{\sqrt[2k]{2\zeta(2k)}}{2\pi}$.

Da $1 < \zeta(2k) < 2$, folgt $\lim\limits_{k \to \infty} \sqrt[2k]{2\zeta(2k)} = 1$ und damit die Behauptung ii) des Corollars.

iii) folgt unmittelbar aus ii), vgl. Aufgabe 21.8.   □

Satz 22.13 (Reihen-Entwicklung von Cotangens und Tangens)

a) *Für* $0 < |x| < \pi$ *gilt*

$$\cot x = \frac{1}{x} + \sum_{k=1}^{\infty}(-1)^k \frac{2^{2k} B_{2k}}{(2k)!} x^{2k-1}$$

$$= \frac{1}{x} - \frac{1}{3}x - \frac{1}{45}x^3 - \frac{2}{945}x^5 - \frac{1}{4725}x^7 - \dots.$$

b) *Für* $|x| < \pi/2$ *gilt*

$$\tan x = \sum_{k=1}^{\infty}(-1)^{k-1} \frac{2^{2k}(2^{2k}-1)B_{2k}}{(2k)!} x^{2k-1}$$

$$= x + \frac{1}{3}x^3 + \frac{2}{15}x^5 + \frac{17}{315}x^7 + \frac{62}{2835}x^9 + \dots.$$

Beweis a) Dies folgt aus (22.13) und Corollar 22.12a iii).

b) Wir benutzen die einfach zu beweisende Formel (siehe Aufgabe 14.8)

$$\tan x = \cot x - 2\cot 2x \quad \text{für alle } x \in \mathbb{R} \setminus \mathbb{Z}\,\frac{\pi}{2}.$$

Setzt man darin die Entwicklung für den Cotangens aus a) ein, so heben sich die Glieder $\frac{1}{x}$ weg, und man erhält die Potenzreihen-Entwicklung des Tangens für $0 < |x| < \pi/2$. Für $x = 0$ gilt sie aber trivialerweise. $\square$

Aufgaben

22.1 Sei $f :]a,b[\to \mathbb{R}$ eine n-mal stetig differenzierbare Funktion ($n \geq 1$). Im Punkt $x_0 \in]a,b[$ gelte:

$$f^{(k)}(x_0) = 0 \quad \text{für } 1 \leq k < n \quad \text{und} \quad f^{(n)}(x_0) \neq 0.$$

Man beweise mithilfe von Corollar 22.2a:

a) Ist n ungerade, so besitzt f in x_0 kein lokales Extremum.
b) Ist n gerade, so besitzt f in x_0 ein strenges lokales Maximum bzw. Minimum, je nachdem, ob $f^{(n)}(x_0) < 0$ oder $f^{(n)}(x_0) > 0$.

22.2 Sei $f :]a - \varepsilon, a + \varepsilon[\to \mathbb{R}$ eine n-mal stetig differenzierbare Funktion in einer Umgebung des Punktes $a \in \mathbb{R}$, $(\varepsilon > 0)$. Es gelte

$$f(x) = c_0 + c_1(x - a) + c_2(x - a)^2 + \cdots + c_n(x - a)^n$$
$$+ o(|x - a|^n).$$

Man zeige: Dann ist notwendig

$$c_k = \frac{1}{k!} f^{(k)}(a) \quad \text{für } k = 0, 1, \ldots, n.$$

22.3 Man zeige, dass sich die Formel für die alternierende harmonische Reihe

$$\sum_{n=1}^{\infty} \frac{(-1)^{n-1}}{n} = \log 2$$

auch direkt mit dem Lagrangeschen Restglied (Satz 22.2) beweisen lässt (ohne Benutzung des Abelschen Grenzwertsatzes).

22.4 Diese Aufgabe beschreibt einen anderen Weg zum Beweis von Satz 22.7 über die binomische Reihe.

Man betrachte die auf dem Intervall $]-1, 1[$ definierte Funktion

$$f(x) := \sum_{n=0}^{\infty} \binom{\alpha}{n} x^n$$

und beweise für sie die Differentialgleichung

$$f'(x) = \frac{\alpha}{1 + x} f(x).$$

Daraus leite man ab, dass die Funktion $g(x) := f(x)(1 + x)^{-\alpha}$ konstant gleich 1 ist, also $f(x) = (1 + x)^\alpha$ für $|x| < 1$ gilt.

22.5 Für einen reellen Parameter k mit $|k| < 1$ heißt

$$E(k) := \int\limits_0^{\pi/2} \frac{dt}{\sqrt{1 - k^2 \sin^2 t}}$$

vollständiges elliptisches Integral 1. Gattung.

Man entwickle $E(k)$ als Funktion von k in eine Taylor-Reihe, indem man $\frac{1}{\sqrt{1-k^2 \sin^2 t}}$ durch die Binomische Reihe darstelle.

22.6 Für die Bernoulli-Zahlen beweise man die asymptotische Beziehung

$$|B_{2k}| \sim 4\sqrt{\pi k}\left(\frac{k}{\pi e}\right)^{2k} \quad \text{für } k \to \infty.$$

22.7 Man zeige:

a) Die Funktion

$$f : \,]0, 1] \to \mathbb{R}, \quad x \mapsto \sin(1/x)$$

lässt sich auf $]0, 1]$ nicht gleichmäßig durch Polynome approximieren.

b) Die Funktion

$$g : [0, \infty[\to \mathbb{R}, \quad x \mapsto e^{-x}$$

lässt sich auf $[0, \infty[$ nicht gleichmäßig durch Polynome approximieren.

22.8 Man zeige: Die Taylor-Entwicklung der Funktion $\frac{1}{\cos x}$ um den Nullpunkt hat die Gestalt

$$\frac{1}{\cos x} = \sum_{k=0}^{\infty} \frac{E_{2k}}{(2k)!} x^{2k}$$

mit positiven ganzen Zahlen E_{2k} (benannt nach Euler).

Man berechne $E_0, E_2, E_4, \dots, E_{10}$.

Fourier-Reihen

In diesem letzten Kapitel behandeln wir die wichtigsten Tatsachen aus der Theorie der Fourier-Reihen. Es handelt sich dabei um die Entwicklung von periodischen Funktionen nach dem Funktionensystem $\cos kx$, $\sin kx$, ($k \in \mathbb{N}$). Im Unterschied zu den Taylor-Reihen, die im Innern ihres Konvergenzbereichs immer gegen eine unendlich oft differenzierbare Funktion konvergieren, können durch Fourier-Reihen z. B. auch periodische Funktionen dargestellt werden, die nur stückweise stetig differenzierbar sind und deren Ableitungen Sprungstellen haben.

Periodische Funktionen

Eine auf ganz $\mathbb{R}$ definierte reell- oder komplexwertige Funktion f heißt *periodisch* mit der Periode $L > 0$, falls

$$f(x + L) = f(x) \quad \text{für alle } x \in \mathbb{R} \, .$$

Es gilt dann natürlich auch $f(x + nL) = f(x)$ für alle $x \in \mathbb{R}$ und $n \in \mathbb{Z}$. Durch eine Variablen-Transformation kann man Funktionen mit der Periode L auf solche mit der Periode 2π zurückführen: Hat f die Periode L, so hat die Funktion F, definiert durch

$$F(x) := f\left(\frac{L}{2\pi}x\right)$$

© Der/die Autor(en), exklusiv lizenziert an Springer Fachmedien Wiesbaden GmbH, ein Teil von Springer Nature 2023
O. Forster, F. Lindemann, *Analysis 1*, Grundkurs Mathematik,
https://doi.org/10.1007/978-3-658-40130-6_23

die Periode 2π. Aus der Funktion F kann man f durch die Formel

$$f(x) = F\left(\frac{2\pi}{L}x\right)$$

wieder zurückgewinnen. Bei der Behandlung periodischer Funktionen kann man sich also auf den Fall der Periode 2π beschränken. Im Folgenden verstehen wir unter einer periodischen Funktion, wenn die Periode nicht ausdrücklich genannt wird, stets eine solche mit der Periode 2π.

Spezielle periodische Funktionen sind die *trigonometrischen Polynome*. Eine Funktion $f : \mathbb{R} \to \mathbb{R}$ heißt trigonometrisches Polynom der Ordnung n, falls sie sich schreiben lässt als

$$f(x) = \frac{a_0}{2} + \sum_{k=1}^{n}(a_k \cos kx + b_k \sin kx)$$

mit reellen Konstanten a_k, b_k. Die Konstanten sind durch die Funktion f eindeutig bestimmt, denn es gilt

$$a_k = \frac{1}{\pi}\int_0^{2\pi} f(x)\cos kx\, dx \quad \text{für } k = 0, 1, \ldots, n\,,$$

$$b_k = \frac{1}{\pi}\int_0^{2\pi} f(x)\sin kx\, dx \quad \text{für } k = 1, \ldots, n\,.$$

Dies folgt daraus, dass

$$\int_0^{2\pi} \cos kx \sin \ell x\, dx = 0 \quad \text{für alle } k, \ell \in \mathbb{N},$$

$$\int_0^{2\pi} \cos kx \cos \ell x\, dx = \int_0^{2\pi} \sin kx \sin \ell x\, dx = 0 \quad \text{für } k \neq \ell,$$

$$\int_0^{2\pi} \cos^2 kx\, dx = \int_0^{2\pi} \sin^2 kx\, dx = \pi \quad \text{für alle } k \geqslant 1\,.$$

Es ist zweckmäßig, auch komplexwertige trigonometrische Polynome zu betrachten, bei denen für die Konstanten a_k, b_k beliebige komplexe Zahlen zugelassen sind. Unter Verwendung der Formeln

$$\cos x = \tfrac{1}{2}\left(e^{ix} + e^{-ix}\right), \quad \sin x = \tfrac{1}{2i}\left(e^{ix} - e^{-ix}\right)$$

lässt sich das oben angegebene trigonometrische Polynom f auch schreiben als

$$f(x) = \sum_{k=-n}^{n} c_k e^{ikx},$$

wobei $c_0 = \tfrac{a_0}{2}$ und

$$c_k = \tfrac{1}{2}(a_k - i b_k), \quad c_{-k} = \tfrac{1}{2}(a_k + i b_k) \quad \text{für } k \geqslant 1.$$

Um in diesem Fall die Koeffizienten c_k durch Integration aus der Funktion f zu erhalten, brauchen wir den Begriff des Integrals einer komplexwertigen Funktion. Seien $u, v : [a, b] \to \mathbb{R}$ reelle Funktionen. Dann heißt die komplexwertige Funktion $\varphi := u + iv : [a, b] \to \mathbb{C}$ integrierbar, falls u und v integrierbar sind und man setzt

$$\int_a^b (u(x) + i v(x))dx := \int_a^b u(x)\, dx + i \int_a^b v(x)\, dx.$$

Speziell für die Funktion $\varphi(x) = e^{imx}$, $m \neq 0$, ergibt sich

$$\int_a^b e^{imx}dx = \frac{1}{im}e^{imx}\Big|_a^b,$$

also insbesondere

$$\int_0^{2\pi} e^{imx}dx = 0 \quad \text{für alle } m \in \mathbb{Z} \smallsetminus \{0\}.$$

Damit ergeben sich die Koeffizienten des trigonometrischen Polynoms $f(x) = \sum_{k=-n}^{n} c_k e^{ikx}$ als

$$c_k = \frac{1}{2\pi} \int\limits_0^{2\pi} f(x) e^{-ikx} dx \quad \text{für } k = 0, \pm 1, \ldots, \pm n \,,$$

da $f(x) e^{-ikx} = \sum_{m=-n}^{n} c_m e^{i(m-k)x}$.

Definition   Sei $f: \mathbb{R} \to \mathbb{C}$ eine periodische, über das Intervall $[0, 2\pi]$ integrierbare Funktion. Dann heißen die Zahlen

$$c_k := \frac{1}{2\pi} \int\limits_0^{2\pi} f(x) e^{-ikx} dx \,, \quad k \in \mathbb{Z} \,,$$

die *Fourier-Koeffizienten* von f, und die Reihe

$$\mathfrak{F}[f](x) := \sum_{k=-\infty}^{\infty} c_k e^{ikx},$$

d. h. die Folge der Partialsummen

$$\mathfrak{F}_n[f](x) := \sum_{k=-n}^{n} c_k e^{ikx}, \quad n \in \mathbb{N} \,,$$

heißt *Fourier-Reihe* von f.

Die Fourier-Reihe lässt sich auch in der Form

$$\frac{a_0}{2} + \sum_{k=1}^{\infty} (a_k \cos kx + b_k \sin kx)$$

schreiben, wobei

$$a_k = \frac{1}{\pi} \int\limits_0^{2\pi} f(x) \cos kx \, dx \,, \quad b_k = \frac{1}{\pi} \int\limits_0^{2\pi} f(x) \sin kx \, dx \,.$$

Bemerkung Ähnlich wie bei der Taylorreihe einer Funktion ist nicht garantiert, dass die Fourierreihe einer Funktion f konvergiert und dass sie im Falle der Konvergenz gegen f konvergiert.

Folgendes lässt sich aber leicht feststellen: Wenn die Funktion f sich überhaupt in der Gestalt

$$f(x) = \sum_{k=-\infty}^{\infty} \gamma_k e^{ikx}$$

mit *gleichmäßig* konvergenter Reihe darstellen lässt, dann muss diese Reihe die Fourier-Reihe von f sein. Weil nämlich gleichmäßige Konvergenz vorliegt, kann man bei der Berechnung der Fourier-Koeffizienten Integration und Limesbildung vertauschen und man erhält

$$c_k = \frac{1}{2\pi} \int_0^{2\pi} \left(\sum_{m=-\infty}^{\infty} \gamma_m e^{imx} \right) e^{-ikx} \, dx$$

$$= \frac{1}{2\pi} \sum_{m=-\infty}^{\infty} \int_0^{2\pi} \gamma_m e^{i(m-k)x} \, dx = \gamma_k \, .$$

Im Allgemeinen konvergiert jedoch die Fourier-Reihe von f weder gleichmäßig noch punktweise gegen f. Den Fourier-Reihen ist ein anderer Konvergenzbegriff besser angepasst, die Konvergenz im quadratischen Mittel. Um diesen Begriff einzuführen, treffen wir zunächst einige Vorbereitungen.

Skalarprodukt für periodische Funktionen
Im Vektorraum V aller periodischen Funktionen $f : \mathbb{R} \to \mathbb{C}$, die über das Intervall $[0, 2\pi]$ Riemann-integrierbar sind, führen wir ein Skalarprodukt ein durch die Formel

$$\langle f, g \rangle := \frac{1}{2\pi} \int_0^{2\pi} \overline{f(x)} g(x) \, dx \quad \text{für } f, g \in V \, .$$

Folgende Eigenschaften sind leicht nachzuweisen ($f, g, h \in V$, $\lambda \in \mathbb{C}$):

a) $\langle f + g, h \rangle = \langle f, h \rangle + \langle g, h \rangle$,
b) $\langle f, g + h \rangle = \langle f, g \rangle + \langle f, h \rangle$,
c) $\langle \lambda f, g \rangle = \overline{\lambda} \langle f, g \rangle$,
d) $\langle f, \lambda g \rangle = \lambda \langle f, g \rangle$,
e) $\langle f, g \rangle = \overline{\langle g, f \rangle}$.

Für jedes $f \in V$ gilt

$$\langle f, f \rangle = \frac{1}{2\pi} \int\limits_0^{2\pi} |f(x)|^2 dx \geq 0 \,.$$

Aus $\langle f, f \rangle = 0$ kann man jedoch i.Allg. nicht schließen, dass $f = 0$. Ist z. B. f im Intervall $[0, 2\pi]$ nur an endlich vielen Stellen von null verschieden, so gilt $\langle f, f \rangle = 0$. Für stetiges $f \in V$ folgt jedoch aus $\langle f, f \rangle = 0$, dass $f = 0$. Man setzt

$$\|f\|_2 := \sqrt{\langle f, f \rangle} \,.$$

Für diese Norm gilt die Dreiecksungleichung

$$\|f + g\|_2 \leq \|f\|_2 + \|g\|_2 \,,$$

vgl. (18.6).

Definiert man die Funktion $e_k : \mathbb{R} \to \mathbb{C}$ durch

$$e_k(x) := e^{ikx} \,,$$

so lassen sich die Fourier-Koeffizienten einer Funktion $f \in V$ einfach schreiben als

$$c_k = \langle e_k, f \rangle \,, \quad k \in \mathbb{Z} \,.$$

Die Funktionen e_k haben die Eigenschaft

$$\langle e_k, e_l \rangle = \delta_{kl} = \begin{cases} 0, & \text{falls } k \neq l, \\ 1, & \text{falls } k = l, \end{cases}$$

sie bilden also ein *Orthonormalsystem*.

Hilfssatz 23.1 *Die Funktion $f \in V$ habe die Fourier-Koeffizienten c_k, $k \in \mathbb{Z}$. Dann gilt für alle $n \in \mathbb{N}$*

$$\left\| f - \sum_{k=-n}^{n} c_k e_k \right\|_2^2 = \|f\|_2^2 - \sum_{k=-n}^{n} |c_k|^2.$$

Beweis Wir setzen $g := \sum_{k=-n}^{n} c_k e_k$. Dann gilt

$$\langle f, g \rangle = \sum_{k=-n}^{n} c_k \langle f, e_k \rangle = \sum_{k=-n}^{n} c_k \bar{c}_k = \sum_{k=-n}^{n} |c_k|^2$$

und $\langle e_k, g \rangle = c_k$, also

$$\langle g, g \rangle = \sum_{k=-n}^{n} \bar{c}_k \langle e_k, g \rangle = \sum_{k=-n}^{n} |c_k|^2.$$

Daraus folgt

$$\begin{aligned}
\|f - g\|_2^2 &= \langle f - g, f - g \rangle \\
&= \langle f, f \rangle - \langle f, g \rangle - \langle g, f \rangle + \langle g, g \rangle \\
&= \|f\|_2^2 - \sum_{k=-n}^{n} |c_k|^2 - \sum_{k=-n}^{n} |c_k|^2 + \sum_{k=-n}^{n} |c_k|^2 \\
&= \|f\|_2^2 - \sum_{k=-n}^{n} |c_k|^2. \qquad \square
\end{aligned}$$

Satz 23.2 (Besselsche Ungleichung) *Sei $f : \mathbb{R} \to \mathbb{C}$ eine periodische, über das Intervall $[0, 2\pi]$ Riemann-integrierbare Funktion mit den Fourier-Koeffizienten c_k. Dann gilt*

$$\sum_{k=-\infty}^{\infty} |c_k|^2 \leq \frac{1}{2\pi} \int_{0}^{2\pi} |f(x)|^2 \, dx.$$

Beweis Aus Hilfssatz 23.1 folgt

$$\sum_{k=-n}^{n} |c_k|^2 \leq \|f\|_2^2$$

für alle $n \in \mathbb{N}$. Durch Grenzübergang ergibt sich die Behauptung.

Definition Seien $f\colon \mathbb{R} \to \mathbb{C}$ und $f_n\colon \mathbb{R} \to \mathbb{C}, n \in \mathbb{N}$, periodische, über das Intervall $[0, 2\pi]$ Riemann-integrierbare Funktionen. Man sagt, die Folge (f_n) konvergiere im *quadratischen Mittel* gegen f, falls

$$\lim_{n\to\infty} \|f - f_n\|_2 = 0\,,$$

d. h. wenn das quadratische Mittel der Abweichung zwischen f und f_n, nämlich

$$\frac{1}{2\pi} \int\limits_{0}^{2\pi} |f(x) - f_n(x)|^2\, dx$$

für $n \to \infty$ gegen 0 konvergiert.

Man sieht unmittelbar: Konvergiert die Folge (f_n) gleichmäßig gegen f, so auch im quadratischen Mittel. Die Umkehrung gilt aber nicht. Eine im quadratischen Mittel konvergente Funktionenfolge braucht nicht einmal punktweise zu konvergieren.

Bemerkung Der Hilfssatz 23.1 sagt, dass die Fourier-Reihe von f genau dann im quadratischen Mittel gegen f konvergiert, wenn

$$\sum_{k=-\infty}^{\infty} |c_k|^2 = \|f\|_2^2\,,$$

d. h. wenn die Besselsche Ungleichung zu einer Gleichung wird. Das Bestehen dieser Gleichung bezeichnet man auch als *Vollständigkeitsrelation*.

Hilfssatz 23.3 *Sei $f\colon \mathbb{R} \to \mathbb{R}$ eine periodische Funktion, so dass $f \mid [0, 2\pi]$ eine Treppenfunktion ist. Dann konvergiert die Fourier-Reihe von f im quadratischen Mittel gegen f.*

Beweis a) Wir behandeln zunächst den speziellen Fall, dass für f gilt

$$f(x) = \begin{cases} 1 & \text{für } 0 \leq x < a, \\ 0 & \text{für } a \leq x < 2\pi, \end{cases}$$

wobei a ein Punkt im Intervall $[0, 2\pi]$ ist. Die Fourier-Koeffizienten c_k dieser Funktion lauten

$$c_0 = \frac{a}{2\pi},$$

$$c_k = \frac{1}{2\pi} \int_0^a e^{-ikx}\, dx = \frac{i}{2\pi k}\left(e^{-ika} - 1\right) \quad \text{für } k \neq 0.$$

Für $k \neq 0$ gilt

$$|c_k|^2 = \frac{1}{4\pi^2 k^2}\left(1 - e^{ika}\right)\left(1 - e^{-ika}\right) = \frac{1 - \cos ka}{2\pi^2 k^2},$$

also

$$\begin{aligned} \sum_{k=-\infty}^{\infty} |c_k|^2 &= \frac{a^2}{4\pi^2} + \sum_{k=1}^{\infty} \frac{1 - \cos ka}{\pi^2 k^2} \\ &= \frac{a^2}{4\pi^2} + \frac{1}{\pi^2} \sum_{k=1}^{\infty} \frac{1}{k^2} - \frac{1}{\pi^2} \sum_{k=1}^{\infty} \frac{\cos ka}{k^2} \\ &= \frac{a^2}{4\pi^2} + \frac{1}{6} - \frac{1}{\pi^2}\left(\frac{(\pi - a)^2}{4} - \frac{\pi^2}{12}\right) = \frac{a}{2\pi}, \end{aligned}$$

wobei (21.9) benützt wurde. Es gilt deshalb

$$\sum_{k=-\infty}^{\infty} |c_k|^2 = \frac{a}{2\pi} = \frac{1}{2\pi} \int_0^{2\pi} |f(x)|^2\, dx = \|f\|_2^2.$$

Nach Hilfssatz 23.1 folgt daraus die Konvergenz der Fourier-Reihe im quadratischen Mittel.

b) Ist $f \,|\, [0, 2\pi]$ eine beliebige Treppenfunktion, so gibt es Funktionen $f_1, \ldots, f_r$ der in a) beschriebenen Gestalt und Konstanten $\gamma_1, \ldots, \gamma_r$, so dass

$$f(x) = \sum_{j=1}^{r} \gamma_j \, f_j(x)$$

für alle $x \in \mathbb{R}$ mit evtl. Ausnahme der Sprungstellen. Für die n-ten Partialsummen $\mathfrak{F}_n[f]$ bzw. $\mathfrak{F}_n[f_j]$ der Fourierreihen von f und f_j gilt

$$\mathfrak{F}_n[f] = \sum_{j=1}^{r} \gamma_j \, \mathfrak{F}_n[f_j], \qquad \text{also}$$

$$\|f - \mathfrak{F}_n[f]\|_2 = \left\| \sum_{j=1}^{r} \gamma_j \left(f_j - \mathfrak{F}_n[f_j] \right) \right\|_2$$

$$\leqslant \sum_{j=1}^{r} |\gamma_j| \cdot \left\| f_j - \mathfrak{F}_n[f_j] \right\|_2 .$$

Nach Teil a) konvergiert dies für $n \to \infty$ gegen 0.

Satz 23.4   *Sei $f : \mathbb{R} \to \mathbb{C}$ eine periodische Funktion, so dass $f \,|\, [0, 2\pi]$ Riemann-integrierbar ist. Dann konvergiert die Fourier-Reihe von f im quadratischen Mittel gegen f. Sind c_k die Fourier-Koeffizienten von f, so gilt die Vollständigkeitsrelation*

$$\sum_{k=-\infty}^{\infty} |c_k|^2 = \frac{1}{2\pi} \int_0^{2\pi} |f(x)|^2 \, dx .$$

Beweis   Es genügt den Fall zu behandeln, dass f reellwertig ist und der Abschätzung $|f(x)| \leqslant 1$ für alle $x \in \mathbb{R}$ genügt.

Sei $\varepsilon > 0$ vorgegeben. Dann gibt es periodische Funktionen $\varphi, \psi : \mathbb{R} \to \mathbb{R}$ mit folgenden Eigenschaften:

a) $\varphi \,|\, [0, 2\pi]$ und $\psi \,|\, [0, 2\pi]$ sind Treppenfunktionen,
b) $-1 \leqslant \varphi \leqslant f \leqslant \psi \leqslant 1$,

c) $\displaystyle\int_0^{2\pi}(\psi(x)-\varphi(x))dx \leqslant \frac{\pi}{4}\varepsilon^2.$

Wir setzen $g := f - \varphi$. Dann gilt

$$|g|^2 \leqslant |\psi - \varphi|^2 \leqslant 2(\psi - \varphi)\,,$$

also

$$\frac{1}{2\pi}\int_0^{2\pi}|g(x)|^2\,dx \leqslant \frac{1}{\pi}\int_0^{2\pi}(\psi(x)-\varphi(x))dx \leqslant \frac{\varepsilon^2}{4}\,.$$

Für die Partialsummen $\mathfrak{F}_n[f]$, $\mathfrak{F}_n[\varphi]$ bzw. $\mathfrak{F}_n[g]$ der Fourier-Reihen von f, φ bzw. g gilt

$$\mathfrak{F}_n[f] = \mathfrak{F}_n[\varphi] + \mathfrak{F}_n[g]\,.$$

Nach Hilfssatz 23.3 gibt es ein N, so dass

$$\big\|\varphi - \mathfrak{F}_n[\varphi]\big\|_2 \leqslant \frac{\varepsilon}{2} \quad \text{für alle } n \geqslant N\,.$$

Für alle n gilt nach Hilfssatz 23.1

$$\big\|g - \mathfrak{F}_n[g]\big\|_2^2 \leqslant \|g\|_2^2 \leqslant \frac{\varepsilon^2}{4}\,.$$

Daher gilt für alle $n \geqslant N$

$$\big\|f - \mathfrak{F}_n[f]\big\|_2 \leqslant \big\|\varphi - \mathfrak{F}_n[\varphi]\big\|_2 + \big\|g - \mathfrak{F}_n[g]\big\|_2$$
$$\leqslant \frac{\varepsilon}{2} + \frac{\varepsilon}{2} = \varepsilon\,,$$

die Fourier-Reihe konvergiert also im quadratischen Mittel gegen f. Wie schon bemerkt, folgt daraus, dass aus der Besselschen Ungleichung eine Gleichung wird.

Bemerkung Schreibt man die Fourier-Reihe einer periodischen Funktion f in der Form

$$\frac{a_0}{2} + \sum_{k=1}^{\infty} (a_k \cos kx + b_k \sin kx),$$

so lautet die Vollständigkeitsrelation

$$\frac{1}{2}|a_0|^2 + \sum_{k=1}^{\infty} (|a_k|^2 + |b_k|^2) = \frac{1}{\pi} \int_0^{2\pi} |f(x)|^2 dx.$$

Dies ergibt sich durch einfaches Umrechnen der Koeffizienten c_k in a_k und b_k.

Beispiele

(23.1) Wir betrachten die schon in Beispiel (21.2) untersuchte periodische Funktion $\sigma : \mathbb{R} \to \mathbb{R}$ mit

$$\sigma(x) = \frac{\pi - x}{2} \quad \text{für } 0 < x < 2\pi, \quad \sigma(0) = 0.$$

Die Berechnung der Fourier-Koeffizienten ergibt

$$c_0 = \frac{1}{2\pi} \int_0^{2\pi} \sigma(x)\, dx = 0$$

und für $k \neq 0$ (unter Benutzung von partieller Integration)

$$c_k = \frac{1}{2\pi} \int_0^{2\pi} \frac{\pi - x}{2} e^{-ikx} dx = -\frac{1}{4\pi} \int_0^{2\pi} x e^{-ikx} dx$$

$$= \frac{1}{4ik\pi} \left(x e^{-ikx} \Big|_0^{2\pi} - \underbrace{\int_0^{2\pi} e^{-ikx} dx}_{=0} \right) = \frac{1}{2ik}.$$

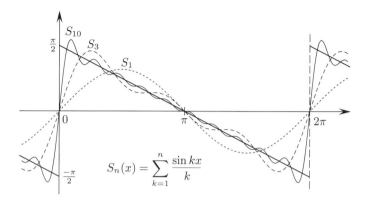

$$S_n(x) = \sum_{k=1}^{n} \frac{\sin kx}{k}$$

Abb. 23 A Zur Fourier-Entwicklung der Funktion σ

Die Fourier-Reihe von σ lautet daher

$$\sum_{k=1}^{\infty} \frac{1}{2i}\Big(\frac{e^{ikx}}{k} - \frac{e^{-ikx}}{k}\Big) = \sum_{k=1}^{\infty} \frac{\sin kx}{k}.$$

Damit haben wir die Reihe wiedergefunden, von der wir bereits in (21.2) gezeigt haben, dass sie überall punktweise und in jedem Intervall $[\delta, 2\pi - \delta]$, $(0 < \delta < \pi)$, gleichmäßig gegen $\sigma(x)$ konvergiert. Einige Partialsummen der Fourier-Reihe sind in Abb. 23 A dargestellt.

Nach Satz 23.4 konvergiert die Reihe auch im quadratischen Mittel gegen σ und die Vollständigkeitsrelation liefert

$$\sum_{k=1}^{\infty} \frac{1}{k^2} = \frac{1}{\pi} \int_{0}^{2\pi} |\sigma(x)|^2 dx$$

$$= \frac{1}{\pi} \int_{0}^{2\pi} \Big|\frac{\pi - x}{2}\Big|^2 dx = \frac{1}{4\pi} \int_{-\pi}^{\pi} x^2 dx = \frac{\pi^2}{6},$$

was uns schon aus (21.9) bekannt ist.

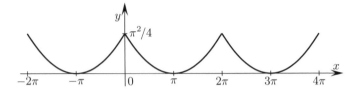

Abb. 23 B $y = \frac{(\pi - x)^2}{4}$, $0 \leqslant x \leqslant 2\pi$, periodisch fortgesetzt

(23.2) Wir haben in (21.9) hergeleitet, dass für $0 \leqslant x \leqslant 2\pi$ gilt

$$\frac{(\pi - x)^2}{4} = \frac{\pi^2}{12} + \sum_{k=1}^{\infty} \frac{\cos kx}{k^2}. \qquad (\diamond)$$

Die Reihe ($\diamond$) konvergiert gleichmäßig, stellt also die Fourier-Reihe derjenigen periodischen Funktion $f : \mathbb{R} \to \mathbb{R}$ dar, die für $x \in [0, 2\pi]$ mit $(\pi - x)^2/4$ übereinstimmt, vgl. Abb. 23 B.

Die Vollständigkeitsrelation (reelle Form) liefert

$$\frac{1}{2}\left(\frac{\pi^2}{6}\right)^2 + \sum_{k=1}^{\infty} \frac{1}{k^4} = \frac{1}{\pi} \int_0^{2\pi} \frac{(\pi - x)^4}{16} dx = \frac{\pi^4}{40}.$$

Daraus folgt

$$\sum_{k=1}^{\infty} \frac{1}{k^4} = \left(\frac{1}{40} - \frac{1}{72}\right)\pi^4 = \frac{\pi^4}{90}$$

in Übereinstimmung mit Satz 22.12.

Die Formeln für die Fourier-Reihen $\sum_1^{\infty} \frac{\sin kx}{k}$ und $\sum_1^{\infty} \frac{\cos kx}{k^2}$ aus (23.1) und (23.2) sind nur die ersten Glieder einer ganzen Folge von Fourier-Reihen, die mit den sog. Bernoulli-Polynomen zusammenhängen. Diese besprechen wir jetzt.

(23.3) **Bernoulli-Polynome.** Für $n \in \mathbb{N}$ ist das n-te Bernoulli-Polynom definiert als

$$B_n(x) := \sum_{k=0}^{n} \binom{n}{k} B_k \, x^{n-k},$$

wobei B_k die in (22.12) definierten Bernoulli-Zahlen sind. $B_n(x)$ ist ein Polynom n-ten Grades mit $B_n(0) = B_n$. Die Bernoulli-Polynome vom Grad ≤ 6 lauten:

$$B_0(x) = 1,$$
$$B_1(x) = x - \tfrac{1}{2},$$
$$B_2(x) = x^2 - x + \tfrac{1}{6},$$
$$B_3(x) = x^3 - \tfrac{3}{2}x^2 + \tfrac{1}{2}x,$$
$$B_4(x) = x^4 - 2x^3 + x^2 - \tfrac{1}{30},$$
$$B_5(x) = x^5 - \tfrac{5}{2}x^4 + \tfrac{5}{3}x^3 - \tfrac{1}{6}x,$$
$$B_6(x) = x^6 - 3x^5 + \tfrac{5}{2}x^4 - \tfrac{1}{2}x^2 + \tfrac{1}{42}.$$

Wir zeigen jetzt folgende Eigenschaften der Bernoulli-Polynome:

i) $B_n'(x) = n B_{n-1}(x)$ für alle $n \geq 1$,
ii) $B_n(0) = B_n(1)$ für alle $n \geq 2$,
iii) $\int_0^1 B_n(x)dx = 0$ für alle $n \geq 1$.

Beweis Zu i) Unter Benutzung der Gleichung $(n-k)\binom{n}{k} = n\binom{n-1}{k}$ erhält man

$$B_n'(x) = \sum_{k=0}^{n-1}(n-k)\binom{n}{k} B_k \, x^{n-1-k}$$
$$= n \sum_{k=0}^{n-1}\binom{n-1}{k} B_k \, x^{n-1-k} = n B_{n-1}(x).$$

Zu ii) Die Rekursionsformel für die Bernoulli-Zahlen (22.12) ist
äquivalent zu $\sum_{k=0}^{n-1} \binom{n}{k} B_k = 0$ für $n \geqslant 2$. Daraus folgt

$$B_n(1) = \sum_{k=0}^{n-1} \binom{n}{k} B_k + B_n = B_n = B_n(0) \qquad \text{für } n \geqslant 2.$$

Zu iii)

$$(n+1) \int\limits_0^1 B_n(x) dx = \int\limits_0^1 B_{n+1}'(x) dx$$

$$= B_{n+1}(1) - B_{n+1}(0) = 0. \qquad \square$$

Wir definieren jetzt für $n \geqslant 1$ periodische Funktionen $\widetilde{B}_n : \mathbb{R} \to \mathbb{R}$ mit der Periode 1 durch

$$\widetilde{B}_1(x) = B_1(x) \quad \text{für } 0 < x < 1, \quad \widetilde{B}_1(0) = 0,$$
$$\widetilde{B}_n(x) = B_n(x) \quad \text{für } 0 \leqslant x < 1 \quad (n \geqslant 2)$$

und

$$\widetilde{B}_n(x+m) = \widetilde{B}_n(x) \quad \text{für alle } x \in \mathbb{R}, \, m \in \mathbb{Z}, \, n \geqslant 1.$$

Die Funktionen $\widetilde{B}_n$ sind für $n \geqslant 2$ stetig und $(n-2)$-mal stetig
differenzierbar.

Durch die Variablen-Transformation $x \mapsto 2\pi x$ erhält man aus
den Beispielen (23.1) und (23.2) die Formeln

$$\widetilde{B}_1(x) = -2 \sum_{m=1}^{\infty} \frac{\sin(2\pi m x)}{2\pi m} \quad \text{und}$$

$$\widetilde{B}_2(x) = 4 \sum_{m=1}^{\infty} \frac{\cos(2\pi m x)}{(2\pi m)^2}.$$

Dies verallgemeinert sich wie folgt:

$$\widetilde{B}_{2k+1}(x) = (-1)^{k-1} 2(2k+1)! \sum_{m=1}^{\infty} \frac{\sin(2\pi m x)}{(2\pi m)^{2k+1}} \quad (k \geqslant 0),$$

$$\widetilde{B}_{2k}(x) = (-1)^{k-1} 2(2k)! \sum_{m=1}^{\infty} \frac{\cos(2\pi m x)}{(2\pi m)^{2k}} \quad (k \geqslant 1).$$

Beweis Wir bezeichnen für $n = 2k + 1$ bzw. $n = 2k$ die rechten Seiten der Formeln mit $\beta_n(x)$. Man sieht unmittelbar

$$\beta'_{n+1}(x) = (n+1)\beta_n(x) \quad \text{und} \quad \int_0^1 \beta_n(x) dx = 0$$

für alle $n \geqslant 2$ (da gliedweise Differentiation bzw. Integration erlaubt ist). Dieselben Beziehungen gelten für die Funktionen $\widetilde{B}_n(x)$. Da $\widetilde{B}_n(x) = \beta_n(x)$ für $n = 1, 2$, folgt durch vollständige Induktion über n, dass $\widetilde{B}_n(x) = \beta_n(x)$ für alle $n \geqslant 1$. $\square$

Bemerkung Setzt man in der Formel für $\widetilde{B}_{2k}(x)$ die Variable $x = 0$, so erhält man wieder die Werte für $\zeta(2k)$ aus Satz 22.12.

Setzt man dagegen $x = \frac{1}{4}$ in die Formel für $\widetilde{B}_{2k+1}(x)$, so ergibt sich als Verallgemeinerung der Leibniz'schen Reihe (Fall $k = 0$)

$$\sum_{n=0}^{\infty} \frac{(-1)^n}{(2n+1)^{2k+1}} = (-1)^{k-1} \frac{(2\pi)^{2k+1}}{2(2k+1)!} B_{2k+1}(\tfrac{1}{4}).$$

Für $k = 1, 2$ erhält man wegen $B_3(\frac{1}{4}) = \frac{3}{64}$ und $B_5(\frac{1}{4}) = -\frac{25}{1024}$

$$\sum_{n=0}^{\infty} \frac{(-1)^n}{(2n+1)^3} = \frac{\pi^3}{32} \quad \text{und} \quad \sum_{n=0}^{\infty} \frac{(-1)^n}{(2n+1)^5} = \frac{5\pi^5}{1536}.$$

Wir kommen nun zu einer großen Klasse von Funktionen, deren Fourier-Reihe gleichmäßig konvergiert.

Satz 23.5 *Es sei $f : \mathbb{R} \to \mathbb{C}$ eine stetige periodische Funktion, die stückweise stetig differenzierbar ist, d. h. es gebe eine Unterteilung*

$$0 = t_0 < t_1 < \ldots < t_r = 2\pi$$

von $[0, 2\pi]$, so dass $f \mid [t_{k-1}, t_k]$ für $k = 1, \ldots, r$ stetig differenzierbar ist. Dann konvergiert die Fourier-Reihe von f gleichmäßig gegen f.

Ein *Beispiel* für Satz 23.5 ist die in (23.2) untersuchte Funktion.

Beweis Es sei $\varphi_k : [t_{k-1}, t_k] \to \mathbb{C}$ die stetige Ableitung von $f \mid [t_{k-1}, t_k]$ und $\varphi : \mathbb{R} \to \mathbb{C}$ diejenige periodische Funktion, die auf $[t_{k-1}, t_k[$ mit φ_k übereinstimmt. Für die Fourier-Koeffizienten γ_n der Funktion φ gilt nach der Besselschen Ungleichung

$$\sum_{n=-\infty}^{\infty} |\gamma_n|^2 \leq \|\varphi\|_2^2 < \infty \, .$$

Für $n \neq 0$ lassen sich die Fourier-Koeffizienten c_n von f wie folgt durch partielle Integration aus den Fourier-Koeffizienten γ_n von φ gewinnen:

$$\int_{t_{k-1}}^{t_k} f(x) e^{-inx} \, dx = \frac{i}{n} \int_{t_{k-1}}^{t_k} f(x) d(e^{-inx})$$

$$= \frac{i}{n} \left(f(x) e^{-inx} \Big|_{t_{k-1}}^{t_k} - \int_{t_{k-1}}^{t_k} \varphi(x) e^{-inx} dx \right).$$

Da wegen der Periodizität von f

$$\sum_{k=1}^{r} \left(f(x) e^{-inx} \Big|_{t_{k-1}}^{t_k} \right) = -f(t_0) e^{-int_0} + f(t_r) e^{-int_r} = 0,$$

folgt

$$c_n = \frac{1}{2\pi} \int\limits_0^{2\pi} f(x)e^{-inx}dx = \frac{1}{2\pi} \sum_{k=1}^{r} \int\limits_{t_{k-1}}^{t_k} f(x)e^{-inx}dx$$

$$= \frac{-i}{2\pi n} \int\limits_0^{2\pi} \varphi(x)e^{-inx}dx = \frac{-i\gamma_n}{n}.$$

Wegen der für alle $a, b \in \mathbb{R}$ gültigen Ungleichung $ab \leq \frac{1}{2}(a^2+b^2)$ ergibt sich

$$|c_n| = \frac{|\gamma_n|}{|n|} \leq \frac{1}{2}\left(\frac{1}{|n|^2} + |\gamma_n|^2\right).$$

Weil $\sum\limits_{n=1}^{\infty} \frac{1}{n^2}$ und $\sum\limits_{n=-\infty}^{\infty} |\gamma_n|^2$ konvergent sind, folgt

$$\sum_{n=-\infty}^{\infty} |c_n| < \infty.$$

Die Fourier-Reihe $\sum_{n=-\infty}^{\infty} c_n e^{inx}$ von f konvergiert also absolut und gleichmäßig gegen eine (nach Satz 21.1) stetige Funktion g. Somit konvergiert die Fourier-Reihe im quadratischen Mittel sowohl gegen f als auch gegen g, woraus folgt

$$\|f - g\|_2 = 0.$$

Da f und g stetig sind, folgt daraus, dass f und g übereinstimmen. Satz 23.5 ist damit bewiesen. $\square$

Bemerkung Satz 23.5 lässt sich auf Funktionen mit Sprungstellen verallgemeinern, vgl. Aufgabe 23.6.

(23.4) Die Fresnelschen Integrale. Als eine Anwendung von Satz 23.5 berechnen wir die uneigentlichen Integrale

$$\int\limits_0^{\infty} \cos(x^2)dx = \int\limits_0^{\infty} \sin(x^2)dx = \frac{\sqrt{\pi}}{2\sqrt{2}}.$$

Diese Integrale spielen in der Optik in der Fresnelschen Beugungstheorie eine Rolle.

Man kann sich leicht überlegen, dass die Integrale konvergieren, vgl. Aufgabe 20.6. Zu ihrer Berechnung betrachten wir folgende Funktion $F : [0, 2\pi] \to \mathbb{C}$

$$F(x) := e^{ix^2/2\pi} = \cos\left(\frac{x^2}{2\pi}\right) + i \sin\left(\frac{x^2}{2\pi}\right).$$

Da $F(0) = F(2\pi) = 1$, lässt sich F zu einer auf ganz $\mathbb{R}$ stetigen und stückweise stetig differenzierbaren periodischen Funktion $F : \mathbb{R} \to \mathbb{C}$ fortsetzen, deren Fourier-Reihe

$$F(x) = \sum_{n \in \mathbb{Z}} c_n e^{inx}$$

nach Satz 23.5 gleichmäßig gegen F konvergiert. Insbesondere gilt

$$F(0) = \sum_{n \in \mathbb{Z}} c_n = 1.$$

Die Fourier-Koeffizienten von F sind

$$c_n = \frac{1}{2\pi} \int\limits_0^{2\pi} e^{ix^2/2\pi} e^{-inx} dx.$$

Nun ist

$$\begin{aligned} e^{ix^2/2\pi} e^{-inx} &= \exp\left(\frac{i}{2\pi}(x^2 - 2\pi nx)\right) \\ &= \exp\left(\frac{i}{2\pi}(x - \pi n)^2\right) \exp\left(-\frac{i\pi}{2}n^2\right) \\ &= \iota_n \exp\left(\frac{i}{2\pi}(x - \pi n)^2\right) \end{aligned}$$

mit

$$\iota_n := \begin{cases} 1, & \text{falls } n \text{ gerade,} \\ -i, & \text{falls } n \text{ ungerade.} \end{cases}$$

Es folgt

$$c_n = \frac{\iota_n}{2\pi} \int\limits_0^{2\pi} e^{i(x-\pi n)^2/2\pi} dx = \frac{\iota_n}{2\pi} \int\limits_{-n\pi}^{(2-n)\pi} e^{ix^2/2\pi} dx.$$

Summation über alle geraden und alle ungeraden n ergibt

$$1 = \sum_{n \in \mathbb{Z}} c_n = \frac{1}{2\pi} \int\limits_{-\infty}^{\infty} e^{ix^2/2\pi} dx - \frac{i}{2\pi} \int\limits_{-\infty}^{\infty} e^{ix^2/2\pi} dx,$$

also

$$\int\limits_{-\infty}^{\infty} e^{ix^2/2\pi} dx = \frac{2\pi}{1-i} = \pi(1+i).$$

Die Variablen-Substitution $t = x/\sqrt{2\pi}$ liefert

$$\int\limits_{-\infty}^{\infty} e^{it^2} dt = \frac{1}{\sqrt{2\pi}} \int\limits_{-\infty}^{\infty} e^{ix^2/2\pi} dx = \sqrt{\pi}\, \frac{1+i}{\sqrt{2}},$$

woraus sich durch Trennung in Real- und Imaginärteil die behaupteten Werte der Fresnelschen Integrale ergeben. $\qquad\square$

(23.5) *Eine nirgends differenzierbare stetige Funktion*
Wir geben zum Abschluss ein auf Weierstraß zurückgehendes Beispiel einer stetigen Funktion $F : \mathbb{R} \to \mathbb{R}$, die in keinem Punkt $x \in \mathbb{R}$ differenzierbar ist. Diese Funktion wird gegeben durch die reelle Fourier-Reihe

$$F(x) := \sum_{m=0}^{\infty} \frac{\sin(2^{3m}x)}{2^m}.$$

Die Reihe besitzt die konvergente Majorante $\sum_{m=0}^{\infty} 2^{-m}$, konvergiert also auf $\mathbb{R}$ gleichmäßig. Daraus folgt, dass F auf ganz $\mathbb{R}$

stetig ist. Wir bezeichnen die Partialsummen mit

$$F_\ell(x) := \sum_{m=0}^{\ell} \frac{\sin(2^{3m}x)}{2^m}, \quad \ell \in \mathbb{N}.$$

Um die Differenzierbarkeit von F zu studieren, betrachten wir die Funktion zunächst für jedes $n \in \mathbb{N}$ an den Stellen

$$x_{n,k} := 2^{-3n} \cdot \frac{\pi}{2} \cdot k, \qquad k \in \mathbb{Z}.$$

Es gilt $\sin(2^{3m}x_{n,k}) = 0$ für $m > n$ und

$$\sin(2^{3n}x_{n,k}) = \sin(k\pi/2) = \begin{cases} 0, & \text{falls } k \text{ gerade,} \\ \pm 1, & \text{falls } k \text{ ungerade.} \end{cases}$$

Daraus folgt

$$F(x_{n,k}) = F_{n-1}(x_{n,k}) + \frac{\sin(k\pi/2)}{2^n}.$$

Die Partialsumme $F_{n-1}(x)$ ist differenzierbar mit

$$F'_{n-1}(x) = \sum_{m=0}^{n-1} 2^{2m} \cos(2^{3m}x),$$

woraus folgt

$$|F'_{n-1}(x)| \le \sum_{m=0}^{n-1} 2^{2m} = \frac{2^{2n}-1}{2^2-1} \le \frac{2^{2n}}{3}.$$

Aus dem Mittelwertsatz der Differentialrechnung folgt jetzt

$$|F_{n-1}(x_{n,k+1}) - F_{n-1}(x_{n,k})| \le \frac{2^{2n}}{3}|x_{n,k+1} - x_{n,k}|$$
$$= \frac{2^{2n}}{3} \cdot \frac{2^{-3n}\pi}{2} \le \frac{\pi}{6} \cdot \frac{1}{2^n}.$$

Da $|\sin((k+1)\pi/2) - \sin(k\pi/2)| = 1$, erhält man insgesamt die Abschätzungen

$$|F(x_{n,k+1}) - F(x_{n,k})| \geqslant \frac{1}{2^n} - |F_{n-1}(x_{n,k+1}) - F_{n-1}(x_{n,k})|$$

$$\geqslant \left(1 - \frac{\pi}{6}\right) \frac{1}{2^n}$$

und

$$\left| \frac{F(x_{n,k+1}) - F(x_{n,k})}{x_{n,k+1} - x_{n,k}} \right| \geqslant \left(1 - \frac{\pi}{6}\right) \frac{2^{3n} \cdot 2}{2^n \pi} > 2^{2n-2}. \quad (\star)$$

Die Ungleichung $(\star)$ zeigt, dass die Steigung der Sekante zwischen nahe gelegenen Punkten des Graphen von F sehr groß werden kann. Wir werden jetzt zeigen, dass daraus folgt, dass die Funktion F nirgends differenzierbar ist. Wir geben dafür einen Widerspruchsbeweis.

Annahme Die Funktion F ist im Punkt $a \in \mathbb{R}$ differenzierbar. Da der Limes

$$\lim_{x \to a} \frac{F(x) - F(a)}{x - a}$$

existiert, gibt es eine Konstante $M \in \mathbb{R}_+$ und ein $\varepsilon > 0$, so dass

$$\left| \frac{F(x) - F(a)}{x - a} \right| \leqslant M \quad (\sharp)$$

für alle $x \neq a$ mit $|x - a| < \varepsilon$. Da die Funktion F beschränkt ist, kann man nach evtl. Vergrößerung von M annehmen, dass $(\sharp)$ sogar für alle $x \neq a$ gilt. Sei nun n so groß gewählt, dass $2^{2n-2} > M$. Zu diesem n gibt es ein eindeutig bestimmtes $k \in \mathbb{Z}$ mit

$$x' := x_{n,k} \leqslant a < x_{n,k+1} =: x''.$$

Wegen $(\sharp)$ ist

$$|F(x'') - F(a)| \leqslant M|x'' - a| \quad \text{und}$$

$$|F(x') - F(a)| \leqslant M|x' - a|.$$

Daraus folgt

$$|F(x'') - F(x')| \leqslant M(|x'' - a| + |x' - a|)$$
$$= M|x'' - x'| < 2^{2n-2}|x'' - x'|.$$

Dies steht aber im Widerspruch zu $(\star)$. Daher ist die Annahme falsch, also F in keinem Punkt differenzierbar. $\square$

Aufgaben

23.1 Man berechne die Fourier-Reihe der periodischen Funktion $f : \mathbb{R} \to \mathbb{R}$ mit

$$f(x) = |x| \quad \text{für} -\pi \leqslant x \leqslant \pi .$$

23.2 Man berechne die Fourier-Reihe der Funktion

$$F : \mathbb{R} \to \mathbb{R}, \quad x \mapsto f(x) := |\sin x|.$$

23.3 Man beweise: Ist $f : \mathbb{R} \to \mathbb{R}$ eine gerade (bzw. ungerade) periodische Funktion, so hat die Fourier-Reihe von f die Gestalt

$$\frac{a_0}{2} + \sum_{k=1}^{\infty} a_k \cos kx \quad \text{bzw.} \quad \sum_{k=1}^{\infty} b_k \sin kx .$$

23.4
a) Man zeige: Jede stetige periodische Funktion $f : \mathbb{R} \to \mathbb{R}$ lässt sich gleichmäßig durch stetige, stückweise lineare periodische Funktionen approximieren. Dabei heißt eine stetige periodische Funktion $\varphi : \mathbb{R} \to \mathbb{R}$ stückweise linear, wenn die Funktion $\varphi \,|\, [0, 2\pi]$ stückweise linear im Sinne der Definition in (10.20) ist.
b) Man beweise mit Teil a) und Satz 23.5, dass sich jede stetige periodische Funktion $f : \mathbb{R} \to \mathbb{C}$ gleichmäßig durch trigonometrische Polynome approximieren lässt (Weierstraß'scher Approximationssatz für periodische Funktionen).

23.5 Sei $f : \mathbb{R} \to \mathbb{C}$ eine stetige periodische Funktion mit Fourier-Koeffizienten c_n, $n \in \mathbb{Z}$. Man beweise:

a) Ist f k-mal stetig differenzierbar ($k \geq 0$), so folgt

$$c_n = O\left(\frac{1}{|n|^k}\right) \quad \text{für } |n| \to \infty.$$

b) Falls

$$c_n = O\left(\frac{1}{|n|^{k+2}}\right) \quad \text{für } |n| \to \infty,$$

so ist f k-mal stetig differenzierbar und die Fourier-Reihe konvergiert gleichmäßig gegen f.

23.6 Die periodische (nicht notwendig stetige) Funktion $f : \mathbb{R} \to \mathbb{C}$ sei stückweise stetig differenzierbar, d. h. es gebe eine Unterteilung

$$0 = t_0 < t_1 < \cdots < t_{r-1} < t_r = 2\pi,$$

so dass sich die Funktionen $f \, |\,]t_{j-1}, t_j[$ zu stetig differenzierbaren Funktionen $f_j : [t_{j-1}, t_j] \to \mathbb{C}$ fortsetzen lassen ($j = 1, \ldots, r$). Es seien

$$f_+(t_j) := \lim_{t \searrow t_j} f(t) \quad \text{und} \quad f_-(t_j) := \lim_{t \nearrow t_j} f(t)$$

die rechts- bzw. linksseitigen Grenzwerte von f an den Stellen t_j und

$$\gamma_j := f_+(t_j) - f_-(t_j)$$

die Sprunghöhen von f an diesen Stellen. Man beweise:

a) Die Funktion $F : \mathbb{R} \to \mathbb{C}$,

$$F(t) := f(t) - \sum_{j=1}^{r} \frac{\gamma_j}{\pi} \, \sigma(t - t_j),$$

wobei $\sigma : \mathbb{R} \to \mathbb{R}$ die in Beispiel (23.1) betrachtete Funktion ist, ist stetig und stückweise stetig differenzierbar.

b) Die Fourier-Reihe von f konvergiert auf jedem kompakten Intervall $[a, b] \subset \mathbb{R}$, das keine Unstetigkeitsstelle von f enthält, gleichmäßig gegen f. An den Stellen t_j konvergiert die Fourier-Reihe von f gegen den Mittelwert

$$\tfrac{1}{2}(f_+(t_j) + f_-(t_j)).$$

23.7 Sei $a \in \mathbb{R} \smallsetminus \mathbb{Z}$ und $f : \mathbb{R} \to \mathbb{C}$ die periodische Funktion mit

$$f(x) = e^{iax} \text{ für } 0 \le x < 2\pi, \quad f(x + 2\pi n) = f(x) \quad (n \in \mathbb{Z}).$$

Man berechne die Fourier-Reihe von f und bestimme ihr Konvergenzverhalten (vgl. Aufgabe 23.6).
Was ergibt sich für $x = 0$?

23.8 In dieser Aufgabe werden die Bernoulli-Polynome aus (23.3) benutzt. Man zeige:

a) Sei $f : [0, 1] \to \mathbb{R}$ eine stetig differenzierbare Funktion. Dann gilt

$$\tfrac{1}{2}(f(0) + f(1)) = \int\limits_0^1 f(x)dx + \int\limits_0^1 B_1(x)f'(x)dx.$$

b) Ist $f : [0, 1] \to \mathbb{R}$ sogar $2r$-mal stetig differenzierbar ($r \ge 1$), so gilt

$$\int\limits_0^1 B_1(x)f'(x)dx = \sum_{j=1}^r \frac{B_{2j}}{(2j)!}\left(f^{(2j-1)}(1) - f^{(2j-1)}(0)\right)$$

$$- \int\limits_0^1 \frac{B_{2r}(x)}{(2r)!} f^{(2r)}(x)dx.$$

c) Seien $m < n$ ganze Zahlen und $f : [m, n] \to \mathbb{R}$ eine $2r$-mal stetig differenzierbare Funktion. Dann gilt die *Euler-MacLaurinsche* Summationsformel

$$\sum_{k=m}^{n} f(k) = \tfrac{1}{2}(f(m) + f(n)) + \int_{m}^{n} f(x)dx$$

$$+ \sum_{j=1}^{r} \frac{B_{2j}}{(2j)!}\left(f^{(2j-1)}(n) - f^{(2j-1)}(m)\right) + R_{2r}$$

mit

$$R_{2r} = -\int_{m}^{n} \frac{\widetilde{B}_{2r}(x)}{(2r)!} f^{(2r)}(x)dx,$$

also

$$|R_{2r}| \leqslant \frac{|B_{2r}|}{(2r)!} \int_{m}^{n} |f^{(2r)}(x)|dx.$$

23.9 Zur Berechnung der Euler-Mascheronischen Konstanten

$$\gamma = \lim_{N \to \infty}\left(\sum_{n=1}^{N} \frac{1}{n} - \log N\right)$$

werte man für $M \geqslant 1$ und $r \geqslant 1$ den Limes

$$\lim_{N \to \infty}\left(\sum_{n=M}^{N} \frac{1}{n} - \int_{M}^{N} \frac{dx}{x}\right)$$

mithilfe der Euler-MacLaurinschen Summationsformel aus und beweise die Näherungs-Formel

$$\gamma = \left(\sum_{k=1}^{M} \frac{1}{k} - \log M\right) - \frac{1}{2M} + \sum_{j=1}^{r-1} \frac{B_{2j}}{2j} \cdot \frac{1}{M^{2j}} + \theta \cdot \frac{B_{2r}}{2rM^{2r}}$$

mit $0 \leqslant \theta \leqslant 1$.

i)   Durch geeignete Wahl von M und r berechne man γ auf 20
     Dezimalstellen genau.

ii) Für jedes feste $M \geqslant 1$ gilt $\displaystyle\lim_{r \to \infty} \left(\frac{|B_{2r}|}{2r} \cdot \frac{1}{M^{2r}} \right) = \infty.$

iii) Wie kann man M und r wählen, um γ auf 100 oder 1000
     Dezimalstellen genau zu berechnen ?

Zusammenstellung der Axiome der reellen Zahlen

<table>
<tr><td colspan="2">Körperaxiome: Es sind zwei Verknüpfungen (Addition und Multiplikation) definiert, so dass folgende Axiome erfüllt sind:</td><td rowspan="3">Körper</td><td rowspan="7">angeordneter Körper</td><td rowspan="8">archimedisch angeordneter Körper</td><td rowspan="9">vollständiger archimedisch angeordneter Körper</td></tr>
<tr><td>Axiome der Addition:
Assoziativgesetz
Kommutativgesetz
Existenz der Null
Existenz des Negativen</td><td>Axiome der Multiplikation:
Assoziativgesetz
Kommutativgesetz
Existenz der Eins ($\neq 0$)
Existenz des Inversen
(zu Elementen $\neq 0$)</td></tr>
<tr><td colspan="2">Distributivgesetz</td></tr>
<tr><td colspan="3">Anordnungsaxiome: Es sind gewisse Elemente als positiv ausgezeichnet ($x > 0$), so dass folgende Axiome erfüllt sind:</td></tr>
<tr><td colspan="3">Für jedes Element x gilt genau eine der Beziehungen
$x > 0, \quad x = 0, \quad -x > 0$</td></tr>
<tr><td colspan="3">$x > 0$ und $y > 0 \implies x + y > 0$</td></tr>
<tr><td colspan="3">$x > 0$ und $y > 0 \implies xy > 0$</td></tr>
<tr><td colspan="4">Archimedisches Axiom: Zu $x > 0$, $y > 0$ existiert eine natürliche Zahl n mit $nx > y$.</td></tr>
<tr><td colspan="5">Vollständigkeitsaxiom: Jede Cauchy-Folge konvergiert.</td></tr>
</table>

© Der/die Autor(en), exklusiv lizenziert an Springer Fachmedien Wiesbaden GmbH, ein Teil von Springer Nature 2023

O. Forster, F. Lindemann, *Analysis 1*, Grundkurs Mathematik,
https://doi.org/10.1007/978-3-658-40130-6

Symbolverzeichnis

$\mathbb{N} = \{0, 1, 2, 3, \ldots\}$ Menge der natürlichen Zahlen

$\mathbb{Z} = \{0, \pm 1, \pm 2, \ldots\}$ Menge der ganzen Zahlen

$\mathbb{Q} = \left\{ \dfrac{p}{q} : p, q \in \mathbb{Z}, q \neq 0 \right\}$ Körper der rationalen Zahlen

$\mathbb{R}$ Körper der reellen Zahlen

$\mathbb{R}^*$ Menge der reellen Zahlen $\neq 0$

$\mathbb{R}_+$ Menge der reellen Zahlen ≥ 0

$\mathbb{R}_+^*$ Menge der reellen Zahlen > 0

$\mathbb{C}$ Körper der komplexen Zahlen, Kap. 13

$\mathbb{F}_2$ Körper mit zwei Elementen, Beispiel am Ende von Kap. 2

$[a, b], [a, b[,]a, b],]a, b[$ Intervalle, Kap. 9

$\lfloor x \rfloor = \text{floor}(x)$ größte ganze Zahl $\leq x$, (3.15)

$\lceil x \rceil = \text{ceil}(x)$ kleinste ganze Zahl $\geq x$, (3.15)

$[x]$ Gauß-Klammer, alte Bezeichnung für $\lfloor x \rfloor$

$|x|$ Betrag einer reellen oder komplexen Zahl, vor Satz 3.1, vor Satz 13.1

$\|x\|_p$ p-Norm für Vektoren, (16.3)

$\|f\|_p$ p-Norm für Funktionen, (18.6)

$\|f\|_K$ Supremumsnorm,

f'_+, f'_- rechtsseitige (linksseitige) Ableitung, Bemerkung nach (15.8)

$f \mid A$ Beschränkung einer Abbildung $f : X \to Y$ auf eine Teilmenge $A \subset X$

© Der/die Autor(en), exklusiv lizenziert an Springer Fachmedien Wiesbaden GmbH, ein Teil von Springer Nature 2023
O. Forster, F. Lindemann, *Analysis 1*, Grundkurs Mathematik,
https://doi.org/10.1007/978-3-658-40130-6

$F(x)\big|_a^b = F(b) - F(a)$ Auswertung einer Stammfunktion, nach
Satz 19.3

$o(g(x))$, $O(g(x))$ Landau-Symbole, Abschnitt am Ende von
Kap. 12

$a_n \sim b_n$ asymptotische Gleichheit von Folgen, vor Satz 20.6

B_k, $B_k(x)$ Bernoulli-Zahlen, -Polynome, (22.12), (23.3)

$\square$ markiert Ende eines Beweises

Die üblichen Bezeichnungen aus der Mengenlehre werden als bekannt vorausgesetzt, siehe etwa [FS], Abschnitt 2.1.

Literaturhinweise

Einführungen in die Analysis

[AE]   H. Amann und J. Escher: Analysis I. Birkhäuser, 3. Aufl. 2006.

[BF]   M. Barner und F. Flohr: Analysis I. De Gruyter, 5. Aufl. 2000.

[Brö] Th. Bröcker: Analysis 1. Spektrum, Akad. Verl., 2. Aufl. 1995.

[Fr]   K. Fritzsche: Grundkurs Analysis 1, Springer Spektrum, 3. Aufl. 2020.

[FW]   O. Forster und R. Wessoly: Übungsbuch zur Analysis 1. Springer Spektrum, 6. Aufl. 2013.

[He]   H. Heuser: Lehrbuch der Analysis, Teil 1. Vieweg+Teubner, 17. Aufl. 2009.

[Ho]   H.S. Holdgrün: Analysis, Band 1. Leins Verlag Göttingen 1998.

[HW]   E. Hairer und G. Wanner: Analysis in historischer Entwicklung. Springer 2011.

[Kö]   K. Königsberger: Analysis 1. Springer, 6. Aufl. 2004.

[Wa]   W. Walter, Analysis I. Springer, 7. Aufl. 2004.

Weitere im Text zitierte Literatur

[AH]   J. Arndt und Ch. Haenel: Pi. Algorithmen, Computer, Arithmetik. Springer, 2. Aufl. 2000.

[BB]   D.H. Bailey and J.M. Borwein: Pi: The Next Generation. Springer 2016.

[FB]   E. Freitag und R. Busam: Funktionentheorie 1. Springer, 4. Aufl. 2006.

[FL]   W. Fischer und I. Lieb: Funktionentheorie. Vieweg+Teubner, 9. Aufl. 2005.

[Fo]   O. Forster: Algorithmische Zahlentheorie. Springer Spektrum, 2. Aufl. 2015.

© Der/die Autor(en), exklusiv lizenziert an Springer Fachmedien Wiesbaden GmbH, ein Teil von Springer Nature 2023
O. Forster, F. Lindemann, *Analysis 1*, Grundkurs Mathematik,
https://doi.org/10.1007/978-3-658-40130-6

[FS]   G. Fischer und B. Springborn: Lineare Algebra. Springer Spektrum, 19. Aufl. 2020.

[H]   D. Hilbert: Grundlagen der Geometrie, Teubner, 14. Aufl. 1999.

[HMU] J.E. Hopcroft, R. Motwani und J.D. Ullman: Einführung in die Automatentheorie, Formale Sprachen und Komplexitätstheorie. Pearson Studium, 3. Aufl. 2011.

[HWr] G.H. Hardy and E.M. Wright: An introduction to the theory of numbers. Oxford U.P., 6th ed. 2008.

[L]   E. Landau: Grundlagen der Analysis. Teubner 1930. Nachdruck Heldermann 2004.

[Ri]   P. Ribenboim: Meine Zahlen, meine Freunde. Springer 2009.

[SG]   H. Stoppel und B. Griese: Übungsbuch zur Linearen Algebra. Springer Spektrum, 10. Aufl. 2021.

[T]   F. Toenniessen: Das Geheimnis der transzendenten Zahlen. Springer, 2. Aufl. 2019.

[We]   I. Wegener: Theoretische Informatik – eine algorithmenorientierte Einführung. Teubner, 3. Aufl. 2005.

[Z]   H.D. Ebbinghaus et al.: Zahlen. Springer, 3. Aufl. 1992.

Stichwortverzeichnis

© Der/die Autor(en), exklusiv lizenziert an Springer Fachmedien Wiesbaden   **455**
GmbH, ein Teil von Springer Nature 2023
O. Forster, F. Lindemann, *Analysis 1*, Grundkurs Mathematik,
https://doi.org/10.1007/978-3-658-40130-6

Printed by Wilco bv, the Netherlands